KB096104

만물은 서로 돕는다

MUTUAL AID : A Factor of Evolution
by Petr Kropotkin

이 도서의 국립중앙도서관 출판시도서목록(CIP)은
e-CIP 홈페이지(http://www.nl.go.kr/cip.php)에서 이용하실 수 있습니다.
(CIP제어번호: CIP2005000761)

르네상스 라이브러리 7

만물은 서로 돕는다

Mutual Aid : A Factor of Evolution

Pyotr Alekseyevich Kropotkin

크로포트킨의 상호부조론

P. A. 크로포트킨 지음 | 김영범 옮김

르네상스

▪ 차례

부록 II

1914년판 서문

지금 벌어지고 있는 전쟁(제1차 세계대전)이 시작되자마자 유럽의 거의 모든 지역은 끔찍한 투쟁에 휩싸였다. 이 전쟁의 가장 큰 특징은 일찍이 볼 수 없었던 전대미문의 참상을 빚어냈다는 데 있다. 즉 독일에게 침공당한 벨기에나 프랑스 등에서 비전투원들이 대량으로 학살당하고 시민 대중은 생활 수단을 약탈당하는 등 참극이 일어난 것이다. 이런 참상을 해명할 만한 구실을 찾으려 했던 사람들에게 '생존경쟁struggle for existence'이란 용어는 안성맞춤이었다.

그런데 《타임스*Times*》에는 이런 설명 방식이 다윈의 용어를 남용하는 것이라고 반박하는 편지가 실렸다. 즉 그러한 설명은 "다윈 이론에 대한 조잡하고 통속적인 오해에서 비롯된 ('생존경쟁'을 '권력의지'와 연결짓고, '적자생존'을 '초인'과 연결짓는 식의) 관념들을 철학과 정치학에 적용한 것에 지나지 않는다."는 것이었다. 그리고 이러한 주장과 더불어 편지에는 "생물학적이고 사회적인 진보를 야수적 폭력이나 교활함이 아니라 상호협동의 관점으로 해석한" 영어 저작도 있다고 덧붙였다.

이 책의 초판이 출간된 지 12년이 지난 지금, 이 책의 핵심 사상, 즉 상호부조가 진화를 낳게 하는 진보적인 요인으로 작용한다는 사상이 생물학자들 사이에서 인식되기 시작했다. 진화를 주제로 유럽 대륙에서 최근에 발표된 중요 저작들은 대부분 생존경쟁에서 나타나는 두 가지 양상을 구분해야 한다고 지적한다. 첫 번째는 외부적인 전쟁으로, 이는 혹독한 자연조건에 대한 투쟁 혹은 경쟁관계에 있는 종에 맞서 벌이는 투쟁을 말한다. 두 번째는 내적인 전쟁으로, 이는 같은 종 내에서 생존 수단을 놓고 벌이는 투쟁을 가리킨다. 생물학자들은 또 진화에 있어서 내적인 전쟁이 벌어지는 범위나, 이것이 진화에서 차지하는 중요성이 모두 과장되었다고 지적했는데, 이는 다윈 자신도 상당히 뼈아프게 인정한 부분이기도 하다. 반면에 종의 번영을 성취하는 데 동물들의 사회성이나 사회적 본능이 중요한 역할을 한다는 사실은 다윈도 이미 인정한 바가 있는데도, 오히려 그의 뜻과는 달리 과소평가되었다.

그러나 동물들 간의 상호부조와 지원의 중요성이 오늘날의 사상가들 사이에서 비로소 인정되기 시작했다고 하더라도, 내가 주장한 테제의 두 번째 부분, 즉 인간의 역사에서도 역시 상호부조와 지원이 사회 제도의 점진적 발전에 중요한 역할을 한다는 점은 여전히 인정받지 못하고 있다.

당대의 사상을 주도하는 사람들은 대중들이 인간사회 제도의 진화에 거의 관심을 갖지 않으며, 또한 대중은 무기력할 뿐이어서 인간사회 제도의 진보는 정신적, 정치적, 군사적 지도자들에 힘입은 것이라는 주장을 여전히 고수하는 경향이 있다.

지금의 전쟁을 겪으면서 대부분의 유럽문명국들은 전쟁의 현실뿐만 아니라 그것이 일상생활에 미치는 수천 가지의 부수적인 영향까지 뼈저리게 절감하고 있다. 이런 과정은 분명 현재의 학설들을 변모시킬 것이다. 한 국가가 역사적 고난의 순간을 헤치고 살아남을 때마다, 인민 대중들의 창조적이고 건설적인 정신이 얼마나 요구되는지 이제 드러날 것이다.

이 전쟁의 참화를 준비하고 야만적인 방법을 고안해낸 것은 유럽 국가의 대중이 아니라 그들의 통치자들이고, 정신적인 지도자들이었다. 인민대중들은 현재 자행되고 있는 살육행위의 준비과정이나 전쟁수단의 고안과정에서 발언권을 행사할 만한 어떠한 위치에도 있어본 적이 없다. 이런 살육행위와 전쟁 기술은 인류가 남긴 최고의 유산으로 자부해온 바를 전적으로 무시하는 짓들이다.

만일 인류의 이러한 유산이 완전하게 파괴되어 버리지 않는다면, 그리고 이 '문명화된' 전쟁 동안 숱한 범죄가 자행됨에도 불구하고 인간의 연대에 관한 가르침과 전통이 끝내 현재의 시련을 온전히 견뎌낼 것이라고 우리가 여전히 확신할 수 있다면, 그것은 위로부터 조직된 멸절의 현장 곁에서, 내가 이 책의 인간 관련 부분에서 충분히 언급한 자발적인 상호부조의 수없이 많은 사례들을 목격하기 때문이다.

독일과 오스트리아 전쟁포로들이 키에프의 거리를 지친 모습으로 터벅터벅 걸어가고 있을 때, 이를 본 러시아 농촌 여인들은 그들의 손에 빵이나 사과 때로는 동전 따위를 건네준 바 있다. 수많은 러시아 남자와 여자들은 적과 동지, 장교와 사병 등을 가리지 않고 다친 자들을 돌보아주었다. 전쟁이 벌어진 프랑스와 러시아에서 마을을 떠나지 못한 늙은 농민들은 민회를 열어 '그곳(전쟁터)'에 나간 사람들의 논밭도 경작해주기로 결정하고는 적의 포화를 무릅쓰며 쟁기질을 하고 씨를 뿌렸다. 프랑스에서는 전국에 걸쳐 협동 취사장과 공산당원 식당이 생겨났다. 영국과 미국에서는 전쟁이 시작되자마자 벨기에를 위해 자발적인 원조를 보냈고, 러시아 인민들은 국토를 유린당한 폴란드인들에게 원조를 보냈다. 벨기에와 폴란드를 돕기 위해 벌어진 운동에는 무보수로 참여하는 자발적 행동과 에너지가 엄청나게 발휘되고 있었다. 여기서는 '자선 행위'(크로포트킨은 자선을 위선적인 행위라는 의미로 비판하고 있음 -옮긴이)의 속성이 사라진 대신 순수한 이웃돕기가 이뤄진 것이다. 위에서 열거한 사실과 유사한 일들은 이외에도 곳곳에서 많이 일어났다. 이는 새로운 생활 방식의 씨앗이다. 이런 경험들은 마치 인류의 초기 단계에서부터 발휘된 상호부조가 오늘날 문명화된 사회의 가장 진보적인 제도들을 낳은 것과 마찬가지로 새로운 제도들을 이끌어낼 것이다.

독자들께 특히 바라건대 이 책 중 원시 시대와 중세 시대의 상호부조에 대해 서술한 부분을 주목해주셨으면 한다.

세계를 비참함과 고통으로 몰아넣은 이 전쟁의 와중에서도 인간에게는 건설적인 힘이 작동한다고 믿을 여지가 있으며, 그러한 힘이 발휘되어 인간과 인간, 나아가 민족과 민족 사이에 더 나은 이해가 증진될 것이라고 나는 진심으로 희망한다.

P. 크로포트킨

브라이턴, 1914년 11월 24일

서문

젊은 시절 시베리아 동부와 만주 북부를 여행하는 동안 동물들의 삶에서 관찰한 두 가지 모습은 내게 매우 인상적이었다. 그중 하나는 극히 혹독한 생존경쟁의 모습이었다. 대부분의 동물 종들은 냉혹한 자연에 맞서 자신의 종을 보존하기 위해 극심한 경쟁을 치러야 했다. 자연의 섭리는 엄청난 생명 파괴를 주기적으로 몰고 왔으며, 그 결과 내가 관찰한 광대한 영토에서는 생명체가 희박했다. 다른 하나는 같은 종에 속하는 동물들 사이의 치열한 생존경쟁의 모습은 나의 온갖 노력에도 불구하고 발견하지 못했다는 점이다. 대부분의 다윈주의자들(다윈 자신이 항상 이렇게 주장한 것은 아니었지만)은 동종간의 치열한 경쟁을 생존경쟁의 가장 두드러진 특징이자 진화의 주요인으로 간주하고 있지만, 나로서는 동물의 개체수가 풍부한 몇 안 되는 지역에서조차도 발견하기 어려웠다.

늦겨울이 되면 유라시아 대륙의 북쪽 지역에는 끔찍한 눈보라가 휩쓸고 지나가고, 이어서 유리장 같은 서리가 맺히곤 한다. 이 서리와 눈보라는 5월 하순, 그러니까 나무마다 꽃을 한껏 피워 올리고 곤충들이 떼를 지어 여기저기 몰려다닐 때에도 어김없이 엄습한다. 때아닌 서리가 찾아오거나 가끔씩 7, 8월에 폭설이 내리면, 목초지에 사는 새들 가운데 뒤늦게 부화된 새끼들뿐만 아니라 무수한 곤충들도 갑자기 떼죽음을 당하고 만다. 7, 8월에 더욱 온난한 지역에서는 몬순의 영향으로 쏟아지는 폭우 때문에 미국, 동아시아에서나 볼 수 있는 규모로 홍수가 발생하고 고원지대에서는 유럽 대륙 크기만 한 지역이 침수된다. 그리고 마침내 10월 초에 폭설이 내리면 프랑스와 독일을 합친 것만큼 넓은 지역에서 반추동물反芻動物(네 개의 위를 가진 초식동물로, 사슴과와 소과 등이 있다-옮긴이)들이 더 이상 삶을 지탱하지 못하고 수천 마리씩 죽어나간다. 북아시아 지역에서 살기 위해 발버둥치는 동물들이 처한 상황은 위와 같았다. 이러한 상황을 목격하면서 나는 다윈이 '과잉번식에 대한 자연의 통제'라고 설명한 것이 자연계에서 압도적으로 중요하다는 사실을 일찍이 깨닫게 되었다. 이에 비해 생존 수단을 놓고 동일한 종의 개체들 사이에 벌이는 투쟁은 제한된 범위 내에서 산발적으로 발생할 수는 있어도 결코 이만큼 중요하지 않았다. 우리가 북아시아라고 일컫는 지역의 대부분에서 보이는 두드러진 특징은 개체 과잉이 아니라 개체 과소였다. 대부분의 다윈주의자들은 같은 종 내에서 식량과 생명을 놓고 무섭게 경쟁하기 마련이라고 신조처럼 믿고 있지만 나는 북아시아 지역을 관찰하면서부터 그 실상에 대해 심각한 의문을 품게 되었다. 또 새로운 종의 진화에 이런 식의 경쟁이 지배적인 역할을 한다는 믿음에 대해서도 역시 중대한 의문을 느끼게 되었다. 나의 이런 의문은 연구를 거듭할수록 더욱 확고해졌다.

한편 동물의 수가 풍부한 곳에서—예를 들어 여러 종에 걸친 수많은 개체들이 어린 새끼들을 돌보기 위해 모여드는 호수, 설치류齧齒類(쥐목에 속하는 동물들을 이르는 것으로, 발달된 앞니로 물체를 갉는 데서 유래한 이름이다. 설치류는 현생 포유동물 종 가운데 절반 정도를 차지하고 있으며, 개체수도 현생 포유동물의 절반 이상을 차지한다-옮긴이)의 군체群體들, 혹은 우수리 강(중국과 러시아의 경계를 이루고 있는 헤이룽 강의 지류-옮긴이)을 따라 이루어지는, 미국대륙에서나 볼 수 있는 규모의 새들의 이동, 그리고 특히 폭설이 내리기 전에 아무르 강(헤이룽 강)을 건너려고 방대한 지역으로부터 가장 좁은 지점으로 모여드는 수만 마리의 영리한 다마사슴fallow deer(지중해 지역과 서아시아가 원산이며, 오늘날 유럽 등 여러 곳에서 야생으로 살고 있다-옮긴이)들의 이동 모습에서 — 어김없이 상호부조와 상호지원이 이루어지는 모습을 목격할 수 있었다. 그리고 그 모습은 생명의 유지와 종의 보존, 나아가 종의 진화에서 엄청난 중요성을 갖는 것으로 느껴지기에 충분했다.

그리고 마지막으로 트랜스바이칼리아(바이칼 호 동부지역-옮긴이) 지역의 반半 야생 소와 말 그리고 곳곳의 야생 반추동물과 다람쥐들 사이에서 나는 다음과 같은 사실을 관찰할 수 있었다. 즉 앞에서 언급한 이유들 가운데 어느 하나로 인해 먹이 부족 사태에 직면하게 되면 동물들은 그 시련에서 벗어나는 데 모든 기력과 건강을 소진하며, 따라서 그런 격렬한 경쟁의 시기에는 종의 진화가 이루어질 수 없다는 것이다.

이러한 이유로 인해 이후 내가 다윈주의와 사회학의 관계에 관심을 두게 되었을 때, 나는 이 중요한 주제에 관해서 씌어진 어떤 저작이나 소논문에도 동의할 수 없었다. 그 모든 저작들은 인간 사이의 살벌한 생존경쟁은 인간이 지닌 고도의 지능과 지식 덕택에 완화될 수도 있음을 증명하려 애를 썼다. 그러나 이와 동시에 이 저작들은 동물이든 인간이든 동종끼리 생존 수단을 놓고 벌이는 투쟁은 '자연법칙'이라고 인정했다. 하지만 나는 이런 견해를 받아들일 수 없다. 왜냐하면 각각의 종 내부에서 생존을 위해 벌어지는 무자비한 싸움을 인정하고 그러한 싸움을 진보의 조건으로 이해하는 것은 아직 입증되지도 않았을 뿐만 아니라 직접적인 관찰을 통해 확인되지도 않은 것을 받아들이는 일이기 때문이다.

이에 반하여 저명한 동물학자이자 당시 상트페테르부르크 대학의 학장이었던 케슬러Kessler 교수가 1880년 1월 러시아 박물학자 대회에서 행한 '상호부조의 법칙에 관하여'라는 강연은 내게 새로운 빛을 던져주었다. 자연에는 **상호투쟁의 법칙** 이외에도 **상호부조의 법칙**이 존재하는데, 생존경쟁에서 살아남기 위해서 특히 종이 계속 진화하기 위해서는 상호부조의 법칙이 훨씬 더 중요하다는 것이 케슬러의 생각이었다. 사실 다윈이 『인간의 유래*The Descent of Man*』(이 저서의 정확한 제목은 『인간의 유래와 성선택*The Descent of Man and Selection in Relation to Sex*』이다-옮긴이)에서 전개한 사상을 발전시킨 것에 불과한 이러한 주장은 어쨌든 내가 보기에는 매우 정확하고 중요한 것이었다. 케슬러가 자신의 강연에서 피상적으로만 설명한 채 더 이상 발전시키지 못한—그는 1881년에 사망했다—이 사상을 보다 발전시키기 위해 1883년부터 자료를 수집하기 시작했다.

케슬러의 견해 중에서 내가 전적으로 보증할 수 없는 것이 하나 있었다. 케슬러는 동물들이 가지고 있는 상호동조가 자식에 대해 갖는 '부모의 정'과 배려(제1장 참조)에서 비롯되는 것이라고 시사했다. 하지만 실제로 이 두 가지 감정이 사회적 본능의 진화과정에서 어느 정도까지 작용해왔는지, 그리고 다른 본능들도 그러한 방향의 진화에 어느 정도까지 작용해왔는지를 판단하는 것은 서로 별개이면서도 매우 광범위한 문제로 보이므로, 이 문제에 대해 아직은 논의하기가 힘들다. 각기 다른 종류의 동물들에서 나타나는 상호부조의 진정한 모습과 더불어 그러한 사실들이 진화에 미치는 중요성이 충분히 입증된 다음에야 비로소 사회성이 진화하는 데 부모의 정에 속하는 것과 사회성 본연에 속하는 것에 대해 연구할 수 있을 것이다. 그리고 사회성 본연에 속하는 것은 분명 그 기원이 동물계 진화의 최초 단계인 '군체 단계'에까지 거슬러 올라간다. 그러므로 나는 무엇보다도 진화에서 상호부조라는 요인의 중요성을 확증하는 데 주된 관심을 기울였고, 자연계에서 상호부조 본능의 기원을 발견하는 과제는 앞으로의 연구 과제로 미뤄두었다.

상호부조라는 요인의 중요성은 '만일 그 일반성만 논증될 수 있었다면' 천재 박물학자 괴테Johann Wolfgang von Goethe의 연구대상이 되었을 것이다. 1827년 어느 날 에커만Johann Peter Eckermann(1792~1854. 문필가이자 괴테의 비서이며, 『만년의 괴테와 나눈 대화』의 저자로 잘 알려져 있다-옮긴이)은 괴테에게 두 마리의 작은 새끼 굴뚝새를 본 이야기를 해준 적이 있다. 에커만이 잡은 두 마리 새끼 굴뚝새가 도망갔는데, 이놈들은 다음 날 개똥지빠귀*Rothkehlchen*의 둥지에서 발견되었다. 그런데 개똥지빠귀 어미는 자기 새끼들과 함께 굴뚝새 새끼들에게도 먹이를 먹이고 있더라는 것이었다. 괴테는 이 이야기에 상당한 흥미를 보였고, 이를 두고 자신의 범신론적인 사상을 다시 확인하면서 다음과 같이 말했다. "만일 낯선 종에게도 먹이를 베푸는 행위가 모든 자연계에 걸쳐 일반적 법칙으로까지 받아들여지는 것이 사실이라면 많은 수수께끼가 풀릴 것이네." 괴테는 다음 날에도 이 문제를 다시 거론하면서 에커만에게 이 주제를 각별히 연구하라고 진지하게 당부했다(에커만은 동물학자로도 알려졌음). 그러면서 틀림없이 "매우 귀중한 보물과도 같은 결과를 얻어낼 것"이라고 덧붙였다(『만년의 괴테와 나눈 대화』, 1848년판, 3권, pp. 219, 221). 그러나 괴테가 당부한 연구는 아쉽게도 전혀 이루어지지 못했다. 동물들 사이의 상호부조에 관련된 풍부한 자료를 수집한 브렘Alfred Edmund Brehm(1829~1884. 독일 동물학자. 전 세계적으로 애독된 저서 『동물의 생활』로 잘 알려져 있다 -옮긴이)이 괴테의 말에 영감을 받은 것은 사실인 듯하다.

1872년에서 1886년까지 몇 가지 중요한 저작이 출판되었다. 이들 저작은 동물의 지능과 정신적인 생활을 다루었는데(제1장 각주에서 언급된다), 다음 세 권의 책은 특히 이 주제를 중점적으로 다루고 있다. 에스피나스Alfred Victor Espinas(1844~1922. 프랑스 사회학자 · 철학자 -옮긴이)의 『동물사회*Les Sociétés animales*』(파리, 1877), 라네상J. L. Lanessan의 강연(1881년 4월)을 묶은 『생존을 위한 경쟁과 경쟁을 위한 협동*La Lutte pour l'existence et l'association pour la lutte*』, 루이스 뷔히너Louis Büchner의 『동물계의 사랑과 성생활*Liebe und Liebes-Leben in der Thierwelt*』 등이 그 책들인데, 뷔히너의 책은 초판이 1882년이나 1883년에 발간되었다가 1885년에 증보되어 2판이 나왔다. 그러나 이 저작들은 각기 탁월한 것임에도 불구하고, 상호부조를 전前 인간 단계의 도덕적 본능에서 기원한다는 논증뿐만 아니라 자연법칙이나 진화의 요인으로 고려하는 연구에서도 상당한 여지를 남겨두고 있다. 에스피나스는 노동이 생리학적으로 분화하여 형성된 (개미나 벌 등의) 동물 사회에 주된 관심을 쏟았다. 그의 저작에는 거의 모든 방향으로 발전시켜나갈 수 있는 뛰어난 단서들로 가득 차 있지만, 인간 사회의 진화에 대해 오늘날 우리가 가지고 있는 지식에는 아직 이르지 못한 시대에 씌어졌다. 라네상의 강의는 상호지원을 다루기 위한 일반적 연구 틀을 탁월한 수준으로 구성하고 있다는 점이 큰 특징인데, 바닷가의 바위에서 시작해서 식물계, 동물계 그리고 인간계까지 차례차례 검토해나간다. 뷔히너의 저작은 풍부한 사실과 많은 시사점을 담고 있지만, 나로서는 그 저작의 중심 생각에 동의할 수 없었다. 이 책은 사랑에 대한 찬미로 시작해서 동물들 사이에도 사랑과 동정이 있다는 점을 설명하는 데 거의 모든 예증을 집중시키고 있다. 하지만 동물의 사회성을 사랑이나 동정으로 환원시키면 그 일반성과 중요성은 축소되어버린다. 이는 마치 인간의 윤리를 사랑과 개인적 동정으로만 파악할 때 인간의 도덕적 감정을 총체적으로 이해하지 못하는 협소한 시각을 불러오는 것과 마찬가지다. 때로는 전혀 알지도 못하는 이웃에 불이 났을 때 물 양동이를 들고 그 집으로 뛰어가는 이유는 이웃에 대한 사랑 때문이 아니다. 그러한 행동은 다소 막연하긴 하지만 인간이 지니는 연대성과 사회성이라는 훨씬 더 폭넓은 감정과 본능에서 우러난 것이다. 동물들도 마찬가지다. 한 무리의 반추동물이나 말들이 늑대의 공격에 맞서 둥근 원을 형성하는 것은 사랑이나 동정심(사전적 의미로 이해된) 때문이 아니다. 늑대들이 무리 지어 사냥하는 것도 사랑 때문이 아니다. 새끼 고양이들이나 새끼 양들이 자기들끼리 어울려 놀고, 여러 종의 어린 새들이 모여서 가을날의 하루를 함께 보내게 만드는 것도 사랑의 힘이 아니다. 또한 프랑스 땅만큼 넓은 지역에 흩어져 있던 수천의 다마사슴들이 제각기 여러 무리로 뭉쳐서 저마다의 장소에 집결한 후 강을 건너는 행동도 사랑이나 개별적인 동정심 때문은 아니다. 이는 사랑이나 개별적인 동정심보다는 분명 한없이 더 넓은 감정에서 우러나오는 것이다. 이러한 본능은 극히 장구한 진화 과정에서 동물이나 인간들 사이에 서서히 발달해 오면서, 동물과 사람들에게 상호부조나 상호지원에서 얻어지는 힘을 가르쳐주었으며, 사회적 삶에서 찾을 수 있는 기쁨도 가르쳐주었다.

동물심리학을 연구하는 사람이라면, 그리고 인간윤리를 연구하는 사람이라면 더더욱 이러한 구분(상호부조와 사랑이나 동정심을 구분하는 것)의 중요성을 어렵지 않게 헤아릴 수 있을 것이다. 사랑, 동정심 그리고 자기희생은 분명히 우리의 도덕적인 감정이 꾸준히 발전하는 데 중대한 역할을 한다. 그러나 인간 사회의 근간이 되는 것은 사랑도 심지어 동정심도 아니다. 그것은 인간의 연대 의식 — 본능의 단계에서만 존재하는 것이기는 하지만 — 이다. 이는 상호부조를 실천하면서 각 개인이 빌린 힘을 무의식적으로 인정하는 것이며 각자의 행복이 모두의 행복과 밀접하게 의존하고 있다는 점을 무의식적으로 받아들이는 것이기도 하다. 마지막으로 이는 각 인간마다 자기 자신뿐 아니라 다른 모든 사람들의 권리도 존중해주는 의식 즉 정의감 혹은 평등 의식을 무의식적으로 인정하는 것이다. 이 폭넓고 필수적인 기반 위에서 보다 높은 수준의 도덕 감정이 발전된다. 그러나 이 주제는 지금의 연구 범위를 벗어나는 것이라 여기서는 단지 헉슬리Thomas Henry Huxley(1825~1895. 영국 생물학자. 인간 기원의 문제를 분석한 『자연에서의 인간의 위치』 등의 저서가 있다 -옮긴이)의 『윤리학*Ethics*』에 대한 답변으로 <정의와 도덕>이라는 강연에서 이 주제를 다소 길게 다룬 바 있다는 점만 언급해 둔다.

이후 나는 자연법칙이자 진화의 요인으로서 상호부조를 다루는 책이 씌어지면 중요한 간극을 메울 수 있으리라고 생각했다. 1888

년에 헉슬리가 '생존경쟁' 선언—『생존경쟁과 그것이 인류에 미치는 영향*Struggle for Existence and its Bearing upon Man*』—을 발표했을 때, 내가 보기에 그의 주장은 자연계에 나타나는 사실들을 매우 부정확하게 묘사한 것이었다. 마치 덤불이나 숲 속에 숨어 관찰한 것만 같았다. 이때 나는 《19세기*Nineteenth Century*》의 편집장에게 연락을 취해서 가장 탁월한 다윈주의자 가운데 한 사람의 견해에 대한 꼼꼼한 답변을 게재할 의향이 있는지 물었고, 편집장인 제임스 놀즈 씨는 전적으로 공감을 표하며 제안을 받아들였다. 나는 이 일을 베이츠 Henry Walter Bates(1825~1892. 영국 곤충학자 · 탐험가. 동물의 의태양식 속에 자연선택의 작용이 발견된다고 주장했으며, 그의 이론은 다윈의 진화론을 크게 뒷받침했다 -옮긴이) 씨에게도 알려주었는데, 그는 "그렇지요, 당연히 그것이 진정한 다윈주의이지요. '그 사람들'은 다윈을 끔찍하게 만들어 버렸습니다. 계획하신 논문을 쓰세요. 논문이 인쇄되면 단행본으로 출판할 수 있도록 편지를 써 드리겠습니다."라고 답했다. 불행히도 나는 이 논문을 쓰는 데 거의 7년이나 걸렸고, 마지막 논문이 출판되었을 때 베이츠 씨는 이미 이 세상 사람이 아니었다.

다양한 종류의 동물들에게서 상호부조가 중요한 역할을 한다는 점을 논의하고 나자, 다음으로 나는 똑같은 요인이 인간의 진화에서도 중요하다는 점을 논의해야만 했다. 진화론자 중에는 허버트 스펜서Herbert Spencer(1820~1903. 영국 사회학자 · 철학자. 생물학 · 심리학 · 윤리학 · 사회학 원리에 관한 여러 가지 논문을 포함한 종합논문집 『종합 철학체계』로 잘 알려져 있다 -옮긴이)처럼 상호부조가 동물들 사이에서는 중요한 역할을 하지만 인간의 경우에는 그렇지 않다고 주장하는 사람이 적지 않았기 때문에 그러한 논의는 더욱 필요했다. 스펜서와 같은 사람들의 주장에 의하면, 원시인간 사회에서는 만인에 맞선 개개인의 투쟁이 곧 삶의 법칙이었다. 이 주장은 홉스 Thomas Hobbes 이래 충분한 비판이 가해지지 않은 채 너무나도 손쉽게 반복되었다. 그러나 인간 발달의 초기 단계에 대해 우리가 지금껏 아는 정도의 지식만으로도 과연 이런 주장이 어느 정도나 옳다고 인정할 수 있을지는 이 책의 야만인과 미개인 관련 장에서 논의하였다.

야만 혹은 반半 야만 집단의 창조적인 천재성에 의해 발전된 상호부조 제도의 수와 중요성은 인류 최초의 씨족 시기 동안, 그리고 뒤이은 촌락 공동체 시기 동안 더더욱 증진되었다. 또한 초기의 이 제도들은 오늘날에 이르기까지 지속되어온 인류의 발전에 거대한 영향력을 행사해왔다. 이러한 사실들은 나로 하여금 그 이후의 역사적인 시기로까지 연구 영역을 넓히도록 만들었다. 특히 그 보편성과 더불어 근대문명에 끼친 영향력이 아직껏 정당하게 평가되지 못하고 있는 중세 자유 도시공화국은 가장 흥미로운 시기였다. 그리고 마지막으로 나는 지극히 기나긴 인류의 진화과정 속에서 유전된 상호지원의 본능이 심지어 현재의 근대사회에서도 대단히 중요한 역할을 담당하고 있음을 간략히 언급하고자 노력했다. 근대사회가 기반하고 있다고 여겨지는 "각자는 자신을 위해, 국가는 모두를 위해"라는 원리는 아직 실제로 성공한 적도 없으며, 앞으로도 그럴 것이다.

이 책에서 동물이든 사람이든 너무 호의적인 방향으로 묘사되었다고 반론이 제기될지도 모르겠다. 동물이나 사람의 사회적 특성들이 강조되는 반면 반사회적이고 자기중심적 본능은 거의 손도 대지 않았다고 말이다. 하지만 이러한 서술 방식은 불가피한 일이었다. 최근에 우리는 각각의 동물이 다른 모든 동물들에 맞서, 각각의 '야만인'이 다른 모든 '야만인들'에 맞서, 그리고 각각의 문명인이 모든 동료시민들에 맞서 '거칠고 무자비한 생존경쟁'을 벌이고 있다는 말을 너무 많이 들어왔다. 그러한 주장은 거의 신조처럼 받아들여진다. 따라서 무엇보다도 우선 동물과 인간의 삶을 전혀 다른 방향에서 보여주는 사실들을 폭넓게 취하여 최근의 통설에 반박할 필요가 있었다. 나는 자연계에서 그리고 동물의 종과 인간들의 점진적인 진화에서 사회적 습성이 차지하는 압도적인 중요성을 지적할 필요가 있었다. 그러한 사회적인 습성으로 인해 동물들은 적으로부터 보다 안전하게 보호받고(동절기를 예비하거나 원거리 이동을 할 때에) 수월하게 식량을 구하고, 일찍 죽거나 잡아먹히지 않으면서 지적인 능력을 훨씬 더 수월하게 발달시킬 수 있었다는 점, 그리고 인간의 경우에는 여기에 더해 자연에 맞서는 힘든 투쟁에서 살아남아 역사 속의 온갖 부침을 넘어 진보할 수 있게 해주었던 제도들을 고안할 가능성을 얻었다는 점을 입증할 필요가 있었던 것이다. 이 책은 진화의 중요한 요인들 가운데 하나로 상호부조의 법칙을 다루었을 뿐, 진화의 온갖 요인을 나열하며 각각의 가치를 서술하지는 않는다. 아니 바로 그것이 가능해지기 위해서 먼저 이 첫 번째 책이 나와야만 했던 것이다.

나는 개인의 자기주장이 인간 진화에 기여한 부분을 결코 과소평가하지 않는다. 오히려 이 주제는 지금까지보다 더욱 심도 있게 다루어져야 한다고 나는 믿는다. 인간의 역사에서 개인의 자기주장은 '개인주의'나 '자기주장'이라고 수많은 작가들이 묘사하듯 그렇게 저급하고 무지한 편협함과는 전혀 다를 뿐만 아니라 그보다 훨씬 폭넓고 심오한 것으로 존재해왔다. 또한 역사를 만들어가는 개인들 역시 역사가들이 영웅으로 묘사해온 인물들에 한정되지 않는다. 따라서 상황이 허락한다면 나는 인간의 점진적 진화에서 개인의 자기주장이 어떤 역할을 발휘했는지 따로 분리해서 논의할 생각이며, 다만 이 자리에서 나는 다음과 같은 일반적인 언급만 하고 넘어가고자 한다. 즉 부족, 촌락 공동체, 길드, 중세 도시의 상호부조 제도가 역사적으로 진행되어 오면서, 이 제도에 빌붙어 성장하게 된 여러 요인들에 훼손되어 초창기의 특성을 잃어버리고 결국 진보의 방해물이 되어버리면, 이러한 제도들에 맞선 개인들의 저항은 항상 두 가지 양상으로 다르게 드러났다. 먼저 구제도를 정화하거나 보다 수준 높은 사회 형태를 성취해내기 위해 들고일어나 분투하는 사람들 가운데 일부는 동일한 상호부조의 원리를 기반으로 했다. 예를 들면 그들은 탈리오 법칙lex talionis(피해자가 입은 피해와 같은 정도의 손해를 가해자에게 가한다는 보복의 법칙 -옮긴이) 대신에 '보상'의 원리를 도입하려 했으며, 더 나아가 계급 가치에 따른 보상 대신 죄의 사면이나 '인간 양심 앞의 평등'이라는 보다 높은 이상을 도입하고자 노력했다. 그러나 이와 동시에 똑같은 개인적 반란자들 가운데 다른 부류는 자신들의 부와 권력을 늘리려는 의도에서 상호지원이라는 보호 장치를 부수려고 안간힘을 썼다. 이 두 부류의 반역자에 기존 제도들을 지지하는 사람들까지 가세하여 삼각 투쟁이 벌어지는 과정에 역사의 진정한 비극이 존재한다. 그러나 이러한 투쟁을 묘사하고 이 세 부류의 세력이 각각 인간 진화에서 차지한 역할을 있는 그대로 연구하려면 적어도 내가 이 책을 쓰는 데 걸린 만큼의 시간이 필요할 것이다.

내가 발표한 동물 간의 상호부조에 관한 논문이 나온 이래, 같은 주제의 저작들이 그동안 여럿 발표되었다. 그중에서 헨리 드러먼드Henry Drummond(1851~1897. 스코틀랜드 종교사상가 · 과학자. 자연도태 현상에서의 동물의 이타적 속성을 갈파했다-옮긴이)의 『인간 향상에 관한 로웰 강의*The Lowell Lectures on the Ascent of Man*』(런던, 1894)와 서덜런드Alexander Sutherland의 『도덕 본능의 기원과 성장*The Origin and Growth of the Moral Instinct*』(런던, 1898)이란 책만큼은 반드시 언급하고 넘어가야겠다. 두 책 모두 주로 동물의 사랑을 다룬 뷔히너의 저작(『동물계의 사랑과 성생활』)이 취한 입장에 따라 구성되었는데, 이 중 서덜런드의 책은 부모의 감정과 가족 감정을 도덕 감정 발달에 영향을 미치는 유일한 요인으로 파악하여 비중 있게 다루었다. 이와 유사한 노선에서 인간을 다루고 있는 세 번째 책은 프랭클린 기딩스Franklin Giddings 교수의 『사회학의 원리*The Principle of Sociology*』인데, 초판은 1896년 뉴욕과 런던에서 출판되었고, 1894년에 나온 저자의 소논문에서 그 주요사상이 간결하게 설명되었다. 그러나 이들 저작과 나의 책 사이에 보이는 접점이나 유사성 또는 차이점까지 논의하는 일은 학술적인 비평가들의 몫으로 남겨놓고자 한다.

이 책의 각 장들은 《19세기》에 처음 발표되었다. 동물의 상호부조(1890년 9월, 11월), 야만인savages의 상호부조(1891년 4월), 미개인barbarians의 상호부조(1892년 1월), 중세 도시의 상호부조(1894년 8월, 9월), 근대인의 상호부조(1896년 1월, 6월). 이 글들을 한 권의 책으로 묶으면서 나는 처음 발표 당시의 논문에서는 생략할 수밖에 없었던 몇 가지 부차적인 논점들에 관한 논의뿐만 아니라 많은 자료들을 부록으로 수록할 생각이었다. 그러나 그렇게 하려다 보니 아예 출간을 포기하든가, 아니면 적어도 미뤄야 할 지경에 이르게 되었다. 부록이 본문 분량의 두 배에 달했기 때문이다. 현재 이 책의 부록에는 지난 몇 년 동안 과학적으로 논쟁이 되었던 몇 가지 논점에 대한 논의만을 담았다. 그리고 책의 구조를 바꾸지 않으면서 소개될 수 있는 문제들에 한정하여 본문 안에 소개했다.

마지막으로 《19세기》의 편집자 제임스 놀즈 씨에게 진심 어린 감사를 전한다. 그는 내 논문의 핵심을 곧바로 파악하여 잡지에 게재해주었을 뿐 아니라 책으로까지 출판하도록 허락해주었다.

켄트의 브롬리, 1902년

1

동물의 상호부조

생존경쟁
상호부조 – 점진적 진화의 중요 요인이자 자연 법칙
무척추동물들
개미와 꿀벌
새들 : 사냥 및 어획 군집
사회성
작은 새들의 상호보호
학, 앵무새들

다윈과 월리스Alfred Russel Wallace(1823~1913. 영국 박물학자. 다윈과는 독립적으로 자연선택을 통한 종의 기원론을 발전시켰으며 '적자생존'이라는 용어를 만들었다-옮긴이)는 진화의 한 요인으로서 생존경쟁 개념을 과학에 도입하였다. 이로써 우리는 극히 광범위한 현상들을 단 하나의 개념으로 일반화할 수 있게 되었다. 이 개념은 곧바로 철학이나 생물학, 사회학적인 성찰의 근거가 되었다. 다음과 같은 사실들이 헤아릴 수 없을 정도로 다양하게 존재한다. 즉 유기체들의 신체구조와 기능은 저마다 처한 환경에 적응하고, 생리학적으로나 해부학적으로 진화를 거듭한다. 또한 지적 능력의 진보나 도덕 발달에 대해서조차, 이전까지는 상당히 다양한 원인으로 설명하였지만 다윈은 하나의 일반 개념을 적용했다. 우리는 유기체의 변화를 개인, 인종, 종 그리고 사회의 발전을 위한—불리한 환경에 맞서 투쟁하는—지속적인 노력으로 이해했다. 그 결과 생명의 풍부함, 다양성, 왕성함이 한껏 성취될 수 있는 것이다. 생존경쟁이라는 개념이 이렇듯 일반적 원리까지 될 수 있다는 점을 다윈은 초기에 충분히 인식하지 못했던 듯하다. 다윈이 이 개념을 끌어들인 것은 본래 생명 발생 초기의 종에서 나타나는 개체변이의 축적과 관련된 사실들을 설명하기 위해서였다. 하지만 다윈은 자신이 과학에 도입했던 그 용어가 좁은 의미로만—서로 다른 개체들 사이에 벌어지는 생존 수단 획득 투쟁으로만

— 쓰인다면 그 용어의 철학적이고 적확한 의미를 잃게 되리라고 내다보았다. 그리고 자신의 기념비적인 저작의 서두에서 그는 이 용어가 "넓고 비유적인 의미"라고 말하며, "존재의 상호의존, 그리고 (더욱 중요한 점은) 그 개체만의 생명뿐 아니라 번식"1) 까지 의미한다고 주장했다.

다윈 자신은 이 용어를 구체적인 목적에 따라 좁은 의미로 주로 사용했는데, 그는 이 용어를 과대평가하는 오류(다윈 스스로도 한 차례 범했던 오류이다)를 범하지 말라고 추종자들에게 경고하였다. 『인간의 유래』에서 다윈은 이 용어의 의미를 적확하면서도 광범위하게 몇 페이지에 걸쳐 분명하게 예증하였다. 수많은 동물 사회에서 생존 수단을 놓고 벌어지는 개체들 사이의 투쟁이 어떻게 사라지게 되었는지, 투쟁이 어떻게 협동으로 대체되었는지, 그리고 이러한 변화가 일어나면서 그 종에게 최상의 생존 조건을 확보하게 해주는 지능적이고 도덕적인 능력이 어떻게 발달하게 되었는지를 다윈은 지적하였다. 그가 암시한 바로는, 이러한 경우에 가장 적응을 잘한 종들은 육체적으로 가장 강하거나 제일 교활한 종들이 아니라 공동체의 이익을 위해 강하든 약하든 동등하게 서로 도움을 주며 합칠 줄 아는 종들이었다. 다윈은 다음과 같이 쓰고 있다. "가장 협력을 잘하는 구성원들이 가장 많은 공동체가 가장 잘 번창하고 가장 많은 수의 자손을 부양한다"(제2판, p. 163). 이 용어는 모든 개체 사이마다 경쟁이 벌어진다는, 맬서스의 협소한 개념에서 유래되었다. 물론 진정으로 자연을 아는 이라면 그렇게 편협하게 받아들이지

1) 『종의 기원*Origin of Species*』, 3장, 초판 62쪽.

않는다.

그러나 가장 풍성한 연구의 논거가 될 수도 있었던 이러한 언급들은, 현실적으로 생존경쟁이 가져오는 결과를 예시할 목적으로 수집된 산더미 같은 사실들에 의해 불행히도 그 빛을 잃고 말았다. 게다가 다윈은 생존경쟁하에 동물계에서 나타나는 상대적으로 중요한 두 가지 양상을 철저히 조사하려 하지 않았고, 자연이 과잉번식을 통제한다는 주장을 펼치려 했던 저작도 제안만 해놓고 쓰지는 않았다. 만일 이 저작이 씌어졌다면 개체 간의 투쟁이 갖는 의미를 꿰뚫어보는 데 중요한 시금석 노릇을 했을 것이라 짐작된다. 오히려 금방 언급한 바로 그 페이지에서 다윈은 맬서스의 투쟁 개념이 협소하다고 논박하고 있는데, 그 자료들 사이로 낡은 맬서스주의의 흔적이 다시 나타난다. 즉 문명사회에는 "몸과 마음이 약한 자들"을 부양하는 불편함이 따른다고 언급(제5장)하고 있는 것이다. 그는 육체적으로 허약하고 정신적으로 우유부단한 수많은 시인, 과학자, 발명가 그리고 개혁가들은 이른바 수많은 "바보들"이나 "허약한 정신을 지닌 광신자들"과 마찬가지로 지성과 도덕을 무기로 내세우지만, 이는 인류가 생존경쟁에서 내세울 수 있는 최선의 무기는 될 수 없다고 썼다. 그런데 다윈은 이 책 『인간의 유래』의 똑같은 장에서 지성과 도덕이 중요한 역할을 한다고 강조하고 있기도 하다.

어떤 식으로든 인간관계를 다루는 이론들에서 늘 생기는 일이 다윈의 이론에서도 발생한 것이다. 다윈의 추종자들은 다윈 자신이 시사한 바에 따라 그 이론을 확장하는 대신, 오히려 이론의 폭을 더욱 좁혀놓았다. 독자적이기는 하지만 매우 유사한 입장에서 출발한 허버트 스펜서는 특히 『윤리학의 지식*Data of Ethics*』 제3판 부록에서 제기한 "누가 적자適者인가?"라는 거창한 문제를 제기하며 폭을 넓히려고 시도하였지만, 수많은 다윈 추종자들은 생존경쟁이라는 개념을 가장 협소하게 제한해버렸다. 그들은 동물의 세계를 반쯤 굶어 서로 피에 주린 개체들이 벌이는 끝없는 투쟁의 세계로 여기게 되었다. 그들의 영향을 받은 근대의 저작물들은 정복당한 자의 비애라는 슬로건을 마치 근대 생물학의 결정판인 양 퍼뜨렸다. 이들은 개인의 이익을 위한 '무자비한' 투쟁을 인간도 따를 수밖에 없는 생물학 원리로까지 끌어올렸다. 상호 멸절이 지배하는 이 세계에서는 투쟁하지 않으면 굴복할 수밖에 없는 위협에 놓여있다는 것이다. 자연과학에 대해서 몇 마디 간접적으로 주워들은 것밖에 알고 있지 못한 경제학자들은 논외로 하더라도, 다윈의 견해에 대한 가장 권위 있는 옹호자라고 하는 이들조차도 최선을 다해 이런 잘못된 생각을 견지했다는 사실을 우리는 반드시 알아야만 한다. 가장 뛰어난 진화론자라는 데 논란이 없을 헉슬리만 해도, 「생존경쟁과 그것이 인류에 미치는 영향」이라는 논문에서 우리에게 다음과 같은 사상을 가르쳐주려고 하지 않았는가.

> 도덕론자의 입장에서 보면 동물의 세계는 검투사들이 보여주는 쇼와 거의 같은 수준이다. 거기에 나오는 동물들은 곧바로 싸울 수 있도록 매우 잘 훈련되어 있다. 가장 강하고 가장 빠르며 가장 교활한 놈이 살아남아 그 다음 날에도 또 싸우게 된다. 패자에게는 아무런 자비도 베풀어지지 않으므로 관객들은 굳이 엄지를 아래로 내릴 필요도 없다.

같은 논문에서 더 아래로 내려가면 동물들 사이에서뿐만 아니라 원시인들도 마찬가지라고 말하지 않았던가.

> 가장 약하고 어리석은 종들은 궁지에 빠지지만, 어떤 의미에서 최상은 아닐지라도 환경에 맞서 가장 잘 적응한, 가장 강하고 가장 영리한 종들은 살아남았다. 삶은 끝없이 계속되는 싸움이며, 가족이라는 제한적이고 일시적인 관계를 넘어서, 각자가 만인에 맞서 벌이는 홉스적인 의미의 전쟁이야말로 정상적인 존재의 상태이다.[2)]

이러한 자연관이 어느 정도나 사실로 뒷받침되는지는 동물계나 원시인에 대한 증거를 얼마나 독자들에게 제시할 수 있는가에 달려 있을 것이다. 하지만 우선 이 자리에서 밝힐 수 있는 점은, 헉슬리의 자연관이 그와 정반대의 입장이었던 루소Jean-Jacques Rousseau만큼이나 과학적인 추론으로 받아들여지기 어려울 수 있다는 것이다. 루소는 인간의 손길에 의해 파괴된 사랑과 평화와 조화를 자연에서 다시 발견했다. 사실 숲에 한번 들어가 보거나, 동물사회를 한번 관찰해보거나 아니면 동물의 삶을 진지하게 다룬 책을 읽어보았다면, 도르비니Alcide Dessalines d'Orbigny(1802~1857. 프랑스 출신의 미微고생물학 창시자. 8년간 남아메리카를 여행하면서 남아메리카 대륙의 민족과 박물학 및 지질학을 연구하여 10권짜리 『남아메리카 탐사』라는 저서를 남겼다 -옮긴이), 오듀본John James Audubon(1785~1851. 19세기 초 북아메리카의 조류를 그린 박물학자 · 미술가 -옮긴이), 르 바이양 François Le Vaillant(1753~1824. 프랑스령 기아나 출신의 남아메리카 탐험가 -옮긴이)

---

2) 《19세기》, 1888년 2월, p. 165.

아니면 누구의 저작이든, 동물의 삶에서 사회적 생활이 차지하는 부분을 자연주의적으로 생각할 수밖에 없으며, 자연에서 조화와 평화만을 보게 되지는 않듯이 역시 자연에서 도살장만을 보게 되지는 않는다. 루소가 자신의 사상에서 필사적인 싸움을 도외시하는 실수를 저질렀다면, 헉슬리는 정반대의 실수를 저질렀다. 하지만 루소의 낙관론도 헉슬리의 비관론도 자연을 공정하게 해석했다고 받아들일 수는 없다.

실험실이나 박물관이 아니라 숲이나 목초지에서, 혹은 스텝지대나 산악지대에서 동물을 연구하게 되면 우리는 곧바로 다음과 같은 사실을 인식하게 된다. 즉, 다양한 종들, 특히 다양한 부류의 동물들 사이에서 계속해서 엄청나게 다투고 몰살시키지만, 그와 동시에 같은 종이나 적어도 같은 집단에 속한 동물들끼리는 그러한 싸움과 몰살에 상응할 만큼 아니 그보다 훨씬 더 서로를 부양하고 도와주며 보호해준다는 사실을 알게 된다. 사회성 역시 상호투쟁과 마찬가지로 자연법칙이다. 물론 이 두 가지 사실들이 갖는 상대적인 중요도를 대략으로나마 수치로 환산해서 평가하기란 지극히 어려운 일이다. 그러나 간접적인 수단을 통해서 "끊임없이 서로 싸우는 종들과 아니면 서로 도움을 주는 종들 중에서 어느 쪽이 적자인가?"라는 질문을 자연에 던진다면, 의심할 여지도 없이 상호부조의 습성을 가지고 있는 동물들이 적자임을 바로 알게 된다. 그들은 살아남을 수 있는 기회를 더 많이 가지며, 각기 자신들의 부류 내에서 최고도로 발달된 지능과 신체조직을 획득하게 된다. 이러한 견해를 뒷받침하기 위해 제시할 수 있는 무수한 사실들을 모두 고려하면, 상호부조야말로 상호투쟁과 맞먹을 정도로 동물계를 지배하는 법칙이라고 말해도 무리가 없는 듯하다. 아니, 진화의 한 요인인 상호부조는 어떤 개체가 최소한의 에너지를 소비하면서 최대한 행복하고 즐겁게 살 수 있게 해준다. 게다가 종이 유지되고 더 발전하도록 보증해주면서 그러한 습성과 성격을 발전하게 해주기 때문에 어쩌면 상호투쟁보다 더욱 중요할 수도 있다.

내가 아는 한 다윈을 추종하는 과학자들 가운데서 자연의 법칙이자 진화의 중요한 요인으로서 상호부조가 갖는 의미를 처음으로 충분히 이해했던 사람은 저명한 러시아의 동물학자이며 페테르부르크 대학의 학장이었던 케슬러 교수였다. 그는 죽기 수개월 전인 1880년 1월에 러시아 박물학자 대회에서 행한 강연에서 자신의 생각을 개진하였다. 하지만 러시아어로만 출판되었던 수많은 걸작들과 마찬가지로, 이 주목할 만한 강연은 전혀 알려지지 않았다.[3)]

---

3) 토스넬이나 페 그리고 여타 많은 전前 다윈주의적 작가들은 차치하고라도 상호부조에 관한 주목할 만한 사례들—주로 동물의 지능을 예증하는—을 담고 있는 몇몇 저작들이 그 시기 이전에 발표되었다. 다음과 같은 저작들을 언급할 수 있다. Houzeau, *Les facultés mentales des animaux*, 2 vols., Brussels, 1872; L. Büchner, *Aus dem Geistesleben der Thiere*, 2nd ed. 1877; Maximilian Perty, *Über das Seelenleben der Thiere*, Leipzig, 1876. 에스피나스는 1877년에 가장 주목할 만한 저작, *Les Sociétés animales*을 출간했다. 이 책에서 에스피나스는 동물 사회의 중요성과 종의 보전에서 갖는 의미를 지적하였고 사회의 기원에 관한 가장 가치 있는 논의를 다루었다. 사실 에스피나스의 저작에는 지금까지 상호부조와 그 밖의 여러 좋은 사례에 관해서 씌어진 모든 내용들이 포함되어 있다. 그럼에도 불구하고 케슬러의 강연을 특별히 언급해야 하는 이유는 진화의 과정에서 상호투쟁의 법칙보다 훨씬 더 중요한 법칙으로까지 상호부조를 올려놓았기 때문이다. 같은 생각들이 다음 해 라네상의 강연에서 다음과 같은 제목으로 전개되었다. *La lutte pour l'existence et l'association pour la lutte*. G. Romanes, *Animal Intelligence*가 1882년에 출간되었고 이듬해에 *Mental Evolution in Animals*가 나왔다. 같은 해(1882년)에 뷔히너는 또 다른 저작, *Liebe und Liebes Leben in des Thierwelt*를 출간하였고 이 책의 2판은 1885년에 출간되었다. 이와 같이 이 사상은 널리 확산되었다.

'선배 동물학자로서' 케슬러는 동물학에서 빌려온 — 생존경쟁 — 용어가 남용되는 현실을 지적하고, 이 용어의 중요성이 과대평가되는 사실에 적어도 이의를 제기하지 않을 수 없었다. 동물학이나 인간을 다루는 과학들은 이른바 생존경쟁이라는 무자비한 법칙을 줄곧 주장한다고 그는 지적했다. 하지만 그들은 또 다른 법칙 즉 적어도 동물들에게는 생존경쟁보다 훨씬 더 본질적인 법칙의 존재를 잊고 있었다. 케슬러는 자손을 남기려는 욕구가 어떻게 필연적으로 동물들을 모이게 하는지 그리고 "더 많은 개체들이 함께 모이면, 서로 더 많이 도울 수 있고, 지능적으로 더욱더 발달할 수 있을 뿐만 아니라 그 종들이 살아남을 기회를 더 많이 갖게 된다."는 점을 지적했다. 그는 "모든 종의 동물들 특히 고등동물들은 상호부조를 실천한다."고 주장하면서, 송장벌레의 삶과 새나 포유류들의 사회생활을 예로 들어 자신의 생각을 설명하였다. 짧은 개회 강연인 탓에 실제 사례는 몇 가지밖에 들지 못했지만 요점만은 분명하게 진술했다. 인간의 진화에서 상호부조는 훨씬 더 눈에 띄는 역할을 해왔다고 언급한 다음, 그는 다음과 같이 결론을 내렸다.

> 나는 분명 생존경쟁을 부정하지는 않는다. 그러나 동물계 특히 인간이 점진적으로 발전하는 데는 상호경쟁보다는 상호지원의 혜택을 훨씬 더 많이 받았다고 주장한다.……모든 유기체들은 두 가지 욕구 즉 영양 섭취의 욕구와 종족 번식의 욕구를 지닌다. 영양 섭취의 욕구는 유기체로 하여금 서로 투쟁하고 말살하게 만들지만, 반면에 종족 유지의 욕구는 유기체로 하여금 서로 접근하고 지원하도록 한다. 나는 유기적 세계가 진화하는 데 — 즉 유기체의 점진적 변화에 있어서 — 개체들 사이에 상호지원이야말로 상호투쟁보다 훨씬 더

중요한 역할을 한다고 생각하고 싶다.[4)]

그가 위의 견해를 매우 세밀하게 전개하였기 때문에 이 자리에 참석한 러시아 동물학자들은 모두 감명을 받았다. 스예베르초프 Nicolai Syevertsoff — 그의 저작은 조류학자와 지리학자들 사이에서 상당히 유명하다 — 는 몇 가지 사례를 덧붙여 예시하면서 케슬러의 견해를 지지했다. 어떤 종의 새매는 "약탈하기에 거의 이상적인 유기적 조직"을 가지고 있는데도 사라져가는 데 반해, 상호부조를 실천하는 종들은 번성하고 있다고 스예베르초프는 언급하였다. "다른 한편 사회성이 있는 새, 가령 오리를 예로 들어보자. 오리는 대체로 빈약한 유기조직을 가지고 있지만, 상호지원을 실천하고 있어서 종의 숫자를 셀 수도 없고 변종들도 무수히 많다는 사실에서 알 수 있듯이 지구의 거의 모든 곳에 퍼져 있다."

당연히 러시아의 동물학자들은 케슬러의 견해를 즉각 받아들였다. 왜냐하면 그들 거의 모두 사람이 살지 않는 북아시아나 동러시아의 야생 지대에서 동물계를 연구할 기회가 있었기 때문이다. 그와 같은 지역에서 연구하게 되면 똑같은 생각에 도달할 수밖에 없다. 내가 뛰어난 동물학자인 나의 친구 폴리야코프Polyakoff와 함께 비팀Vitim(러시아 연방 부랴티야 공화국과 치타 주에 걸쳐 있는 시베리아 동부의 고원지대 -옮긴이) 지역을 탐사했을 때, 시베리아 지방의 동물계로부터 받았던 인상이 다시금 떠오른다. 당시 우리 두 사람은 『종의 기원』에서 신선한 인상을 받았으나 부질없이 동종의 동물들 사이에 벌어지는 첨예한 경쟁을 찾으려 했다. 우리는 다윈의 저작을

---

4) *Memoirs(Trudy) of the St. Petersburg Society of Naturalists*, 11권. 1880.

읽으면서, 심지어 제3장(p. 54)에 나오는 소견들을 고려한 뒤에도 그러한 기대를 가졌던 것이다. 우리는 가혹한 기후 환경이나 다양한 적에 대항하여 매우 빈번하게 공동으로 투쟁하는 적응 형태를 수없이 목격할 수 있었다. 폴리야코프는 지리적 분포에 따른 육식동물, 반추동물, 그리고 설치류들의 상호 의존관계를 상당한 분량으로 기록해 놓았다. 우리는 상호지원의 수많은 사례들을, 특히 새들이나 반추동물들이 이동하는 시기에 목격했다. 반면에 동물들이 엄청나게 무리 지어 사는 아무르나 우수리 지역에서조차 동종의 고등동물들 사이에 실제로 경쟁이나 투쟁을 벌이는 사례는 아무리 애를 써도 좀처럼 눈에 띄지 않았다. 러시아 동물학자들의 저작에서도 대부분 같은 인상을 받는데, 러시아의 다윈주의자들이 케슬러의 생각을 매우 환영한 반면 서유럽의 다윈주의자들 사이에서는 같은 생각이 유행하지 않은 이유도 바로 이러한 사정 때문일 것이다.

생존경쟁을 두 가지 측면에서 — 직접적인 측면과 은유적인 측면에서 — 연구하자마자 우리는 먼저 상호부조를 입증해주는 사례들이 너무나도 풍부하다는 점에 놀라고 만다. 대부분의 진화론자들도 자손의 양육을 위한 상호부조는 인식하고 있지만, 더 나아가 개체의 안전과 필수 식량을 확보하기 위해서도 상호부조가 행해지고 있는 것이다. 동물계가 속한 아주 넓은 부문에서 상호부조는 곧 규칙이다. 상호부조는 가장 하등한 동물들 사이에서도 발견된다. 언젠가는 심지어 미생물의 삶에서도 무의식적인 상호지원의 사례를 배우게 될지 모른다. 물론 흰개미나 개미 그리고 꿀벌들을 제외하면 무척추동물의 삶에 대해서 우리가 알고 있는 사실은 극히 제한되어 있다. 그렇지만 하등동물들도 협동을 한다는 이미 충분히 입증된 사례들을 몇 가지 모아 볼 수도 있다. 메뚜기, 큰멋쟁이나비, 길앞잡이, 매미 등의 수많은 군집들은 사실상 전혀 탐구되지 않았다. 하지만 그러한 군집들이 존재한다는 바로 그 사실만으로도, 그 군집의 구성원리가 이동을 목적으로 한 개미나 꿀벌의 일시적 군집의 구성원리와 거의 동일할 수밖에 없음을 보여준다.[5] 딱정벌레(류)의 경우에 우리는 실제로 송장벌레*Necrophorus*들끼리 서로 돕는다는 사실을 충분히 관찰해왔다. 송장벌레가 알을 낳고 애벌레를 먹이려면 반드시 부패하는 유기물이 있어야 하는데, 그 물질이 너무 빠르게 부패해서는 안 된다. 그래서 송장벌레는 여기저기 돌아다니다가 가끔씩 마주치는 온갖 종류의 작은 동물 시체를 땅 속에다가 묻어 놓곤 한다. 송장벌레들은 대체로 고립된 생활을 하지만 혼자서는 도저히 묻을 수 없는 쥐나 새의 시체를 발견하게 되면 다른 송장벌레들을 넷, 여섯, 혹은 열 마리 정도 불러서 힘을 모아 작업을 한다. 필요하다면 시체를 적당히 부드러운 땅으로 옮겨서 묻기도 한다. 그러나 이렇게 여럿이 힘을 모으는 상황에서도 어느 누가 그 부패한 시체에 알을 낳는 특권을 누릴지를 놓고 싸움을 벌이거나 하는 일은 전혀 없다. 글래디치Johann Gottlieb Gleditsch는 막대기 두 개로 엮은 십자가에 죽은 새를 묶어 놓거나 땅에 박힌 막대기에 두꺼비를 매달아 놓더라도 이 작은 딱정벌레들은 늘 그렇듯 우호적인 방식으로 각자의 지능을 합쳐 인간이 고안해낸 장치들을 무용지물로 만드는 모습을 보여주었다. 이와 같이 서로 힘을 합치는 모습은 쇠똥구리 사이

5) 부록 1을 보라.

에서도 목격되었다.

다소 낮은 단계의 유기체에 속하는 동물들 사이에서도 비슷한 예를 찾아볼 수 있다. 서인도 제도나 북미에 사는 어떤 참게들은 바다로 나가서 알을 낳으려고 큰 무리를 짓는다. 이들은 매번 이런 식으로 이동할 때마다 서로 제휴하고, 협동하며 상호지원을 한다. (1882년 브라이튼 수족관에서) 나는 덩치 큰 몰루카 게*Limulus*를 보고 충격을 받은 일이 있다. 겉보기는 볼품 없었지만 이놈들은 곤란에 빠진 동료에게 베푸는 상호 도움이 어느 정도까지인지를 여실히 보여준 것이다. 그놈들 가운데 한 마리가 어항 구석에 뒤집혀 있었는데, 냄비처럼 무거운 등딱지 때문에 원래 자세로 돌아올 수 없었다. 더구나 수족관 구석에는 쇠막대가 버티고 있어서 일을 더 힘들게 만들었다. 곧이어 동료들이 구해주러 왔는데, 나는 이들이 한 시간 동안이나 갇힌 동료를 도와주려고 애쓰는 모습을 살펴보았다. 동시에 두 마리가 와서는 밑에서부터 갇힌 동료를 밀어 올렸다. 이들은 안간힘을 다한 끝에 동료를 위로 들어올리는 데 성공했다. 그런데 쇠막대 탓에 구출 작업이 실패로 돌아가면서 게는 다시 무겁게 뒤로 떨어지고 말았다. 여러 차례 시도해본 후 그중 한 마리가 어항 깊은 곳으로 가서는 다른 두 마리를 새로 데리고 왔다. 새로 투입된 게들도 꼼짝 못하는 동료를 같이 밀고 들어 올렸다. 우리 일행은 그 수족관에 두 시간 이상 머물렀는데, 수족관을 나서면서 다시 그 어항을 슬쩍 쳐다보았더니, 놀랍게도 구조 작업은 여전히 계속되고 있었다! 그 장면을 본 이후로 에라스무스 다윈 Erasmus Darwin(1731~1802. 영국 의사 · 철학자 · 박물학자. 찰스 다윈의 할아버지이며, 진화론을 주장한 선구자이다 -옮긴이) 박사가 인용했던 관찰 소견을 믿지 않을 수 없었다. 즉 "보통 탈피기脫皮期 동안 탈피가 아직 안 됐거나 껍질이 단단한 게를 파수꾼으로 배치하여 막 탈피된 무방비 상태의 게가 바다의 적들에게 해를 입지 않도록 한다."[6]

흰개미, 개미 그리고 꿀벌들 사이에서 나타나는 상호부조를 예증해주는 사실들은 특히 로마네스George John Romanes(1848~1894. 영국 생물학자. 환경적인 격리 현상이 진화의 요인이 된다는 격리설을 주장했다-옮긴이)나 뷔히너, 존 러벅John Lubbock(1834~1913. 영국 은행가·박물학자. 『선사시대』·『개미, 꿀벌, 말벌』 등의 저서가 있다-옮긴이) 경의 저작을 통해서 일반 독자들에게 잘 알려져 있으므로 몇 가지만 언급하겠다.[7] 개미집을 예로 들어보면, 일과 번식에 관련된 모든 작업 즉 자손 부양, 식량 구하기, 집짓기, 진딧물 키우기 등이 자발적인 상호부조의 원리에 따라 이루어짐을 알 수 있다. 뿐만 아니라 포렐Auguste-Henry Forel(1848~1931. 스위스 신경해부학자·정신의학자·곤충학자. 뇌의 구조에 관한 연구와, 은퇴 후 사회개혁과 개미들의 행동연구에 여생을 바쳤다-옮긴이)이 지적했듯이 많은 종의 개미들의 삶에서 나타나는 중요하고도 근본적인 특징도 인식해야 한다. 즉 모든 개미들은 이미 삼켜서 어느 정도 소화가 된 먹이도 공유한다는 사실이다. 공동체의 어느 구성원이든 먹이를 달라고 요청하면 나눠주는

---

6) George J. Romanes, *Animal Intelligence*, 1판. p. 233.

7) Pierre Huber, *Les fourmis indigènes*, 제네바, 1861 ; Forel, *Recherches sur les fourmis de la Suisse*, Zurich, 1874 그리고 J. T. Moggridge, *Harvesting Ants and Trapdoor Spiders*, 런던, 1873 그리고 1874. 이런 책들은 모든 아이들이 볼만한 책이다. 또한 Blanchard, *Métamorphoses des Insectes*, 파리, 1868 ; J. H. Fabre, *Souvenirs entomologiques*, 파리, 1886 ; Ebrard, *Etudes des mœurs des fourmis*, Génève, 1864 ; Sir John Lubbock, *Ants, Bees and Wasps* 등을 보라.

것이 개미에게는 의무이기도 하다. 종이 다르거나 적대적인 개미끼리는 우연히 만나더라도 서로를 피한다. 하지만 집이 같거나 같은 군체에 속하는 개미끼리는 서로에게 접근해서 더듬이로 몇 가지 동작을 교환한 다음에, "둘 중 하나가 배가 고프거나 목이 마르다면, 그리고 특히 상대방이 먹이를 두둑이 먹어두었다면……즉각 먹이를 요청한다." 그러면 요청을 받은 개체는 절대 거절하는 법이 없이 아래턱을 열고 적당한 자세를 취한 다음에 배고픈 개미가 핥아먹을 수 있는 투명한 액체 한 방울을 게워낸다. 다른 개미들을 위해서 음식을 게워내는 일은 (자유로운) 개미들의 삶에서 상당히 눈에 띄는 특징이며 이런 행위는 배고픈 동료들을 먹이거나 애벌레에게 먹이기 위해서도 지속적으로 되풀이되었기 때문에 포렐은 개미들의 소화관이 두 부분으로 다르게 되어 있다고 생각했다. 즉 뒤쪽에 있는 소화관은 개인전용이고, 앞쪽에 있는 다른 하나는 주로 공동체를 위해 사용한다는 것이다. 만약 먹이를 충분히 먹은 어떤 개미가 자기만 알고 동료들에게 나누어주기를 거절한다면 그 개미는 적이나 심지어는 적보다 더 나쁘게 취급된다. 만일 동족들이 다른 종과 싸우고 있을 때 그런 식으로 거절했다면 적들보다 훨씬 더 격렬하게 그 탐욕스러운 개미를 공격한다. 그리고 만일 어떤 개미가 적에 속한 다른 개미에게 먹이를 주었다면 그 개미는 적들의 동료들에게 친구로 대접을 받는다. 이 모든 사실은 대부분 정확한 관찰이나 중요한 실험을 통해 확인된다.[8)]

---

8) Forel, *Recherches*, pp. 244, 275, 278. 이 과정에 대한 위베르의 묘사는 경이롭다. 또한 여기에는 본능의 기원에 관해서 여러 가능성이 암시되어 있다(보급판. pp. 158, 160). 부록 2를 보라.

종의 수가 천 개를 넘을 뿐 아니라 개체수도 엄청난—그래서 브라질 사람들은 흔히 브라질을 차지하고 있는 것은 사람이 아니라 개미라고 말하곤 한다—동물계의 이 거대한 부문에서 같은 개미집이나 같은 군체의 구성원들끼리는 경쟁하지 않는다. 서로 다른 종들 사이의 전쟁이 아무리 무시무시해도, 전투 중 어떤 잔혹 행위가 자행되더라도 공동체 내에서의 상호부조, 습성화된 자기헌신은 반드시 지켜지며, 공동체 복리를 위해 매우 빈번하게 나타나는 자기희생도 반드시 발휘된다. 개미나 흰개미는 '홉스적인 전쟁'을 포기했는데, 그것으로 오히려 이득을 얻었다. 상대적인 규모로 볼 때 인간의 솜씨보다 우수한 놀라운 집과 건축물들, 잘 닦인 통로와 아치형의 회랑, 널찍한 방과 곡물 창고, 곡물을 거둬들이고 '맥아를 만드는' 곡물 밭,[9] 알이나 애벌레를 보살피는 합리적인 방식, 그리고 린네Carolus Linnaeus가 '개미의 젖소'라고 실감나게 묘사한 진딧물을 기르기 위한 전용공간을 만드는 합리적인 방식, 마지막으로 이 개체들의 용기와 담력, 그리고 우수한 지능. 이 모두는 개미와 흰개미가 바쁘고 고된 삶의 단계마다 상호부조를 실천해서 얻은 자연스러운 결과물이다. 이런 삶의 방식은 필연적인 결과로서 개미들 삶의 또 다른 본질적인 특성을 발전시켰다. 즉 개체들이 엄청나게 발전된 독창성을 지니게 되었다는 점인데 이는 다시 인간 관찰자들조차 놀라움을

9) 개미들의 이런 기술들은 너무 놀라워서 오랜 동안 의문시되었다. 지금은 Moggridge, Lincecum 박사, MacCook, Sykes 대령 그리고 Jerdon 박사 등이 이런 사실들을 잘 입증해서 의문의 여지가 없어졌다. 이 증거들을 상당히 잘 요약한 로마네스의 저작을 보라. 또한 Schimper, *Botan Mitth. aus den Tropen,* vi. 1893에 실린 Alf. Moeller, *Die Pilzgaerten einiger Süd -Amerikanischen Ameisen*을 보라.

금할 수 없는 수준 높고 다채로운 지능의 발전으로 이어졌다.[10)]

만일 우리가 개미나 흰개미에 대해 알고 있는 것 외에 다른 동물에 대해서 아무런 사실도 알고 있지 않았다면 당장이라도 상호부조(용기를 얻는 첫 번째 조건인 상호신뢰를 가져오는)와 개체의 독창성(지적 진보의 첫째 조건)이야말로 동물계의 진화에서 상호투쟁보다 엄청나게 중요한 두 요인이라고 틀림없이 결론지을 수도 있었을 것이다. 고립되어 살아가는 동물들에게는 '방어'기능이 없어서는 안 되겠으나, 개미는 이런 기능 없이도 번성하고 있다. 개미의 색깔은 적의 눈에 잘 띄며, 많은 종들이 살고 있는 집은 높이 솟아 있어서 초원이나 숲에서라도 눈에 잘 띈다. 개미는 단단한 갑각으로 스스로를 보호하지도 못하며, 깨무는 기관은 어떤 동물의 살을 수백 번 깨물었을 때는 위협적일지 몰라도 개체 방어에는 큰 효과가 없다. 게다가 개미의 알이나 애벌레는 수많은 숲 속 서식자들이 노리는 별미거리이다. 하지만 이런 개미가 수천 마리씩 모이게 되면 새나 심지어 개미를 잡아먹는 종들에 의해서도 큰 타격을 입지 않으며, 보다 강한 곤충들에게도 두려움의 대상이 된다. 포렐이 한 자루의 개미를 초원에 풀어놓았을 때, "귀뚜라미는 개미에게 거처로 삼는 구멍을 점령당하자 이를 버리고 도망갔으며, 메뚜기와 귀뚜라미들은 온 사방으로 달아나고, 거미와 딱정벌레는 스스로 개미의 먹이가 되지 않기 위해 자신의 먹이를 포기하는 모습"을

10) 이 두 번째 원칙은 즉각 인정되지 않았다. 이전의 관찰자들은 주로, 왕, 여왕, 관리자 등에 대해 이야기했다. 하지만 위베르나 포렐이 자신들의 세밀한 관찰을 내놓은 이후로 개미들이 전쟁을 포함해서 무슨 일을 하든지 간에 모든 개체들의 독창성을 발휘할 여지가 남아 있는 자유로운 영역이 있을 수 있다는 데는 의심의 여지가 없다.

보았다. 많은 개미들이 집단의 안전을 지키기 위해 목숨을 건 전투를 마치고 나면 심지어 말벌들도 자기 집을 개미들에게 빼앗겼다. 가장 민첩한 곤충들도 도망갈 수 없다. 포렐은 종종 나비나 모기, 파리 등도 개미에게 기습을 당하거나 죽임을 당하는 광경을 종종 목격했다. 개미들의 이런 힘은 상호지지와 상호신뢰에서 나온다. 만일 개미가 — 더욱 고도로 발달된 흰개미는 차치하고 — 곤충강 전체에서 지적 능력으로 최고의 위치에 있다면, 오직 가장 용감한 척추동물만이 개미의 용감성에 필적할 수 있는 정도라면, 그리고 개미의 두뇌가 다윈의 말대로, "어쩌면 인간의 두뇌 이상으로 이 세계의 물질을 구성하는 가장 놀라운 원자 가운데 하나"라면, 그것은 개미의 공동체에서 상호부조가 상호투쟁을 완전히 대체했다는 사실 때문이 아니겠는가?

꿀벌의 경우도 마찬가지다. 이 작은 곤충은 여러 새들의 먹이가 될 수도 있으며, 그 꿀은 딱정벌레에서 곰에 이르기까지 모든 종류의 동물들이 탐내는 먹이이다. 그런데도 꿀벌 역시 의태(주위 물체나 다른 동물과 매우 비슷한 형태를 취하여 자신을 보호하는 행동. 나뭇가지를 닮은 자벌레의 모습, 나방의 날개에 새의 눈을 닮은 무늬가 있는 것 등이 대표적임 -옮긴이)나 그 이외의 보호 기능을 전혀 가지고 있지 않다. 고립되어 살아가는 곤충이라면 이런 기능 없이는 멸종을 피하기 힘들다. 그렇지만 꿀벌은 상호부조를 실천하는 덕택에 우리가 알다시피 넓게 분포되어 있고 또한 찬탄할 정도의 지능을 얻게 되었다. 공동으로 작업을 함으로써 개별적인 개체들의 힘을 증폭시키고, 필요할 경우에 각자의 능력을 결합하여 일시적인 분업을 이루어냄으로써, 고립된 생활을 하는 동물들이 아무리 강하고 잘 무장되었다고 해도 절대로 기대할 수 없을 정도의 복지와 안전을 상호부조를 통하여 획득한다. 이러한 꿀벌들의 연합은 계획적 상호지원의 활동을 게을리 하는 인간들의 경우보다 더욱 성공적이다. 가령 꿀벌들이 새로운 떼를 이루어 벌집을 떠나 새로운 거처를 찾아 나설 때 많은 수의 벌들이 인근 지역을 사전에 탐사한다. 일단 적당한 거처, 예컨대 낡은 바구니나 그와 비슷한 것들을 발견하면 그 장소를 차지하여 청소를 하고 경계를 선다. 그렇게 해서 새로운 꿀벌떼가 그곳에 정착하게 되는데, 그때까지 꼬박 일주일 정도가 걸리곤 한다. 반대로 새로운 땅에 정착을 시도했다가 단지 협력의 필요성을 이해하지 못한 탓에 사라져갈 인간들의 숫자는 앞으로도 얼마나 많을 것인가! 꿀벌들은 예측이 불가능하고 비정상적인 환경에서조차 각자의 지능을 모아서 대처해 나간다. 예를 들면 파리 박람회에 전시된 꿀벌들은 벌집 벽에 꼭 맞는 유리판을 자신들의 수지 밀랍으로 막아버렸다. 그뿐 아니라 꿀벌들은 숱한 작가들이 그토록 동물들에게 갖다 붙인, 피에 대한 굶주림이나 무조건적인 싸움의 욕구를 전혀 드러내지 않았다. 벌집 입구를 지키는 보초들은 벌통으로 침입하려는 도둑 꿀벌들을 가차없이 죽여버린다. 하지만 실수로 벌집에 들어온 낯선 꿀벌들, 특히 꽃가루를 묻혀 왔다거나 곧잘 길을 잃는 어린 꿀벌들은 건드리지 않고 내버려둔다. 극히 불가피한 경우가 아니면 싸움은 일어나지 않는다.

꿀벌들 사이에도 약탈 본능이나 게으름이 여전히 존재하지만, 꿀벌에게는 사회성이 더더욱 유익하며, 어떤 환경에 따라 약탈과 게으름의 증가가 촉진될 때마다 사회성은 다시 나타난다. 힘겹게 일하는 대신 약탈을 더 좋아하는 벌들이 항상 많이 존재하며, 기근이 들거나 예외적으로 식량 공급이 풍부할 때도 약탈하는 부류가 증가한다는 사실은 잘 알려져 있다. 사람들이 곡식을 거두어들인 탓에 초원이나 들판에 채집할 만한 것이 거의 남아 있지 않을 때도 약탈을 일삼는 벌들은 더욱 빈번하게 나타난다. 다른 한편 서인도 제도의 사탕 재배지나 유럽의 제당소 근처에서 벌들이 약탈을 일삼거나 게으름을 피우거나 심지어는 술에 취해 있는 상태는 일상적인 일이 된다. 따라서 우리는 벌들 사이에서도 역시 반사회적인 본능이 여전히 존속함을 알게 된다. 그러나 그런 본능은 자연선택에 의해 지속적으로 제거된다. 왜냐하면 긴 안목으로 볼 때 약탈 성향을 지닌 개체들보다는 연대를 실천하는 종을 발전시키는 것이 훨씬 더 유익하기 때문이다. 제일 교활하고 가장 영악한 개체가 제거되어야 사회적 삶과 상호지원의 유익함을 알고 있는 개체들에게 이익이 된다.

확실히 개미나 꿀벌, 그리고 흰개미는 종 전체를 포함하는 보다 높은 수준의 연대 개념에는 이르지 못했다. 그런 점에서 그들은 인간의 정치, 과학, 종교 분야의 지도자들 사이에서도 찾아볼 수 없는 발전 단계까지 도달해 있지는 않다는 점 또한 분명하다. 그들의 사회적 본능이라야 벌집이나 개미집의 범위를 넘어 확장되는 일은 거의 없다. 하지만 탕드르 산(프랑스와 스위스에 걸친 쥐라 산맥 가운데 스위스 쪽에 있는 봉우리 -옮긴이)과 살레브 산에서 포렐은 서로 다른 두 종(*Formica exsecta*, *Formica pressilabris*)이 속해 있는 200개도 안 되는 군체에 대해 묘사한 적이 있었는데, 그의 주장에 따르면 이들 군체에 속한 구성원들은 자기 군체의 구성원들을 모두 알아보며 일제히 공동 방어에 참여한다. 맥쿠크MacCook는 펜실베이니아에서 1,600에서 1,700개의 개미집으로 구성된 언덕 짓는 개미들을 관찰해보니까, 모두가 매우 지능적으로 살아가고 있었다고 전한다. 베이츠는 '대초원'의 드넓은 지표를 덮고 있는 흰개미들의 작은 언덕을 묘사했는데, 몇몇 집은 두세 가지 다른 종을 위한 피난처로 되어 있으며, 대부분의 집들은 둥글게 생긴 지하 통로와 아케이드로 되어 있었다.[11] 상호보호를 목적으로 종들이 더 넓은 부문으로 합치는 협력의 단계가 무척추동물들 사이에서도 일어나는 것이다.

이제 더 고등한 동물의 경우로 넘어가 보면, 비록 고등동물들의 삶에 대해서 우리들이 알고 있는 지식이 아주 불완전하다는 사실을 당장은 인정해야 하지만, 가능한 모든 목적을 달성하기 위해 확실히 의식적으로 상호 도움을 주는 사례들을 더 많이 만나게 된다. 일급 관찰자들은 너무나 많은 사실들을 축적해왔지만, 동물계의 많은 부분들이 우리의 지식이 전혀 닿지 못한 채 남아 있다. 물고기에 관한 정보는 믿을 만한 게 극히 드문데, 관찰하기 힘든 이유도 있겠지만 부분적으로는 이 주제에 대해 제대로 관심을 기울이지 않았기 때문이기도 하다. 케슬러는 우리가 포유류의 생활 방식을 얼마나 모르고 있는지 언급한 바 있다. 상당수의 포유류는 야행성 습성을 가지고 있으며, 지하로 숨어버리는 부류도 있다. 사회생활이나 이동 등으로 인해 최대의 관심을 갖게 하는 반추동물들은 인간들이 자신들에게 접근하도록 허용하지 않는다. 우리가 가장 폭넓은 정보를 가지고 있는 종들은 주로 새들이지만, 여전히 상당히

11) H. W. Bates, *The Nationalist on the River Amazons*, ii, 59 이하.

많은 종들의 사회생활에 대해서는 알고 있는 바가 미미하다. 하지만 제대로 조사된 사실들이 부족하다고 불평할 필요는 없다. 이제부터 보게 될 것이므로.

새끼를 양육하거나 갓 태어난 새끼에게 먹이를 주거나 공동으로 사냥을 하기 위해서 수컷과 암컷이 군집을 이룬다는 사실은 새삼 강조할 필요도 없다. 그러나 사회성이 가장 부족한 육식동물이나 맹금류에서도 이러한 군집이 나타나며, 가장 잔인한 동물들조차 군집생활 중에는 화기애애한 분위기를 유지한다는 점은 언급해야 할 듯하다. 육식동물이나 맹금류들 사이에서 가족보다 더 큰 규모의 군집이 아주 드문 이유는 대체로 그 종들의 새끼 양육 방식 때문이라고 할 수 있지만, 어느 정도는 인류의 급격한 증가로 동물계에 변화가 생겨난 결과라고도 설명할 수 있다는 점 역시 덧붙일 만하다. 어쨌든 주목할 점은 서식 밀도가 높은 지역에서 상당히 고립된 생활을 영위하는 종들일지라도 서식 밀도가 희박한 곳에서는 같은 종이나 서로 유사한 종들끼리 서로 군집을 이루는 경우도 있다는 사실이다. 여기에 인용할 만한 적절한 사례로는 늑대, 여우, 맹금류 몇 종이 있다.

그런데 우리는 가족적 유대를 넘어서지 못하는 군집은 우리의 관심사에서 상대적으로 중요성이 떨어진다. 왜냐하면 사냥이나 상호보호 그리고 심지어 단순한 유희와 같은 보다 일반적인 목적을 위해서 수없이 군집을 이루는 경우가 더더욱 중요하기 때문이다. 오듀본은 이미 독수리들이 이따금씩 사냥을 위해 무리를 지어 협력한다고 언급한 바 있는데, 대머리독수리 암수 두 마리가 미시시피강에서 사냥하는 모습을 생생하게 묘사한 것은 매우 유명하다. 하지만 스에베르초프야말로 가장 결정적인 관찰을 했다. 그는 러시아 스텝 지대의 동물군을 연구하던 중, 한번은 군생하는 종에 속하는 독수리 한 마리(흰꼬리독수리*Haliaetos albicilla*)가 하늘 높이 날아오르는 것을 보았다. 그 독수리는 반시간 정도 조용히 큰 원을 그리며 날고 있다가 갑자기 귀를 찢을 듯한 울음소리를 내기 시작했다. 그러자 그 울음소리에 화답하여 다른 독수리가 다가왔고, 뒤를 이어 세 번째, 네 번째, 계속해서 아홉인가 열 마리의 독수리들이 모였다 곧 어디론가 사라졌다. 오후가 되어 스에베르초프는 독수리가 날아간 장소를 찾아갔는데, 스텝 지대의 언덕 한 쪽에 몸을 숨기며 접근한 그는 그곳에서 독수리들이 말 시체 주위에 모여 있는 모습을 발견하였다. 식사를 먼저 시작했던 늙은 독수리들은 — 이런 식이 독수리들의 예의다 — 대개 근처의 건초더미에 앉아 계속 망을 보고 있었고, 젊은 독수리들은 그동안 식사를 계속했으며, 주변에는 까마귀 떼들이 몰려있었다. 이번 경우와 유사한 관찰을 통해서 스에베르초프가 내린 결론은 흰꼬리독수리들은 사냥을 하기 위해서 협동한다는 사실이다. 독수리들은 모두 한껏 높이 날아오를 때 만약 이들 무리가 열 마리 정도라면 적어도 평방 25마일 정도의 지역을 살펴볼 수 있다. 그리고 어느 한 마리가 뭔가를 발견하면 곧바로 다른 동료들에게 알린다.[12] 물론 첫 번째 독수리의 본능적 울음이나 몸짓 때문에 독수리 몇 마리가 먹이로 향하게 되는 동일한 효과를 가져왔으리라고 주장할 수도 있다. 그러나 스에베르초프가 관찰한 경우는 독수리들이 서로 신호를 주고받았음을 뒷받침해주는

---

12) N. Syevertsoff, *Periodical Phenomena in the Life of Mammalia, Birds, and Reptiles of Voronèje, Moscow*, 1855 (러시아어).

확실한 증거가 있다. 왜냐하면 열 마리의 독수리가 함께 모여서 먹이를 향해 하강했기 때문이다. 그리고 스에베르초프는 이후에도 흰꼬리독수리들이 항상 모여서 시체를 뜯어먹으며 그들 가운데 몇 마리(어린 독수리가 먼저)는 다른 독수리들이 먹는 동안에 망을 본다는 사실을 여러 차례 확인하게 되었다. 브렘에 따르면 가장 용감하고 탁월한 사냥꾼 가운데 하나인 흰꼬리독수리는 사실 군집성이 강한 새이며, 사로잡혀도 사육자에게 곧 길들여진다고 한다.

이러한 사회성은 이외에도 매우 많은 맹금류들이 지니는 공통적 특성이다. 브라질산 솔개는 가장 '염치없는' 약탈자 가운데 하나이지만, 그러면서도 가장 사회성이 강한 새이다. 다윈을 비롯한 박물학자들은 이 솔개들이 사냥할 때 보여주는 군집 활동을 설명한 바 있는데, 이들은 너무 큰 먹이를 잡았을 경우에 대여섯 마리의 동료들을 불러서 함께 끌고 간다. 그리고 힘든 하루를 마치고, 저녁 휴식을 위해 나무나 관목으로 되돌아갈 때면 이들은 항상 무리를 이루며, 가끔은 16킬로미터 이상 되는 거리에서도 함께 모여들어 종종 다른 수리류, 특히 도르비니가 "그들의 진정한 친구들"이라고 말한 이집트수리들과도 합류한다. 자루드니Zarudnyi에 의하면 브라질 솔개들은 다른 대륙, 그러니까 트랜스카스피아(카스피 해 동쪽 지역 -옮긴이) 사막에서도 함께 둥지를 트는 습성을 똑같이 가지고 있다. 가장 강한 수리류 가운데 하나인 무리 짓는 독수리sociable vulture는 교류를 좋아하는 습성 때문에 그런 이름을 가지게 되었는데, 이들은 수많은 무리들 속에서 살아가며 결정적으로 교류를 즐긴다. 이들은 여럿이서 함께 재미 삼아 높이 날아오른다. "이들은 아주 사이좋게 지냅니다. 같은 동굴에서 가끔씩 세 개 정도의 둥지가 가까이 모여 있는 걸 발견했지요"[13]라고 르 바이양은 말했다. 브라질산 검은수리는 떼까마귀만큼, 어쩌면 그 이상으로 사회성이 강하다.[14] 몸집이 작은 이집트수리들도 아주 친밀하게 살아간다. 이들의 삶을 여러 차례에 걸쳐 충분히 관찰한 적이 있는 브렘에 따르면, 이들은 공중에서 무리를 지어 놀다가 함께 모여 밤을 보내고, 아침이 되면 함께 나가 먹이를 구한다. 이들 사이에서는 아주 사소한 다툼도 생기지 않는다. 붉은목매 역시 무리 지어 있는 모습이 브라질의 숲에서 목격되며, 황조롱이*Tinnunculus cenchris*들은 유럽을 떠나 아시아의 초원이나 숲에 이르면 여러 집단으로 뭉쳐 겨울을 보낸다. 남 러시아의 스텝 지대에서 노르트만Alexander von Nordmann (1803~1866. 핀란드 박물학자-옮긴이)이 관찰한 바에 따르면, 사회성이 강한 황조롱이는 다른 매들(*Falco tinnunculus, F. æsulon* 그리고 *F. subbuteo*)과 함께 무리 속에 섞여 화창한 날이면 오후 4시경부터 밤늦도록 서로 어울려 논다. 이들은 일제히 날아올라 완전히 일직선의 대열을 이루고는 어떤 정해진 지점으로 향한다. 그리고 그곳에 도달하면 다시금 똑같은 대열을 이루어 즉시 되돌아온다. 그런 식으로 똑같은 비행을 되풀이한다.[15]

비행 자체를 즐기기 위해서 떼를 지어 날아다니는 모습은 거의 모든 새들에게 공통적으로 나타난다. 딕슨Charles Dixon은 다음과

---

13) A. Brehm, *Life of Animal*, iii. 477; 모두 불어판에서 인용함.

14) Bates, p. 151.

15) Démidoff, *Voyage*에 나온 *Catalogue raisonné des oiseaux de la faune pontique*를 브렘, iii에 발췌함. 이동하는 동안에 맹금류들은 무리를 짓는다. 피레네 산맥을 넘어가면서 H. 시봄이 보았던 어떤 무리는 "솔개 여덟 마리, 두루미 그리고 송골매가 각각 한 마리"로 희한하게 구성되어 있었다(*The Birds of Siberia*, 1901, p. 417).

같이 쓰고 있다. "특히 험버(잉글랜드 동해안에 있는 북해의 내해 -옮긴이) 강 유역에서 8월말경이면 민물도요들이 대규모로 개펄에 날아와서 겨울을 난다.……이 새들의 움직임은 무엇보다도 흥미롭다. 엄청난 무리가 선회하는 모습, 그리고 쫙 펼쳐졌다가 다시 모여드는 모습은 마치 잘 훈련된 부대만큼이나 일사불란하다. 이들 사이에는 외톨이도요새, 세발가락도요새 그리고 고리물떼새들이 흩어져 있다."16)

새들이 이루는 다양한 사냥 군집을 이 자리에서 열거하기란 거의 불가능하다. 하지만 사다새가 고기를 잡을 때 무리를 짓는 모습은 확실히 주목할 만한데, 이 못생긴 새들이 비범한 질서와 지능을 보여주기 때문이다. 이 새들은 언제나 여러 무리를 지어 물고기를 잡으러 가는데, 먼저 적당한 만灣을 골라 물가를 마주보고 넓은 반원을 만든 다음, 반원을 좁혀 가면서 물가를 향해 물장구를 쳐 나간다. 그렇게 해서 원 안에 들어온 물고기를 모두 잡는 것이다. 좁은 강이나 운하에서는 무리를 둘로 나누기도 한다. 이때 두 무리는 각각 반원을 그린 다음, 양쪽에서 물장구를 치면서 다가오다가 서로 만난다. 마치 두 편으로 나뉜 사람들이 긴 어망 두개를 끌면서 앞으로 나아가다가 두 편이 서로 마주칠 때 어망 사이에 걸려든 물고기를 모두 잡게 되는 원리와 같다. 밤이 되면 사다새들은 각자 쉴 곳으로—무리마다 항상 정해진 곳이 있다—날아가는데, 이들이 만이나 혹은 거처를 차지하려고 서로 다투는 모습은 그 누구도 본 적이 없다. 남아메리카에서 이들의 무리는 개체수가 4만에서

16) *Birds in the Northern Shires*, p. 207.

5만에 이르는데, 그 무리 가운데 일부는 다른 사다새들이 망을 보는 동안에 잠을 자고, 또 다른 사다새들은 고기를 잡으러 나간다.[17] 마지막으로 유럽참새들에 대해서는 반드시 언급하고 넘어가야겠다. 그렇지 않으면 가뜩이나 잔뜩 욕을 먹는 이들에게 부당한 짓을 하는 꼴이 될 것이다. 이 새들은 어떤 먹이를 발견하든지 자신이 속한 집단의 모든 구성원들과 성실하게 공유한다. 이러한 사실은 그리스인들에게도 알려져 있었는데, 한 그리스 웅변가의 언급이 후대에 전해지고 있다(나의 기억에 의존해서 인용한다). "내가 여러분들에게 말하고 있는 지금, 참새 한 마리가 다른 참새들에게 가서 어떤 노예가 곡식 한 포대를 마루에 떨어뜨렸다고 전하자 모든 참새들이 몰려와 그 곡식을 주워 먹고 있다." 참새들은 항상 훔쳐먹을 먹이가 어디 있는지를 서로에게 알려준다고 믿어 의심치 않는 거니Gurney의 최근 저작에서 과거에 확인된 사실을 찾아볼 수 있게 되어 나는 매우 반가웠다. 그는 이렇게 말한다. "마당에서 아무리 멀리 떨어져서 낟가리를 털어도 마당에 있는 참새들은 항상 곡식을 잔뜩 거두어 간다."[18] 사실 참새들은 낯선 자들이 침입해오면, 자신들의 영역을 지키는 데 매우 신경을 쓴다. 그래서 파리 뤽상부르 공원의 참새들은 이 공원을 둘러보려는 다른 참새들이나 방문객들과 심하게 다툰다. 하지만 자신들만의 공동체 내에서는 비록 가끔은 친한 친구들 사이에서도 약간의 다툼이 생기기도 하지만 전적으로 상호지원을 실천한다.

공동으로 사냥을 하고 먹이를 먹는 일은 더 이상의 인용이

17) Max. Perty, *Über das Seelenleben der Thiere*, Leipzig, 1876, pp. 87, 103.
18) G. H. Gurney, *The House-Sparrow*, London, 1885, p. 5.

필요 없을 정도로 조류계에서는 매우 흔한 습성이므로 기정사실로 받아들여도 된다. 이런 식으로 군집을 이루어 얻을 수 있는 힘은 자명하다. 맹금류 같은 가장 강한 새들도 가장 작은 새들의 군집과 마주치면 맥을 못 춘다. 심지어 독수리조차도 — 산토끼나 어린 영양을 발톱으로 낚아챌 만큼 힘센, 가장 강하고 포악한 독수리나 마샬 수리조차도 — 좋은 먹이감을 가지고 있다가 이를 발견하자마자 어김없이 따라붙는 끈덕진 솔개 떼들을 만나게 되면 먹이를 양보하지 않을 수 없다. 또한 이 솔개들은 재빠른 물수리에게도 따라붙어 물수리가 잡은 먹이를 빼앗아 간다. 하지만 그런 식으로 훔친 먹이를 놓고 자기들끼리 서로 싸우는 모습은 아무도 본 적이 없다. 쿠이Elliot Couës(1842~1899. 미국 박물학자 -옮긴이) 박사는 케르겔랑 섬(인도양 남부의 프랑스령 섬 -옮긴이)에서 할미새가 갈매기를 쫓아가서 먹이를 뱉어내게 하는 광경을 보았다. 다른 한편 갈매기들과 제비갈매기들은 특히 둥지를 짓는 시기에 할미새가 자신들의 거처에 접근하자마자 함께 모여 쫓아낸다.[19] 몸집은 작지만 엄청나게 빠른 댕기물떼새*Vanellus cristatus*는 과감하게 맹금류를 공격한다. "댕기물떼새들이 말똥가리나 솔개, 까마귀 또는 독수리를 공격하는 모습을 보는 건 가장 재미있는 광경이다. 어떤 사람들은 댕기물떼새들이 이기리라고 확신하고 어떤 사람들은 맹금류가 독이 오른 모습을 보게 된다. 이런 상황에서 댕기물떼새들은 서로 완벽하게 지원해주면서 수가 늘어날수록 더욱 대담해진다."[20] 댕기물떼새는 적들의 공격으로부

19) Dr. Elliot Couës, *Birds of the Kerguelen Island*, Smithsonian Miscellaneous Collections, vol. xiii. No.2, p.11에 수록.
20) Brehm, iv. p. 567.

터 다른 물새들을 항상 보호해주기 때문에 그리스인들이 붙여준 '좋은 어머니'라는 이름을 가질 만하다. 그런데 정원에서 익히 볼 수 있으며 전체 길이가 8인치도 안 되는 작은 알락할미새*Motacilla alba*조차도 새매의 사냥을 방해할 수 있다. 노년의 브렘은 이렇게 서술했다. "나는 종종 할미새의 대담성과 민첩함에 감탄한다. 나는 매 혼자서 할미새를 사로잡을 수 있다고 확신한다. ……그런데 한 무리의 할미새가 이 맹금류 한 마리를 쫓아내고 나면 이들은 승리의 울음소리를 공중에 울려 퍼뜨린 후 흩어진다." 이렇게 이들은 적을 쫓아내는 특별한 목적을 위해 함께 모이는데, 이는 마치 야행성 새 한 마리가 대낮에 나타났다는 소식에 숲 속에 사는 모든 새들이 나와서 모두 함께 — 맹금류와 해를 끼치지 않는 작은 명금鳴禽들이 — 그 침입자를 추적해서 원래의 은신처로 되돌려 보내는 경우와 마찬가지다.

솔개나 말똥가리 또는 수리매와 초원에 사는 할미새처럼 작은 새들 사이에는 힘의 차이가 심하게 난다. 하지만 이 작은 새들은 집단행동과 용기를 발휘함으로써, 강한 날개와 무기를 가진 약탈자들보다 우세해진다! 유럽에서는 할미새들이 자신들에게 위협을 가할 수도 있는 맹금류를 쫓아내기도 하지만, "해를 끼치려는 의도가 아니라 재미로" 물수리를 쫓기도 한다. 한편 저든Thomas Claverhill Jerdon(1811~1872. 영국 의사 · 동물학자. 저서로 『인도의 새』 등이 있다 -옮긴이) 박사의 증언에 따르면, 인도에서는 갈까마귀들이 "그저 재미 삼아" 솔개를 쫓는다. 비트Wied(1782~1867. 독일 귀족 출신의 자연학자 · 민족지학자 · 탐험가 -옮긴이) 공작은 브라질 독수리*urubitinga*가 수많은 왕부리새와 큰매달린둥지새(떼까마귀와 거의 비슷한 새)에 둘러싸여 조롱당하는 광경을 보았다. "독수리는 대체로 이러한 모욕을 조용히 버티다가 가끔씩 조롱꾼들 가운데 한 마리를 잡아챈다"고 그는 덧붙인다. 이 모든 경우에서 작은 새들은 비록 힘은 맹금류보다 못하지만 집단행동을 통해서 우세해진다.[21]

그러나 개체의 안전이나 삶의 즐거움 그리고 지적인 능력을 증진하는 데 공동생활이 끼치는 가장 놀라운 효과는 두루미과와 앵무과에서 나타난다. 두루미는 사회성이 매우 강해서 동족은 물론이고 대부분의 물새들과도 가장 좋은 관계를 유지하면서 살아간다. 이들의 조심성은 놀라울 정도이며, 지능 역시 마찬가지다. 이들은 순간적으로 새로운 상황을 파악해서 그에 맞게 행동한다. 먹이를 먹을 때든 휴식을 취할 때든 무리 주변에는 감시병들이 항상 지키고 있어서 사냥꾼들은 그 녀석들에게 다가가기가 정말로 어렵다. 만약 사람 때문에 놀라기라도 하면 이들은 절대 같은 장소로 그냥 돌아오지 않는다. 먼저 정찰병 한 마리를 보내고, 뒤이어 한 무리의 정찰대를 보낸다. 이때 정찰을 갔던 무리가 돌아와 위험이 사라졌다고 보고하면 두 번째 정찰대를 보내 첫 번째 무리들이 보고한 내용을 다시 확인한 후 그제야 전체 무리가 움직인다. 두루미는 유사 종들

21) 뉴질랜드 출신 논평자 T.W. 커크 씨는 "무차별적인" 참새들이 "불운한" 매를 공격하는 모습을 다음과 같이 묘사했다. "어느 날 그는 마치 이 지역의 모든 새들이 큰 싸움에 휘말린 듯한 너무도 이상스럽게 시끄러운 소리를 들었다. 위를 올려다보니까 커다란 매 한 마리(썩은 고기를 먹는 *C. gouldi*)가 참새 떼들에게 공격당하고 있었다. 참새들은 사방에서 동시에 떼를 지어 매에게 달려들고 있었다. 이 운 나쁜 매는 너무도 무기력했다. 마침내 숲으로 다가가서는 그 안으로 파고들어 꼼짝 않고 있었다. 한편 참새들은 계속 지저귀고 소리를 지르며 숲 주변으로 무리를 지어 모여들었다" (뉴질랜드 학회에서 발표된 논문; *Nature*, 1891년 10월 10일).

과 진정한 친분을 맺는다. 또한 사로잡혔을 때 사람들과 그 정도로 친해질 수 있는 새는 마찬가지로 사회성이 강하고 고도의 지능을 지닌 앵무새를 제외하면 두루미밖에 없다. 브렘은 자신의 폭넓은 경험을 바탕으로 이렇게 결론을 내린다. "두루미는 사람을 주인이 아니라 친구로 보며, 그런 사실을 드러내려고 애쓴다." 두루미는 이른 아침부터 저녁 늦게까지 끊임없이 활동한다. 하지만 먹이—주로 채소류—를 찾는 일은 아침에 몇 시간만 한다. 나머지 시간은 서로 어울리는 데 보낸다. "두루미는 작은 나무 조각이나 돌을 주워서 공중에 던졌다가 다시 잡으려 한다. 또 목을 구부리거나 날개를 펼치고, 춤추고, 폴짝 뛰거나 이리저리 뛰어다니며 여러 가지 방식으로 자기의 좋은 기분을 드러내려 한다. 그래서 항상 우아하고 아름다운 모습을 유지한다."[22] 두루미는 늘 무리를 지어 살기 때문에 적이 거의 없다. 브렘은 비록 가끔씩 이들 가운데 하나가 악어에게 잡히는 모습을 보기도 했지만, 악어를 제외하고 학에게 적이 될 만한 종은 없다는 사실을 알게 되었다고 기술했다. 두루미는 유별난 신중함을 가지고 있기 때문에 모든 적을 피할 수 있으며, 대체로 아주 오래 산다. 그래서 종을 유지하기 위해서 많은 자손을 부양할 필요가 전혀 없다. 두루미는 보통 단 두 개의 알을 부화한다. 두루미의 우수한 지능에 관해서는 두루미가 지닌 지적 능력이 상당 부분 인간의 지적 능력을 상기시킨다는 점을 모든 관찰자들이 이의 없이 인정하고 있다는 사실을 말하는 것으로 충분하다.

지극히 사회성이 강한 또 다른 새인 앵무새는 알다시피 지능의

---

22) Brehm, ⅳ. 671 이하.

발달이라는 측면에서 모든 조류계에서 맨 윗자리를 차지한다. 브렘은 앵무새의 생활 방식에 대해서 너무나도 기막히게 개괄해 놓았는데, 그의 진술을 그대로 들어보는 것이 가장 좋다.

> 짝짓기 시기를 제외하면 그들은 아주 여러 집단이나 무리를 지어 살아간다. 그들은 숲 속에 머물 만한 장소를 선택한 다음, 그곳에서 아침마다 사냥 원정을 시작한다. 각 무리의 구성원들은 성실하게 서로에게 결속되어 있어서 행운도 불운도 함께 나눈다. 아침이면 이들은 모두 함께 들이나 정원 또는 나무에 모여들어 열매를 먹는다. 이들은 전체 무리의 안전을 위해 보초들을 세워 두고서 그들이 보내는 신호에 주의를 기울인다. 위험이 닥쳐오면 일제히 날아올라 서로를 지원하면서 모두가 한꺼번에 쉼터로 돌아간다. 요컨대 이들은 항상 끈끈하게 뭉쳐서 살아간다.

앵무새는 다른 새들의 집단과도 잘 지낸다. 인도에서는 어치와 까마귀들이 사방 수십 킬로미터 밖에서부터 모여들어 대나무 숲에서 앵무새들와 함께 밤을 보낸다. 앵무새들이 사냥을 시작할 때면 가장 놀라운 지능과 신중함 그리고 상황에 대처하는 능력을 보여준다. 호주에 서식하는 흰벼슬앵무의 무리를 예로 들어보자. 옥수수밭을 약탈하러 가기 전에 이들은 먼저 정찰대를 보내 들판 근처에서 제일 높은 나무를 차지하게 한다. 다른 정찰병들은 들판과 숲 사이의 중간에 있는 나무에 올라앉아 신호를 전달한다. "괜찮다"라는 보고가 들어오면 수십 마리의 흰벼슬앵무들이 큰 무리에서 떨어져 나와 공중으로 비행을 한 후에 들판에서 가장 가까운 나무를 향해 날아간다. 그리고 한참 동안 주변을 세밀히 관찰하고 나서야 전면적인 진격의 신호를 보낸다. 그러면 그제야 무리 전체가 동시에 출발해서 순식간에 들판을 약탈한다. 호주 정착민들은 조심스럽게 행동하는 앵무새를 속이느라 애를 먹었다. 그러나 사람들이 온갖 술수와 무기를 가지고 용케도 그들 중 몇 마리를 죽이는데 성공하면 흰벼슬 앵무들은 더욱 신중하게 경계를 해서 다음부터는 사람들의 모든 술책을 무용지물로 만든다.[23]

우리가 알고 있는 바 앵무새들이 거의 인간의 지능과 감정에 필적할 정도로 높은 수준에 이를 수 있는 이유는 바로 사회생활을 실천하기 때문이라는 데 의심할 여지가 없다. 그들의 높은 지능을 보고 탁월한 박물학자들은 몇몇 종들, 즉 회색 앵무새를 '새 인간'이라고 묘사하게 되었다. 이 앵무새들이 보이는 상호애착에 관해서는 다음과 같은 사실이 알려져 있다. 앵무새 한 마리가 사냥꾼에게 죽게 되면 다른 앵무새들은 동료의 시체 위를 빙빙 돌면서 불만스레 울부짖다가, 오듀본이 말한 것처럼 "자신들도 우정 때문에 희생된다." 또한 두 마리가 사로잡히게 된 경우에는 비록 종이 다르더라도 서로 우정을 맺고, 두 마리 가운데 한 마리가 갑자기 죽기라도 하면 다른 녀석도 비탄과 슬픔 때문에 못 이겨 따라 죽곤 한다. 이들이 설령 이상적으로 발달된 부리와 발톱을 가진다 한들 그것이 사회생활에서 얻을 수 있는 만큼의 보호를 가져다줄 수 없다는 점만은 명백하다. 보다 작은 종의 앵무새라면 모를까 그렇지 않다면 감히 앵무새를 공격할 수 있는 맹금류나 포유류는 극히 드물다. 브렘이 앵무새에 대해 말한 것은 전적으로 옳다. 그는 또한 두루미

23) R. Lendenfeld, *Der zoologische Garten* 중에서, 1889.

와 사회성이 강한 원숭이에 대해서는 사람 이외에는 거의 적이 없다고 말하면서 이렇게 덧붙인다. "몸집이 큰 편에 속하는 앵무새들은 적의 발톱 아래서 죽음을 맞이하기보다는 주로 늙어서 죽을 가능성이 크다." 이 앵무새들을 죽일 수 있는 존재는 역시 집단생활에서 얻어진 훨씬 뛰어난 지능과 무기를 가진 인간뿐이다. 그러므로 앵무새들의 긴 수명은 집단생활의 결과로 얻어진 것이다. 앵무새들의 놀라운 기억력에 대해서도 같은 논리로 사회생활과 오랜 수명으로 인해 아주 많은 나이까지 육체적 정신적 능력을 충분히 누림으로써 촉진된 것이 틀림없다고 말할 수 있지 않을까?

앞에서 살펴본 대로 모두에 맞선 각자의 전쟁은 자연의 유일한 법칙이 아니다. 상호투쟁만큼이나 상호부조 역시 자연의 법칙이며, 이 법칙은 다른 조류나 포유류의 군집을 분석해보면 더욱 명백하게 나타난다. 동물계의 진화에서 상호부조 법칙의 중요성에 관한 몇 가지 암시들이 이미 앞에서도 나타나고 있다. 하지만 더 많은 증거를 살펴보고 난 후에 결론을 내린다면 어렴풋했던 의미가 더 분명하게 드러날 것이다.

2 동물의 상호부조 (2)

새들의 이동
번식 군집
가을 군집
포유류 : 소수의 비사회적인 종들
늑대, 사자 등의 사냥 군집
설치류, 반추동물, 원숭이들의 집단
생존경쟁 속의 상호부조
종들 내에서 생존경쟁을 입증하기 위한 다윈의 주장
과잉번식에 대한 자연의 통제
이른바 중간 고리들의 절멸
자연계에서 경쟁의 배제

온대 지방에 봄이 다시 찾아오자마자 더 따뜻한 남쪽 지방에 흩어져 있던 수많은 새들이 끝없이 무리를 지어 활기와 기쁨에 충만해서 새끼들을 키우려고 서둘러 북쪽으로 떠난다. 북아메리카와 북유럽, 북아시아에 점점이 흩어져 있는 모든 산울타리와 작은 숲, 해안절벽 그리고 호수나 연못에 해마다 이 시기가 되면 상호부조가 새들에게 어떤 의미를 지니는지 — 너무나 연약하고 무방비 상태에 처할 수도 있는 모든 생명체에게 상호부조가 어떤 힘과 에너지를 부여하고 어떤 식으로 보호해주는지 — 를 우리에게 말해준다. 러시아와 시베리아의 스텝 지역에 있는 수많은 호수 가운데 한 곳을 예로 들어보자. 그 호숫가에는 적어도 서로 다른 수십 종에 속하는 수많은 물새들이 서식하는데, 이들 모두가 무척이나 평화롭게 서로 보호해주면서 살고 있다.

> 호숫가에서 수백 미터 정도 되는 하늘에는 마치 겨울날에 눈송이가 내리듯 갈매기와 제비갈매기로 가득 차 있다. 수천 마리의 물떼새와 사막물떼새들이 먹이를 찾거나 소리를 지르거나 그저 생을 즐기면서 호숫가를 뛰어다닌다. 게다가 파도가 칠 때마다 오리가 넘실대고, 좀 더 높은 곳에서는 카사르키 오리의 무리가 눈에 띈다. 원기 왕성한 삶이 도처에 넘쳐난다.[24]

24) Syevertsoff, *Periodical Phenomena*, p. 251.

여기에도 약탈자들은 있다. 가장 힘세고, 가장 교활한 자들, 즉 "약탈을 하기에 이상적인 조건을 갖춘 자들"이다. 그리고 이렇게 많은 살아있는 무리들 가운데 단 한 마리 보호받지 못한 개체를 낚아채기 위해 몇 시간씩이나 계속해서 기회를 엿보면서 굶주림과 분노, 우울함으로 울부짖는다. 그러나 그들이 접근하자마자 자발적으로 망을 보던 수십 마리의 보초들이 약탈자의 출현을 알린다. 그러면 수백 마리의 갈매기와 제비갈매기들은 약탈자를 쫓아내기 시작한다. 굶주림에 거의 미칠 지경이 되면 이 약탈자는 곧 평소의 조심성을 잃고 갑자기 무리 속으로 돌진한다. 그러나 사방에서 공격을 받아서 다시 후퇴하지 않을 수 없다. 약탈자는 완전히 자포자기해서 이번엔 야생 오리들을 덮친다. 그러나 영리하고 사회성이 강한 이 새들은 신속하게 무리를 지어, 만일 그 약탈자가 참수리라면 날아가 버리고, 매라면 호수 안으로 잠수해 들어가고, 솔개라면 물보라를 일으켜 습격자를 당황하게 만든다.[25] 호숫가에서 무리를 지어서 계속 살아가는 동안에 약탈자는 성난 소리를 지르며 날아가 썩은 고기를 찾거나, 동료들이 제때에 보내는 경고를 따르는 데 익숙지 못한 어린 새나 들쥐를 찾는다. 비록 눈앞에는 충만한 삶이 넘쳐나지만 아무리 이상적으로 무장된 약탈자들도 그 삶의 이탈자를 잡는 데에 만족할 수밖에 없다.

더 북쪽에 있는 북극의 군도에서는 "해안을 따라 수십 킬로미터를 항해하다 보면 바위 턱마다 그리고 산허리의 모든 절벽이나 모퉁이마다 50에서 150미터의 높이까지, 말 그대로 바닷새들로

25) Seyfferlitz, 브렘이 인용함, iv. 760.

뒤덮여 있는 모습을 볼 수 있다. 이들의 하얀 가슴은 검은 바위들과 대비되면서 마치 바위 위에 하얀 분필로 작은 반점들을 촘촘하게 찍어놓은 것처럼 보인다. 가까운 하늘도 먼 하늘도 새들로 북적댄다."[26]

이렇게 '새로 뒤덮인 산' 하나하나는 상호부조를 생생하게 예증해주고 사회생활에서 비롯된 무수히 다양한 개체와 종의 특징들을 생생하게 증명해준다. 검은머리물떼새는 재빠르게 맹금류들을 공격하는 것으로 유명하다. 조심스럽기로 유명한 산도요새의 일종인 바지는 보다 얌전한 새들의 우두머리가 되기 일쑤다. 꼬까도요는 보다 더 활달한 종에 속하는 새들에게 둘러싸이면 다소 소심해지지만 몸집이 더 작은 새들에게 둘러싸일 경우에는 전체의 안전을 위해 망을 보는 책임을 진다. 이쪽엔 위압적인 백조가 있는가 하면, 저쪽에는 사회성이 매우 강한 세가락갈매기도 있다. 세가락갈매기는 자기들끼리 좀처럼 싸우지 않으며, 설령 싸우더라도 금방 끝난다. 매력적인 북극 바다오리는 서로를 계속 쓰다듬어준다. 죽은 동료가 남겨 놓은 새끼들을 나 몰라라 할 정도로 자기밖에 모르는 암거위가 있는가 하면, 옆에 있는 또 다른 암컷은 부모를 잃은 새끼들을 받아들여서 5, 6십 마리의 새끼들에게 둘러싸여 물장난을 친다. 이 암컷은 그들 모두를 마치 제 배로 낳은 새끼인 양 양육하고 돌봐준다. 서로 알을 훔치곤 하는 펭귄들도 있지만, 다른 한편에는 꼬마물떼새들이 있다. 꼬마물떼새의 가족 관계는 매우 "매력적이

26) *The Arctic Voyages of A. E. Nordenskjöld*, 런던, 1879, p. 135. 또한 딕슨(시봄이 인용함)의 세인트 킬다 섬에 대한 박진감 넘치는 묘사와 북극 여행에 관한 거의 모든 책들을 보라.

고 감동적"이어서 아무리 의욕적인 사냥꾼이라도 어린 새끼들에 둘러싸여 있는 암놈에게 총을 쏘지 못하고 주춤한다. 또 벨벳 오리(검둥오리사촌)나 사바나 지역의 코로야스처럼 여러 마리의 암컷들이 같은 둥지에서 함께 알을 품는 솜털오리나, 번갈아 가면서 공동으로 새끼들을 돌보는 새lums도 있다. 자연은 다양성 그 자체이다. 자연은 가장 기본적인 것에서부터 가장 고도화된 것에 이르기까지 가능한 모든 다양한 특성을 제공한다. 그렇기 때문에 자연은 어떤 포괄적인 단언으로 묘사될 수 없다. 또한 자연은 도덕론자의 관점으로 판단될 수도 없다. 왜냐하면 도덕론자들의 견해는 그 자체가 — 대체로 무의식적으로 — 자연을 관찰해서 얻은 결과이기 때문이다.[27]

번식기가 되면 새들은 대체로 함께 모이는데 이런 일은 대부분의 새들에게 공통적으로 나타나는 모습이므로 이제 더 이상의 예를 들 필요도 없다. 나무 꼭대기에는 까마귀 둥지가 올라앉아 있고, 울타리마다 몸집이 좀 더 작은 새들이 빽빽하게 둥지를 틀고 있다. 농가는 제비 무리들에게 쉴 곳을 제공하고, 오래된 탑은 수많은 야행성 새들의 은신처가 된다. 둥지를 짓기 위한 이 모든 군집들 거의 대부분에서 나타나는 평화와 조화에 관한 매력적인 묘사들로 몇 페이지를 채울 수도 있겠다. 가장 연약한 새들도 자기들끼리 힘을 합치면 확실히 보호받을 수 있다. 예를 들면 탁월한 관찰자 쿠이 박사는 초원 매*Falcon polyargus*들이 사는 바로 옆에 둥지를 트는 작은 삼색제비들을 보았다. 이 매들은 콜로라도 협곡에서 흔히 볼 수 있는 진흙 첨탑의 맨 위에 둥지를 짓는다. 그러면 한 무리의

27) 부록 3을 보라.

제비들이 바로 밑에다 둥지를 짓는다. 이 작고 싸울 줄도 모르는 새들은 포식자 이웃을 전혀 두려워하지 않고 자기들 무리에게로 매가 접근하지 못하게 한다. 이들이 즉각 매를 둘러싼 다음 쫓아 버려서 매도 곧바로 도망칠 수밖에 없었다.[28]

둥지를 짓는 시기가 끝나도 군집 생활은 계속되면서 새로운 형태를 띠기 시작한다. 어린 새끼들은 대체로 몇 가지 종들이 뒤섞여 자기들끼리 군집을 이룬다. 이 무렵의 군집생활은 주로 그 자체를 목적으로—부분적으로 안전을 위해서 실행되지만, 그러한 군집생활을 통해 얻을 수 있는 즐거움 때문에—이루어진다. 그렇게 우리는 숲에서 어린 동고비들이 박새, 푸른머리되새, 굴뚝새, 나무발바리, 또는 일부 딱따구리들과 함께 형성한 군집들을 볼 수 있다.[29] 스페인에서는 제비들이 황조롱이나 솔딱새, 심지어는 비둘기와도 함께 어울리는 모습이 목격된다. 아메리카 극서 지방에서는 어린 뿔종달새들이 다른 종다리(초원밭종다리)류나 종달새, 사바나참새, 그리고 여러 종의 멧새, 긴발톱멧새와 함께 커다란 군집을 이루어 살아간다.[30]

---

28) Elliot Couës, *Bulletin U.S. Geol. Survey of Territories*, iv. No. 7, pp. 556, 579 등에 수록. 폴리야코프가 북러시아의 늪지대에 사는 갈매기들*Larus argentatus* 사이에서 관찰한 바에 따르면 다음과 같다. 이 새들이 사는 수많은 보금자리들은 항상 수컷 한 마리가 순찰을 돌고 있었고 위험이 다가오면 집단에게 경고를 했다. 만일 실제로 위험한 일이 생기면 모든 새들이 들고 일어나 맹렬한 기세로 적을 공격했다. 늪지의 작은 언덕마다 대여섯씩 무리를 짓고 있는 암컷들은 먹이를 찾으러 자리를 비울 때도 일정한 질서를 지켰다. 완전히 무방비상태에 있어서 쉽게 맹금류의 먹이가 되곤 하는 어린 새끼들은 절대로 혼자서 자리를 뜨지 않았다.("Family Habits among the Aquatic Birds," *Proceedings of the Zoo. Section of St. Petersburg Soc. of Nat.,* 1874년 12월 17일에 수록)

29) Brehm Father, A. Brehm이 iv. 34 이하에서 인용함. 또한 White, *Natural History of Selborne*, Letter XI를 보라.

사실 어린 새들의 가을 군집 — 사냥이나 둥지를 짓기 위한 목적이 아니라, 그저 군집생활을 즐기고 그날 그날의 먹이를 구하는 데 몇 시간을 할애하고 난 후에, 장난치고 놀면서 시간을 보내기 위해 — 에 참가하는 종들의 이름만을 나열하는 것보다도 고립되어 살아가는 종을 자세하게 기술하는 편이 훨씬 더 쉬울 수도 있다.

그리고 마지막으로 새들에게서 — 새들의 이동에서 — 발휘되는 광범위한 상호부조가 있는데, 이 문제는 내가 여기서 감히 손을 대기조차 어려울 정도이므로, 그저 다음과 같이 말하는 것으로 족할 듯하다. 작은 무리로 넓은 영역에 흩어져 수개월 동안 살던 새들이 수천 마리씩 모여든다. 이들은 출발하기 전에 연속해서 며칠 동안이나 정해진 장소에 함께 모여서 이동할 때의 세부 사항을 의논하는 것이 분명하다. 어떤 종들은 긴 여행에 대비하여 매일 오후 비행연습에 몰두한다. 우물쭈물하는 동료들을 모두 다 같이 기다렸다가, 마침내 제대로 정해진 방향으로 — 집단적인 경험이 축적된 결과 — 출발한다. 무리의 맨 선두에는 가장 강한 새가 앞장서며, 서로가 서로의 고통을 덜어가면서 이 고된 비행을 이루어낸다. 이들은 크고 작은 새들로 이루어진 커다란 무리로 바다를 건너고 이듬해 봄에 돌아갈 때면, 동일한 지점으로 향한다. 대부분의 경우 각자 지난해에 지었거나 수리했던 바로 그 둥지를 차지한다.[31]

---

30) *Bulletin U. S. Survey of Territories*, iv. No. 7에 실린 코이 박사의 *Birds of Dakota and Montana*.

31) 자주 알려지는 바대로 이따금씩 지중해를 건너갈 때면 몸집이 큰 새들이 몇몇 몸집이 더 작은 새들을 이동시켜 준다고는 하지만 이 사실은 여전히 확실하지 않다. 한편 몇몇 작은 새들이 더 큰 새들과 합류해서 이동한다는 사실만은 틀림없었다. 이 사실은 여러 차례 인지되었고 최근에 라운하임 Raunheim의 북스바움이 확인한 바 있다. (*Der zoologische Garten*, 1886, p.

이 주제는 너무나 광범위하기 때문에 아직은 연구가 상당히 불충분한 상태이다. 또한 이 주제는 상호부조라는 습성에 대한 인상적인 사례들을 다수 제공하고 있고, 그 사례들은 조류의 이동이라는 주요한 사실에 부차적이긴 하지만 그 각각을 전문적으로 연구할 필요가 있으므로 여기서는 보다 상세하게 파고들 수는 없다. 다만 북쪽이나 남쪽으로의 긴 여행을 시작하기 전에 늘 동일한 장소에서 이루어지는 수많은 새들의 활기 넘치는 모임에 대해, 또한 예니세이 강(시베리아 중앙부를 북쪽으로 흘러 카라 해의 예니세이 만으로 들어가는 강-옮긴이)이나 영국 북부지방에 있는 번식지에 도착한 후의 새들의 모임에 대해 거칠게나마 언급할 수 있을 뿐이다. 며칠 동안이나 — 때로는 한 달 동안 — 계속해서 이들은 식량을 구하러 날아가기 전 아침마다 한 시간 동안 함께 모인다. 아마도 둥지를 지을 장소에 대해서 의논하는지도 모른다.[32] 그리고 만일 이동하는 동안 대열이 폭풍을 맞게 되면 공동의 불행을 헤쳐나가기 위해 극히 다른 종류의 새들끼리도 함께 모인다. 정확히 철새라고 할 수는 없지만, 계절에 따라 북쪽이나 남쪽으로 천천히 이동하는 새들도 역시 무리를 지어 여행을 한다. 혼자서 이동하는 것과 달리 각 개체가 다른 지역에서 식량이나 피난처를 발견할 수 있는 이점이 있기 때문에, 이들은 계절에 따라 북쪽이나 남쪽으로 이동하기 전에 항상 서로 기다려 함께 무리를 짓는다.[33]

---

133)

32) 시봄과 딕슨은 모두 이러한 습속에 대해 언급하고 있다.

33) 이 사실은 모든 현장 박물학자들에게는 잘 알려져 있다. 영국에 관한 몇 가지 사례들은 찰스 딕슨의 *Among the Birds in Northern Shires*에서 찾아볼 수 있다. 푸른머리되새들은 겨울 동안에 거대한 무리를 지어 도착한다. 거의

이제 포유류로 넘어가 보면, 집단을 이루지 않는 소수의 육식 동물보다 사회생활을 하는 종의 숫자가 압도적으로 우세하다는 사실에 우리는 우선 충격을 받는다. 고원지대, 알프스 지방, 그리고 신구대륙의 스텝 지방에서는 사슴, 영양, 가젤영양, 다마사슴, 버펄로, 야생 염소와 양들이 무리를 지어 살아가는데, 이 종들 모두가 사회성이 강한 동물들이다. 유럽인들이 아메리카에 정착했을 때 너무나 많은 버펄로들이 밀집해 있다는 것을 알게 되었다. 이동 중인 버펄로의 행렬이 지나갈 때는 가던 길을 그만두어야 할 정도였다. 빽빽한 버펄로 무리가 지나가는 행렬은 때로 이삼 일씩이나 이어지곤 했다. 또 러시아인들이 시베리아를 차지했을 때, 그곳에는 무수히 많은 사슴, 영양, 다람쥐 그리고 여타 사회성이 강한 동물들이 살고 있었다. 실로 시베리아 정복은 200년 동안이나 지속되었던 사냥 원정의 역사라 해도 과언이 아니다. 한편 동아프리카의 평원에는 여전히 얼룩말, 큰 영양 그리고 그 밖의 다른 영양의 무리들로 뒤덮여 있다.

얼마 전에도 북아메리카와 북시베리아의 작은 하천에는 비버의 군체들이 거주하고 있었으며, 17세기까지도 이와 유사한 군체들이 북러시아에 가득했다. 네 대륙의 평원은 아직도 쥐, 땅다람쥐, 마모트 및 그 밖의 설치류들의 수많은 군체들로 뒤덮여 있다. 아시아와 아프리카 저위도 지역의 숲은 여전히 수많은 코끼리, 코뿔소 가족들 그리고 원숭이 무리들의 거주지이다. 좀 더 북쪽에는 순록들이 무수히 떼를 지어 모여 있고, 더 북쪽에는 사향소의 무리들과

같은 시기인 11월이면 되새의 무리들이 찾아온다. 개똥지빠귀들도 같은 장소에 "거의 같은 무리"로 자주 찾아온다(pp. 165, 166).

북극여우의 무리들이 눈에 띈다. 대양의 해안에는 물범과 바다코끼리의 무리들로 활기를 띠고, 물속은 사회성이 강한 고래들의 무리들로 활기를 띤다. 그리고 심지어 중앙아시아의 대고원의 오지에서도 야생 말, 야생 당나귀, 야생 낙타, 야생 양의 무리들이 발견된다. 이 모든 포유류들은 때로 개체수가 수십만에 이르기도 하는 사회나 집단을 이루어 살아간다. 그러나 3세기 동안 화약문명이 지속되어 온 지금 우리는 과거 거대했던 집성의 잔해만을 볼 수 있을 뿐이다. 이러한 동물에 비하면 육식동물의 숫자는 얼마나 보잘 것 없는가! 그러니 동물계엔 마치 피 묻은 이빨을 희생자들의 살 속에 찔러 넣는 사자나 하이에나밖에 없는 듯이 이야기하는 사람들의 견해는 또 얼마나 잘못된 것인가! 누군가는 또 인간의 삶 전체가 전쟁 대학살의 연속일 따름이라고 생각할지도 모른다.

군집과 상호부조는 포유류들에게는 철칙이다. 사회적인 습성은 육식동물들에게서도 발견된다. 단지 고양이류(사자, 호랑이, 표범 등)만이 결정적으로 집단생활보다는 고립된 생활을 좋아해서 좀처럼 작은 무리조차 짓지 않는 문門으로 거론될 수 있을 뿐이다. 그렇지만 사자들 사이에서조차 "떼를 지어 사냥하는 것은 매우 일반적인 습속이다."[34] 사향고양이과*Viverrida*와 족제비과*Mustelida*의 동물들도 고립 생활을 한다는 특성을 가지고 있지만, 지난 세기 동안 보통 족제비는 분명 지금보다는 훨씬 사회성이 강했다. 당시 스코틀랜드나 스위스의 운터발덴 주에서 족제비들이 보다 더 큰 집단을 이루고 있는 모습이 목격되었다. 규모가 큰 개류類는 분명히 사회성

34) S. W. Baker, *Wild Beasts*, etc., 1권 p. 316.

이 강하고, 사냥을 목적으로 군집을 이루는데, 이는 수많은 종의 개들에게서 보이는 현저한 특징이다. 잘 알려진 사실이지만 늑대들은 사냥을 할 때 무리를 짓는다. 추디Friedrich von Tschudi는 늑대들이 산기슭에서 풀을 뜯고 있는 소 주위로 반원을 그린 다음 갑자기 큰 소리로 짖으며 나타나 소를 깊은 구덩이로 굴러 떨어지게 만드는 모습을 탁월하게 묘사하였다.[35] 오더번도 1830년대에 래브라도늑대들이 무리를 지어 사냥을 하는 모습을 목격했는데, 그중 한 무리는 사람을 오두막까지 따라가서는 개들을 물어 죽였다. 혹독한 겨울 동안에 늑대 무리들은 사람들의 거주지를 위협할 만큼 수적으로 크게 증가하는데, 실제로 대략 45년 전에 프랑스에서도 이러한 상황이 벌어졌다. 러시아의 스텝 지대에서 늑대들은 무리를 지어 있을 때만 말들을 공격했다. 하지만 — 콜Kohl의 증언에 따르면 — 말들이 때때로 공격적으로 싸움을 걸어오면 늑대는 힘든 싸움을 벌여야만 한다. 그런 경우에 늑대들이 즉각적으로 후퇴하지 않으면 말에게 둘러싸여 발에 채여 죽을 위험에 처하게 된다. 코요테들*Canis latrans*은 이따금씩 무리에서 떨어져 나온 버펄로를 쫓을 때 20에서 30마리 정도가 무리를 짓는다고 알려져 있다.[36] 가장 용맹스럽고 개류 가운데 가장 지능이 우수한 종으로 알려진 재칼은 항상 사냥을 할 때면 무리를 짓는다. 이런 식으로 무리를 지어 있을 때 이들은 몸집이 더 큰 육식동물들도 두려워하지 않는다.[37] 윌리엄슨

35) Tschudi, *Thierleben der Alpenwelt*, p. 404.
36) Houzeau, *Études*, ii. 463.
37) 이들의 사냥 군집에 관해서는 Romanes, *Animal Intelligence*, p. 432에 인용된 Sir E. Tennant, *Natural History of Ceylon*을 보라.

Williamson은 아시아의 야생 개(*Kholzuns* 또는 *Dholes*)들이 큰 무리를 이루어 자신보다 몸집이 큰 — 코끼리나 코뿔소를 제외한 — 모든 동물들을 공격하며, 심지어 곰과 호랑이까지 제압하는 모습을 목격했다. 하이에나들은 항상 군집을 이루어 살아가며 무리를 지어 사냥하는데, 커밍Cumming은 아프리카사냥개들의 사냥 조직을 높이 평가한다. 대체로 문명 지역 내에서 고립되어 살아가는 여우들조차도 사냥을 목적으로 연합하는 모습이 종종 목격된다.[38] 북극여우는 가장 사회성이 강한 동물 가운데 하나이다. 더 정확히 말하면 스텔러Georg Wilhelm Steller(1709~1746. 독일 태생의 러시아 박물학자 · 탐험가. 베링의 제2차 캄차카탐험대에 참여했다 -옮긴이)가 살던 시대에 그러했다. 베링Vitus Jonassen Bering(1681~1741. 덴마크 태생의 러시아 항해가. 캄차카탐험대의 대장으로서 베링 해협과 알래스카 탐험을 통해 러시아의 북아메리카 대륙 진출 거점을 마련했다 -옮긴이)의 운 나쁜 선원이 이 지능적이고 작은 동물과 벌인 싸움을 스텔러가 묘사한 내용을 읽어보면 과연 무얼 보고 놀라야 할지 알 수가 없다. 여우들의 비상한 지능 그리고 돌무덤 밑에 감추어져 있거나 기둥 위에 저장된 식량을 찾아낼 때(한 마리의 여우가 꼭대기에 올라가서 아래에 있는 동료에게 식량을 던져준다) 보여주는 상호부조에 놀라야 할지, 아니면 수많은 여우 무리들에 의해 좌절되는 인간의 잔인함에 놀라야 할지. 심지어 일부 곰들도 사람에게 방해받지 않는 지역에서 군집 생활을 한다. 그래서 스텔러는 캄차카 반도(러시아 연방 극동에 있는 반도 -옮긴이)에서 흑곰의 무리를 수없이 목격했으며, 북극곰들의 경우에도 이따금씩 작은 집단을 이루는 모습이 발견되었다. 심지어는 지능이 거의 없는 식충

38) L. Büchner, *Liebe*에 실린 Emil Hüter의 편지를 보라.

동물들도 항상 군집 생활을 무시하지는 않는다.[39]

그러나 설치류, 유제류有蹄類(일반적으로 발굽이 있는 모든 포유동물들 -옮긴이), 그리고 반추동물들도 높은 수준으로 발전된 상호부조를 실천하고 있음을 알 수 있다. 다람쥐들은 상당히 개체중심적이다. 이들은 각자 자신만의 편안한 보금자리를 만들고, 자신들만의 식량을 모아둔다. 다람쥐들은 가족끼리의 생활을 지향한다. 브렘은 같은 해에 태어난 두 마리의 새끼들이 외떨어진 숲의 한 구석에서 부모들과 함께 할 수 있을 때 다람쥐 가족이 더없이 행복해 한다는 사실을 발견했다. 그러면서도 다람쥐들은 사회적인 관계도 유지한다. 따로 떨어진 거처에 살더라도 친교관계는 여전히 돈독하며, 숲에 솔방울이 부족해지면 무리를 지어 함께 이동을 한다. 극서지방의 흑다람쥐들은 유별나게 사회성이 강하다. 식량을 구하러 다니는 몇 시간을 제외하고는 수많은 무리로 나누어 놀면서 보낸다. 그리고 어떤 지역에서 너무 빠르게 번식되면 메뚜기처럼 떼를 지어서 숲이나 들판, 정원 등을 황폐화시키면서 남쪽으로 이동한다. 그러면 여우·폴캣(위즐, 밍크, 수달을 비롯한 여러 동물들이 속하는 족제비과의 여러 종의 육식동물 -옮긴이), 매 그리고 야행성 맹금류들은 다람쥐들의 빽빽한 대열을 뒤쫓다가 뒤쳐진 녀석들을 잡아먹고 산다. 이와 상당히 유사한 종인 땅다람쥐는 사회성이 훨씬 더 강하다. 이 다람쥐는 저장하기를 좋아해서 먹을 수 있는 뿌리류와 견과류를 지하 저장소에 많이 쌓아 두는데, 가을이 되면 사람들이 이를 훔쳐가는 경우도 자주 있다. 어떤 관찰자들에 의하면, 이들은 틀림없이 수전노의

---

39) 부록 4를 보라.

기쁨에 대해 뭔가를 알고 있는 것이 분명하다. 그러면서도 사회성은 유지하고 있다. 이들은 항상 커다란 군락을 이루며 사는데, 한겨울에 이들의 거처를 몇몇 열어 본 오듀본은 같은 방에 여러 땅다람쥐들이 함께 모여 있는 모습을 발견하였다. 이들은 틀림없이 그 거처를 함께 힘을 합해서 마련했음이 분명하다.

마모트속과 프레리도그속, 그리고 땅다람쥐속을 아우르는 마모트류는 훨씬 더 사회성이 강하고 훨씬 더 지능적이다. 이들도 각자 자기만의 주거지를 선호하지만 커다란 군락을 이루며 살아간다. 남러시아 작물의 최대 적인 유라시아땅다람쥐는 매년 인간에 의해서만 수천만 마리가 죽어나가는데, 수많은 군체들을 이루며 살아간다. 러시아의 지방 의회들이 이들을 사회의 적으로 칭하며 퇴치 방법을 심각하게 논의하고 있는 동안에도 이들은 수천 마리씩 무리를 지어 가장 즐거운 방식으로 살아간다. 이들이 노는 모습은 너무 귀여워서 볼 때마다 칭찬을 자아내며, 수컷들의 날카로운 휘파람 소리와 암컷의 우울한 휘파람 소리가 만들어내는 아름다운 선율의 콘서트는 사람들의 입에 오르내리게 된다. 그러다가 갑자기 관찰자는 시민의 의무로 돌아가 이 작은 약탈자들을 절멸시킬 가장 잔인한 수단을 고안해내기 시작한다. 모든 종류의 맹금류나 맹수도 효과가 없게 되자 이 싸움에서 과학이 할 수 있는 최후의 수단은 콜레라균을 주입하는 것이었다! 아메리카의 프레리도그의 군락지도 가장 볼만한 광경이다. 눈길이 닿는 대로 멀리 초원을 바라다보면 흙더미들이 보이는데, 그 위에는 짤막하게 짧게 짖으면서 이웃들과 활기찬 대화를 나누는 프레리도그들이 있다. 사람이 접근한다는 신호가 전달되자마자 순식간에 모든 녀석들이 자기들 집으로 뛰어들어가 마술처럼 사라져버린다. 그러다가 위험이 사라지면 곧 다시 나타난다. 모든 가족들이 지하 굴에서 나와 놀이에 열중한다. 어린 것들은 서로를 긁어대면서 성가시게 굴고, 몸을 곧추세우면서 우아함을 과시한다. 그러는 동안 어미들은 망을 본다. 이들은 서로 자주 방문을 하는데, 흙더미들을 연결하며 다져진 작은 길은 이들의 왕래가 빈번했음을 증명해준다. 요컨대 최고의 박물학자들이 쓴 가장 훌륭한 글 가운데에도 미국의 프레리도그, 구대륙의 마모트, 그리고 알프스 지방의 북극마모트 등의 군집에 관한 묘사가 담겨 있다. 그렇지만 나는 꿀벌들에 대해서 이야기하면서 언급했던 내용을 마모트에 관해서도 똑같이 언급해야만 하겠다. 마모트들은 싸움의 본능을 유지해왔으며, 이러한 본능이 사람들에게 사로잡혔을 때 다시 나타난다. 하지만 거대한 군집 안에서 자유로운 자연을 마주하고 있으면 비사회적인 본능은 발달할 기회를 갖지 못하고, 그 결과 일반적으로 평화와 조화가 뒤따른다.

우리들의 지하실에서 끊임없이 싸우고 있는 쥐처럼 거친 동물들조차도 충분한 지능을 가지고 있어서 인간의 식료품을 약탈할 때면 자기들끼리 싸우지 않는다. 약탈 원정이나 이주를 할 때는 서로 도와주고 병약한 동료에게 먹이를 나눠주기도 한다. 캐나다의 비버쥐나 사향뒤쥐들도 사회성이 매우 강하다. 오도번은 "그냥 조용히 놔두기만 하면 행복을 누릴 수 있는 이들의 평화로운 공동체"에 대해 감탄하지 않을 수 없었다. 사회성이 강한 모든 동물들과 마찬가지로 이들은 활기차게 놀기를 좋아하며, 다른 종들과도 쉽게 결합하고, 상당히 높은 수준으로 지능이 발달되어 있다. 이들은 호수나 강가에 군락을 이룰 때에는 수위가 변화한다는 것을 항상 고려한다. 이들의 돔처럼 생긴 둥지는 다진 진흙에 갈대를 엮어 넣어 만들었는데, 부패한 유기물을 저장해두는 방이 마련되어 있다. 또 그 방은 겨울을 대비해 바닥을 잘 깔아 놓아서 따뜻할 뿐만 아니라 통풍도 잘 된다. 가장 동정적인 성격을 가진 동물로 알려진 비버에 대해 말하자면 경탄을 자아내는 이들의 댐과 군락— 이곳에서 이들은 수달과 사람 외엔 적이라고는 모른 채 세대를 거듭하여 살다가 죽어간다— 은 상호부조가 종의 안전과 사회적 습성의 발달, 그리고 지능의 진화를 위해 과연 무엇을 이루어낼 수 있는지를 놀라우리만큼 생생하게 보여주기 때문에 동물의 삶에 관심을 가지고 있는 사람들에게는 익히 잘 알려져 있다. 한 가지만 더 언급하자면, 비버와 사향뒤쥐 그리고 다른 몇몇 설치류들에게서는 인간 공동체가 가지고 있는 독특한 특성이 발견된다. 그것은 바로 공동작업이다.

날쥐와 친칠라, 비스카차(친칠라과에 속하는 남아메리카산 설치류 -옮긴이), 투쉬칸, 남 러시아의 굴토끼를 포함한 두 개의 커다란 과에 대해서는 언급하지 않고 넘어가겠다. 비록 이 작은 설치류들이 모두 사회생활로부터 동물들이 얻을 수 있는 즐거움을 빼어나게 예시하는 것으로 여겨질 수도 있지만 말이다.[40] 즐거움, 바로 그거다. 솔직히 과연 무엇이 동물들을 서로 모이게끔 만드는지 이야기하

40) 비스카차에 관련해서 고도로 사회성이 강한 이 작은 동물들은 각각의 군락에서 함께 평화롭게 살 뿐만 아니라 모든 군락들이 밤이 되면 서로 왕래를 한다는 점에 주목해보면 상당히 흥미롭다. 그래서 사회성은 개미의 예에서 보았듯이 기존 사회나 부족뿐만 아니라 모든 종으로 확대된다. 농부들이 비스카차의 구덩이를 헐어버리고 흙더미로 서식하고 있던 개체들을 묻어버리면 다른 비스카차들이 — 허드슨의 말에 의하면 — "멀리서 찾아와서 생매장된 동료들을 파낸다"(앞의 책, p. 311). 이런 사실은 라플라타에서는 잘 알려진 일이고 저자에 의해서도 확인되었다.

기란 극히 어렵다. 상호보호에 대한 필요 때문인지, 아니면 단순히 동료들에게 둘러싸여 있다는 느낌이 주는 즐거움 때문인지. 어쨌든 보통 산토끼들은 공동생활을 위해 사회를 이루지도 않고 강한 부모의 정을 타고나지도 않았지만, 놀이를 위해 모이지 않고는 살아갈 수가 없다. 산토끼의 습성에 가장 정통한 디트리히 드 빈켈Dietrich de Winckell은 산토끼들이 놀이를 아주 좋아한다고 묘사한 바 있다. 산토끼들이 어느 정도로 놀이에 도취되는가 하면 접근해오는 여우를 놀이 상대로 여긴 녀석이 있었을 정도라고 한다.[41] 한편 집토끼는 사회를 이루어 살아가는데, 이들의 가족생활은 전적으로 고대 가부장적 가족의 이미지에 기초해 있어서 어린 토끼들은 아버지나 할아버지에게 절대 복종한다.[42] 여기서 우리는 서로 밀접하게 연관되어 있지만 서로 교배할 수 없는 두 종의 사례를 보게 된다. 이들이 서로 교배할 수 없는 이유는 비슷한 사례에서 너무 자주 설명되는 식으로 이들이 거의 같은 먹이를 먹고 살기 때문이 아니라, 열정적이고 유별나게 개인주의적인 산토끼가 침착하고 조용하며 순종적인 집토끼와 친해질 수 없기 때문이다. 이들의 성미는 너무 많이 달라서 어울리는 데 장애가 된다.

사회를 이루어 살아가는 것은 야생마와 아시아 당나귀, 얼룩말, 카이유스(야생상태로 있거나 인디언이 길들인 북아메리카의 말, mustang이라고도 함 -옮긴이), 팜파스(대서양에서 아르헨티나 중부를 가로질러 안데스 기슭까지 서쪽으로 펼쳐진 광대한 평원 -옮긴이)의 야생마, 그리고

41) *Handbuch für Jäger und Jagdberechtigte*, 브렘에게서 재인용, 2. 223.
42) Buffon, *Histoire Naturelle*.

몽골과 시베리아의 반半 야생마 등을 포함하는 말과에서도 나타나는 규칙이다. 이들은 모두 여러 무리로 구성된 군집을 이루어 살아가는데, 이때 각각의 무리는 일군의 암컷과 이들을 이끄는 한 마리의 수컷으로 구성된다. 대체로 수많은 적과 혹독한 기후조건에 저항하기에 용이한 구조를 타고나지 못한 이들은 만일 사회적인 기질이 아니었더라면 지구상에서 곧 사라져 버렸을 것이며, 지금처럼 신구대륙에 두루 서식하지 못했을 것이다. 맹수가 접근해오면 이들은 곧 몇몇의 무리가 협력하여 맹수를 쫓아낸다. 또 이들이 무리로부터 떨어져 있지 않는 한 늑대나 곰, 심지어 사자조차도 이들을 사로잡을 수 없다. 가뭄이 들어 초원의 풀이 시들어 버리면 이들은 때로 1만 마리 정도가 떼를 지어 이주한다. 그리고 눈보라가 스텝 지대를 휘몰아치면 각각의 무리들은 서로 가깝게 몸을 붙이고 안전한 산골짜기를 찾아간다. 그러나 이때 만일 신뢰가 깨지거나 집단이 공황상태에 빠져 뿔뿔이 흩어지게 되면 말들은 죽게 된다. 살아남은 말들은 눈보라가 지나간 후 기진맥진하여 거의 죽은 상태로 발견되곤 한다. 단결이야말로 말들의 생존경쟁에서 가장 중요한 무기이며 인간은 말들의 가장 주요한 적이다. 인간의 수가 증가하기 전에, 지금 우리가 사육하고 있는 말의 조상(폴리아코프는 이를 프르제발스키호스*Equus Przewalskii*라고 명명했다)은 티베트 외곽의 가장 거칠고 접근하기 힘든 고원으로 물러나는 길을 택했다. 이곳은 육식동물이 우글거리고 북극지방만큼이나 기후가 나빴지만, 인간들은 접근할 수 없는 지역이었다.[43]

---

43) 말과 관련해서는 쾌거quagga 얼룩말이 주목할 만하다. 이들은 다우dauw라는 얼룩말과는 절대로 섞이지 않는다. 그렇지만 상당히 훌륭한 파수꾼인

순록 그리고 특히 반추동물—노루, 다마사슴, 영양, 가젤, 아이벡스(유럽·아시아·북동아프리카의 산악지대에 서식하는 야생 염소-옮긴이), 그리고 실제로 양속과 염소속 전체를 포함하는—의 삶은 사회생활의 인상적인 사례들을 다수 제공한다. 육식동물의 공격으로부터 무리의 안전을 지키기 위한 이들의 경계심, 무리 전체가 바위 절벽 길을 완전히 빠져나가기 전까지 각각의 모든 샤무아(소과에 속하는 염소처럼 생긴 동물-옮긴이)에게서 드러나는 불안감, 부모 잃은 새끼들에 대한 부양, 자기 짝이나 동료를 잃은 가젤의 절망감, 어린 새끼들의 놀이, 그리고 그 외에도 다른 많은 특징들을 언급할 수 있다. 그러나 아마도 상호지원의 가장 인상적인 예시는 내가 일전에 아무르 강에서 보았던 다마사슴들의 이동에서 찾아볼 수 있을 것이다. 트랜스바이칼리아에서 메르겐으로 가는 길에 고원과 그 경계분수령인 다싱안링 산맥大興安嶺山脈(중국 북동부 네이멍구 자치구에 있는 산맥으로, 동쪽의 둥베이 평원과 서쪽의 몽골 고원을 가르는 분수령이다-옮긴이)을 가로질렀을 때, 그리고 아무르 강으로 가는 길에 고지대의 초원을 여행했을 때, 나는 거의 아무도 살지 않는 이 지역에 다마사슴의 수가 얼마나 희박한지 확인할 수 있었다.[44] 2년 후 나는 아무르

타조는 물론이고 가젤이나 몇 가지 종류의 영양, 누와는 상당히 친밀하게 지낸다. 콰거와 다우가 서로 싫어하는 사례는 먹이를 둘러싼 경쟁이란 개념으로는 설명되지 않는 경우이다. 콰거가 같은 풀을 먹고사는 반추동물과 함께 살아간다는 사실만으로도 그 가설은 설득력이 없어진다. 집토끼와 산토끼의 경우처럼 어떤 성격의 차이를 찾아보아야만 한다. 다른 동물들에 대해서는 Clive Philips-Wolley, *Big Game Shooting*(배드민턴 도서관)을 참조하라. 이 책에는 동 아프리카에 함께 살아가고 있는 다양한 종에 관한 탁월한 예증이 실려 있다.

44) 결혼을 앞둔 퉁구스족의 사냥꾼은 가능한 한 많은 모피를 얻으려는 욕심에 하루 종일 말을 타고 사슴을 찾아 언덕배기를 헤매고 다녔다. 그렇게 애를

강을 거슬러 올라가며 여행을 하다가 10월말에 그림 같은 골짜기의 낮은 쪽 끝자락에 도착했다. 그곳은 아무르 강이 쑹화강과 합류하는 저지대로 들어가기 전에 샤오싱안링 산맥小興安嶺山脈(중국 헤이룽장성 북동부에 있는 산맥 -옮긴이)을 관통하는 지점이었다. 그때 그 골짜기의 마을에 사는 카자크(흑해와 카스피 해의 북쪽 후배지에 거주하는 주민 -옮긴이)들은 극도로 흥분해 있었다. 수만 마리의 다마사슴들이 저지대로 가기 위해 아무르 강의 가장 좁은 지점을 통과하고 있었기 때문이었다. 강 상류 쪽으로 약 64킬로미터에 걸쳐서 카자크들은 이미 상당한 양의 얼음이 떠다니는 아무르 강을 건너고 있는 사슴들을 며칠 동안 연이어 도살하고 있었다. 그러나 그렇게 매일 수천 마리가 죽어갔음에도 불구하고 사슴들의 이동은 계속되었다. 그와 같은 이동은 그 이전에도 그 이후에도 목격된 적이 없는 것이었다. 그 이동은 다싱안링 산맥을 덮친 때 이른 폭설 탓이었음이 분명했다. 그래서 사슴들은 샤오싱안링 산맥의 동쪽 저지대에 이르기 위한 필사의 시도를 감행할 수밖에 없었던 것이다. 실제로 며칠 후에는 샤오싱안링 산맥 역시 60~90센티미터 정도 두께의 눈으로 뒤덮였다. 이제 광대한 지역에 흩어져 있던 사슴 무리들이 예외적인 상황에 떠밀려 어쩔 수 없이 이동을 위해 모여들었다고 상상해본다면, 그리고 그 모든 사슴들이 아무르 강 남쪽의 가장 폭이 좁은 곳을 통해 강을 건너자는 공동의 생각에 도달하기까지 극복해야만 했던 어려움을 실감하게 된다면, 이 지능적인 동물들이 보여주는 엄청난 사회성에 깊이 감탄하지 않을 수 없다. 이러한 사실은 북아메리카의

써도 하루에 단 한 마리의 황갈색 사슴도 잡지 못하는 수도 있다. 하지만 그는 빼어난 사냥꾼이었다.

버펄로들이 보여주었던 동일한 결속력을 상기해보더라도 결코 뒤지지 않을 만큼 인상적이다. 엄청나게 많은 수의 버펄로들이 초원에서 풀을 뜯고 있는 모습이 목격되긴 하지만 이는 수없이 많은 작은 무리들로 이루어진 것이며, 이 작은 무리들은 절대 서로 섞이지 않는다. 그러나 어떤 필요가 발생하면 광대한 지역에 흩어져 있던 모든 무리들이 함께 모여 거대한 대열을 형성하는데, 그 수는 앞서 내가 언급한 대로 수십만에 이른다.

여기서 나는 코끼리들의 '복합가족', 상호애착, 계획적으로 보초를 세우는 습성, 그리고 밀접한 상호지원의 삶을 통해 발전된 동정심에 대해 적어도 몇 마디 언급해야만 하겠다.[45] 멧돼지처럼 평판이 나쁜 동물들이 가지고 있는 사회성도 언급하면서 맹수에게 공격을 받게 되는 경우에 멧돼지들의 단결력은 칭찬해줄 만하다.[46] 하마와 코뿔소 역시 동물의 사회성에 대한 연구에서 한 위치를 차지할 수 있다. 물범과 바다코끼리의 사회성과 상호애착도 인상적인 페이지를 장식할 만하다. 그리고 마지막으로 사회성이 강한 고래들 사이에 존재하는 가장 우수한 감정들을 언급할 수 있다. 그러나 무엇보다도 원숭이들의 사회에 대해서도 몇 마디 언급해야 하겠다. 이는 우리를 원시인들의 사회로 이끌어줄 연결고리라는 점에서 특별한 관심의 대상이 되기 때문이다.

---

45) 사무엘 W. 베이커에 따르면 코끼리들은 '혼합 가족'보다는 더 규모가 큰 집단으로 결합한다. 그는 이렇게 쓰고 있다. "나는 공원지방으로 알려진 세이론의 일부 지역에서 엄청난 숫자의 코끼리 발자국을 자주 관찰하였다. 아마 코끼리들은 불안전한 지역에서 퇴각할 때면 모두 상당한 무리를 지어 움직인 듯했다(*Wild Bears and their Ways*, vol. i. p. 102).

46) 늑대들에게 공격을 받은 돼지들도 마찬가지다(허드슨, 앞의 책).

동물계의 가장 높은 자리에 위치하며 그 구조와 지능 면에서 인간에 가장 근접해 있는 포유류들의 사회성이 두드러지게 강하다는 점은 말할 필요도 없다. 우리들은 수많은 종들이 포함되어 있는 동물계의 상당히 많은 부문에서 온갖 다양한 특성이나 습성과 만날 준비가 확실히 되어 있어야 한다. 하지만 모든 것을 고려해보면 사회성, 집단행동, 상호보호, 그리고 사회생활의 필연적인 결과로 높은 발전 상태에 이른 이러한 감정들은 대부분의 원숭이나 유인원들의 특성이라고 말하지 않을 수 없다. 가장 작은 종에서부터 가장 큰 종에 이르기까지, 우리가 알고 있는 한 사회성은 몇 가지 예외를 빼고 하나의 철칙이다. 야행성 유인원은 고립된 생활을 더 선호한다. 꼬리감는원숭이, 비비원숭이 그리고 우는 원숭이들은 소가족으로만 살아간다. 월리스에 따르면, 오랑우탄들은 고립되어 있거나 아니면 서너 마리 정도의 아주 작은 무리로만 목격된다. 한편 고릴라들도 절대로 무리를 짓지 않는 듯이 보인다. 하지만 이 밖의 다른 원숭이 종들 — 침팬지, 사주sajous 원숭이, 굵은꼬리원숭이, 맨드릴개코원숭이, 개코원숭이 등 — 은 모두 가장 높은 수준의 사회성을 지니고 있다. 원숭이들은 커다란 무리를 지어 살아가며, 같은 종들 이외에 다른 종들과도 합류한다. 이들 가운데 대부분은 무리에서 떨어지면 상당히 불안해한다. 무리 가운데 어느 한 녀석이 비탄스럽게 절규하면 즉각 모든 무리들에게 전해지고, 대부분의 육식동물이나 맹금류들의 공격을 대담하게 격퇴한다. 독수리조차도 감히 원숭이들을 공격하지 못한다. 원숭이들은 항상 무리를 지어 들판을 약탈하는데, 늙은 원숭이들은 전체의 안전을 돌본다. 앳되고 귀여운 얼굴 때문에 훔볼트가 상당히 깊은 인상을 받았던 작은 티티원숭이들은 비가 오면 떨고 있는 동료의 목을 자신들의 꼬리로 감싸주면서 서로 보호한다. 몇몇 종들은 부상당한 동료들을 끔찍하게 배려하고, 퇴각하는 동안에도 죽었다거나 살려낼 희망이 없다고 확인될 때까지 부상당한 동료를 내버려두지 않는다. 그래서 제임스 포브스James Forbes는 자신의 『동방회고록*Oriental Memoirs*』에서 원숭이들이 사냥대로부터 죽은 암컷 원숭이의 사체를 빼앗으려고 거세게 저항하는 것을 보고는 "이 놀라운 광경을 목격한 사람들이 다시는 어떤 원숭이에게도 총을 쏘지 않겠다고 결심한" 이유를 충분히 이해하게 되었다고 적고 있다.[47] 어떤 종의 원숭이들은 힘을 합쳐 돌을 뒤집어서 그 밑에서 개미 알을 찾는다. 망토개코원숭이들은 약탈물을 안전한 장소로 운반하기 위해 보초를 세우고, 게다가 사슬을 만드는 광경도 목격되었는데, 이들의 용맹함은 잘 알려져 있다. 망토개코원숭이들이 아비시니아(에티오피아의 옛이름-옮긴이)의 멘사 협곡으로 가는 길을 열어주기 전까지 탐험대는 그 원숭이들과 정기적으로 싸움을 벌여야 했다는 브렘의 이야기는 이제 고전이 되어 버렸다.[48] 꼬리원숭이들의 놀기 좋아하는 습성과 침팬지 가족들에게 퍼져 있는 상호애착은 일반 독자들에게도 잘 알려져 있다. 가장 고등한 유인원 가운데 두 종을 꼽는다면 오랑우탄과 고릴라인데, 이 종들은 사회성이 약하다. 이들의 서식지는 아주 작은 지역으로 한정되어 있어서 한 종은 아프리카의 중심부에, 다른 종은 보루네오나 수마트라 두 섬에 서식한다. 이 두 종이 이전에 훨씬 더 많았던

47) Romanes, *Animal Intelligence*, p. 472.
48) Brehm, i. 82; 다윈의 『인간의 유래』 3장. 1899년에서 1901년까지 코즐로프 탐험대도 역시 북부 티베트 지역에서 유사한 싸움을 경험할 수밖에 없었다.

종들 가운데 마지막으로 남아 있는 종임을 기억해야만 한다. 『에리트레아 항해지』(1세기 무렵에 익명의 그리스 탐험가에 의해 쓰여진 항해지 -옮긴이)에 언급된 유인원이 정말로 고릴라였다면 적어도 옛날엔 고릴라도 사회성이 강했던 모양이다.

위에서 간략하게 개관해본 내용으로도 알 수 있듯이 동물들이 사회생활을 한다는 데는 예외가 없다. 사회생활은 철칙이자 자연의 법칙이며, 더욱 고등한 척추동물들에서 가장 완전하게 발달하게 된다. 고립되어 살아가거나 작은 가족 단위로만 살아가는 종들은 상대적으로 소수이고 숫자도 한정되어 있다. 뿐만 아니라 몇 가지 예외를 제외하면 지금은 군거하지 않는 새나 포유류들도 지구상에 인구가 증가해서 그런 동물들에게 지속적으로 싸움을 걸어오거나 이전에 동물들이 식량을 얻었던 근거지를 파괴하기 전까지는 집단을 이루어 살고 있었다. 에스피나스는 "우리는 죽음을 위해 연합하는 것이 아니다."라고 논리적으로 정당한 언급을 했다. 그리고 아직 사람들의 영향을 받지 않았던 미국의 특정 지역에 있는 동물계를 잘 알고 있던 후조Jean Charles Houzeau(벨기에의 천문학자 · 지리학자. 동물의 지능에 관한 책을 썼다. -옮긴이)도 똑같은 결과를 발표했다.

동물계에서는 진화의 단계마다 군집을 발견하게 된다. 그리고 에드몽 페리에Edmond Perrier가 자신의 저서 『동물 군체*Colonies Animales*』에서 상당히 빼어나게 발전시킨 허버트 스펜서의 웅대한 사상에 따르면 동물계에서 진화의 기원은 바로 군체이다. 하지만 진화의 단계가 올라가면서 그에 비례하여 군집이 점점 더 의식적으로 성장하게 됨을 알게 된다. 군집은 순전히 자연적인 성격을 잃게 되어 더 이상 단순한 본능에 따르지 않고 이성에 의해 이루어진다. 더 고등한 척추동물들은 주기적으로 군집을 이루고, 군집에 의존해서 주어진 욕구, 즉 종의 번식, 이동, 사냥이나 상호 방어 등을 충족한다. 군집은 임시적으로도 이루어진다. 새들이 약탈자에 맞서 집단을 이룰 때나, 포유류들이 예기치 못한 상황에 닥쳐 이동을 하기 위해 결합되는 경우처럼. 이 마지막 사례에서 군집은 습관적인 생활 방식으로부터 자발적으로 이탈하는 경우이다. 이따금씩 결합 형태는 두 가지 혹은 그 이상으로 나타난다. 처음엔 가족, 그 다음엔 집단, 그리고 마지막으로 집단들이 모여 이루어지는 군집. 우리가 들소나 기타 반추동물에게서 보았던 것처럼 생활 습관상 흩어져 있다가 필요한 경우에 결합하는 식으로 나타나기도 한다. 그리고 군집 생활이 더 높은 형태로 발전하게 되면 집단생활의 이점을 잃지 않으면서도 개체의 독립성을 더욱 보장해준다. 대부분의 설치류들의 경우에 개체들은 각자의 거주 장소를 가지고 있어서 혼자 있고 싶을 때면 자기 집으로 물러갈 수 있다. 이들의 거처는 군락이나 그보다 좀 더 큰 단위로 설정되어 있어서 모든 개체들은 집단생활의 이점과 즐거움을 확보할 수 있다. 그리고 마지막으로 쥐, 마모트, 토끼 등과 같은 종의 경우에는 고립된 개체들의 성향이 호전적이거나 이기적이지만 사회생활이 유지된다. 따라서 개미나 꿀벌의 경우에서처럼 사회생활은 개체들의 생리적인 구조에 의해 강제되지 않고, 상호부조의 이점이나 상호부조의 즐거움을 위해서 장려된다. 그리고 물론 사회생활은 모든 부류와 더불어 그리고 무한한 개체의 다양성과 고유한 특성과 더불어 나타난다. 바로 이렇게 다양한 양상들은 사회생활에서 얻어진 결과이고 우리들에게는 군집

생활의 보편성을 확보해주는 더 확실한 증거가 된다.[49]

동물이 같은 종과 군집을 이루려는 욕구인 사회성은 사회를 위해서 사회를 사랑하는 행위인데, '삶의 즐거움'과 결합되면서 이제야 동물학자들로부터 정당한 관심을 받기 시작했다.[50] 개미에서 시작해서 새들을 거쳐 가장 고등한 포유류에 이르기까지 모든 동물들은 서로의 관심을 끌거나 집적거리면서 놀고 뒹굴고 서로 쫓아다니기를 좋아한다고 알려지게 되었다. 한편 이런 놀이는 새끼들에게 어른이 되어서 적절한 행동을 하도록 가르치는 학교 역할을 하지만 이러한 실용적인 목적 이외에도 춤이나 노래와 함께 넘치는 활력 즉 단순히 '삶의 즐거움'을 표출하는 수단이거나, 또 이러저러한 방식으로 같은 종이나 다른 종의 개체들과 의사소통 하려는 욕망의 소산일 수도 있다. 요컨대 이러한 행위들은 모든 동물계의 두드러진 특징인 적절한 사회성의 표출인 셈이다.[51] 맹금류가 나타났을 때 느끼는 두려운 감정, 동물들이 건강할 때 특히 새끼일 때 나오는

---

49) 앞에 언급된 논문에서 헉슬리가 루소의 유명한 문장을 다음과 같이 부연 설명한 내용을 읽어보면 더욱 이상하다. "상호전쟁을 상호평화로 대체했던 최초의 인간들이 — 그 첫 발을 내딛게 된 동기가 무엇이었든 간에 — 사회를 창조했다." (《19세기》, 1888년 2월, p. 165) 사회는 인간에 의해 창조된 것이 아니라 인간보다 먼저 존재해왔다.

50) 허드슨의 『라플라타 강의 박물학자*Naturalist on the La Plata*』와 칼 그로스의 『동물의 놀이*Play of Animals*』에 나오는 '자연 속에서의 음악과 춤'이라는 장에 씌어진 기술들은 이미 자연에 나타나는 절대적으로 보편적인 본능에 상당한 빛을 던져주고 있다.

51) 수많은 종의 새들이 대개 같은 장소에 함께 모여서 익살스런 몸짓과 춤 동작에 열중하는 습속을 지니고 있을 뿐만 아니라 W. H. 허드슨이 경험한 바에 따르면, 거의 모든 포유류나 새들(실제로 거의 예외 없이)도 소리를 내든 안 내든 아니면 오직 소리로만 이루어진 동작을 규칙적으로 혹은 정해진 대로 행하는 데 자주 몰두한다(p. 264).

'기쁨의 분출', 넘치는 감정이나 활력을 마음껏 펼치려는 욕구, 그러니까 감정을 교환하거나, 놀거나, 재잘거리거나, 아니면 자연계에 널리 퍼져있는 다른 혈족들과의 근접성을 느끼려는 욕구 등은 다른 여타의 생리학적인 기능만큼이나 삶과 감수성에 나타나는 두드러진 특징이다. 이러한 욕구는 더 높은 수준으로 발전되어 포유류들, 그 가운데서도 새끼들, 더 나아가 조류들 사이에서도 더욱 아름답게 표출된다. 하지만 이런 모습은 자연계의 모든 존재에 충만해 있다. 피에르 위베르Pierre Huber를 포함해서 가장 뛰어난 박물학자들은 개미들에게서도 이런 광경을 충분히 관찰하였다. 그리고 앞서 언급했듯이 나비들이 거대한 대열로 모여드는 것도 분명히 이 같은 본능 때문이다.

새들이 함께 모여 춤을 추고 춤추는 장소도 함께 치장하는 습성은 물론 다윈이 『인간의 유래』(제3장)에서 이 주제에 할애한 부분을 통해서 잘 알려져 있다. 런던 동물원을 방문하는 사람들도 공단집짓기새가 만든 그러한 은신처를 알고 있다. 그러나 이러한 춤추기 습성은 이전에 믿었던 것보다 훨씬 더 널리 퍼져 있는 듯하다. 허드슨W. Hudson은 아직 번역되지 않았지만 남아메리카의 라플라타 강을 다룬 자신의 역작에서 복잡한 춤을 추는 상당히 많은 새들 — 흰눈썹뜸부기, 자카나, 댕기물떼새 등 — 의 모습을 아주 흥미진진하게 묘사하고 있다.

몇 종의 새들에게서 나타나는 합창 습성은 역시 사회적 본능과 같은 범주에 속한다. 이 습성은 검은목외침새*Chauna chavarria*에게서 가장 인상적으로 발전되었는데, 영국인들은 엉뚱하게 이 새에게 '볏외침새'라는 상당히 상상력이 부족한 이름을 달아 주었다. 이 새들은 때때로 엄청난 무리로 모여드는데, 그런 경우에 모두 일제히 노래를 부른다. 일전에 허드슨은 팜파스 강 전 지역에 걸쳐 각 무리당 500마리 정도로 잘 정돈되어 셀 수 없이 많이 모여 있는 모습을 보았다.

그는 다음과 같이 쓰고 있다. "이윽고 내 근처에 있던 한 무리가 노래를 부르기 시작하자, 힘찬 합창은 3, 4분간 계속되었다. 한 무리가 노래를 멈추면 다음 무리가 가락을 이어받고, 또 다음으로 계속 이어가서 반대편 기슭에 있는 무리들의 선율이 다시 한 번 강을 가로질러 힘차고 맑게 떠오를 때까지 계속된다. 그런 다음에 점점 더 희미해지면서 마침내 다시 한 번 그 소리가 내게 다가와 내 주변을 맴돌다 사라져갔다."

또 다른 기회에 허드슨은 온 평원이 무수한 검은목외침새 떼들로 덮여 있는 장면을 보았다. 이들은 다닥다닥 밀집해 있지 않고, 짝을 이루거나 작은 무리로 흩어져 있었다. 밤 9시쯤 되자 "주변 수 킬로미터의 늪지를 덮고 있던 많은 새들이 갑자기 기막히게 저녁 노래를 부르기 시작했다. ……이 공연은 멀리서 일부러 와서라도 들어볼 만했다."[52] 사회성이 강한 동물들과 마찬가지로 이 새들도 쉽게 길들여져 인간과 매우 친숙해질 수 있다는 점도 덧붙일 수 있다. "이들은 유순한 성질을 가지고 있어서 좀처럼 싸우지도 않는다." 우리가 아는 바대로 이들은 무시무시한 무기로 잘 무장했지만, 집단을 이루며 살기 때문에 그러한 무기들은 쓰임새가 없다.

---

52) 원숭이들의 합창에 관해서는 브렘을 참조하라.

사회를 이루어 사는 삶이야말로 가장 넓은 의미의 생존경쟁에서 가장 강력한 무기가 된다는 점은 앞에 나온 여러 사례들로 예증한 바 있다. 만일 필요하다면 더 많은 증거를 통해서 입증할 수도 있다. 사회생활을 하기 때문에 가장 연약한 곤충이나 가장 약한 새들 그리고 가장 힘없는 포유류들도 가장 무서운 새나 맹수로부터 자기 자신들을 지키며 장수를 누리게 되고, 에너지는 최소한으로 낭비하면서 자손들을 양육할 수 있고, 출산율이 아주 낮은데도 개체수를 유지할 수 있다. 그리고 같은 이유로 군집성 동물들은 새로운 거처를 찾아 이동할 수 있는 것이다. 그러므로 다윈이나 월리스가 언급했던 민첩성, 보호색, 영악함 그리고 배고픔이나 추위를 견디는 능력 등이 개체나 종들을 어떤 주어진 환경하에서 최적으로 만든다는 점을 전적으로 인정하더라도 사회성은 어떠한 환경하에서도 생존경쟁에 발휘되는 가장 강력한 이점이라고 주장하는 바이다. 자진해서 혹은 마지못해 사회성을 포기한 종들은 결국 멸종하고 만다. 반면에 다윈이나 월리스가 열거한 여러 능력 하나하나를 놓고 볼 때 지적인 능력을 제외하고 다른 동물들보다 열등하더라도 결합하는 방법을 가장 잘 알고 있는 동물들은 생존하고 진화하는 데 더 많은 기회를 얻게 된다. 가장 고등한 척추동물들, 특히 인간이야말로 이 주장을 가장 잘 뒷받침해준다. 지적인 능력에 대해서 말하자면 모든 다윈주의자들은 다윈의 주장, 즉 지적 능력이야말로 생존경쟁에서 가장 강력한 무기이며 진화를 계속하는 데 가장 강력한 요인이 된다는 데에 동의하고 있다. 이들은 또한 지능이 분명히 사회적 능력이라는 점도 인정할 것이다. 지능 발달에 필요한 여러 요소에는 언어, 모방 그리고 축적된 경험 등이 포함되는데, 사회성이 없는 동물들에게는 이러한 능력이 결핍되어 있다. 그러므로 동물계에서 각 부류마다 가장 높은 자리를 차지하고 있는 개미, 앵무새, 그리고 원숭이는 모두가 최대한의 사회성과 최고로 발달된 지능을 겸비하고 있다는 사실을 우리는 알게 된다. 그러므로 최적자는 가장 사회성이 강한 동물들이다. 사회성은 직접적으로는 에너지 낭비를 최소화하면서 종의 안락한 삶을 보장해주고 간접적으로는 지능의 성장을 도움으로써 분명히 진화의 가장 중요 요인이 된다.

더욱이 사회생활은 그에 걸맞는 사회적 감정이 발전하지 않고는 절대로 불가능하다. 특히 집단적인 정의감이 하나의 습성으로 발전하지 않고는 불가능하다. 만일 모든 개체들이 지속적으로 개인적인 강점을 남용하는 경우 이 잘못된 행동을 다른 개체들이 간섭하지 않는다면 사회생활은 불가능하다. 그리고 많건 적건 간에 모든 군집성 동물들에게서 정의감이 발달한다. 제비나 학은 아무리 먼 데서 온다 해도 지난해에 지었거나 수리했던 각자의 둥지로 돌아온다. 만일 어떤 게으른 제비가 동료가 짓고 있는 둥지를 가로챌 기미를 보이거나 그 둥지에서 몇 가닥의 짚이라도 훔치면 무리들은 이 게으른 동료와 충돌을 일으킨다. 이러한 간섭이 잘 지켜지지 않았다면 분명히 둥지를 가지고 있는 새의 집단은 결코 존재할 수 없었을 것이다. 펭귄의 무리들은 개체별로 각자의 쉼터와 각자의 사냥터를 가지고 있어서 이런 문제로 싸우지 않는다. 호주의 가축 떼들은 각각의 무리들이 쉬러 돌아가는 특정한 장소가 정해져 있어서 그 지점을 벗어나지 않는다.[53] 둥지에서 생활하는 새들의 군집,

53) Haygarth, *Bush Life in Australia*, p. 58.

설치류의 무리들 그리고 초식동물들의 무리에 평화가 충만해 있는 모습을 우리는 상당수 직접적으로 관찰해왔다. 반면에 지하실의 쥐처럼 항상 싸우고 있거나 해변가의 볕 잘 드는 자리를 점유하려고 다투는 해마와 같은 사회적 동물들은 극소수에 불과하다. 그러니까 동물사회에 사회성이 있기에 육체적인 투쟁이 제한되고 더 나은 도덕 감정으로 발전할 여지가 생겨나는 것이다. 모든 종류의 동물들에게서 심지어는 사자나 호랑이에게서도 부모의 사랑이 고도로 발달되어 있다는 사실은 대체로 잘 알려져 있다. 지속적으로 군집을 이루고 있는 어린 새나 포유류의 경우에는 군집 생활을 통하여 — 사랑이 아니라 — 동정심이 더욱더 발달한다. 가축이나 사로잡힌 동물들이 정말로 상호애착과 동정심을 보여준다고 기록하고 있는 감동적인 사실들은 고려하지 않더라도 자유로운 상태에 있는 야생동물들 사이에서도 동정심이 있다는 사실들이 충분히 증명되었다. 맥스 퍼티Max Perty와 뷔히너는 이러한 사실들을 수도 없이 제시했다.[54] 부상당한 동료를 구출해서 데려간 족제비에 관한 우드J. C. Wood의 이야기는 사람들의 입에 오르내리기 충분하다.[55] 스탠스베리Stansbury 선장이 유타로 가면서 관찰한 내용 역시 다윈이 인용한 내용과 마찬가지다. 스탠스베리는 눈먼 사다새 한 마리가 동료

54) 몇 가지 예만 인용하자면 부상당한 오소리는 갑자기 그곳에 나타난 다른 오소리에게 끌려갔다. 앞을 보지 못하는 부부 쥐들을 부양해주는 쥐들도 목격되었다(*Seelenleben der Thiere*, p. 64 이하). 브렘 자신도 두 마리의 까마귀가 움푹 패인 나무 속에 들어 있는 부상당한 다른 까마귀를 먹여주는 장면을 목격하였다. 까마귀의 부상은 몇 주는 된 것 같았다(*Hausfreund*, 1874, 715; Büchner, *Liebe*, 203). Blyth 씨는 인디언 까마귀들이 두세 마리의 눈먼 동료들에게 먹이를 주는 장면을 보았다. 등등.

55) *Man and Beast*, p. 344.

사다새들이 48킬로미터 밖에서 구해온 물고기로 연명하는 것을, 그것도 아주 잘 연명하는 것을 보았다.[56] 웨델H. A. Weddell은 볼리비아와 페루를 여행하는 동안에 비큐나(라마와 비슷한 남미산 동물-옮긴이) 떼가 사냥꾼들에게 호되게 쫓기고 있을 때 무리를 엄호하고 보호하기 위해 강한 숫놈들이 뒤에서 천천히 움직이는 장면을 여러 번 보았다. 현장 동물학자들은 동물들이 부상당한 동료들에게 보이는 동정심을 지속적으로 언급하고 있다. 동정심이란 사회생활에서 나온 필연적인 결과이다. 또한 동정심은 일반적으로 지능이나 감수성이 상당히 진보하고 있다는 뜻이며, 더 높은 수준의 도덕감정을 향해 발전해 나가는 첫 걸음이다. 그래서 이번에는 동정심이야말로 진화가 계속적으로 진행되는 강력한 요인이 된다.

앞에서 전개된 견해들이 옳다면 반드시 다음과 같은 문제가 제기된다. 즉 다윈, 월리스 그리고 이들의 추종자들이 전개해왔던 생존경쟁이론과 앞의 견해들은 어느 정도나 일치하는가? 이제 나는 이 중대한 문제에 대해 간략하게 답하려 한다. 우선 유기체적인 자연을 통해 속행되었던 생존경쟁이라는 관념은 우리 시대 최대의 통칙이라는 점을 의심할 박물학자는 하나도 없다. 삶은 투쟁이다. 그리고 그러한 투쟁 속에서 적응한 자만이 살아남는다. "이러한 투쟁은 주로 어떠한 무기로 수행되는가?" 그리고 "이러한 투쟁에서 누가 최적자인가?"라는 질문에 대한 해답은 두 가지 다른 양상으로 나타나는 투쟁에서 어느 쪽에 중요성이 주어지느냐에 따라 상당

56) L. H. Morgan, *The American Beaver*, 1868, p. 272; 『인간의 유래』, 4장.

히 달라진다. 직접적인 투쟁, 즉 개별적인 개체들 사이에서 식량이나 안전을 확보하기 위한 투쟁. 그리고 다윈이 '은유적'으로 묘사한 투쟁, 즉 혹독한 환경에 맞선 주로 집단적인 투쟁. 적어도 일정 시기에 식량 때문에 실제로 상당한 경쟁을 벌인다는 것을 어느 누구도 부인하지 않는다. 그러나 문제는 다윈, 혹은 월리스도 인정할 수 있는 정도로 경쟁이 일어났는지, 그리고 동물계의 진화에서 이러한 경쟁이 그에 걸맞는 역할을 해왔는지 여부이다.

다윈의 저작에는 각각의 동물 집단 내에서 먹이나 안전을 얻기 위해 아니면 자손을 남길 가능성을 확보하기 위해 실제로 경쟁을 벌인다는 생각이 깔려 있다. 다윈은 종종 동물들이 최대한도로 분포되어 있는 지역을 거론한다. 이러한 과잉 분포상태에서 경쟁은 필연적이라고 추론한다. 하지만 다윈의 저작에서 그러한 경쟁에 대한 실제적인 증거를 찾아보면 나로서는 그런 증거들에서 충분한 설득력을 얻을 수 없다는 사실을 고백할 수밖에 없다. '동종의 개체와 변종 사이의 가장 극심한 생존경쟁'이라는 제목이 붙은 문단을 살펴보면 다윈이 썼던 다른 모든 저작에서 보이는 풍부한 증거와 사례가 전혀 없다는 사실을 알게 된다. 같은 종에 속한 개체들 사이의 투쟁은 그러한 제목하에서 단 하나의 사례도 논증되지 않은 채 당연한 사실로 받아들인다. 그리고 밀접하게 연관된 동물 종들 사이의 경쟁은 겨우 다섯 가지 예를 들어 논증하는데, 그 가운데 적어도 (개똥지빠귀에 속하는 두 종에 관련된) 하나는 현재 의심스러운 것으로 밝혀졌다.[57] 하지만 우리가 좀 더 세부적인 사항을 들여다보면

57) 한 종의 제비 때문에 북미에 서식하는 다른 종의 제비의 숫자가 줄어들게 되었다고 전해진다. 스코틀랜드에서 최근에 미즐-개똥지빠귀가 증가하자

어느 종이 감소하게 되면 실제로 다른 종은 어느 정도까지 증가하게 되는지 확인할 수 있다. 다윈은 보통 다음과 같이 공평하게 말한다.

> 우리는 자연에서 거의 같은 장소를 차지하고 있는 동류의 형태들 사이에서 경쟁이 가장 극심하게 나타나는 이유를 어렴풋이 알 수 있다. 하지만 어쩌면 어떤 경우에도 이 엄청난 생존경쟁에서 왜 어떤 종이 다른 종에게 승리를 거두어 왔는지 정확하게 말할 수는 없다.

같은 사실을 약간 수정한 제목(가까운 동류의 동물 및 식물 사이의 종종 가장 격렬한 생존경쟁)으로 인용한 월리스의 경우, 그는 다음과 같이 언급하면서(고딕체는 지은이) 위에서 인용된 사실에다가 또 다른 견해를 추가한다.

노래지빠귀가 감소하게 되었다. 유럽에서는 갈색쥐가 검정쥐를 대체하였다. 러시아에서는 작은 바퀴벌레들이 동류의 더 큰 놈들을 도처에서 몰아내었다. 그리고 호주에서는 수입된 벌통에 사는 벌들이 침 없는 작은 벌들을 급속하게 절멸시키고 있다. 가축과 관련되긴 하지만 두 가지 다른 사례들은 앞 문단에 언급되어 있다. 이와 같은 사실들을 상기하면서 A. R. 월리스는 스코틀랜드 지빠귀에 관련된 각주에서 다음과 같이 언급하고 있다. "하지만 A. 뉴튼 교수는 그러한 종들이 여기에 기술된 방식으로 해를 끼치고 있지는 않다고 내게 알려 주었다."(『다윈주의』, p. 34) 갈색쥐는 양서류적인 습속 때문에 대체로 인간의 거주지보다 더 낮은 지역(낮은 지하실이나 하수구), 예컨대 운하나 강의 제방에 산다고 알려져 있다. 또한 무수한 대열을 이루며 장거리 이동을 하기도 한다. 반면에 검정쥐는 마구간이나 외양간은 물론이고 마루 밑과 같은 인간이 사는 거주지에서 살기를 더 좋아한다. 그렇기 때문에 인간에게 박멸당할 기회에 훨씬 더 노출되어 있는 셈이다. 그리고 검정쥐가 인간에 의해서가 아니라 갈색쥐에 의해서 절멸당하거나 아사당한다고 확실하게 주장하기는 힘들다.

> 어떤 경우에 둘 사이에 실제로 전쟁이 일어나 강한 것들이 약한 것들을 죽인다는 데는 의심의 여지가 없다. 하지만 이런 상황이 반드시 필연적이지는 않다. 육체적으로 약한 것들이 더욱 빠른 번식력이나 기후 변화에 대한 우수한 저항력으로 또는 공동의 적이 습격해 오면 더 나은 꾀로 피하는 경우도 있을 수 있다.

이런 경우에 경쟁으로 묘사되는 내용이 사실은 전혀 경쟁이 아닐 수도 있다. 어떤 종들은 다른 종에 의해 절멸당하거나 굶어 죽어서가 아니라 새로운 조건에 다른 종들은 적응하는데 스스로 잘 적응하지 못했기 때문에 사라지기도 한다. '생존경쟁'이란 말은 여기서 다시 한 번 은유적인 의미로 사용되며 다른 방식으로는 사용될 수 없다. 같은 종들의 개체들 사이에서 실제로 경쟁이 벌어진 사례로는 건기 동안 남미의 소들 사이에서 보이는 경우가 거론되었다. 그러나 이 사례는 길들여진 동물에게서 나왔기 때문에 자료로서의 가치가 손상되었다. 같은 환경에서 오히려 들소는 경쟁을 피하기 위해 이동을 한다. 식물들 사이의 투쟁이 극심하다는 점은 그동안 상세히 입증되긴 했다. 그러나 우리는 "식물들은 일단 정해진 곳에서 산다."지만 동물들은 자신들의 거처를 선택할 정도로 상당한 힘을 가지고 있다는 윌리스의 말을 되풀이 할 수밖에 없다. 그래서 우리는 다시 한 번 되묻는다. 각각의 동물 종들 내에서 실제로 어느 정도까지 경쟁이 존재하는가? 이러한 가설의 근거는 무엇인가?

종 내에서 벌어지는 극심한 경쟁과 생존경쟁을 간접적으로 지지하는 주장에 대해서도 위와 똑같은 방식으로 살펴보아야 한다.

이런 주장은 다윈이 그토록 자주 말했던 "중간 변종의 절멸"이라는 생각에서 나온 것이다. 다윈은 가까운 동류의 종들 사이에 중간 형태의 긴 사슬이 발견되지 않아서 오랫동안 고심했는데, 중간 형태의 절멸이라는 가정을 통해 이 어려움을 해결했다는 사실은 알려진 바이다.[58] 하지만 다윈과 윌리스가 이 주제를 논의하고 있는 다른 장들을 주의 깊게 읽어보면 곧 '절멸'이라는 말이 실제로 절멸을 의미하지 않는다는 결론에 이르게 된다. 다윈이 자신의 표현인 '생존경쟁'에 관해서 언급했던 똑같은 내용이 '절멸'이라는 말에도 분명히 적용된다. 이 말은 직접적인 의미로는 절대로 이해될 수 없고 '은유적인 의미'로 받아들여져야 한다.

만일 우리가 어떤 장소에 동물들이 최대한도로 수용되어 있다고 가정한다면, 따라서 이곳에 거주하는 모든 동물들 사이에 오직 생존 수단을 얻기 위한 격렬한 경쟁이 지속적으로 벌어지고 있다는 가정에서 출발한다면 — 각각의 동물들은 일용한 양식을 얻기 위해 모든 동료들에 맞서 싸울 수밖에 없다는 것을 전제로 했을 때 — 새롭고 성공적인 변종의 출현은 대체로(항상은 아니더라도) 공평한 몫의 생존 수단 이상의 것을 차지할 수 있는 개체들이 나타나게 되었다는 뜻이다. 그 결과 새로운 변종을 소유하지 못한 부모 형태나 같은 정도로 변종을 보유하지 못한 중간적인 형태의 개체들은 굶어죽게 된다.

58) "그러나 상당히 가까운 몇몇 동류의 종들이 같은 영역에 서식한다고 할 때, 동시에 과도적인 형태들이 틀림없이 발견될 수밖에 없다고도 주장될 수 있다.……내 이론에 의하면 이러한 동류의 종들은 공통의 선조로부터 유래되었고 일시적으로 변이가 일어나는 동안에 각각은 그 지역의 생활 조건에 적응하면서 원래의 선조형이나 과거로부터 현재에 이르는 모든 다양한 과도적인 변종을 대체하거나 전멸시켰다."(『종의 기원』, 제6판, p. 134); 또한 p. 137, 296('멸종에 관하여'에 나오는 모든 문단).

처음에 다윈은 새로운 종이 이러한 양상으로 출현한다고 이해했을 수도 있다. 적어도 그가 '절멸'이라는 말을 빈번하게 사용하기 때문에 우리는 이러한 인상을 갖게 된다. 하지만 다윈이나 월리스는 둘 다 자연을 매우 잘 알고 있어서 이것만이 유일하게 가능한 사태이며 필연적인 과정이라고 인식하지는 않았다.

일정 지역의 물리적이고 생물학적인 조건들, 일정한 종들에 의해 점유된 지역의 범위, 그리고 그 구성원들이 지니는 습성 등이 변화하지 않고 남아 있는 상태에서 갑작스럽게 새로운 변종이 출현하게 되면 새로운 변종이 가지고 있는 특징을 충분하게 부여받지 못한 모든 개체들은 곧 굶어죽거나 멸종하게 된다. 하지만 이러한 조건들이 한꺼번에 중첩되어 작용하는 경우를 자연계에서는 실제로 찾아보기 어렵다. 종마다 자신의 거처를 지속적으로 확장하는 경향이 있어서 행동이 느린 달팽이나 재빠른 새나 새로운 거처로 이동한다는 데에는 예외가 없다. 주어진 영역에 맞게 육체적인 변화들이 끊임없이 진행된다. 그리고 동물들 사이에서 새로운 변종들이 무수히 나타난다. 아마도 대부분의 경우에 이러한 사례들은 동료들의 입에서 먹이를 강탈하는 무기를 새롭게 개발하는 데서 나타나지 않고 — 먹이는 수많은 생존 조건들 가운데 하나일 뿐이다 — 월리스 자신이 '특성의 차이'(『다윈주의』, p. 107)를 다룬 뛰어난 문장 속에서 보여주었듯이 새로운 거처로 옮기고, 새로운 종류의 먹이에 적응하여 습성을 새롭게 형성하면서 나타난다. 이 모든 경우에 절멸도 심지어 경쟁도 나타나지 않는다. 설령 경쟁이 있었다 하더라도 환경에 새롭게 적응하게 되면 경쟁은 완화된다. 그렇지만 결과적으로 부모 형태의 절멸이라는 가설처럼 확실하게 새로운 조건에 가장 잘 적응된 종들만이 살아남기 때문에 중간 고리가 없어진다. 만일 우리가 스펜서나 모든 라마르크주의자들 그리고 다윈 자신이 그랬던 것처럼 종의 변화에 미치는 환경의 영향력을 인정한다면 중간 형태의 절멸이 필연적이지 않다는 점을 굳이 덧붙일 필요도 없겠다.

모리츠 바그너Moritz Wagner(독일의 생물학자. 에를랑겐대학과 뮌헨대학에서 공부한 뒤 세계 각지를 여행하며, 각 지역마다 동물상이 서로 다른 이유가 지리적인 장애와 어떤 관계가 있는지 연구하였다 -옮긴이)가 지적했던 문제, 즉 새로운 변종이 나타나고, 그리하여 궁극적으로 새로운 종이 생겨나기 위해서는 동물 집단의 이동과 그에 따르는 고립이 중요하다는 사실을 다윈 자신도 전적으로 인식하고 있었다. 연구가 계속되면서 다윈은 이러한 요인의 중요성을 더욱 강조했다. 특히 일정한 종이 차지하고 있는 지역의 규모가 — 아주 당연하게도 다윈은 이런 조건을 새로운 변종의 출현에 매우 중요하다고 생각했다 — 특정 지역의 지리적인 변화나 국부적인 지형적 장애 때문에 그 종이 부분적으로 고립되는 현상과 어떤 식으로 결합되는지 이 연구들은 보여 주었다. 여기서 이 광범위한 문제를 논의하기는 불가능하지만 이러한 원인이 서로 중첩되어 작용함을 예증하기 위해 몇 가지만 언급해야 할 것 같다. 일정한 종의 일부가 새로운 종류의 먹이를 먹는 경우도 있다는 사실은 잘 알려져 있다. 예를 들면 다람쥐들은 낙엽송 숲에 솔방울이 사라져가면 전나무 숲으로 이동한다. 잘 알려져 있듯이 이런 식으로 먹이가 바뀌면 다람쥐들은 생리적으로 영향을 받는다. 이렇게 변화된 습성이 오래 지속되지 않으면 — 만일 다음 해에 솔방울이 낙엽송 숲에 다시 풍족해지면 — 새로운 변종의 다람쥐가 나타나는 일은 별로 눈에 띄지 않는다. 하지만 다람쥐가 점유했던 넓은 지역의 한 부분에서 물리적인 특성에 변화가 일어나기 시작한다면 — 말하자면 날씨가 더 온화해지고 건조해져서 이 두 가지 요인 때문에 낙엽송에 비해서 소나무 숲이 증가하게 되면 — 그리고 다른 조건들이 동시에 작용해서 다람쥐들이 건조한 지역의 외곽에 살게 된다면 다람쥐들 사이에서 절멸이라고 할 만한 어떠한 일도 발생하지 않고도 새로운 변종, 즉 초기와는 형태가 다른 종의 다람쥐가 나타나게 된다. 새로 나타나서 더 잘 적응된 변종 가운데 더 많은 비율의 다람쥐들이 매년 살아남게 되고, 중간 사슬들은 맬서스식의 경쟁 때문에 아사하지는 않지만 시간이 경과하면서 사라져버린다. 빙하기 이래로 건조 현상이 진행됨에 따라 중앙아시아의 넓은 지역에 걸쳐 광범위한 물리적 변화가 일어난 기간 동안에도 우리는 이런 내용을 관찰할 수 있었다.

또 다른 예를 들어보면 현재의 야생마*Equus Przewalski*는 신생대 제3기 후반부와 제4기 동안 서서히 진화해왔지만 그 조상들은 연속되는 이 시기 동안에 지구상의 어떤 제한된 지역에 한정되어 살지 않았다는 사실도 지질학자들은 밝혀냈다. 이 야생마 조상들은 신구대륙에 걸쳐 떠돌다가 아마도 얼마 후 이동 중에 예전 목초지로 돌아왔던 것 같다.[59] 따라서 아시아에서 현재의 야생마와 아시아 신생대 제3기 후기의 조상들 사이의 모든 중간 고리들을 발견할 수 없더라도 그렇다고 해서 바로 중간 고리들이 절멸되었다는 의미

---

59) 이 주제에 관해서 특별한 연구를 해왔던 마리 파블로프 여사에 따르면 이 말들은 아시아에서 아프리카로 이동해서 한동안 그곳에 머물다가 다시 아시아로 돌아왔다. 이런 두 차례에 걸친 이동이 확인되었든 아니든 간에 현재 말의 조상이 아시아, 아프리카 그리고 아메리카에 걸쳐 일찍이 퍼져 있었다는 사실은 의심의 여지가 없다.

는 결코 아니다. 그러한 절멸은 한 번도 발생한 적이 없다. 조상 종들이 예외적으로 대규모로 사망한 적도 없다. 중간 단계의 변종이나 종들에 속했던 개체들은 일상적으로 발생한 사건 속에서 사라져갔다. 때로는 먹이가 풍족한 와중에도 사라져갔고 그 흔적들이 세계 도처에 묻혀 있다.

요컨대 이 문제를 주의 깊게 생각해보고 다윈 자신이 이 문제에 대해 쓴 내용을 조심스럽게 다시 읽어보면, 과도기적인 변종과 연관되어 '절멸'이란 말이 사용되었다면 이는 틀림없이 은유적인 의미로 사용했음을 알게 된다. 다윈이 '경쟁'이란 표현을 사용한 이유도(예를 들면 '멸종에 관하여'라는 문단을 보라) 같은 종들이 생존 수단을 얻기 위해 두 부분으로 나뉘어 실제로 경쟁한다는 생각을 전달할 의도가 있다기보다는 일종의 이미지나 수사로 계속해서 사용했다. 어쨌든 중간 형태가 없다는 논의는 이를 지지해줄 만한 논거가 없다.

실제로 생존 수단을 얻기 위해서 모든 종의 동물들이 지속적으로 격렬하게 경쟁을 벌여 왔다는 논리를 뒷받침하는 중요한 논거는 게데스Patrick Geddes(1854~1932. 영국 출신의 생물학자 · 사회학자 · 도시 계획가-옮긴이) 교수의 표현을 빌리자면 맬서스에게서 차용한 '산술적 논거'이다.

그러나 이 논거는 전혀 입증되지 않았다. 남동 러시아의 여러 마을들을 예로 들어보는 편이 낫겠다. 이곳의 주민들은 식량은 풍족했지만 위생 시설은 전혀 없었다. 지난 80년 동안의 출생률이 6%인 점을 감안해도 현재의 인구는 80년 전과 같다. 따라서 거주민들 사이에 무서운 경쟁이 있었다는 결론을 내릴 수 있다. 하지만 실제로 인구는 해마다 변동 없이 유지되었는데, 그 이유는 단지 새로 태어나는 아이의 3분의 1이 6개월을 채우지 못하고 죽었고, 2분의 1이 4년 이내에 죽었으며, 100명이 태어나면 그중에서 17명 정도만 20살까지 살았기 때문이다. 새로 태어난 아이들은 경쟁상대로 성장하기도 전에 죽어버린다. 사람의 경우가 이렇다면 분명히 동물의 경우는 더 말할 여지도 없다. 새의 세계에서는 알을 파괴하는 행위가 엄청나게 자행되는데 이 알들이 초여름에 여러 종들에게 주요한 먹이가 되기 때문이다. 폭풍은 물론이고 홍수로 인해 미국에서는 백만 개 정도의 둥지가 파괴되고, 급작스런 기후의 변화는 어린 포유류들에게 치명적이다. 폭풍이나 홍수 때마다, 새둥지에 쥐가 나타날 때마다, 기온이 갑자기 변화할 때마다 이론상으로 무섭게 나타나는 경쟁자들은 사라진다.

아메리카에서 말이나 소가, 뉴질랜드에서는 돼지나 토끼가, 심지어는 유럽에서 건너온 야생 동물들이(이들의 숫자는 경쟁에 의해서가 아니라 사람에 의해서 억제되었다) 매우 급격하게 증가했다는 사실들은 과잉-인구 이론에 오히려 반대되는 형국을 보인다. 아메리카에서 말이나 소가 그토록 급격하게 증가할 수 있었다면, 당시에 신대륙에 버펄로나 다른 여타 반추동물들이 아무리 많았어도 초식동물의 개체수는 대초원이 감당할 수 있는 수에 훨씬 못 미쳤다는 사실을 쉽게 증명해준다. 수백만의 침입자들이 이동해와서 충분한 먹이를 얻고도 이전부터 대초원에 살던 개체들이 굶어죽지 않았다면, 유럽인들은 아메리카에서 초식자들의 개체수가 과잉되었던 것이 아니라 오히려 결핍된 상태를 목격했다는 결론을 내려야만 한다. 그리고 동물의 개체수가 결핍되어 있는 현상은 일시적인 예외는 있을 수 있지만 전 세계에 걸쳐 자연스러운 상태이다. 일정한 지역에서 동물의 실제 숫자는 최대한도로 개체들을 먹여 살릴 수 있는 그 지역의 수용능력에 따라 결정되지 않고, 매년 가장 불리한 조건에 처한 그 지역의 상황에 따라 결정된다. 따라서 이러한 이유만으로도 경쟁은 정상적인 조건이라고 하기 힘들다. 하지만 다른 원인들이 끼어들어도 그처럼 낮은 기준 이하로 동물의 개체수가 감소한다. 겨우내 트랜스바이칼리아의 스텝 지대에서 풀을 뜯는 말이나 소의 경우에 겨울이 끝날 무렵이면 야위고 지쳐있는 모습을 보게 된다. 하지만 이 동물들이 지치게 된 이유는 모두가 먹을 만큼 먹이가 충분하지 않아서가 아니라—얇게 덮인 눈 아래에 묻혀 있는 풀은 도처에 충분히 있다—눈 덮인 땅에서 풀을 캐내기가 어렵기 때문이다. 말들은 모두 이런 어려움을 똑같이 겪게 된다. 게다가 초봄에는 유리장 같은 서리가 자주 내리므로 이런 날이 며칠 동안 계속되면 말들은 더욱더 지치게 된다. 그러다가 눈보라가 치면 이미 쇠약해진 동물들은 며칠 동안 아무것도 먹지 못하게 되어 상당히 많은 숫자가 죽는다. 이렇게 봄 동안에 손실은 너무나 극심해서 만일 평상시보다 계절이 더욱 혹독해지면 새끼를 새로 낳아 손실을 보충할 수도 없다. 더욱이 모든 말들이 쇠약한 상태여서 새끼 망아지는 더 허약한 상태로 태어난다. 그러므로 이런 상황이 아니더라도 말이나 소의 개체수는 항상 예상을 밑돈다. 일 년 내내 먹이는 동물수의 다섯 배에서 열 배 정도 되는데, 동물의 개체수는 매우 서서히 증가한다. 하지만 부랴트(시베리아 동부의 몽골족이 사는 지역 -옮긴이) 지방의 가축 주인이 스텝 지대에서 아주 적은 양의 건초를 만들어서 유리 같은 서리가 내리거나 폭설이 내린 날에 건초를 뿌려주면 곧바로 무리가 증가한다는 사실을 알게 된다. 아시아나 아메리카대륙에서 자유롭게 풀을 뜯는 동물들이나 많은 반추동물들의 거의 대부분은 똑같은 조건에 놓여 있다. 그러므로 그 동물들의 숫자는 경쟁 때문에 낮게 유지되는 것은 아니다. 동물들이 일 년 중 어느 때에도 먹이 때문에 싸우지 않고, 개체수가 과잉되지도 않았다면, 그 이유는 경쟁 때문이 아니라 기후 때문이라고 말해도 무리가 아니다.

과잉번식을 억제하는 자연의 작용, 특히 경쟁 가설과 관련된 그런 억제 작용들의 중요성은 정당하게 고려되지 않은 듯하다. 이러한 억제 작용들은 그중 몇 가지가 언급된 적은 있지만 본격적으로 자세하게 연구된 적은 거의 없다. 그렇지만 자연적인 억제 행위와 경쟁을 통한 억제 행위를 비교해보더라도 우리는 곧바로 경쟁을 통한 억제 행위는 여타의 통제 작용과 더불어 어떠한 작용과도 비교될 수 없음을 인식해야 한다. 베이츠는 날개 달린 개미들이 대이동 과정에서 놀랄 만한 숫자가 죽게 된다고 말한다. 바람이 불어 강가로 실려간 죽거나 반쯤 죽은 푸에고 개미*Myrmica soevissima*의 시체들이 "1, 2인치의 폭과 높이로 강가를 따라 수 킬로미터를 끊이지 않고 계속되는 줄로 쌓여 있었다."[60] 이렇게 수많은 개미들은 실제로 살아 있는 개미의 백 배 정도를 부양할 수 있는 자연환경 속에서 죽어간다. 독일의 임학자 알툼Altum 박사는 숲에 해가 되는 동물들에 관해서 아주 흥미로운 책을 써서 자연 발생적인 억제작용의 엄청난 중요성을 보여주는 많은 사실들을 제시하였다. 솔나방*Bombyx pini*이 대규모로 이동하는 동안에 바람이 불며 춥고

60) *The Naturalist on the River Amazons*, ii. 85, 95.

습한 날씨가 계속되어서 믿을 수 없을 만큼의 나방을 죽게 했으며, 1871년 봄 동안에는 이 나방들이 모두 일시에 사라졌는데, 아마도 추운 밤이 계속되어서 죽게 된 것 같다고 그는 말한다.[61] 여러 가지 곤충에 연관된 이와 유사한 많은 사례들이 유럽의 여러 지역에서도 인용할 수 있었다. 알툼 박사는 또한 솔나방의 적인 새와 여우가 엄청난 양의 알을 파괴한 사실도 언급한다. 하지만 주기적으로 솔나방에 창궐하는 기생균들이 어떤 새보다도 훨씬 더 무서운 적인데, 그 이유는 한꺼번에 매우 넓은 지역의 나방을 죽이기 때문이라고 덧붙인다. 다양한 종의 쥐들(*Mus sylvaticus, Arvicola arvalis,* 그리고 *A. agrestis*)의 경우에, 같은 저자는 쥐의 적이 될 만한 목록을 길게 제시하면서 다음과 같이 말한다. "그렇지만 쥐에게 가장 무서운 적은 다른 동물이 아니라 거의 매년 발생하는 갑작스런 기후의 변화이다." 서리가 내리는 날과 따뜻한 날이 번갈아 오면 엄청난 수의 쥐들이 죽게 된다. "단 한 차례 급작스런 변화 때문에 수천 마리의 쥐들이 겨우 몇 마리로 줄어들 수 있다." 한편 겨울이 따뜻하거나 겨울이 서서히 진행되면 온갖 적들에도 불구하고 쥐들은 위협적인 비율로 번식한다. 이런 사태가 1876년과 1877년에 있었다.[62] 그러므로 쥐의 경우에서 날씨와 비교하면 자기들끼리의 경쟁은 상당히 사소한 요인으로 나타난다. 다람쥐의 경우에는 다른 요인들이 역시 같은 결과를 초래한다.

새들의 경우 갑작스런 기후의 변화가 생기면 얼마나 고통을

---

61) Dr. B. Altum, *Waldbeschädigungen durch Thiere und Gegenmittel*, Berlin, 1889, pp. 207 이하.

62) Dr. B. Altum, 위의 책, pp. 13과 187.

받는지 잘 알려져 있다. 영국의 황무지에 때늦은 눈보라가 몰아치면 이는 시베리아만큼이나 새들의 생명에 치명적이다. 그리고 찰스 딕슨은 붉은 뇌조가 예외적으로 혹독한 겨울 동안에 지독하게 고생을 해서 떼를 지어 황무지를 떠나 버리는 장면을 보았고 "실제로 이들이 셰필드(영국 북동부 요크셔에 있는 공업 도시 -옮긴이)의 거리에서 잡혔다는 사실도 알고 있었다. 비가 계속해서 내리기만 해도 이들에게는 거의 치명적"이라고 그는 덧붙인다.

한편 대부분의 동물 종들에게 지속적으로 찾아오는 전염병은 가장 빨리 번식하는 동물들 조차도 손실분을 회복하려면 몇 년이 걸릴지도 모를 정도로 피해를 준다. 약 60년 전쯤에 사렙다(오늘날 레바논의 시돈과 티로 사이에 위치하고 있는데, 기원전 14세기의 우가리트 문서, 기원전 13세기 말에 기록된 이집트의 아나스타시 파피루스 등에서는 페니키아의 한 항구 도시로 언급되어 있다 -옮긴이) 지방 근처에서 그리고 남동 러시아에서 갑자기 서슬릭 다람쥐들(땅다람쥐의 일종 -옮긴이)이 어떤 전염병 때문에 사라져버린 적이 있었다. 그리고 몇 년 동안 그 근처에서는 이 다람쥐를 볼 수 없었으며, 이전과 같은 개체수를 회복하는 데는 수 년이 걸렸다.[63]

이러한 사실 외에도 경쟁이 중요한 요인이 아님을 드러내주는 경향들을 수없이 제시할 수 있다.[64] 물론 그렇다고 하더라도 각각의 유기체들은 "생의 어떤 기간에, 일 년 중 어떤 계절에, 세대마다 혹은 이따금씩, 생존경쟁을 해서 엄청난 피해를 보아야만 하고" 이러한 힘든 생존경쟁의 시기 동안에 적자만이 살아남는다고 다윈

63) A. Becker, *Bulletin de la Société des Naturalistes de Moscou*, 1889, p. 625.
64) 부록 5를 보라.

의 말을 빌려 대답할 수도 있다. 하지만 만일 동물계의 진화가 전적으로 또는 주로 이러한 참사가 벌어지는 동안에 살아남은 적자에 기반한다면, 예외적인 한발이나 갑작스런 온도의 변화, 또는 홍수가 일어나는 기간에만 자연선택이 제한적으로 작용한다면, 퇴보야말로 자연계의 철칙이 될 것이다. 기근이나 콜레라, 천연두나 디프테리아 같은 극심한 전염병에서 살아남은 종들은 미개한 나라에서 보았듯이 가장 강한 것도, 가장 건강한 것도 가장 지능적인 것도 아니다. 이렇게 생존한 종들은 아무런 진보도 이룰 수 없다. 오히려 모든 생존자들은 막 언급했던 트랜스바이칼리아의 말들이나 북극해의 선원들, 요새의 수비대들처럼 대개 시련 때문에 건강을 해치게 된다. 이들은 반 사람분의 식량으로 몇 달 동안을 연명할 수밖에 없었고, 이런 경험을 겪는 동안 건강에 손상을 입게 되어 그 결과 비정상적으로 사망하게 된다. 참사가 벌어지는 동안에 자연선택의 역할은 모든 종류의 결핍을 최대한 인내하는 능력을 부여받은 개체들을 남겨두는 것이다. 시베리아의 말이나 소 떼들도 사정은 마찬가지다. 이들은 그저 견뎌내고 있을 뿐이다. 이들은 필요하면 극지방의 자작나무로 연명할 수 있고 추위나 굶주림을 견뎌낸다. 하지만 시베리아 말은 유럽 말들이 쉽게 운반할 수 있는 무게의 반도 운반하지 못한다. 시베리아 소는 영국 저지 섬의 젖소가 생산하는 우유의 절반도 생산하지 못한다. 미개한 나라들의 토종들은 유럽산들과 비교될 수도 없다. 그들은 굶주림과 추위는 더 잘 견디지만, 체력은 잘 먹인 유럽산에 훨씬 못 미치며 지능 발달도 매우 느리다. 체르니셰프스키는 다윈주의에 관한 빼어난 논문에서 "악에서 선이 나올 수는 없다."고 쓰고 있다.[65]

매우 다행히도 경쟁은 동물에서도 인간에서도 철칙이 될 수 없다. 동물들 사이에서 경쟁은 예외적인 시기로 제한되고, 자연선택은 그 원리가 발현되기에 더 좋은 분야를 찾게 된다. 상호부조와 상호지지를 통해서 경쟁이 제거되면 더 좋은 조건들이 창출된다.[66] 엄청난 생존경쟁 속에서 — 최소한의 에너지를 소비해서 가능한 최대한도로 생의 충만함과 강렬함을 추구하기 위해서 — 자연선택은 지속적으로 가능한 한 경쟁을 피하는 방법을 추구한다. 개미들은 보금자리와 종족 안에서 결합한다. 그들은 저장물들을 모아두고, 그들의 가축을 기른다. 개미는 이렇게 해서 경쟁을 피하는 것이다. 그리고 자연선택을 통해서 개미의 종 중에서 어쩔 수 없이 유해한 결과를 야기하는 경쟁을 피하는 방법을 가장 잘 아는 종들이 선택된다. 새들은 대체로 겨울이 다가오면 서서히 남쪽으로 이동하거나 무수한 집단으로 모여서 긴 여행을 떠남으로써 경쟁을 피한다. 많은 설치류들은 경쟁이 시작되어야 하는 시기가 오면 아예 잠들어버린다. 한편 다른 설치류들은 겨울을 나기 위해 식량을 저장하고 일하면서 보호를 받기 위해 커다란 군집으로 모인다. 순록들은 대륙의 내지에 이끼가 말라버리면 바다로 이동한다. 버펄로들은 충분한 먹이를 구하려고 광대한 대륙을 건너간다. 비버들은 강에서 수가 불어나면 두 무리로 나뉘어 늙은것들은 강 아래로 가고 어린것들은 강 위로 올라감으로

---

65) *Russkaya Mysl*, 1888, 9월 : "식물학, 동물학 그리고 인간의 삶에 관한 다양한 논문들의 서문이 될 만한 생존경쟁이 시혜라는 이론" by an Old Transformist

66) "자연선택이 이루어지는 가장 전형적인 양태 가운데 하나는 어떤 종의 몇몇 개체들이 다소 다른 생활 방식에 적응하는 것이다. 그렇게 해서 자연 속에서 아직 점유되지 않은 위치를 차지할 수 있게 된다."(『종의 기원』, p. 145) 다시 말하면, 경쟁을 피한다는 뜻이다.

써 경쟁을 피한다. 잠도 자지 않고, 이동도 하지 않으며, 필요한 것들을 쌓아두지도 않고 개미처럼 스스로 먹이를 기르지도 못하는 동물의 경우에는 박새과의 새들이 하는 짓을 하는데, 월리스는 이를 너무나도 매혹적으로 묘사(『다윈주의』 5장)하였다. 즉 그들은 새로운 종류의 먹이에 의지한다. 이렇게 해서 역시 경쟁을 피하는 것이다.[67]

"경쟁하지 말라! 경쟁은 항상 그 종에 치명적이고 경쟁을 피할 수 있는 방법은 매우 많다!" 이 말이야말로 항상 완전하게 실현되지는 않지만 자연에 항상 존재하는 경향이다. 이 말은 관목이나 숲, 강, 바다에서 우리에게 전해오는 슬로건이다. "그러므로 결합해서 상호부조를 실천하라! 이것이야말로 각자 그리고 모두가 최대한의 안전을 확보하고 육체적으로, 지적으로 그리고 도덕적으로 살아가고 진보하는 데 제일 든든하게 받쳐주는 가장 확실한 수단이다." 이것이 자연이 우리에게 가르쳐주는 바이다. 그리고 저마다 각각의 부류에서 가장 높은 위치를 차지한 동물들은 모두 이런 식으로 실천하고 있다. 또한 인간—가장 미개한 인간도—이 그렇게 해왔고, 인간 사회에서의 상호부조를 다룬 다음 장에서 보게 되겠지만 인간이 현재 차지하고 있는 위치에 도달할 수 있었던 이유이다.

67) 부록 6를 보라.

3

야만인의 상호부조

만인에 맞선 개개인의 투쟁이라는 가설
인간 사회에서 부족의 기원
최근에 나타난 독립 가족
부시맨과 호텐토트인, 오스트레일리아인과 파푸아인
에스키모, 알류트인들
유럽인들에게는 이해되기 어려운 야만적 생활의 특징
다야크족의 정의 개념
관습법

상호부조와 상호지지가 동물계의 진화에서 커다란 역할을 한다는 점을 앞 장에서 간략하게 분석해보았다. 이제 우리는 똑같은 요인이 인간의 진화에서 차지했던 역할을 살펴보아야 한다. 우리는 고립되어 살아가는 동물 종이 얼마나 소수인지를 살펴보았으며, 서로 보호해주거나 사냥이나 식량을 비축하기 위해서, 또는 자손을 기르거나 단순히 군집생활을 즐기기 위해서 집단을 이루어 살고 있는 종들이 얼마나 많은지도 살펴보았다. 비록 다른 강綱이나 다른 종들 사이에 심지어는 같은 종의 다른 족族들 사이에서 무수한 전쟁이 벌어진다고 하더라도 평화와 상호지지가 족이나 종들 내에서는 철칙이고, 서로 결합해서 경쟁을 피하는 방법을 가장 잘 아는 종들이 살아남거나 더 점진적으로 발전할 최상의 기회를 얻는다는 사실도 알게 되었다. 비사회적인 종들은 사라져가지만 사회적인 종들은 번성한다.

만일 인간들이 이처럼 일반적인 법칙에서 예외가 된다면, 그리고 만일 애초에 사람처럼 무방비 상태에 있는 창조물이 다른 동물들처럼 상호지지가 아니라 다른 종의 이익에는 전혀 아랑곳하지 않고 자기만의 이익을 위해 무모한 경쟁에서 자기를 보호하고 발전시키는 방법을 찾아야 한다면, 이는 우리가 자연에 대해 알고 있는 모든 사실과 전혀 반대되는 현상임은 자명하다. 자연계에 협동이 존재한다는 생각에 익숙한 사람에게 이러한 주장은 전혀 지지할 만한 여지가 없다. 그렇지만 아무리 있을 수 없고 비논리적인 주장이라도 최소한의 지지자는 있는 법이다. 인간에 대해 비관적인 견해를 견지했던 작가들은 항상 있었다. 그들은 자신들의 제한적인 경험을 통해서 다소간 피상적으로 인간을 파악했다. 그들은 항상 전쟁이나 잔혹, 그리고 억압 등에 주목하는 연대기 편자들이 언급한 내용에다가 몇 가지 사항을 약간 고려하면서 역사를 파악했다. 그리고 인간이란 항상 서로 싸울 준비만을 하고 있어서 어떤 권력이 개입해야만 싸움을 면할 수 있는 느슨하게 모여진 존재에 불과하다고 결론을 내렸다.

홉스도 그러한 입장을 취했다. 물론 18세기에 나타난 몇몇 홉스 추종자들은 어떤 시대에도 — 심지어 가장 원시적인 조건에서도 — 인류가 영속적인 전쟁 상태에서 산 적은 없었으며, 인간은 '자연 상태'에서도 사회성이 강했고, 인류의 초기 역사 시대에 온갖 공포가 초래된 이유는 인간이 천성적으로 나쁜 성향을 가지고 있어서가 아니라 지식이 부족했기 때문이라는 점을 입증하려고 노력하기도 했다. 그러나 이와는 반대로 홉스는 이른바 '자연 상태'란 개인들이 벌이는 영속적인 투쟁일 뿐이었고 개인들은 짐승처럼 살다가 뜻하지 않게 변덕을 부려 집단을 이루었을 뿐이라고 생각했다. 사실 홉스 시대 이래로 과학은 일정하게 진보해왔고, 홉스나 루소의 사상보다는 더 안전하게 신뢰할 만한 근거를 갖게 되었다. 그러나 홉스의 철학을 숭배하는 사람들은 여전히 많다. 다윈의 핵심적인 사상보다는 그의 용어 몇 개를 가져다가 원시인들에 대한 홉스의 견해에 찬동하는 논의를 만들고 심지어는 과학적인 외피를 씌우는데 성공한 작가들도 있었다. 알다시피 헉슬리가 이 학파를 이끌었다. 헉슬리는 1888년에 쓴 논문에서 원시인들은 처절하게 끝을 볼 때까지 생존경쟁을 위해 싸우고 "끊임없이 제멋대로 투쟁"하는 삶을 살고 있어서 모든 윤리적인 개념들이 박탈된 호랑이나 사자와 같은 부류라고 묘사했다. 헉슬리 자신의 말을 인용해보면, "제한적이고 일시적인 가족관계의 범위를 넘어, 홉스가 말한 의미에서 만인에 대한 개개인의 투쟁이야말로 정상적인 생존 상태였다."[68]

홉스와 18세기 철학자들이 저지른 중대한 오류는 이렇다. 즉 인류가 몸집이 더 큰 육식동물들처럼 "제한적이고 일시적인" 가족 형태로 소규모 가족들이 흩어져서 생활하기 시작하였다는 것이 그들의 생각이었지만, 실제로 상황은 그렇지 않다는 것이 여러 차례 언급된 적이 있었다. 물론 우리에게 인간에 가까운 존재가 최초로 어떤 방식으로 살았는지를 입증해주는 직접적인 증거는 없다. 우리는 아직도 그런 존재들이 처음 나타난 시기조차도 확정하지 못하고 있다. 현재 지질학자들은 신생대 제3기층 퇴적물의 선신세鮮新世 혹은 중신세中新世에서 그들의 자취를 찾으려는 경향을 보인다. 하지만 이보다 간접적인 방법을 사용하면 아득한 태고에도 빛을 던질 수 있게 된다. 지난 40년 동안 가장 저열한 원시종족의 사회제도를 매우 면밀하게 조사했었다. 이에 따라 현재 남아 있는 미개한 민족의 제도 가운데서 오래 전에 사라졌지만 이전에 존재했던 자취를 명백하게 남기고 있는 제도의 흔적들이 밝혀졌다. 그러므로 인간 제도의 발생학을 다루는 모든 과학은 바호펜Johann Jacob

---

68) 《19세기》, 1888년 2월, p. 165.

Bachofen(1815~1887. 스위스의 법률학자 · 민속학자. 가장 초기의 진화주의적 민족학자의 한 사람이다 -옮긴이), 맥레난MacLennan(1827~1881. 영국의 사회학자 -옮긴이), 모건Lous Henry Morgan(1818~1881. 미국의 인류학자 -옮긴이), 에드윈 타일러Edwin Tylor(1832~1917. 영국의 인류학자. '애니미즘'이란 말을 만들었다 -옮긴이), 메인Maine(1822~1888. 영국의 역사법학자 -옮긴이), 포스트Post(1839~1895. 독일의 법학자 -옮긴이), 코발레프스키Maksim Kovalevsky(1851~1916. 러시아의 역사가 · 사회학자 -옮긴이), 러벅을 비롯한 여러 사람들의 손에서 발전되었다. 그리고 이러한 과학은 인류가 작고 고립된 가족의 형태로 삶을 시작하지는 않았다는 사실을 명백하게 입증했다.

가족은 원시적인 조직형태가 아니라 인간의 진화 과정에서 아주 최근에 나타난 산물이다. 선사인종학을 통해서 가능한 한 멀리 인류의 역사를 거슬러 올라가 보면 인간은 가장 고등한 포유류의 군집과 유사한 종족형태로 군집을 이루며 살았음을 알게 된다. 그리고 이러한 군집들이 부족이나 씨족 조직으로 이루어지는 데는 매우 느리고 긴 진화 과정이 필요했다. 한편으로 이러한 조직들이 최초의 가족 기원인 일부다처제나 일부일처제로 나타날 수 있기까지는 또 한 차례 아주 긴 진화가 진행되어야 했다. 군집, 무리나 종족 —가족이 아니라— 은 인류 최초의 조상들이 만든 원시적인 조직형태였다. 이런 결론은 인종학을 열심히 연구한 끝에 얻었다. 그렇게 해서 동물학자들이 예견할 수도 있었던 결과에 쉽게 귀착되었다. 소수의 육식동물 그리고 분명히 사라져가고 있는 소수의 유인원들(오랑우탄과 고릴라)을 제외하면 숲에 따로 떨어져 산재해 있는 소규모의 가족으로 살고 있는 고등한 포유류들은 없다. 그 밖의 모든 종들은 군집을 이루어 살아간다. 그리고 다윈도 고립되어 살아가는 유인원들은 사람과 같은 존재로 절대로 진화하지 못했으리라고 적절하게 이해하고 있었다. 그리고 고릴라처럼 강하지만 비사회적인 종들이 아니라 상대적으로 침팬지처럼 약하지만 사회성이 강한 종들로부터 인간이 유래되었다는 쪽으로 마음이 기울었다.[69] 그러므로 동물학이나 선사인종학에서는 사회생활의 최초의 형태는 가족이 아니라 무리라는 데 동의하고 있다. 최초의 인간 사회란 고등동물의 삶에서 바로 그 본질을 이루고 있는 사회가 더욱 발전된 형태였다.[70]

이제 빙하기나 초기 후빙기로 거슬러 올라가서 인간이 남긴 명백한 흔적을 실증적으로 살펴보면 그 당시에도 인간이 군집을 이루어 살고 있었음이 확실하게 입증된다. 구석기 시대부터 석기만 따로 떨어져 발견되는 경우는 거의 없다. 반대로 어디서든 석기가 하나 발견되면 대부분의 경우에 다른 것들도 대량으로 발견된다.

---

69) 『인간의 유래』, 2장의 마지막 부분 p. 63과 2판의 p. 64.

70) 인간에 관한 위와 같은 견해를 전적으로 지지하는 인류학자들은 그럼에도 불구하고 종종 유인원들이 "강하고 질투심이 많은 수컷"의 지휘하에 일부다처제의 가족 형태로 살고 있다는 의견을 제시한다. 나는 이러한 주장이 어느 정도나 확실한 관찰을 바탕으로 하고 있는지 모르겠다. 자주 언급되는 브렘의 『동물의 삶*Life of Animals*』에 나오는 글귀들은 결정적으로 받아들여지기 힘들다. 원숭이에 관한 일반적인 서술에서도 나타나기는 하지만 개별적인 종들에 대해서 좀 더 자세하게 서술한 내용은 브렘의 견해와 모순되거나 아니면 그의 견해를 확증해주지도 않는다. 긴꼬리원숭이에 관해서 브렘은 단정적으로 다음과 같이 말하고 있다. "긴꼬리원숭이들은 거의 항상 무리를 지어 살기는 하지만 가족의 형태를 취하는 법은 거의 없다."(불어판, p. 59) 다른 종들에 관해서는 항상 많은 수컷들이 포함되어 있는 무리의 그 숫자만큼 "일부다처 가족"이 되는지는 의심해 볼만한 여지가 다분하다. 더 많은 관찰이 필요하다는 사실만은 분명하다.

인간들이 동굴이나 튀어나온 바위 아래서 지금은 멸종된 포유류들과 함께 살면서 가장 조잡한 종류의 돌도끼조차도 만들지 못할 때도 이미 군집 생활의 이점을 알고 있었다. 도르도뉴 강(프랑스 남서부 아키텐주 내륙의 강-옮긴이)의 지류에 있는 계곡에는 구석기인들이 거주하던 동굴들이 도처에 흩어져 있던 장소에 바위로 된 방호防護들이 있다.[71] 가끔씩 동굴 거주지는 여러 층으로 포개져서 육식동물들의 굴보다는 제비 둥지의 군체를 더욱 연상하게 한다. 이러한 동굴에서 발견된 석기에 관해서 러벅의 말을 인용하면, "과장하지 않고 그 숫자가 무수하다고 말할 수 있다." 기타 다른 구석기 유적지도 마찬가지다. 남 프랑스의 오리냐크 지방에 살던 사람들은 죽은 사람을 매장할 때 부족들이 모두 식사에 참여한다는 사실이 라르테Lartet(1801~1871. 프랑스의 고고학자-옮긴이)의 조사로 밝혀졌다. 이렇게 인간은 아득히 먼 과거에도 군집을 이루어 살았고 부족 신앙의 기원을 가지고 있었다.

신석기 시대 후기로 접어들면 같은 사실들이 더 풍부하게 입증된다. 신석기인들의 흔적은 양적으로 무수히 많이 발견되었고, 그래서 상당한 정도로 신석기인의 생활 방식을 재구성할 수 있다. 빙원(극지방에서 남쪽으로 중부 프랑스, 중부 독일, 그리고 중부 러시아, 캐나다는 물론이고 지금의 미국을 상당 부분까지 덮고 있었음에 틀림없다)이 녹기 시작하자 얼음에서 떨어져 나온 지표는 먼저 연못이나 늪으로 덮여 있다가 나중엔 수많은 호수로 덮였다.[72] 이 호수의 물이 계곡

71) Lubbock, *Prehistoric Times*, 5판, 1890.
72) 빙원의 범위는 특히 빙하기를 연구해왔던 대부분의 지질학자들이 수용한다. 러시아지질조사국은 이미 러시아에 관한 입장을 받아들였고, 대부분의 독일

에 있는 모든 저지대를 채우고 나서야 비로소 호수의 물줄기가 상시적으로 강바닥을 파내게 되었고 그 후 오랜 시간이 흐르자 강이 되었다. 그리고 호상 생활 시대라고 부를 만한 시기의 호숫가를 말 그대로 수없이 탐사해보면 유럽이나 아시아, 아메리카에서도 도처에 신석기인의 유석을 찾을 수 있다. 그 흔적들이 너무 많아서 당시의 인구밀도가 상대적으로 높았다는 사실에 놀랄 뿐이다. 신석기인들의 '주거지'는 옛날에 있었던 호수의 해안을 표시해주는 해안 단구에 가깝게 서로 연이어 있다. 그리고 이러한 각각의 주거지에서 그와 비슷한 숫자의 석기들이 나타나는데 다소 많은 부족들이 거주했던 시간을 고려하면 상당히 가능한 일이다. 함께 모였던 노동자의 숫자를 입증해주는 전체 석기 작업장을 고고학자들이 발견하였다.

이미 토기의 사용을 특징으로 하는 더 발전된 시기의 흔적이 패총에서 발견된다. 잘 알려져 있듯이 이러한 패총들은 두께가 1.5~3미터, 너비가 30~60미터, 길이는 300미터가 넘는 더미의 형태로 나타나고 해안을 따라 일정한 부분에서 매우 공통적으로 나타나서 오랫동안 자연적으로 생겨난 것으로 여겨졌다. 그런데 패총에는 "어떤 식으로든 인간에 의해 사용된 것만이 들어있고", 인간의 노동을 통해 만들어진 산물로 가득 채워져 있어서 러벅은 밀가르 Milgaard에 이틀 머무는 동안 191개나 되는 석기와 네 개의 토기 조각을 발굴해냈다.[73] 바로 이 패총의 크기와 범위를 통해 여러

전문가들은 독일에 관해서도 같은 입장을 견지한다. 프랑스 중앙 고원 대부분의 빙하 작용에 대해서도 프랑스 지질학자들이 빙하 퇴적물에 더욱 관심을 기울이면 인정될 것이다.

세대 동안에 덴마크의 해안에서는 오늘날에도 패총 따위를 모으면서 살아가는 푸에고 인디언(남미 푸에고 지역을 중심으로 분포한 인디언족의 일종 -옮긴이)처럼 틀림없이 평화롭게 살았던 작은 부족이 수없이 거주하고 있었다는 사실이 입증된다.

문명이 더욱 발전했음을 보여주는 스위스의 호상湖上 가옥은 군집생활과 노동을 더 잘 증명해준다. 석기 시대 동안에도 스위스의 호숫가에는 촌락들이 산재해 있었는데, 그 각각은 몇 개의 오두막으로 이루어져 있고 호수에 수많은 기둥으로 지탱되는 기초 위에 세워졌다. 레만 호를 따라 대부분 석기 시대의 촌락으로 보이는 것이 24개나 발견되었고, 콘스탄스 호에서는 32개, 뉘샤텔 호에서는 46개나 발견되었다. 그리고 이들 각각은 가족 단위가 아니라 부족 단위로 상당히 집약적인 노동이 공동으로 이루어졌음을 증명해준다. 호상 거주자들은 전혀 전쟁을 모르고 살아 왔다고 주장되었다. 특히 오늘날까지 해안가의 기둥 위에 세워진 그와 유사한 촌락에서 사는 미개 민족의 삶을 참고해보면 과거에도 그랬을 가능성이 있다.

위에서 거칠게 살펴본 단서에서도 원시인에 대한 우리들의 지식은 절대로 빈약하지 않다. 지금까지 논의된 바에 따르면 홉스의 이론에 긍정적이기보다는 오히려 부정적인 듯이 보인다. 더욱이 이러한 논의는 선사 시대에 유럽에 살던 거주민들과 같은 수준의 문명을 가지고 있는 현재의 미개한 부족을 직접 관찰해서 상당 정도 보충될 수 있다.

---

73) *Prehistoric Times*, pp. 232 그리고 242.

가끔씩 주장되는 것처럼 우리가 현재 아는 미개 부족들은 이전에 더 높은 수준의 문명을 알았던 인류가 퇴화한 표본은 아니라는 점을 에드윈 타일러와 러벅이 충분하게 입증하였다. 하지만 이미 퇴화 이론에 반대하는 논의에 다음도 추가될 수 있다. 접근하기 힘든 고지대에 모여 사는 소수의 부족들을 제외하고, '야만인savage'들은 다소 문명화된 종족을 에워싸는 띠처럼 나타나서 대륙의 극지를 점유한다. 이런 곳은 대부분 최근까지도 후빙기 초기의 특징을 지니고 있었다. 에스키모인들이나 그린랜드, 북극지방에 속한 아메리카, 시베리아 북부에 사는 야만인들, 남반구에 있는 오스트레일리아인들, 파푸아인들, 푸에고인들, 그리고 부분적으로는 부시맨들이 그러한 경우이다. 한편 문명화된 지역 내에서 미개 민족과 유사한 사람들은 히말라야, 오스트레일리아의 고지대 그리고 브라질의 고원에서만 발견된다. 이제 빙하기가 지구의 모든 지표면에서 한 순간에 끝나지 않았다는 점을 잊어서는 안 된다. 아직도 그린랜드에는 빙하기가 계속된다. 인도양, 지중해 또는 멕시코만 연안 지역이 이미 더 온난한 기후를 누려 더 높은 문명의 중심지가 되면서 파타고니아, 아프리카 남부, 오스트레일리아 남부는 물론이고 중부 유럽, 시베리아 그리고 북아메리카의 광대한 지역은 열대 지방이나 아열대 지방의 문명화된 종족들이 접근하기 어려운 후빙기 초기의 상태로 남아 있었다. 당시의 이 지역들은 오늘날의 북서 시베리아의 끔찍한 우르만urmans(타타르말로 숲을 의미하며, 서 우크라이나의 브레자니Berezhany 근처에 있는 숲으로 둘러싸인 마을을 일컫는다-옮긴이)과 같아서 문명이 접근할 수도 없고 영향을 받지도 않은 그곳의 주민들은 후빙기 초기인들의 특징을 유지하고 있었다. 나중에 건조작용이 일어나 이 지역이 농경에 더 알맞은 곳으로 되었을 때 더 많은 문명화된 이주민들이 살게 되었다. 그리고 이곳에 이미 살고 있던 거주민들 가운데 일부는 새로운 정착민들에게 동화되었고 또 다른 일부는 더 멀리 이동하여 자신들이 발견한 지역에 정착하였다. 이들이 지금까지 또는 최근까지 거주하던 지역들은 자연적인 특징상 아빙기亞氷期(빙하시대에 진행되던 빙기 중에 빙하의 기온이 저하되는 기간을 말한다-옮긴이)였다. 이들이 사용하는 기술이나 도구들은 신석기 시대의 것이고 인종적인 차이와 이들이 떨어져 있는 거리를 감안하더라도 생활양식과 사회제도는 두드러지게 비슷하다. 그래서 그들을 현재 문명화된 지역에 후빙기 초기의 거주민에서 떨어져 나온 분파로 볼 수밖에 없다.

미개 민족에 대해 연구를 시작하자마자 우리를 가장 먼저 놀라게 하는 것은 그들의 혼인 관계가 복잡하게 조직되어 있다는 점이다. 우리가 규정하고 있는 의미의 가족은 대부분 그들에게서는 맹아도 찾기 힘들다. 그러나 남자와 여자가 일시적인 기분에 따라 무질서하고 느슨하게 모여 있는 형태는 결코 아니다. 이들 모두는 일정한 조직으로 묶여 있는데, 모건은 이것을 일반적인 양상에 따라 씨족gentile(혹은 clan)의 독특한 특징이라고 설명하였다.[74]

---

74) Bachofen, *Das Mutterrecht*, Stuttgart, 1861; Lewis H. Morgan, *Ancient Society,* 또는 *Researches in the Lines of Human Progress from Savagery through Barbarism to Civilization*, New York, 1877; J. F. Maclennan, *Studies in Ancient History*, 제1시리즈, 신판, 1886; 제2시리즈, 1896; L. Fison and A. W. Howitt, *Kamilaroi and Kurnai*, Melbourne. 이 네 사람의 학자들은 Giraud Teulon이 제대로 언급했듯이 각기 다른 사실과 서로 다른 사상에서 출발해서 각기 다른 방법론을 따르면서도 같은 결론에 도달하게 되었다. 바호펜에게서는 모계가족과 모계상속이라는 개념을, 모건에게서는 말레이사람들과 우랄알

이 문제를 가능한 한 간략하게 언급하면, 초기에 인류가 '군혼 혹은 집단혼'으로 볼 수 있는 단계를 거쳤다는 점은 의심의 여지가 없다. 즉 혈연관계를 거의 고려하지 않고 종족 전체가 남편과 아내를 공유하였다. 하지만 아주 초기에도 이러한 자유로운 성 관계에 분명히 일정한 제한이 주어졌던 모양이다. 한 어머니의 아들들이 그녀의 자매들, 손녀, 이모나 고모와 결혼하는 것이 곧 금지되었다. 나중에 같은 어머니가 낳은 아들과 딸 사이의 결혼도 금지되었고 그 이상의 제한이 뒤따랐다. 한 혈족(또는 오히려 한 무리에 모인 모든 사람들)에서 나왔다고 여겨지는 모든 후손들을 통합하는 씨족*gens*(혹은 clan)이라는 생각이 발전되면서 씨족 내의 결혼은 전적으로 금지되었다. 집단혼은 여전히 유지되었지만 부인이나 남편은 다른 씨족에서 데리고 왔다. 그리고 씨족의 숫자가 너무 많아지면 여러 개의 씨족으로 세분하였고, 그 각각은 계급(대개는 넷으로)으로 나뉘었고 결혼은 명확한 계급 사이에서만 허락되었다. 카밀라로이어語를 사용하는 오스트레일리아인들 사이에서 현재도 이러한 단계를 발견

타이어를 쓰는 사람들의 혈족관계조직 그리고 인간 진화의 중요 국면에 관한 매우 탁월한 소묘를, 맥레난에게서는 족외혼의 법칙을, 피손과 호위트에게서는 쿠아드로, 즉 호주의 혼인 관습의 체계를 얻었다. 이 네 사람은 마침내 가족이란 부족에서 유래한다는 똑같은 사실을 확립하게 된다. 바호펜이 먼저 자신의 획기적인 저작에서 모계가족에 관심을 기울이고 모건은 씨족조직에 대해서 기술하게 되자마자 사실을 지나치게 과장했다는 비난을 받게 되었다. 사실 두 사람은 이러한 형태가 거의 보편적으로 퍼져 있다는 점에 의견을 같이 하면서 혼인법이란 인간이 진화하는 연속적인 단계에서 기본이 된다고 주장하였다. 그러다가 고대법 연구진들이 세밀하게 연구를 진행한 결과 인류의 모든 인종들 사이에서 특정한 야만인들도 시행한 것으로 보이는 혼인법이 유사한 발전 단계를 거쳐왔음이 입증되었다. 포스트, 다건, 코발레프스키, 러벅 그리고 수많은 추종자들 — 리페르트, 묵케 등 — 의 저작을 보라.

할 수 있다. 가족의 경우 최초의 기원은 씨족 조직에서 나타났다. 전쟁에서 다른 씨족에게 사로잡힌 여자는 처음에는 씨족 전체의 소유였으나, 나중에는 부족에게 일정한 의무를 부담한 포획자가 소유할 수 있게 되었다. 씨족에게 공물을 바치고 난 후에 포획자는 여자를 독립된 오두막으로 데려갈 수도 있었고, 이렇게 해서 씨족 내에 별도의 가족을 구성할 수 있었다. 이러한 현상이 나타나면서 문명은 전혀 새로운 국면으로 접어들게 되었다.[75]

가장 낮은 발전 단계로 알려진 상태에 있는 인간들 사이에서 이렇게 복잡한 조직이 발전되었고, 여론이 유일한 권위로 작용하는 사회에서 조직이 그대로 유지되었다는 점을 고려해보면 가장 낮은 발전 상태에서조차 인간의 천성 속에 사회적인 본능이 얼마나 뿌리 깊은 것인지를 금방 알게 된다. 이러한 조직하에서 살 수 있고 개인적인 욕망과 끊임없이 상충되는 규칙에 거리낌없이 복종할 수 있는 야만인은 윤리적인 원칙이 결여되어 자신의 격정을 지배할 줄 모르는 짐승과는 다르다. 게다가 씨족이 엄청나게 오래된 조직 형태임을 고려해보면 이러한 사실들은 더욱더 인상적이다. 미개한 셈족, 호머의 서사시에 나오는 그리스인들, 선사시대의 로마인들, 타키투스의 게르만인들, 초기 켈트인들 그리고 초기 슬라브인들 모두는 자기들만의 씨족 시대를 가지고 있었는데, 이 조직들은 오스트레일리아인들, 아메리카 인디언들, 에스키모인들, 그리고 기타 '야만인 지대'의 거주민들과 상당히 유사했다.[76] 결혼법의 발전은

75) 부록 7을 보라.
76) 셈족과 아리안족에 관해서는 특히 막심 코발레프스키 교수의 *Primitive Law* (러시아어 판), 모스크바, 1886년과 1887년을 보라. 그리고 그는 스톡홀름에

모든 인종들 사이에서 같은 계통으로 진행되었거나 아니면 여러 인종으로 분화가 발생하기 전에 셈족, 아리안인, 그리고 폴리네시아인 등의 공통 조상들 사이에서 씨족 규칙의 기초가 발전된 것이라는 점을 인정해야 한다. 그리고 이러한 규칙들이 현재까지 공통 조상에서 오래 전에 갈라져 나온 인종들 사이에서 유지되었다는 점도 인정해야만 한다. 하지만 두 가지 경우 모두 제도로서 똑같은 생명력을 가지고 있다. 이러한 생명력은 수만 년 동안 개인들이 여러 가지 방식으로 위협했지만 결코 무너지지 않았다. 씨족 조직이 바로 이런 식으로 지속되었다는 것은 오직 개인적인 정염에만 사로잡혀 있고 종의 모든 대표자들에 맞서 자기만의 힘과 교활함을 이용하는 개인들이 무질서하게 모인 집단으로 원시인들을 묘사하는 일이 얼마나 잘못 되었는가를 보여준다. 절제되지 않은 개인주의는 근대의 산물이지 원시인들의 특징은 아니다.[77]

서 강연(*Tableau des origines et de l'evolution de la famille et de la propriété*, Stockholm, 1890)을 했는데, 거기서 이 모든 문제를 빼어나게 개관하였다. 또한 A. Post, *Die Geschlechtsgenossenschft der Urzeit*, Oldenburg, 1875도 참고하라.

77) 여기서 혼인 제한의 기원에 대한 논의를 시작할 수는 없다. 하지만 모건이 『하와이인*Hawaian*』에서 지적한 것과 비슷하게 새들은 집단으로 분류된다는 점만을 지적하겠다. 즉 어린 새끼들은 부모에게서 따로 떨어져서 함께 제각기 살아간다. 몇몇 포유류들에게서도 같은 방식으로 분류되는 사례를 찾아볼 수 있다. 형제와 자매 사이의 관계를 금지하는 경우는 혈족 관계에 나쁜 영향을 준다고 하는 개연성이 떨어져 보이는 추론 때문에 생겨난 것이 아니라 그와 같은 결혼 방식으로 인해 너무 쉽게 조숙해지는 상황을 피하려는 데서 생겨났을 가능성이 더욱 크다. 긴밀하게 동거 생활을 하다보면 너무 쉽게 조숙해지는 상황은 반드시 피해야 했을 것이다. 전혀 새로운 관습의 기원을 논의할 때 반드시 염두에 두어야만 하는 점이 있다. 즉 우리와 마찬가지로 야만인들 가운데도 '사상가'나 학식이 높은 자들 — 마법사, 의사, 예언자 등등 — 이 있고 이들의 지식과 사상은 일반 대중들보다는 앞서 있다. 이들은

이제 현존하는 야만인에 대해 논의해보면 매우 낮은 발전 단계에 있는 부시맨으로부터 시작할 수 있다. 이들은 정말로 너무나 낮은 단계에 있어서 주거지도 없고 땅 속에 판 구덩이에서 잠을 자며 약간의 칸막이로 보호를 받는 정도이다. 알려진 바로는 유럽인들이 부시맨의 영역에 정착해서 사슴을 포획하자 부시맨들은 정착민들의 가축을 훔치기 시작했고, 이 때문에 이 책에 쓸 수 없을 정도로 끔찍한 부시맨 절멸 전쟁이 벌어지게 되었다. 1774년에 5백 명의 부시맨들이 살육되었고 1808년과 1809년에 농부 동맹 등이 부시맨 3천 명을 살해하였다. 부시맨들은 쥐처럼 독살되기도 하였고 동물의 시체를 앞에 놓고 숨어서 기다리는 사냥꾼에게 살해되기도 하였고 여러 가지 방법으로 닥치는 대로 살해되었다.[78] 따라서 주로 이들을 절멸시킨 사람들을 통해 얻은 부시맨에 대한 지식은 당연히 제한적일 수밖에 없다. 그렇지만 유럽인들이 왔을 때 알게 된 사실에 따르면 부시맨들은 작은 부족(또는 씨족) 단위로 살았고 때로는 서로 연합되어 있었으며 공동 사냥에 익숙했고 서로 다투지 않고 전리품을 나누었으며 부상당한 사람들을 절대로 내버리지 않고 동료에 대해서 강한 애정을 드러냈다고 한다. 리히텐슈타인Lichtenstein(1780~1857. 독일의 동물학자이며 여행가-옮긴이)은 한 부시맨이 물에 빠져 거의 죽을 뻔하다가 동료들에 의해 구출된 매우 감동적인 이야기를 알고 있었다. 그들은 입고 있던 털을 벗어 물에

비밀 결사를 맺어(거의 보편적으로 나타나는 또 하나의 특징) 강력한 영향력을 행사하고, 부족의 대다수가 아직 인식하지 못하고 있는 관습을 강화해서 효과를 극대화할 수 있다.

78) Philips, *Researches in South Africa*, London, 1828에 나온 Col. Collins를 Waitz가 ii. 334에 인용함.

빠진 동료를 덮어주고 자신들은 떨고 있었다. 물에 빠진 사람의 몸을 말려주려고 불 앞에서 그의 몸을 문지르고 의식이 회복될 때까지 따뜻한 기름을 발라주었다. 요한 반 데어 발트Johan van der Walt에 따르면 부시맨들은 자신들에게 잘 대해준 사람을 발견하면 그 사람에게 가장 감동적인 애정을 보이며 감사를 표시했다고 한다.79) 버첼Burchell(1782~1863. 영국의 박물학자 -옮긴이)과 모팻Moffat(1795~1883. 영국의 선교사 -옮긴이)은 부시맨들을 마음이 따뜻하고, 사심이 없으며, 약속에 충실하고 감사할 줄 아는 사람들로 묘사한다.80) 부시맨들이 이러한 특성을 발전시킬 수 있었던 까닭은 부족 생활 속에서 그런 식으로 길들여졌기 때문이다. 부시맨 여자를 노예로 삼고 싶으면 유럽인들은 그 여자의 아이를 훔쳐오는 수밖에 없다고 할 정도로 부시맨들은 아이들을 사랑한다. 그 어머니는 아이의 운명과 함께 하려고 반드시 노예 신세가 되었다.81)

부시맨보다 다소 발전된 호텐토트족(남 아프리카의 세 부족 가운데 하나 -옮긴이)도 이와 똑같은 사회적 관습을 가지고 있다. 러벅은 이들을 "가장 더러운 동물들"이라고 묘사하는데 실제로 그들은 불결하다. 목에 걸고 떨어질 때까지 입고 있는 털옷이 옷가지의 전부이다. 그들의 오두막은 몇 개의 막대기로 조립해서 거적으로 덮여 있고 안에는 아무런 가구도 없다. 그리고 소나 양을 기르고

---

79) Lichtenstein, *Reisen im südlichen Africa*, ii. pp. 92, 97. Berlin, 1811.

80) Waitz, *Anthropologie der Naturvölker*, ii. pp. 335 이하. 또한 Fritsch, *Die Eingeboren Africa's*, Breslau, 1872, pp. 386 이하 그리고 *Drei Jahre in Süd-Africa*를 보라. 또한 W. Bleck, *A Brief Account of Bushmen Folklore*, Capetown, 1875 등도 있다.

81) Elisée Reclus, *Géographie Universelle*, xiii. 475.

유럽인들을 알기 전에도 철의 사용법을 알았던 것으로 보이지만 인간으로 치면 가장 낮은 등급에 속한다. 그렇지만 이들을 알던 사람들은 이들의 사회성과 자발적으로 서로 돕는 마음을 매우 칭찬하였다. 호텐토트인들에게 뭔가를 주면 이들은 곧바로 함께 있는 모든 사람들과 이를 나눈다. 알다시피 다윈은 푸에고인들 사이에서 이러한 습속을 보고는 매우 감명을 받았다. 호텐토트인은 아무리 배고프더라도 혼자서 먹지 않고 지나가는 사람을 불러 음식을 함께 나눈다. 이 때문에 콜벤Kolben이 놀라움을 표시하자 "그것이 우리 호텐토트인의 관습이다."라는 대답을 들었다. 하지만 이런 모습은 호텐토트족만의 관습이 아니라 '야민인들' 사이에 거의 보편적으로 나타나는 습성이다. 호텐토트족을 잘 알고 그들의 결점을 그냥 넘기지 않았던 콜벤도 이 부족의 도덕성만큼은 아주 높이 평가할 수밖에 없었다.

"그들의 말은 신성하다."라고 그는 썼다. 그들은 "부패하고 믿을 수 없는 유럽의 기술에 관해서는 아무것"도 모른다. "그들은 극도로 고요한 삶을 살고 이웃들과 좀처럼 싸움을 벌이지 않는다." 그들은 "매우 친절하고 서로에게 호의적이다……호텐토트족에게 가장 즐거운 일이라면 틀림없이 서로에게 은혜와 호의를 베푸는 것이다." "호텐토트족의 성실성, 정의를 행할 때 보이는 엄격함과 기민함, 그리고 그들이 지니고 있는 순결함은 세상의 거의 모든 종족을 능가한다."82)

타샤르Tachart, 배로우Barrow(1764~1848. 영국의 여행가, 왕립지리

---

82) P. Kolben, *The Present State of the Cape of Good Hope*, 메들리 씨가 독일어에서 번역함. 런던, 1731, vol. 1. pp. 59, 71, 333, 336 등.

학협회 창립자 -옮긴이) 그리고 무디Moodie[83]는 콜벤의 증언을 모두 확인했다. 한 가지만 언급해두자. 콜벤이 "호텐토트족은 분명히 지구상에 나타났던 종족 가운데 서로에게 가장 친절하고 가장 자유로우며 가장 자비로운 사람들이다."(i. 332)라고 쓴 다음부터는 계속해서 야만인을 묘사할 때 이 문장만을 쓰게 되었다. 미개한 인종들과 처음 대면했을 때 유럽인들은 대체로 그들의 삶을 서투르게 묘사한다. 그렇지만 문명인이 장기간 동안 그 사람들과 함께 생활하게 되면 대체로 그들을 지구상의 "가장 친절"하고 "가장 점잖은" 인종이라고 묘사하게 된다. 최고의 권위자들도 이와 똑같은 말로 오스탸크족Ostyaks(시베리아 서부와 우랄 지방에 사는 핀족의 지부 -옮긴이), 사모예드족Samoyeds(러시아의 북극 해안지방에 사는 몽골 인종 계통의 부족들 -옮긴이), 에스키모족, 다야크족Dayaks(보루네오섬에 사는 부족 -옮긴이), 알류트족Aleoutes(알류샨 열도에 분포하는 부족 -옮긴이), 파푸아족Papuas 등을 묘사하였다. 퉁구스족Tungues(동쪽으로는 사할린, 서쪽으로는 예니세이 강에 걸치고, 또 북쪽으로는 야쿠티아자치공화국의 극한 툰드라 지대로부터 남쪽으로는 중국 동북 지방에 이르는 넓은 지역에 분포하면서 만주-퉁구스어계의 언어를 사용하는 민족 -옮긴이), 추크치족Tchuktchis(시베리아의 북동쪽 끝 추코트 반도에 사는 소수민족 -옮긴이), 수우족Sioux(아메리카 인디언의 한 부족 -옮긴이) 그리고 기타 여러 종족에도 그러한 말들이 적용된다는 내용을 읽은 기억이 난다. 이와 같은 최상의 찬사는 너무나 빈번하게 나올 뿐 아니라 의심할 여지도 없이 사실이다.

오스트레일리아의 원주민들은 남아프리카의 원주민들만큼

83) Waitz, *Anthropologie*, ii. 335 이하에 인용됨.

높은 단계로 발전하지 못했다. 그들의 오두막은 같은 구조로 되어 있어서 주로 간단한 칸막이가 찬바람을 막아주는 유일한 보호막이 된다. 음식에 관해서도 그들은 거의 개의치 않는다. 끔찍하게도 그들은 썩은 시체도 먹어치우며 식량이 부족할 때는 사람을 먹기도 한다. 유럽인들이 처음으로 발견했을 때 그들은 돌이나 뼈로 된 것 이외에는 아무런 도구도 없었고 그것들마저 가장 조악한 종류뿐이었다. 몇몇 부족들은 카누도 없었고 물물교환도 모르고 있었다. 하지만 그들의 관습이나 풍속을 주의 깊게 연구해보면 그들 역시 내가 앞에서 언급한 정교한 씨족 조직을 바탕으로 살아가고 있음이 드러난다.[84)]

그들의 거주 영역은 대체로 다른 부계 씨족 혹은 씨족들과 분배된다. 하지만 각 씨족이 사냥이나 낚시를 하는 영역은 공동으로 관리되고 수렵을 통해 얻은 산물들은 모든 씨족의 소유가 된다. 사냥이나 낚시 도구도 마찬가지다.[85)] 식사도 공동으로 한다. 다른 많은 야만인들과 마찬가지로 특정한 고무나 풀들을 채집하는 계절이 정해져 있는데 그런 규율들을 잘 따른다.[86)] 이 사람들의 도덕성에 관해서는 북 퀸즈랜드에 머물던 선교사 룸홀츠Carl Sophus Lumholtz

---

84) 시드니 북부에 살면서 카밀라로이 말을 사용하는 원주민들이 지니고 있는 이러한 특성은 Lorimer Fison and A. W. Howitt, *Kamilaroi and Kurnai*, Melbourne, 1880을 통해서 가장 잘 알려졌다. 또한 *Journal of the Anthropological Institute*, 1889, vol. xviii. p. 31에 실린 A. W. Howitt, "Further Note on the Australian Class System"을 보라. 이 논문에서는 호주에서 똑같은 조직이 널리 퍼져 있음을 밝히고 있다.

85) *The Folklore, Manners, etc., of Australian Aborigines*, Adelaide, 1879, p. 11.

86) Grey, *Journals of Two Expeditions of Discovery in North-West and Western Australia*, London, 1841, vol. ii. pp. 237, 298.

(1851~1922. 노르웨이의 탐험가이자 인류학자 -옮긴이)가 파리 인류학회의 질문에 답변한 내용을 옮기는 편이 가장 좋겠다.[87]

> 그들 사이에서는 우정이라는 감정이 느껴지는데 그것도 매우 돈독하다. 약한 사람들은 항상 도움을 받는다. 아픈 사람들을 잘 돌봐주고 절대로 버리거나 죽이지 않는다. 이 종족들은 식인종이지만 자기 종족의 구성원들은 거의 먹지 않는다(내 추측으로는 종교적인 원리에 따라 제물로 바쳐질 때만 먹을 뿐이다). 그들은 이방인들만 먹는다. 부모는 자식을 사랑하고 함께 놀아주고 귀여워해준다. 유아살해는 공동의 동의를 얻어야 한다. 노인들은 매우 잘 부양되며 절대로 죽이지 않는다. 종교도 우상도 없고 죽음에 대한 두려움만이 있을 뿐이다. 결혼은 일부다처제를 유지한다. 부족 내에서 싸움이 벌어지면 나무로 된 칼과 방패로 싸우는 결투로 해결된다. 노예도 문화도 없다. 도기도 사용하지 않는다. 여자들이 가끔씩 입는 앞치마 이외에는 옷도 없다. 한 씨족은 200명 정도로 구성되고 네 등급의 남자와 네 등급의 여자로 나누어진다. 결혼은 통상적인 계급 내에서만 허락되고 씨족 내에서는 금지된다.

위의 내용과 상당히 유사한 파푸아족에 대해서는 1871년부터 1883년에 파푸아 뉴기니 특히 길빙크 만에 머물렀던 빙크G. L. Bink의 증언을 보면 된다. 다음은 같은 질문에 대한 답변의 핵심이다.[88]

87) *Bulletin de la Société d'Anthropologie*, 1888, vol. xi. p. 652. 답장들을 내가 요약했다.

88) *Bulletin de la Société d'Anthropologie*, 1888, vol, xi. p. 386.

그들은 사교적이고 쾌활하다. 그리고 아주 많이 웃는다. 용맹스럽다기보다는 수줍어하는 편이다. 다른 부족에 속한 사람들 사이에서도 우정은 비교적 강하지만 같은 부족 내에서는 더욱 끈끈하다. 한 친구가 자기 친구의 빚을 갚아주는 경우도 종종 있고, 계약 조건은 빚을 탕감받은 사람이 돈을 빌려준 사람의 아이들에게 무이자로 되갚는다는 내용이다. 그들은 병자나 노인을 부양한다. 노인들은 결코 버려지는 일이 없고 오랫동안 앓고 있는 노예가 아니라면, 노인들을 죽이는 경우는 절대로 없다. 전쟁 포로들을 잡아먹는 경우가 있기는 하다. 아이들은 상당히 귀여움을 받고 사랑을 받는다. 늙고 병약한 전쟁 포로들은 살해되고 다른 포로들은 노예로 팔린다. 그들에게는 종교도, 신도, 우상도, 어떤 부류의 권위도 없다. 가족 내에서 가장 나이가 많은 사람이 판관이 된다. 간통을 범한 경우에는 벌금이 부과되고 그 일부는 네고리아(공동체)로 돌아간다. 토지는 공동으로 관리되지만 수확물은 곡식을 키운 자의 소유가 된다. 그들은 토기도 사용하고 물물교환 제도도 알고 있었다. 상인이 그들에게 물건을 가져다주면 그들은 집으로 돌아가 상인이 필요로 하는 토산품을 가져오는 관습이 있다. 토산품을 가져오지 못하면 유럽에서 온 물건들은 반환된다.[89] 그들은 사람을 사냥하기도 하는데 그렇게 해서 피의 복수를 감행한다. "가끔 이러한 일들이 나모토트의 추장에게 회부되면 벌금을 부과해서 사건을 종결짓는다."라고 핀쉬는 말한다.

잘 대해주면 파푸아족은 매우 친절을 보인다. 미클루코 맥크레이Miklukho-Maclay는 단 한 사람만 데리고 뉴기니의 동부 해안에

89) 카이마니 만에 사는 파푸아족도 똑같이 하고 있다. 이 사람들은 정직하기로 정평이 나있다. 핀쉬는 *Neuguinea und seine Bewohner*, Bremen, 1865, p. 829에서 이렇게 말하고 있다. "파푸아족이 약속을 지키지 않는 일은 결코 없다."

도착해서 식인종이라고 알려진 부족들과 2년 동안이나 머물다가 섭섭한 마음으로 떠나게 되었다. 그는 다시 돌아와 그들과 일 년 동안 머물렀는데 불평할 만한 분쟁이 절대로 일어나지 않았다. 진실이 아니면 아무런 구실도 대지 않고 절대로 말하지 않으며 지킬 수 없는 약속은 절대로 하지 않는 것이 그들의 철칙이었다. 불을 얻는 방법조차도 몰라서 자신들의 오두막에서 조심스럽게 불을 지키고 있는 이 보잘것없는 피조물들은 원시 공산제하에서 우두머리도 없이 살고 있다. 그리고 이들의 마을에서는 이렇다할 만한 어떠한 분쟁도 일어나지 않는다. 그들은 공동으로 일하고 일용하기에 충분한 식량을 얻는다. 그들은 공동으로 아이들을 키우고, 밤이면 될 수 있는 한 화려하게 치장하고 춤을 춘다. 모든 야만인들과 마찬가지로 춤을 즐긴다. 각 마을마다 바를라barla 또는 발라이balai—'긴 집' 또는 '큰 집'—라는 미혼 남자들을 위한 장소가 있어 사교적인 모임을 갖고 공동의 관심사를 논의하는 데 사용된다. 이 역시 태평양 섬들의 거주민, 에스키모, 아메리카 인디언 등에 공통되는 특징이다. 마을의 구성원들은 모두 친밀한 관계에 있고, 여럿이 모여 서로를 방문한다.

불행히도 불화가 심심찮게 일어나지만, 그 이유가 '지역의 인구과잉'이나 '극심한 경쟁'과 같은 상업시대의 산물 때문이 아니라 주로 미신 때문이다. 누군가가 병에 걸리자마자 그의 친구와 친지들이 모두 모여 누구 때문에 질병이 생겼는지를 진지하게 논의한다. 가능한 한 모든 적들을 생각해내고, 모두가 자기 자신의 사소한 다툼까지도 고백해서 마침내 진짜 원인을 발견한다. 이웃 마을 출신의 적이 원인으로 간주되면 그 마을을 침공하기로 결정한다. 그러므로 산에 사는 식인종들은 말할 것도 없고 해안가 마을끼리도 분쟁이 다소 빈번하게 발생한다. 식인종들은 정말로 마녀나 적으로 간주되기도 하지만, 자세히 알고 보면 바닷가에 사는 이웃들과 똑같은 사람임이 분명하게 입증된다.[90]

태평양 섬들의 폴리네시안 거주민 마을에 퍼져 있는 조화로운 삶을 글로 쓰면 깊은 감동을 자아낼 정도다. 하지만 그들은 더욱 발전된 문명의 단계에 속해 있다. 그래서 우리는 더 북쪽으로 가서 사례를 얻어야 한다. 그렇지만 남반구를 떠나기 전에 평판이 너무 나빴던 푸에고 인디언들도 더 잘 알려지면서 점차 좋게 평가되었다는 사실은 언급해야 하겠다. 그들과 함께 머물렀던 소수의 프랑스 선교사들은 "그들에게 불평할 만한 악의적인 행동이라곤 전혀 찾아볼 수" 없었다. 120에서 150명으로 이루어진 씨족 내에서 이들은 파푸아족과 같은 원시공산제를 실천하고 있었다. 그들은 모든 것을 공동으로 공유하고 노인들을 아주 잘 돌본다. 이 부족 내에는 평화가 가득 차 있다.[91]

에스키모 그리고 이들과 가장 가까운 동류들인 스린케트족, 콜로슈족 그리고 알류트족에게서는 빙하기 동안의 인간의 모습과 가장 가까운 모습이 발견된다. 이들이 사용하던 도구는 구석기시대인들과 거의 다르지 않으며, 몇몇 부족들은 낚시 방법도 모르고 있어서 작살을 찔러서 고기를 잡았다.[92] 철을 사용할 줄 알았지만

90) 러시아 지리학회의 *Izvestia*, 1880, pp. 161 이하. 야만인들의 일상생활을 사소한 세부 사항까지 들여다본 여행기로는 맥크레이의 노트 발췌본과 견줄 만한 것이 거의 없다.

91) L. F. Martial, *Mission Scientifique au Cap Horn*, Paris, 1883, vol. i. pp. 183-201.

유럽인들에게서 철을 받아들였거나 난파된 배에서 얻은 것이다. 이들은 '군혼'의 단계를 벗어났지만 여전히 씨족의 구속을 받는 매우 원시적인 사회 조직을 가지고 있었다. 이들은 가족 단위로 살아가지만 가족의 결속은 종종 깨져서 남편과 부인이 자주 바뀐다.[93] 하지만 가족은 씨족 단위로 결합을 유지하고 있었는데 그렇지 않았더라면 어떻게 되었을까? 자신들의 힘을 밀접하게 결합하지 않았다면 그들은 힘든 생존경쟁을 어떻게 견뎌냈을까? 이들과 마찬가지로 생존경쟁이 가장 혹독한 곳, 즉 북동 그린랜드 같은 곳에서 부족의 결속력이 가장 긴밀하다. '긴 집'은 이들의 일상적인 주거지이고 몇 가족은 그 안에 거주한다. 집마다 야생 모피로 칸막이가 쳐져서 분리되지만 앞에는 공동의 통로가 있다. 때로 십자 모양의 집도 있는데, 이런 경우에 중앙에 공동의 불이 보존된다. 이처럼 '긴 집' 에 아주 근접해서 겨울을 보냈던 독일 탐험대는 긴 겨울 동안 "평화를 깨뜨리는 어떠한 분쟁도, 이렇게 좁은 공간을 사용하는 데서 발생할 수 있는 어떠한 논쟁도 없었다."는 사실을 확인할 수 있었다. "정당한 절차로 이루어진 것이 아니라면 쓸데없는 소리나 잔소리, 불친절한 말도 경미한 죄로 여겨진다."[94] 긴밀한 공동생활과 긴밀한 상호의존성 덕분에 에스키모의 삶에서 특징적인 공동체의 이익을 깊이 존중하는 마음이 수세기 동안 유지되기에

---

92) 호름 선장의 동 그린랜드 탐험.

93) 호주에서는 큰 재난을 피하기 위해서 씨족 전체가 각자의 부인들을 교환하는 사실이 관찰되었다(Post, *Studien zur Entwicklungsgeschichte des Familienrecht*, 1890, p. 342). 형제애를 강화하는 것이야말로 재난을 이기는 특효약이었다.

94) Dr. H. Rink, *The Eskimo Tribes*, p. 26 (*Meddelelser om Grönland*, vol. xi. 1887)

충분했다. 더 큰 에스키모 공동체에서도 "여론이 사실상 법정의 역할을 했고, 위반자에게 내려지는 일반적인 처벌은 대중들 앞에서 창피를 받는 정도다."[95)]

에스키모의 삶은 공산제를 기반으로 한다. 사냥이나 낚시를 해서 얻은 것은 씨족의 소유가 된다. 하지만 몇몇 부족에서 특히 서부에 있는 부족들은 덴마크인들의 영향으로 사적 소유가 제도 안에 들어와 있었다. 하지만 그들은 곧 부족의 단합을 깨뜨릴 수 있는 부의 사적인 축적으로 인해 생겨나는 불편함을 제거할 나름대로의 방법을 가지고 있다. 어떤 사람이 부자가 되면 씨족 사람들을 성대한 잔치에 불러모아 실컷 먹인 다음에 전 재산을 모두에게 나누어준다. 유콘 강(캐나다 북서부를 지나 베링해로 들어가는 강 -옮긴이)가에서 한 알레온테족 가족이 이런 식으로 총 열 자루, 넉넉한 털옷 열 벌, 목걸이 200개, 수많은 모포, 늑대 털 열 장, 비버 모피 200마리분, 검정담비 모피 500마리분 등을 나눠주는 광경을 달 Dall(1845~1927. 미국의 박물학자 -옮긴이)이 목격하였다. 그런 후에 잔치 때 입었던 옷을 벗고 오래되고 낡은 털옷으로 갈아입고는 누구보다도 가난해졌지만 우정을 얻게 되었다고 친족들에게 말한다.[96)] 이 같은 부의 분배는 에스키모인들에게도 정례적인 습속이 되어

---

95) 링크 박사, 앞의 책, p. 24. 로마법을 존중하며 성장한 유럽인들은 부족이 지닌 권위의 힘을 좀처럼 이해할 수 없다. 링크 박사는 이렇게 쓰고 있다. "사실 에스키모인들과 10년이나 20년 동안 함께 생활해온 백인들이 에스키모 사회의 기반이 되는 전통 사상에 백인들의 지식을 덧붙이지 못한 채 돌아간다는 사실은 예외적인 일이 아니라 상례적인 일이다. 선교사든 상인이든 백인들은 가장 우수한 원주민보다 가장 천한 유럽인이 더 낫다는 독단적인 견해를 굳게 믿고 있다." *The Eskimo Tribes*, p. 31.

96) Dall, *Alaska and its Resources*, Cambridge, U.S., 1870.

한 해 동안 얻은 것을 모두 공개한 후에 특정 시기에 이런 일을 시행한다.[97] 나의 견해로 이러한 분배는 최초로 개인적인 부가 출현함과 동시에 나타난 매우 오래된 제도로 보인다. 이들 가운데 소수가 부를 독점하면서 혼란을 겪은 이후에 씨족 구성원들 사이에 평등을 재건하기 위한 수단이 있었음에 틀림없다. 역사 시기에 상당히 많은 다른 인종들(셈족, 아리안족 등) 사이에서 주기적으로 땅을 재분배하고 빚을 모두 탕감해주었던 사례로 보아 오래된 관습이 잔존된 것이 틀림없다. 개인적으로 모든 소유물을 죽은 사람과 함께 묻거나 무덤 위에서 깨뜨리는 관습 — 모든 원시 인종들 사이에서 찾아볼 수 있는 관습 — 도 확실히 같은 기원을 가지고 있다. 사실 죽은 사람이 개인적으로 가지고 있던 물건들이 모두 무덤 위에서 태워지거나 깨뜨려지더라도 배나 공동으로 사용하는 낚시도구와 같이 부족과 공동으로 소유하고 있던 물건은 전혀 파괴하지 않는다. 개인의 소유물만이 파괴된다. 후대에 이러한 습속은 종교적인 의식이 된다. 여론만으로는 이런 습속이 준수되기 어렵게 되자 신비적인 해석이 가해지고 종교의 힘을 빌려 강요되었다. 그리고 마침내 죽은 사람의 소유물 가운데 간단한 모형을 태우거나(중국에서처럼) 소유물을 무덤까지 가지고 갔다가 장례식이 끝나면 다시 그의 집으로 가져오는 형식 — 칼이나 십자가 그리고 공적인 영예를 드러내는 기타 징표

97) 달은 알래스카에서, 야콥슨은 베링 해협 근처의 이그니토크에서 이 광경을 목격했다. 길버트 스프로트는 벤쿠버 인디언들 사이에서 벌어지는 모습을 언급했고 정기적으로 벌어지는 공개 행사에 대해 서술했던 링크 박사도 다음과 같이 부연한다. "개인적으로 부를 축적했다가 사용하는 주된 이유는 주기적으로 부를 분배하고자 함이다." 또한 (앞의 책 p. 31에서) "(평등을 유지하려는)같은 목적을 위해서 소유권을 없앤다."고 언급하고 있다.

들은 지금도 유럽인들 사이에 유행하는 관습이다 — 으로 대체되었다.[98]

에스키모 부족의 높은 도덕적 수준은 일반적인 문헌에도 언급되어 있다. 그렇지만 에스키모와 상당히 유사한 알류트족의 관습에 관한 다음의 언급은 야만인들이 가지고 있는 전반적인 도덕성을 더 잘 예증해준다. 이 사례들은 러시아의 훌륭한 선교사 베니아미노프Veniaminoff가 알류트족과 10년을 함께 머무른 후에 쓴 내용이다. 대부분 그의 말 그대로를 요약한다.

> 인내력이야말로 이 사람들이 가진 주요한 특성이다. 그저 놀라울 뿐이다. 그들은 아침마다 매일 언 바다에서 목욕을 하고 알몸으로 해변가에 서서 얼음처럼 차가운 바람을 들이마신다. 게다가 음식도 제대로 먹지 못하며 고된 일을 할 때에도 그들이 보여주는 인내력은 상상을 초월한다. 식량 부족이 오랜 기간 동안 계속되면, 알류트족은 먼저 아이들을 보살핀다. 아이들에게 먹을 것을 모두 주고 어른들은 굶는다. 그들은 도둑질을 하려고 하지 않는다. 최초의 러시아 이주민들에게서도 이런 사실을 알게 되었다. 아주 가끔 도둑질을 하지만 알류트족은 가끔은 뭔가를 훔쳤다고 고백을 한다. 하지만 훔친 물건이라는 게 아주 하찮은 것들뿐이고 전체적으로 모두가 천진난만하다. 말이나 다독거림으로 표현하지는 않아도 자식에 대한 부모의 애정은 감동적이다. 알류트족은 어렵게 약속을 하지만 일단 약속을 하면 무슨 일이 있어도 지키려고 한다. (한 알류트인이 베니아미노프에게 말린 생선을 선물로 주었는데, 베니아미노프가 급히 서둘러 출발하는 바람에 해변가에 두고 가 버렸다. 그 사람은 이 선물을 집으로 가져갔다. 선교사에게 이 선물을 전달할 수 있는 시기는 이듬해 1월이었다. 그리고 11월과 12월은 알류트 야영지에

---

98) 부록 8을 보라.

서는 엄청나게 식량이 부족한 때이다. 하지만 이 굶주린 사람들은 그 생선을 절대로 손대지 않았고 1월에 선물을 목적지로 보냈다.) 이들의 도덕규범은 다양하고도 엄격하다. 피할 수 없는 죽음을 두려워하는 짓을 부끄럽게 여겼고, 적에게 용서를 비는 일이나 단 한 명의 적도 죽이지 못하고 죽는 일, 도둑질을 해서 벌을 받는 일, 항구에서 배를 전복시키는 일, 폭풍이 치는 날씨에 바다로 나가기를 두려워하거나, 긴 여행 중에 그 무리에서 식량이 부족할 때 제일 먼저 병자가 되는 일, 노획물을 분배할 때 욕심을 보이는 경우— 이럴 때 각자 자신의 몫을 이 욕심 많은 사람에게 주어 부끄럽도록 만든다—, 공적인 비밀을 아내에게 누설하거나, 두 사람이 사냥을 나가서 상대방에게 가장 좋은 사냥감을 주지 않은 경우, 자신의 행동 특히 날조된 행동을 자랑하거나, 경멸하듯이 누군가를 꾸짖는 일 등을 부끄러워한다. 또한 구걸하는 행위, 다른 사람 앞에서 부인에게 애정을 표시하고 춤을 추는 경우, 개인적으로 흥정하는 일 — 왜냐하면 매매는 값을 결정하는 제3자를 통해 이루어지기 때문이다 — 도 부끄러운 짓에 속한다. 여자들의 경우에 바느질이나 춤 그리고 모든 여자가 해야 할 일을 모르는 경우, 남편이나 자식들에게 애정을 표현하거나 낯선 사람 앞에 있는데 남편에게 말을 거는 경우도 부끄럽게 여겨진다.[99]

이상의 이야기나 전설 등을 통해서 알류트족의 도덕성을 더 충분하게 예증할 수 있다. 또한 덧붙이고 싶은 것은 베니아미노프가 글을 썼던 당시에(1840년) 인구 6만 명이 살던 지난 세기 동안에

---

99) Veniaminoff, *Memoirs relative to the District of Unalashka*(러시아어), 3권. St. Petersburg, 1840. 이 책은 달이 쓴 Alaska라는 책에 영어로 축약되어 있다. 오스트레일리아족들의 도덕성에 관한 비슷한 서술이 *Nature*, xiii. p. 639에 실려 있다.

살인 사건이 단 한 건밖에 발생하지 않았으며, 1800명의 알류트인들 사이에서 40년 동안 단 한 건의 관습법 위반도 일어나지 않았다는 점이다. 욕설이나 경멸 그리고 거친 말 등을 알류트인들의 삶 속에서 전혀 찾아볼 수 없다는 점을 생각해보면 위의 일들은 이상하게 보이지도 않는다. 심지어는 아이들도 절대로 싸우지 않고 서로에게 욕을 하지 않는다. 이들이 할 수 있는 욕이라고는 "너의 어머니는 바느질을 못한다." 또는 "너의 아버지는 한 쪽 눈이 멀었다." 정도이다.100)

하지만 야만인들의 삶에서 나타나는 많은 특징들이 유럽인들에게는 수수께끼로 남아 있다. 높은 수준으로 발달해 있는 부족의 연대감이나 미개인barbarian들이 서로 격려해주는 좋은 감정은 믿을 만한 여러 증언을 통해서 예증될 수 있다. 그렇지만 똑같은 야만인들이 유아살해를 자행하고, 어떤 경우에는 노인들을 버리고, 피의 복수에 맹목적으로 따르기도 한다는 것도 틀림없는 사실이다. 그래서 우리는 얼핏 너무나 모순되어 보이는 이러한 사실들이 공존하고 있다는 점을 유럽인들에게 설명해주어야 한다. 나는 바로 전에 어떻게 알류트족의 아버지는 며칠을 굶으면서 먹을 수 있는 음식을 모두 아이에게 주는지 그리고 부시맨의 어머니는 아이를 따라가기

---

100) 몇 사람의 저자들(미덴도르프, 쉬렝크, O. 핀쉬)이 오스탸크족이나 사모예드족을 이구동성으로 묘사한다는 점이 가장 주목할 만하다. 술에 취해 있을 때조차 싸움은 경미한 정도이다. "툰드라에서는 백 년 동안에 단 한 건의 살인 사건이 발생했다." "아이들은 절대로 싸우지 않는다." "툰드라에 오랜 동안 뭘 놔둬도, 심지어 음식이나 술을 놔둬도 어느 누구도 건드리는 사람이 없다." 등등. 길버트 스프로트는 "벤쿠버 섬의 아트Aht 인디언들 사이에 술에 취하지 않은 두 원주민이 다투는 모습은 한 번도 목격한 적이 없었다." "다툼은 아이들에게서도 좀처럼 일어나는 일이 없다." (링크, 앞의 책) 등등.

위해 어떤 식으로 노예 되기를 마다하지 않았는지를 언급했다. 나는 이 야만인과 그들의 아이들 사이에 존재하는 정말로 다정한 관계를 말해주는 예증을 몇 페이지에 걸쳐 보여줄 수도 있다. 여행자들은 그런 내용들은 지나가는 식으로 계속 언급하고 있다. 여기서 어머니의 맹목적인 사랑을 읽게 된다. 그중에는 뱀에 물린 아이를 어깨에 둘러매고 미친 듯이 숲 밖으로 뛰어가는 어떤 아버지를 보게 된다. 또는 한 선교사가 몇 년 전에 태어나자마자 제물로 바쳐질 뻔한 아이를 구해주었다. 그런데 그 아이를 잃게 되었을 때 아이의 부모는 절망감에 빠졌다고 말해주었다. '야만인' 어머니들은 항상 아이들이 네 살이 될 때까지 돌보아준다. 뉴헤브리디스New Hebrides(오스트레일리아 북동 남태평양 상의 군도-옮긴이)에서는 각별히 사랑했던 아이를 잃었을 때 그 어머니나 숙모가 다른 세상에 가서도 아이를 돌보기 위해 자살을 하기도 한다.[101]

이와 비슷한 사실은 너무나 많다. 그래서 이처럼 사랑이 많은 그 부모들이 자행하는 유아살해를 볼 때, 이러한 습속(이후에 어떻게 변할지라도)은 자라는 아이들을 키우기 위한 수단이자 부족에 대한 의무로서 순전히 강제로 이루어졌다고 인정할 수밖에 없다. 어떤 영국인들이 언급했듯이 야만인들은 대체로 "무제한으로 늘어나지는" 않는다. 반대로 그들은 출생률을 줄이려고 온갖 방법을 강구한다. 분명히 유럽인들에게는 터무니없어 보이는 여러 가지 제한을 부과하여 효과를 본다. 야만인들은 이런 제한 사항에 엄격히 복종한

---

101) Gill, Gerland and Waitz, *Anthropologie*, v. 641에서 인용함. 또한 pp. 636-640을 보라. 그 부분에 부모와 자식 간의 사랑을 보여주는 많은 사실들이 인용되어 있다.

다. 그렇게 해도 미개인들은 모든 아이들을 기를 수 없다. 하지만 일정한 생계 수단이 증가하게 되자마자 그들은 즉시 유아살해를 멈춘다. 전체적으로 부모들은 마지못해 의무에 복종하고 가능한 한 모든 종류의 타협안을 찾아서라도 새 생명을 살리려고 한다. 나의 친구 엘리제 르클뤼Elisee Reclus[102]가 잘 지적했듯이 그들은 행운의 탄생일과 불운의 탄생일을 정해 놓고 행운의 날에 태어난 아이들을 살려둔다. 그들은 몇 시간 동안 선고를 미룬 다음에 이 아이가 하루 동안 살아 있으면 반드시 천수를 살 수 있게 해야 한다고 말한다.[103] 그들은 숲에서 들려오는 어린아이들의 울음소리를 듣게 되면 부족에 불행이 될 만한 일은 금해야 한다고 주장한다. 아이를 맡길 만한 탁아소나 고아원이 있을 리 없기 때문에 이들은 모두 잔인한 선고를 내리기 전에 모두 머뭇거린다. 그들은 폭력으로 아이의 생명을 빼앗기보다는 숲에 아이를 내버려두는 쪽을 선호한다. 유아살해를 유지하고 있는 까닭은 잔인해서가 아니라 무지해서다. 그러니 선교사들은 설교를 통해서 야만인들을 교화하려 하지 말고 베니아미노프가 행한 사례를 따르는 편이 더 효과적이다. 베니아미노프는 노년에 이르기까지 매년 허름한 배로 오호츠크 해를 건너가거나 개썰매를 이용하여 추크치족들을 방문해서 빵과 낚시 도구를 제공하였다. 이렇게 해서 그는 실제로 유아살해를 없앤 것이다.

피상적인 관찰자들이 근친살해에 관해서 서술한 내용도 마찬가지다. 노인들을 버리는 습속도 몇몇 학자가 주장했던 것처럼 그렇

---

102) *Primitive Folk*, London, 1891.
103) Gerland, 앞의 책. v. 636.

게 널리 퍼져 있지 않았다는 사실을 이제는 알게 되었다. 이런 이야기들은 극단적으로 과장되어 왔다. 하지만 거의 모든 야만인들 사이에서 가끔씩 실제로 행해지기도 하였다. 그리고 그런 경우에도 아이 유기와 같은 기원을 갖는다. 어떤 '야만인'이 스스로 부족에게 짐이 된다고 느낄 때, 매일 아침 아이들의 입으로 갈 몫에서 자기 몫의 식량을 빼앗는다고 느낄 때 — 어린아이들은 아버지만큼 절제력이 없기 때문에 배가 고프면 운다 — , 야만인이 사는 곳에 매일 아침 병약자를 위한 탈것도 없고 수레로 옮겨다줄 빈민도 없어서 젊은이들의 어깨에 실려 자갈밭 해변이나 원시림을 가로질러 옮겨져야 할 때, 그는 오늘날까지 러시아의 농부들이 하는 말을 되풀이하기 시작한다. "나는 다른 사람의 삶을 살고 있으니 이제 물러 갈 때가 됐구나!" 그리고 그는 세상을 등진다. 그는 비슷한 처지에 놓인 병사들처럼 행동한다. 파견대에게 구조되려면 더 전진해야 하는데 더 이상 움직일 수 없을 때, 병사는 자신이 뒤에 남겨지면 죽을 수밖에 없음을 알고 있다. 이렇게 되면 이 병사는 가장 친한 친구에게 진지를 떠나기 전에 마지막 부탁을 들어 달라고 간청한다. 그러면 친구는 떨리는 손으로 죽어가는 몸에 총을 쏜다. 야만인도 이런 식이다. 노인이 자신을 죽여 달라고 부탁하고 자기 스스로 공동체에 대한 마지막 의무라고 고집하며 부족의 동의를 얻어낸다. 그는 자신의 무덤을 판다. 그리고 마지막 고별 식사에 친척들을 초대한다. 그의 아버지도 이렇게 했고 이제는 자신의 차례가 되었다고 생각한다. 그는 애정의 징표를 친척들에게 주면서 작별을 고한다. 야만인들은 죽음을 자신이 속한 공동체에 대한 의무라고 여기고 있다. 그래서 구출되기를 거부한다(모팻이 말한 것처럼). 또한 남편의 무덤에 제물로 바쳐져야 했던 한 여인이 선교사들에게 구출되어 어떤 섬으로 옮겨졌을 때, 여인은 밤에 도망 나와 넓은 강을 헤엄쳐 건너서 부족으로 돌아와 무덤 위에서 죽었다.[104] 야만인들에게 이러한 행위는 종교적인 문제였다. 하지만 야만인들은 대체로 전쟁 때를 제외하고는 다른 사람의 생명을 빼앗고 싶어하지 않아서 누구도 피를 흘리려고 결단하지 않고 온갖 수단에 호소하는데 이런 것들이 잘못 해석되어 왔을 뿐이다. 대부분의 경우 그들은 보통 때의 끼니보다 더 많은 몫을 먹인 후에 노인들을 숲에다 버린다. 북극 탐험대들도 자신들이 더 이상 병든 동료를 데리고 갈 수 없을 때 이와 같이 해왔다. "며칠만 더 살아 있어라! 어쩌면 예기치 못하게 구조될 수도 있을 테니!" 서유럽의 과학자들은 이런 사실을 접하게 되면 절대로 납득하지 못한다. 과학자들은 이런 사례들이 원시 부족의 높은 도덕성과 양립할 수 있다고 생각하지 못한다. 그리고 이 두 가지 사실 즉 부모유기와 유아살해 그리고 높은 도덕성이 병존하게 된 이유를 설명하려 하지 않고 오히려 정말로 믿을 수 있을 만큼 정확하게 사실을 관찰했는지를 의심한다. 그런데 가령 이 유럽인들이 어떤 야만인에게, 유럽에 살고 있는 사람들 특히 온화한 사람들은 자기 아이를 좋아하고 무대 위에서 연출되는 불행을 보고도 울만큼 정이 많지만, 이웃집에서는 아이가 제대로 먹지 못해서 죽어가는 경우도 있다고 말해주면, 야만인들도 역시 이해하지 못한다. 나는 퉁구스 친구들 몇몇에게 우리 문명의 개인주의를 이해시키려고 얼마나 헛수고를 했는지 기억하고 있다. 그들은 개인주의를 이해

---

104) Erskine, Gerland and Waitz, *Anthropologie*에서 인용함. v. 640.

할 수 없었고 이해하려면 가장 기상천외한 발상을 끌어들여야 했다. 나쁜 일이든 좋은 일이든 모든 일에 부족이 연대해야 한다는 생각을 가지고 성장한 야만인이 연대감이라면 아무것도 모르는 유럽인들의 '도덕'을 이해할 수 없듯이 평균적인 유럽인들도 실제로 야만인들을 이해할 수 없었다. 하지만 만일 우리 과학자들이 며칠 동안 한 사람이 먹을 만큼의 식량도 없어서 반쯤 아사 상태에 있는 부족들과 생활해보았다면 아마도 그들의 동기를 이해하게 될지도 모른다. 마찬가지로 야만인들이 우리들과 함께 머물면서 우리 식의 교육을 받았다면 아마도 유럽인들이 이웃에게 무관심하고 왕립위원회라는 기구에서 '탁아소 운영'을 금지하는 상황을 이해하게 된다. 러시아의 농부들은 "돌로 된 집은 돌처럼 단단한 마음을 만든다."라고 말한다. 하지만 그는 먼저 돌로 된 집에 살아봐야 한다.

식인풍습에 관해서도 비슷하게 말할 수 있다. 파리 인류학협회에서 이 주제를 가지고 최근에 논쟁하는 동안 밝혀진 모든 사실들과 '야만인' 문헌에 산재해 있는 지엽적인 여러 언급들을 모두 고려해 보면 이런 행위들은 전적으로 어쩔 수 없는 상황에서 생겨났다는 것을 반드시 인식해야 한다. 그러나 피지나 멕시코에서는 미신이나 종교에 의해서 이런 행위가 더욱 발전하게 되었다는 것도 알아야 한다. 오늘날까지 실제로 많은 야만인들은 부패가 상당히 진행된 시체라도 먹을 수밖에 없고 절대 빈궁기나 심지어 전염병이 도는 동안에도 일부 야만인들은 무덤에서 파내서라도 사체를 먹을 수밖에 없었다. 이런 사례들은 확인된 사실이다. 이제 인간이 마음대로 얻을 수 있는 것이라곤 그나마 약간의 채소뿐인 습하고 추운 날씨 속에서 빙하기를 보내야 했던 조건으로 우리를 옮겨 놓고 영양이 부족한 원주민들 사이에서 계속 괴혈병이 생기는 지독하게 황폐한 상황을 고려해보자. 게다가 그들이 알고 있는 유일한 영양 회복제는 고기와 신선한 피뿐이라는 사실을 생각하면 우리는 이전까지 곡식을 먹고살았던 인간도 빙하기 동안에는 육식자가 될 수밖에 없음을 인정해야 한다. 당시에 사슴은 많이 있었지만 종종 북극 지방으로 이동해서 몇 년 동안이나 그 지역에 나타나지 않기도 한다. 이렇게 되면 최후의 영양 공급원이 사라져 버리는 셈이다. 이처럼 혹독한 시련기에는 유럽인들조차도 식인풍습에 의존할 수밖에 없을 테고, 마찬가지로 야만인들은 이 풍습에 의존하게 되었다. 현재까지도 야만인들은 분명히 종종 죽은 시체를 먹고, 죽어 마땅한 자들의 시체도 먹었다. 노인들은 자신의 죽음이 부족에 대한 마지막 봉사임을 확신하면서 죽어갔다. 그래서 일부 야만인들 사이에서 식인풍습은 하늘의 전령사가 명령한 행위이므로 신성한 기원을 갖는다는 식으로 묘사되었다. 하지만 시간이 지나면서 식인풍습은 불가피한 상황에서 벌어졌던 원래의 특성은 사라지고 일종의 미신으로 명맥을 유지하게 되었다. 때로는 용기를 계승하기 위해서 적들을 먹어야 했다. 그리고 훨씬 후대에는 같은 목적으로 적의 눈이나 심장을 먹었다. 한편 이미 많은 사제 계급과 발달된 신화를 가지고 있는 부족들 사이에서는 악한 신들, 인간의 피에 대한 갈망 등의 관념이 생겨났고, 사제들은 신을 달래기 위해서 인간의 희생을 강요하였다. 이러한 종교적인 국면에 접어들면서 식인풍습은 가장 혐오스러운 성격을 갖게 되었다. 잘 알려진 사례는 멕시코의 경우이다. 그리고 왕이 자신의 신하 가운데서 누구라도 먹을 수 있었던 피지에서 우리는 강력한 역할을 하는 사제 집단들과 복잡한 종교적 관념105)

그리고 완전하게 발전한 절대 권력을 발견하게 된다. 어쩔 수 없는 필요에 의해 생겨난 식인풍습은 이후에는 종교적인 제도가 되었다. 이렇게 종교적인 단계에 이르게 되는 경우에 식인풍습은 오랫동안 잔존하였다. 반대로 식인풍습이 필요에 의해 시작되었지만 종교적인 단계까지 진화하지 못한 부족에서는 이런 풍습이 소멸한다. 유아 살해나 부모유기도 이와 마찬가지여서 오랫동안 잔존한 경우는 과거의 유물이나 종교적인 전통으로 그 명맥을 이어갔을 때이다.

이제 가장 잘못된 결론의 근거가 되기도 하는 또 다른 관습을 언급하면서 나의 견해를 마무리하겠다. 즉 피의 복수라는 관습이다. 모든 야만인들은 피에는 피로 복수해야 한다는 생각을 가지고 있다고 알고 있다. 누군가가 살해당했으면 살인자는 반드시 죽어야 하며, 누군가가 상처를 입었으면 그 가해자도 반드시 피를 흘려야 한다는 것이다. 여기에는 예외가 없어서 상대가 동물이어도 마찬가지다. 그래서 사냥꾼이 어떤 동물의 피를 흘리게 하고 마을로 돌아오면 그도 피를 흘려야 한다는 것이다. 이것이 야만인들의 정의관이라고들 한다. 그런데 이는 서유럽인을 지배하는 살인 개념이기도 하다. 그런데 (야만인들의 경우) 가해자와 피해자가 모두 같은 부족에 속해 있으면 부족과 피해자가 이 사건을 해결한다.[106] 하지만 가해

105) W. T. Pritchard, *Polynesian Reminiscences*, London, 1866, p. 363.
106) 하지만 주목할 만한 점은 사형 선고가 내려진 경우에 어느 누구도 나서서 사형 집행을 떠맡으려 하지 않았다는 점이다. 모두가 돌을 던지거나 도끼로 때리기는 하지만 치명상을 입히지 않으려고 조심한다. 후대에 와서야 성직자가 희생자를 신성한 칼로 찌른다. 더 시간이 흐르면 집행자는 왕이 대신하고 더 문명화되면서 직업적인 교수형 집행자가 나타난다. 이 주제에 관해서 *Der Mensch in der Geschichte*, iii. *Die Blutrache*, pp. 1-36에 개진된 바스티안의

자가 다른 부족에 속해 있는데 그 부족이 어떤 이유로든 보상하지 않으면 피해를 입은 부족은 직접 복수하기로 결정한다. 원시인들은 부족의 결정에 의존해서 모든 사람의 행동을 부족의 일로 생각하므로 씨족이 모든 사람들의 행동에 책임을 진다고 쉽게 생각한다. 그러므로 정당한 복수는 가해자의 씨족이나 친지들 가운데 누구에게라도 가해질 수 있다.[107] 하지만 보복은 종종 가해보다 더 심하게 이루어지는 경우도 있다. 상처를 입히려다가 가해자를 죽일 수도 있고 또는 의도했던 것보다 더 많은 상처를 입힐 수도 있어서 이것이 새로운 분쟁의 원인이 되기도 한다. 그래서 원시의 입법자들은 설사 보복이 가해지더라도 눈에는 눈, 이에는 이, 피에는 피 이상으로 행해지지 않도록 제한하는 데 주의를 기울였다.[108]

하지만 가장 미개한 인종들에게서조차 이와 같은 불화는 예상보다 훨씬 드물다는 점을 주목해야 한다. 물론 어떤 경우에는 예외적인 정도로 치달을 때도 있다. 특히 코커서스의 산악민이나 보루네오의 산악민 그리고 다야크족들처럼 외래의 침략자들에게 고지대

깊이 있는 통찰을 참조하라. 내가 E. Nys 교수에게서 전해들은 바에 따르면 이러한 부족 시대에 있었던 관습의 유풍은 오늘날 군사 사형제도에 남아 있었다. 19세기 중엽에 유죄 판결을 받은 죄수를 처형하기 위해서 차출된 12명의 병사들이 사용하는 총에는 11명에게는 실탄을, 한 명에게는 공포탄을 장전하는 관습이 있었다. 누구의 총에 공포탄이 장전되었는지 병사들은 몰랐기 때문에 모든 사형 집행 병사들은 자신은 살인자가 아니라는 생각을 하게 됨으로써 동요하는 양심을 달랠 수 있었다.

107) 아프리카나 그 밖의 지역에서도 이런 일은 널리 퍼진 습속인데, 만일 도둑질이 행해지면 그 옆에 사는 씨족은 도난당한 물건에 상응하는 것을 반환해야 하고 그런 다음에 직접 도둑을 찾아 나선다.

108) M. Kovalevsky, *Modern Customs and Ancient Law* (러시아어), Moscow, 1886, 2권을 보라. 이 책에는 이 주제에 관한 여러 중요한 고찰들이 수록되어 있다.

로 쫓겨난 산악민들의 경우가 그렇다. 다야크족의 경우—최근 전해진 바에 따르면—분쟁의 골이 너무 깊어져서 젊은이가 적의 머리를 확보하기 전까지는 결혼도 못하고 성년으로 선포되지도 못할 정도였다. 이 끔찍한 관행은 최근 한 영국인이 쓴 작품 속에서 자세하게 묘사되고 있다.[109] 하지만 이러한 진술은 지나치게 과장되어 있다. 더욱이 다야크족의 이른바 '머리 사냥'은 우리가 알듯 개인적인 울분 때문에 이루어지는 일이 결코 아니라, 이와는 전혀 다른 양상 즉 종족에 대한 도덕적인 의무감에서 행해지는 것이다. 이는 마치 유럽의 재판관이 '피에는 피로'라는 분명히 잘못된 원리에 따라 유죄 판결을 받은 살인자를 교수형 집행인에게 넘기는 짓과 마찬가지다. 다야크족이나 재판관은 살인자를 살려주려는 동정심을 느끼게 되면 양심의 가책까지도 느낀다. 그러기에 다야크족을 아는 모든 사람들은 이들을 가장 동정심이 많은 사람들로 묘사하는 것이다. 정의감으로 살인을 저지를 때를 제외하고는 말이다. 머리 사냥을 그토록 끔찍하게 그린 작가 칼 보크Carl Bock(1849~?. 네덜란드의 탐험가이자 민속학자 -옮긴이)는 다음과 같이 쓰고 있다.

> 도덕성에 관해서라면 나는 다야크족들에게 문명의 기준으로도 높은 자리를 내주지 않을 수 없다……이들은 강도나 절도 같은 짓은

---

109) Carl Bock, *The Head-Hunters of Borneo*, London, 1881을 보라. 그러나 오랜 동안 보루네오의 총독을 지냈던 Hugh Law 경에 따르면 이 책에 묘사된 '머리 사냥'은 지나치게 과장되어 있다고 들었다. 전반적으로 내게 정보를 제공해준 사람들은 이다 파이퍼와 마찬가지로 다야크족에게 다같이 동정적인 말을 하고 있다. 하나만 더 부연하면, 메리 킹슬리는 서 아프리카를 다루고 있는 자신의 저작에서 이전에 가장 '끔찍한 식인종'을 대표하는 판족에 대해 동정적으로 묘사하고 있다.

전혀 모른다. 이들은 또한 매우 정직하다.……항상 '모든 진실'을 얻게 되는 것은 아니지만, 적어도 그들에게서 진실 이외에 어떤 것도 얻을 수 없다. 말레이족도 같은 식으로 말하고 싶다(pp. 209 그리고 210).

보크의 증언은 이다 파이퍼Ida Pfeiffer의 증언을 통해서도 분명하게 확인된다. "솔직히 나는 그들과 더 오래 머물러 있고 싶은 심정이었다. 그들은 내가 아는 다른 어떤 인종들보다도 한결같이 정직하고 선하며 부끄러움을 안다."라고 이다 파이퍼는 쓰고 있다.[110] 쉬톨츠Stoltze도 이들에 대해서 똑같이 말한다. 다야크족은 대체로 한 명의 부인만을 아내로 맞으며 부인에게 잘 해준다. 그들은 사회성이 매우 강해서 매일 아침 전체 씨족이 커다란 무리를 지어 사냥이나 낚시를 하러 가거나 밭을 가꾸러 나간다. 그들의 마을은 커다란 오두막으로 이루어져 있는데, 그 각각에는 여러 가족들이 살고 있으며 때로는 수백 명의 사람들이 거주하면서도 평화롭게 살고 있다. 그들은 제 아내를 마음 깊이 존중하고 아이들을 사랑한다. 남자 중 누군가가 병이 나면 여자들이 교대로 병자를 돌봐준다. 대체로 그들은 먹거나 마실 때 매우 절제한다. 이상이 실제로 다야크족의 일상적인 삶이다.

야만인들의 삶을 보여주는 사례를 이 이상 거론해 봐야 지루한 반복이 될 것이다. 어디를 가나 똑같은 사회적 예의범절이나 연대 정신을 발견하게 된다. 과거의 어둠을 꿰뚫어 보려고 노력하면 아무

---

110) Ida Pfeiffer, *Meine zweite Weltrieze*, Wien, 1856, vol 1. pp. 116 이하. 또한 Elisée Reclus, *Géographie Universelle*, x iii.에서 인용한 Müller and Temminch, *Dutch Possessions in Archipelagic India*를 보라.

리 미개하더라도 똑같은 방식으로 부족생활을 하고, 똑같은 양태로 사람들이 제휴하면서 서로 돕고 있다는 사실을 알 수 있다. 그러므로 인간의 사회적인 특성 속에서 진화의 주요한 요인을 발견했던 다윈은 전적으로 옳았다. 그리고 이와 반대로 주장했던 다윈의 천박한 아류들은 전적으로 틀렸다.

> 인간의 부족한 힘과 민첩성, 날 때부터 부족한 무기 등을 벌충하고도 남는 것은 우선 인간의 지적 능력(다른 부분에서 다윈은 지적인 능력은 주로 또는 거의 독점적으로 공동생활 덕분에 얻어진 것으로 언급했다 — 저자)이다. 그리고 두 번째로 인간의 사회적인 특성은 동료 인간으로부터 도움을 주고받을 수 있게 해준다.[111]

지난 세기에 '야만인'과 그들의 '자연 상태에서의 삶'은 이상적으로 그려졌다. 하지만 특히 인간이 동물로부터 기원한다는 생각을 증명하고 싶어하는 일부 과학자들은 상상할 수 있는 온갖 '야수적' 특징을 야만인들에게 뒤집어씌우기 시작했다. 그 이후로 오늘날의 과학자들은 정반대의 극단으로 치닫고 있다. 그러나 이러한 확대해석은 루소가 이상화시킨 것보다 훨씬 더 비과학적이다. 야만인들은 미덕의 전형도 아니지만 '포악함'의 전형도 아니다. 하지만 야만인들은 혹독한 생존경쟁으로 인해 불가피하게 형성되고 유지되어 온 한 가지 특성을 지닌다. 즉 그들은 자기 자신의 존재를 종족의 존재와 동일시한다. 그리고 이러한 특성이 없었다면 인류는 결코 현재와 같은 수준에 이르지 못했을 것이다.

---

111) 『인간의 유래』, 2판, pp. 63, 64.

이미 언급했듯이 미개인들은 자신들의 삶을 부족의 삶과 철저히 동일시함으로 아무리 사소하더라도 자신들의 행동 하나하나를 부족의 일로 여기고 있다. 이들의 모든 행동을 규제하는 것은 무수히 많은 불문율이다. 이 불문율은 모든 행동의 옳고 그름을 자기 부족에 이로운지 해로운지에 따라 판단하는, 이는 부족의 공동 경험을 통해 형성된 것이다. 물론 이러한 규칙들이 타당한지를 판단하는 근거로 삼고 있는 논거들이 때로는 매우 불합리하기도 하다. 그중 상당수는 미신에서 유래되었다. 대체로 무슨 일을 하든지 야만인들은 자신이 행한 행동이 초래할 직접적인 결과만을 본다. 그들은 간접적이거나 이후에 생길 수 있는 결과를 예측할 수 없다. 그러므로 벤담Jeremy Bentham(1748~1832. 영국의 철학자이자 법학자. '최대 다수의 최대 행복'의 실현과 공리주의를 주장하였다 -옮긴이)은 단순한 결점을 과장하고 있다고 문명국의 입법자들을 비난했던 것이다. 하지만 불합리하든 않든 간에 야만인들은 아무리 불편하더라도 불문율의 규정에 따른다. 그들은 문명인들이 성문법의 규정에 따르는 것 이상으로 훨씬 더 맹목적으로 불문율에 따른다. 불문율이란 그들에게는 종교이고 바로 생활습관이다. 항상 씨족에 대한 생각이 마음속에 남아 있고 씨족의 이익을 위해서 자기를 절제하고 희생하는 일이 일상적으로 벌어진다. 야만인이 사소한 부족의 규칙 가운데 하나를 어기게 되면 여자들의 조롱을 받는다. 그 위반 사항이 중대하면 규칙을 위반한 자는 자신의 부족에 재앙을 부를 수 있다는 두려움에 밤낮으로 고통스러워한다. 만일 우연히 씨족 가운데 누구 한 사람에게 상처를 입혀서 모든 범죄 가운데 가장 큰 죄를 범했다면 그는 상당히 비참해진다. 부족이 그에게 육체적인 고통이나 약간의 피를 흘리게 함으로써 방면해주지 않는다면 그는 숲으로 도망가서 자살을 준비한다.[112] 그는 부족 내에서 모든 것을 공유한다. 소량의 음식이라도 함께 있는 모든 사람들과 나눈다. 그리고 만일 야만인이 숲에 혼자 있게 되면 그는 몇 번이고 소리를 쳐서 자신의 목소리를 들을 수 있는 누군가가 와서 자신의 음식을 나눌 수 있도록 초대한 다음에야 비로소 식사를 시작한다.[113]

요컨대 독립된 가족이 부족의 통일성을 깨뜨리지 않는 한 부족 내에서 '개인은 만인을 위해'라는 규칙이 최고의 권위를 갖는다. 하지만 이러한 규칙이 상호 보호를 위해 연합될 때조차도 이웃하는 씨족이나 부족으로까지 확대되는 것은 아니다. 각각의 부족이나 씨족은 독립된 단위이다. 마치 포유류나 새들처럼 독립된 부족들마다 자기 영역이 대강 할당되어 있어서 전쟁할 때를 제외하고는 그 경계는 존중된다. 이웃의 영토에 들어갈 때는 반드시 나쁜 의도를 가지고 있지 않다는 표시를 해야 한다. 누군가가 자신이 들어간다는 신호를 큰 소리로 알릴수록 더 큰 신뢰를 받게 된다. 집에 들어갈 때면 그는 입구에 손도끼를 입구에 놔둬야 한다. 그러나 어느 부족도 다른 부족 사람들과 음식을 나눌 필요는 없다. 음식은 나누어도 되고 그렇지 않아도 된다. 그러므로 야만인들의 삶은 두 부류의 행동으로 나뉘며 두 가지 다른 윤리적인 양상으로 나타난다. 같은 부족 내의 관계 그리고 외부인과의 관계, 그리고 (우리들의 국제법이 그렇듯) '부족 사이에 지켜지는 법'은 관습법과는 상당히

112) Bastian, *Mensch in der Geschichte*, iii. p. 7을 보라. 또한 Grey, 앞의 책, ii. p. 238을 보라.

113) Miklukho-Maclay, 앞의 책. 호텐토트족도 같은 습속을 가지고 있다.

다르다. 그러므로 전쟁을 할 때면 가장 끔찍한 잔인성을 보일수록 그런 특징은 그 부족을 찬양하는 것으로 간주될 수 있다. 이러한 이중적인 도덕관은 인류의 전체 진화 과정을 거쳐서 지금까지 유지되고 있다. 유럽인들은 이중적인 윤리개념을 없애는데—엄청난 정도까지는 분명 아니지만—어느 정도 진전을 보아왔음을 알고 있다. 그러나 어느 정도 적어도 이론적으로는 연대의 사상이 국가의 경계를 넘어 부분적으로는 여러 국가를 넘어서 확대되고 있는 것이 사실이지만, 우리들 국가 내에서 그리고 우리 가정 내에서조차 연대의 결속력이 줄어들고 있는 것도 사실이다.

씨족 사이에서 독립된 가족이 나타나면서 기존의 통일성이 저해되었다. 가족이 독립되면 사유 재산이 독립되어 부의 축적이 일어난다. 우리는 에스키모인들이 어떤 식으로 이러한 불편함을 미연에 방지했는지 살펴보았다. 이러한 통일성을 파괴하려는 요인들이 작용하지만 구성원들이 부족의 통일성을 유지하려고 노력하면서 생겨난 여러 제도들을 시대의 추이에 따라 연구해보면 매우 흥미롭다. 한편 매우 아득한 시대에 최초로 나타났던 지식의 조짐들은 그 자체로 마술과 혼동되면서 역시 개인들의 손에 넘어가 종족에 대항해서 사용될 수도 있는 권력이 되었다. 이런 권력들은 비밀리에 조심스럽게 유지되었고 모든 야만인들 사이에서 찾아볼 수 있는 마녀, 샤먼, 성직자들의 비밀 결사에서 전수 받은 사람들에게만 전해졌다. 같은 시기에 전쟁과 침략은 엄청난 권력을 획득한 사단이나 조직을 가진 무사 계급이라는 군사적 권위를 창출했다. 하지만 인간의 삶에서 어떤 시기에도 전쟁이 정상적인 상태인 적은 없었다. 무사들이 서로를 죽이고, 성직자들이 이러한 대학살을 찬양하는 동안에 대중들은 자신들의 일상을 살아가면서 노역을 수행해 나갔다. 이러한 대중들의 삶을 추적해보는 것은 흥미 있는 연구 주제가 된다. 즉 형평성, 상호부조, 상호지지 등의 개념은 대중들이 자신의 사회조직을 유지하는 수단으로 작용해왔고, 이는 포악한 신정제神政制나 독재정치에 복종하고 있을 때조차 발휘된 것이다.

4

미개인의 상호부조

대이동
새로운 조직이 필요하게 되다
촌락 공동체
공동작업
사법절차
부족들 사이의 법
동시대인의 삶에서 얻은 예증
부랴트족
카바일족
코카서스 산악민
아프리카 종족들

원시인들을 연구해보면 삶의 첫 단계부터 그들이 보이는 사회성에 깊은 감명을 받을 수밖에 없다. 인간 사회의 자취는 구석기 시대와 신석기 시대 유적에서 발견할 수 있다. 그리고 여전히 신석기인처럼 살고 있는 야만인savage들을 관찰해보면, 개별적으로 흩어져 있는 약한 힘을 결합시켜주고 공동으로 삶을 향유하며 진보할 수 있게 해준 매우 오래된 씨족 조직과 그들의 생활 방식은 밀접하게 연결되어 있음을 알 수 있다. 인간이라고 자연에서 예외일 수는 없다. 인간 역시 생존경쟁에서 서로 가장 잘 도와주는 사람들만이 최상의 생존 기회가 부여되는 상호부조의 원리에 따르게 된다. 여기까지가 이전 장에서 도달했던 결론이다.

하지만 더 높은 문명 단계로 넘어가서 그 단계와 관련된 역사를 언급하자마자 우리는 그 속에서 투쟁과 분쟁을 목격하게 되어 당황하게 된다. 과거의 결속은 완전히 무너진 듯이 보인다. 민족은 민족끼리, 부족은 부족끼리, 개인은 개인들끼리 투쟁하는 형국을 보인다. 적대적인 힘들이 혼란스럽게 경쟁하면서부터 인류는 계급으로 분리되고 폭군의 노예가 되며 서로 맞서 항상 전쟁을 벌이려고 준비하는 국가로 분열되었다. 그리고 손바닥 안에 인류의 역사를 쥐고 있는 듯한 비관주의 철학자들은 전쟁과 압제야말로 인간 본성의 본질이라고 결론을 내린다. 그리고 호전적이고 약탈을 일삼는 인간의 본능을 일정한 한계 안에서 제한하려면 평화를 강화하고 다가올 시대에 인류를 위해서 더 나은 삶을 준비할 수 있도록 소수의 귀족들에게 강력한 권위를 부여해주어야 한다고 의기양양하게 결론을 내린다.

그렇지만 역사 시기 동안에 인간의 일상적인 삶을 더 면밀하게 분석해보면 — 최근에 성실한 연구자들은 아주 초기의 제도들을 연구하고 있지만 — 상당히 다른 모습이 곧바로 드러난다. 대부분의 역사가들이 지니고 있는 선입견과 역사 속에서 유난히 극적인 양상을 편애하는 점을 차치하더라도 그들은 평소에 인간의 삶을 투쟁 일변도로 과장하고 평화로운 분위기를 폄하하는 문헌들을 연구한다. 맑고 빛나는 날들은 강풍과 폭풍에 가려진다. 심지어 우리 시대에도 언론사나 법정, 관공서 더 나아가 소설이나 시에서 미래의 역사가들을 위해 작성한 막대한 기록들에도 똑같은 편향성이 나타난다. 그들은 모든 전쟁이나 분쟁, 사소한 충돌, 모든 항쟁과 폭력행위, 모든 종류의 개인적인 고통 등을 매우 세밀하게 묘사해서 후손들에게 전해준다. 하지만 그들은 스스로의 경험을 통해 우리 모두가 아는 무수한 상호지지와 헌신 행위에 대해서는 자그마한 흔적도 좀처럼 전하려 하지 않는다. 그들은 우리 일상생활의 본질이 되어버린 것, 즉 우리들의 사회적인 본능과 예절에 대해서는 좀처럼 주목하지 않는다. 그러므로 과거에 대한 기록이 그토록 불완전하더라도 이상할 것이 없다. 과거의 연대기 편자들은 동시대인들을 괴롭혔던 사소한 전쟁이나 참사를 절대로 빠뜨리지 않고 상세하게 기록했다. 소수의 사람들이 싸움에 빠져 있는 동안 대중들은 주로 평화롭게 노역에 종사하고 있었지만, 연대기 편자들은 대중들의 삶에는 아무런 관심을 기울이지 않았다. 서사시, 기념비의 비문, 평화협정, 거의 모든 역사 문헌들도 똑같은 특징을 지닌다. 즉 거기서는 평화 그 자체를 다루지 않고 평화의 침해를 다룬다. 그래서 가장 좋은 의도를 가지고 있는 역사가도 자신이 묘사하려는 시대를 무의식적으로 뒤틀리게 묘사하게 된다. 그리고 분쟁과 연합의 비율을 사실대로 복원하려면 과거의 유적지에서 우연히 보존된 수많은 사소한 사실들과 실낱같은 징후들을 세밀하게 분석해야 한다. 그리고 비교 인종학의 도움을 받아 그 내용들을 분석해보고 무엇 때문에 인간이 분열되었는지를 충분하게 알고 난 후에 인간들을 통합했던 제도들을 하나하나씩 재구성해보아야 한다.

머지않아 역사는 인간이 살아왔던 두 가지 흐름(투쟁, 부조)을 고려하면서 그 각각이 진화에서 발휘한 역할들을 평가할 수 있도록 새로운 시각에 따라 다시 작성되어야 한다. 하지만 한편으로 너무나 무시되어 왔던 두 번째 흐름(상호부조)의 주요한 특성을 복원하면서 최근에 이루어진 방대한 준비작업을 이용할 수도 있다. 더 잘 알려진 역사 시기로부터 대중들의 삶에 관한 몇몇 예증들을 취해서 그 기간 동안에 상호지지가 수행했던 역할을 보여줄 수 있는 것이다. 그리고 이런 식으로 조사하더라도 (간결하게 하기 위해서) 이집트, 또는 고대 그리스나 로마까지 거슬러 올라가지는 않는다. 사실 인류의 진화에서는 그 나름대로의 특성들이 연속적인 계열을 형성하면서 나타나지 않는다. 여러 차례 문명은 특정한 지역에서 특정한 인종과 함께 끝이 났다가 다른 곳에서 다른 인종과 더불어 새롭게 시작되었다. 하지만 매번 새롭게 시작할 때마다 야만인들처럼 똑같은 씨족 조직으로 다시 시작되었다. 그러므로 서기 1세기에 새롭게 시작된 우리 문명의 가장 가까운 출발점을 로마인들이 '미개인barbarian'이라고 불렀던 사람들로 잡아보면 우리는 씨족 집단에서 시작해서 우리 시대의 제도에 이르기까지 진화의 단계를 모두 알게 된다. 다음에서는 이러한 예증들을 다룬다.

약 2000년 전 모든 국가들을 아시아에서 유럽으로 내몰고 서로마 제국에서 멈춘 미개인들의 대이동이 왜 일어났는지에 대해서 많은 과학자들은 아직도 결말을 짓지 못하고 있다. 하지만 지리학자들은 중앙 아시아 사막의 인구 조밀 도시들의 옛터를 관찰하고 지금은 사라져버린 강의 오래된 하상河床과 현재 겨우 연못 정도로 줄어들어버린 호수의 넓은 윤곽을 추적해서 자연스럽게 한 가지 원인을 제시하였다. 그것은 바로 건조작용이다. 이것은 이전엔 감당할 수도 없는 속도로 여전히 계속되는 상당히 최근의 건조작용을 의미한다.[114] 인간은 이런 상황에서 무기력했다. 북서몽골과 동투르케스탄의 거주민들이 물 부족을 알게 되었을 때 그들이 할

---

114) 지금은 없어졌지만 후기 선신세에 있던 수많은 호수의 흔적들이 중앙아시아, 서・북 아시아에 걸쳐 발견된다. 오늘날 카스피 해에서 볼 수 있는 조개들과 같은 종의 조개들이 거의 아랄 해에 이르는 극동 지역의 토양 표면에 산재해 있고 멀리 북쪽으로는 카잔 지역의 최근 퇴적물에서도 발견된다. 이전에는 아무 강의 바닥으로 간주되었던 카스피 만의 흔적이 투르크멘 지역을 가로질러 나타나고 있다. 일시적이고 주기적인 동요가 있었다는 점도 반드시 고려해 두어야 한다. 하지만 이와 함께 건조작용도 뚜렷하게 나타나 이전에는 상상할 수도 없는 속도로 진행된다. 심지어 상대적으로 습한 남서 시베리아 지역에서도 최근에 발표된 야드린체프가 행한 일련의 조사에 따르면 80년 전에 차니 층군層群에 있는 호수의 밑바닥이었던 곳에서 마을이 생겨났고 50년 전에 수백 평방킬로미터에 이르는 같은 층군의 다른 호수들은 연못이 되었을 뿐이라는 사실이 밝혀졌다. 요컨대 북서 아시아의 건조작용은 이전에 사용되었던 지질학적인 시간 단위가 아니라 수세기 단위로 측정되는 속도로만 진행된다.

수 있는 방법이라고는 저지대로 이어지는 넓은 계곡으로 내려가거나 평원에 사는 거주민들을 서쪽으로 밀어내는 것말고는 별 도리가 없었다.[115] 그래서 부족들마다 수세기 동안 계속해서 새롭고 어느 정도 영구적인 주거지를 찾으려고 다른 부족들을 밀어내거나 밀리는 와중에 유럽으로 옮겨갔다. 이런 식으로 이동을 하는 동안에 토착민들과 이주민들, 아리안족과 우랄알타이족 등의 인종들이 서로 섞이게 되었다. 모국에서 자신들을 유지시켜주었던 사회 제도가 유럽과 아시아에서 인종의 계층화가 발생하는 동안 완전히 파괴되었다고 해도 이상할 것이 없다. 하지만 그러한 제도들은 파괴되지 않았고 새로운 생존 조건에 요구하는 대로 약간 수정되었을 뿐이다.

튜턴인, 켈트인, 스칸디나비아인, 슬라브인 그리고 그 이외의 사람들이 처음으로 로마인들을 접하게 되었을 당시에 그들의 사회 조직은 과도기적 상태에 있었다. 이들은 가설상으로, 그리고 실제로도 공동의 기원을 가지고 있는 씨족 연합의 존재 덕택으로 수천 년 동안 계속해서 결속해왔다. 이러한 연합 조직은 부족이나 씨족 그 내부에 독립된 가족이 없을 경우에만 제 목적을 충족할 수 있었다. 하지만 이미 언급된 원인들 때문에 독립된 가부장적 가족이 느리지만 꾸준하게 씨족 내부에서 발전하면서 결국 부와 권력이 개인에게 축적되거나 세습이양되었다는 사실이 확실하게 나타났다. 빈번한 이주와 그에 따르는 전쟁으로 인하여 미개인의 씨족 사회는 독립된 가족으로 빠르게 분리되었다. 한편 부족의 분산은 곧 이방인과 뒤섞임을 의미했고, 이것은 혈족관계를 기반으로 했던

115) 몽골의 오콘 강이나 루크춘의 저지에서 (드미트리 클레멘츠가) 주목할 만한 발견을 하면서 문명 전체가 사라져 버렸다는 사실이 입증되었다.

연합들이 궁극적으로 분열되도록 하는 하나의 요인이 되었다. 이제 미개인들은 종래의 씨족이 가족들 간의 느슨한 결속체로 변하여 종교적 역할이나 군사적인 명성이 부와 결합되면서 가장 부유한 가족집단은 다른 가족에 대하여 자신들의 권위를 성공적으로 강요하거나 아니면 새로운 원리를 기반으로 새로운 형태의 조직을 찾아내야 하는 처지에 놓여 있었다.

대부분의 종족들은 이러한 분리 현상에 저항할 힘을 잃고 분열되면서 역사에서 사라져 버렸다. 하지만 더욱 강력한 종족들은 분리되지 않았다. 그들은 시련을 극복하면서 다음 15세기 또는 그 이상 동안 자신들을 결집시켜준 새로운 조직, 즉 촌락 공동체를 갖게 되었다. 이와 함께 공동의 노력을 통해 전유되고 보호되는 공동영토라는 개념이 생겨나서 사라져 가는 공동세습 개념을 대체하였다. 공동의 신들은 점차 조상으로서의 성격을 잃게 되었고 국부적이고 지역적인 성격이 부여되었다. 이 신들은 특정 지역의 신이나 성인이 되었고, '땅'은 거주민과 동일시되었다. 과거의 혈족 연합을 대신해서 영토에 기초한 연합이 발전하였다. 이 새로운 조직은 주어진 상황에서 분명히 많은 이점을 제공하였다. 이 제도는 가족의 독립성을 인정하였을 뿐 아니라 더 나아가 강조하였다. 촌락 공동체는 가족의 울타리 안에서 벌어지고 있는 일에 대해서 간섭할 권리를 전부 포기하였고 개인의 독창성을 훨씬 더 많이 발휘하도록 자유를 부여했다. 다른 가계 사람들과의 연합을 원칙적으로 반대하지 않으면서도 동시에 필요한 만큼 행동과 생각의 결합을 유지해왔으며, 마법사, 성직자, 그리고 전업 전사나 탁월한 전사들과 같은 소수의 사람들이 지배권을 행사하는 추세에 반대할 수 있을 정도로 강력했다. 결과적으로 이러한 조직은 미래 조직의 주요한 핵이 되었고 많은 나라에서 촌락 공동체는 지금까지도 이러한 특성을 계속 유지하고 있다.

촌락 공동체가 슬라브인들이나 고대 튜턴족만의 독특한 특징은 아니라고 알려져 있고 이에 별다른 이의가 제기되지도 않는다. 이 제도는 색슨족과 노르만족 시대에 영국에 퍼져 있었고 지난 세기까지 부분적으로 유지되었으며,[116] 고대 스코틀랜드, 고대 아일랜드, 고대 웨일즈에서는 촌락 공동체가 사회 조직의 기초를 형성하고 있었다. 프랑스에서는 마을이 농지를 공동 소유하고 민회가 공동 분배하는 제도가 서기 1세기부터 꾸준히 존재하다가 튀르고 Turgo(18세기 프랑스 루이 16세의 재정총감. 중농주의 정책을 펼침 -옮긴이)의 시대에 폐지되었다. 튀르고가 민회를 폐지한 이유는 '너무 시끄럽다'는 것이었다. 이탈리아에서 이 제도는 로마가 지배한 이후까지도 남아 있다가 로마 제국의 몰락 이후에 부활되었다. 촌락 공동체는 스칸디나비아인, 슬라브인, 핀란드인(피타야 혹은 킬라쿤타라는 형태로), 쿠르인 그리고 리브인 등의 여러 민족 사이에서도 일반적으로 이루어지고 있었다. 인도의 촌락 공동체 — 과거와 현재에 걸쳐

116) (당대의 전문가만을 거명해서)낫세, 코발레프스키 그리고 비노그라도프가 주장하는 견해를 따르고 시봄(완벽한 연구자로서 덴만 로스만은 거론해야 한다)의 견해를 따르지 않는 이유는 이 세 명의 학자가 심오한 지식을 가지고 있으면서 의견이 일치할 뿐만 아니라 모두가 촌락 공동체를 설명하는 데 빈틈이 없기 때문이다. 시봄이 쓴 다른 저작도 빼어나지만 촌락 공동체에 대한 통찰은 상당히 부족하다. 퓌스텔 드 쿨랑주Fustel de Coulanges가 쓴 저작들도 상당히 품격이 있지만 같은 약점을 지적할 수 있다. 이 사람은 고문서에 대한 소신을 가지고 열정적으로 고문서를 해석했는데 이것이 그의 한계였다.

아리안과 비非 아리안을 아울러—는 헨리 메인 경의 획기적인 저작을 통해 잘 알려져 있다. 그리고 엘핀스톤Elphinstone(1779~1859. 영국의 역사가이자 정치가-옮긴이)은 아프칸인들 사이에 존재하는 촌락 공동체를 묘사하였다. 또한 몽골족의 오울루스oulous, 카바일족의 타다르트thaddart, 자바인들의 데사dessa, 말레이인들의 코타kota 또는 토파tofa에서, 그리고 에티오피아, 수단, 아프리카 내륙, 남·북 아메리카 원주민들, 태평양 군도의 크고 작은 다양한 부족들에게서도 여러 가지 명칭의 촌락 공동체가 발견된다. 요컨대 어떤 인종이나 국가도 모두 촌락 공동체 시기를 반드시 거쳤다는 뜻이다. 이러한 사실만으로도 유럽의 촌락 공동체는 농노제가 발전한 형태라는 이론은 폐기될 수 있다. 촌락 공동체는 농노제보다 먼저 나타났고 농노제를 받아들이더라도 촌락 공동체를 깨뜨리기에는 역부족이다. 이 제도는 적어도 역사에서 일정한 역할을 해왔고 지금도 역할을 하고 있는 모든 종족들에게서 나타나는 진화의 보편적인 국면이었고 씨족 조직에서 나온 자연스러운 결과였다.[117]

---

117) 촌락 공동체에 관한 문헌은 너무나 방대해서 극소수의 저작들만을 거론하겠다. 헨리 메인 경, 시봄의 저작 그리고 Walter, *Das alte Wallis*, Bonn, 1859라는 저작이 잘 알려져 있어서 스코틀랜드, 아일랜드 그리고 웨일즈에 대한 정보를 얻을 수 있는 대중적인 자료가 되었다. 프랑스에 관해서는, P. Viollet, *Précis de l'histoire du droit français*: *Droit privé*, 1886, 그리고 *Bibl. de l'École des Chartes*에 실린 몇 편의 연구 논문; Babeau, *Le Village sous l'ancien régime*(18세기의 *mir*) 제3판, 1887 ; Bonnemère, Doniol 등이 있다. 이탈리아와 스칸디나비아에 관한 중요한 저작들은 K. Bücher가 독일어로 번역한 Laveleye, *Primitive Property*에 거명되었다. 핀란드에 관한 연구 논문으로는 Rein, *Förelä sningar*, i. 16; Koskinen, *Finnische Geschichte*, 1874., 그 밖에 여러 편이 있다. Lives와 Coures에 관해서는 *Severnyi Vestnik*, 1891에 실린 Lutchitzky 교수의 논문이 있다. 튜턴인에 관해서는 마우어, 솜(*Altdeutsche Reichs-und Gerichts-Verfassung*), 그리고 단(*Urzeit, Völkerwan- derung, Langobardische*

이 제도는 자연발생적으로 발전했다. 그렇기 때문에 구조가 완전하게 똑같을 수는 없었다. 대체로 촌락 공동체는 공동의 혈통으로 간주되고 공동으로 일정한 영역을 소유하는 가족들끼리의 연합이다. 하지만 어떤 부족의 경우에 일정한 상황하에서 새로운 가족의 형태에서 새로운 조직이 나오기 전에 가족들의 숫자가 매우 많이 불어나기도 한다. 다섯 세대, 여섯 세대 또는 일곱 세대들이 같은 지붕 아래서 혹은 같은 울타리 안에서 공동으로 살림살이나 가축을 공유하고 공동의 화덕에서 식사를 하면서 삶을 영위한다. 이들은 인종학에서 말하는 '합동가족' 혹은 '미분할가족'이라는 형태를 유지하고 있고 이러한 형태는 중국 전역, 인도, 남 슬로베니아의 자드루가에서 볼 수 있다. 그리고 때로는 아프리카, 아메리카, 덴마크, 북 러시아, 서 프랑스에서도 찾아볼 수 있다.[118] 다른 부족들이나

Studien)의 유명한 저작들 이외에도 얀센이나 빌헬름 아놀드의 저작도 있다. 인도에 관해서는 H. 메인 그리고 그가 거론한 저작들 이외에도 John Phear 경의 *Aryan Village* 등이 있다. 러시아와 남 슬라브인에 관해서는 카벨린, 포스니코프, 소콜로프스키, 코발레프스키, 에피멘코, 이반니세프, 클라우스 등을 보라. (러시아 지리학회의 *Sbornik svedeniy ob obschinye*에 실려 있는 1880개의 풍부한 서지 색인) 일반적인 결론에 관해서는 Laveleye, *Propriété*, Morgan, *Ancient Society*, Lippert, *Kulturgeschichte*, Post, Dargun 등 이외에도 M. 코발레프스키가 한 강연(*Tableau des origines et de l'évolution de la famille et de la propriété*, 스톡홀름, 1890) 등이 있다. 특별히 언급해야 할 연구 논문들도 많다. P. Viollet가 *Droit privé*와 *Droit public*이라는 책에 작성한 훌륭한 목록에서 논문 제목들을 찾아볼 수 있다. 다른 인종에 관해서는 이하에 나오는 각주들을 보라.

118) 몇몇 권위자들은 집합가족을 씨족 공동체와 촌락 공동체 사이의 중간 단계로 생각하는 경향이 있다. 그리고 많은 경우를 보더라도 촌락 공동체가 집중가족에서 발전한 형태라는 점은 의심의 여지가 없다. 그렇지만 나는 집합가족을 다른 체제의 산물로 생각한다. 그러한 가족 형태를 부계 씨족에서 찾아볼 수 있다. 한편 집합가족이 부계 씨족이나 촌락 공동체 아니면 가우Gau(고대 독일의 행정구역 -옮긴이) 어디에도 속하지 않는 시기에 존재했다고 확증할

혹은 이와 다른 상황에 놓여 있는 경우에는 아직 제대로 상술되지는 않았지만 가족 단위가 위와 같은 비율을 차지하지 않았다. 손자들, 때로는 아들들도 결혼하자마자 가족을 떠나야 했고 제각기 자신의 새로운 거처에서 살기 시작했다. 하지만 함께 살든 그렇지 않든, 숲에 함께 모여 있든 흩어져 있든 가족들은 촌락 공동체 안에 결속되어 있다. 몇몇 촌락들이 모여 부족이 되고 부족들은 동맹으로 묶인다. 이른바 '미개인들'이 유럽에서 점차 영구적으로 정착하기 시작하면서 발전된 사회 조직은 이런 모습을 띠고 있었던 것이다.

부계 씨족이나 모계 씨족에서 제각기 분리된 오두막 내에서 가부장적 가족 형태로 독립되기까지는 매우 긴 진화 과정이 필요하였다. 하지만 가부장적 가족 형태가 인정된 후에도 대체로 씨족 내에서는 재산을 개인적으로 물려주는 일은 찾아볼 수 없었고, 개인이 각자 가질 수 있었던 최소한의 물건들은 무덤 안에서 파괴되거나 함께 매장되었다. 반면에 촌락 공동체에서는 가족 내에서 부를 사적으로 축적하거나 세습적으로 양도할 수도 있었다. 하지만 재산은 가축이나 도구, 무기 그리고 그러한 범주에 속하는 주택 등을 포함해서 — 불로 태워질 수 있는 모든 것들과 마찬가지로 — 동산의 형태만 인정되었다.[119] 촌락 공동체에서 땅의 사적 소유는 어떤 식으로든

수 없다. 나는 초기 촌락 공동체를 시간이 좀 걸렸지만 부계 씨족에서 곧바로 유래된 형태라고 생각한다. 그리고 인종이나 지역적인 환경에 따라 몇 개의 집합가족 아니면 집합가족과 단순가족, 또는 (특히 새로 정착했을 경우에는) 단순가족으로만 촌락 공동체를 구성한다고 생각한다. 이러한 견해가 옳다면 부계 씨족, 복합가족, 촌락 공동체라는 계열을 정할 수 없다. 이 계열에서 두 번째 항은 다른 두 항과 인류학적으로 똑같이 취급할 가치가 없다. 부록 9를 보라.

인정되지 않았고, 그럴 수도 없었으며, 대체로 지금도 인정하지 않는다. 땅은 한 부족이나 전체 종족의 공동 자산이다. 촌락 공동체도 그 부족이 촌락에서 할당받은 땅을 재분배해달라고 요구하지 않는 한 부족 소유의 일부 영토를 직접 소유했다. 숲을 채벌하고 초원을 개간하는 일은 주로 공동체나 적어도 여러 부족들의 합동 작업으로 이루어지는데, 정리된 토지는 4년, 12년 혹은 20년 동안 각 가족이 소유하고 그 기간이 지나면 공동으로 소유하는 경작지의 일부로 취급된다. '영구적인' 사적 자산이나 소유는 씨족의 원리와 마찬가지로 촌락 공동체의 원리나 종교적인 관념과도 일치하지 않았다. 결국 로마의 원리로 곧 받아들여졌던 로마법과 기독교 교회의 영향을 오랫동안 받고 나서부터야 미개인들은 땅을 사적으로 소유한다는 생각에 익숙해지기 시작했다.[120] 하지만 기간의 제약 없이 재산이나 소유가 인정되었을 때도 개별적으로 사유지를 소유했던 사람들은 버려진 땅이나 숲 그리고 목초지를 공동으로 소유하였다. 더욱이 러시아의 역사에서 특히나 개별적으로 행동하던 몇몇 가족들이 이방인 취급하던 부족의 땅을 소유하게 되면 그들은 즉각 서로 연합하여 서너 세대가 지나면 같은 혈통이라고 공언하면서 촌락 공동체를 구성하는 모습이 지속적으로 관찰되었다.

씨족 시기에 부분적으로 유래된 제도들은 모두 로마나 비잔틴

119) Stobbe, *Beiträg zur Geschichte des deutschen Rechtes*, p. 62.

120) 초기 미개인 시대에 토지를 사적으로 소유했다는 흔적이 극소수로 남아 있다. 로마 제국의 영향력 아래 있을 때 바타비아인이나 골 지방의 프랑크인들에게서 그런 흔적을 찾아볼 수 있다. Inama-Sternegg, *Die Ausbildung der grossen Grundherrschaften in Deutschland*, Bd. i. 1878을 보라. 또한 코발레프스키가 *Modern Custom and Ancient Law*, Moscow, 1886, i. 134에서 인용한 Besseler, *Neubruch nach dem älteren deutschen Recht*, pp. 11-12를 보라.

방식으로 조직된 국가의 지배하에 미개인들을 편입시키는 데 필요했던 오랜 기간 동안 땅에 대한 공동소유를 바탕으로 발전되었다. 촌락 공동체는 공유지에서 각자가 공정한 몫을 보장받기 위한 연합만은 아니었다. 촌락 공동체는 공동경작이나 여러 가지 형태로 가능한 상호지지, 폭력으로부터의 보호, 지식이나 인종 간의 결속 그리고 도덕 개념을 발전시키기 위한 연합이기도 하다. 그리고 사법적, 군사적, 교육적, 경제적 양식이 변경될 때마다 촌락, 부족 또는 동맹의 민회가 결정을 내려야 했다. 공동체는 씨족의 연장이므로 모든 기능을 물려받았다. 이것은 (라틴어의) 우니베르시타스universitas(우주), (러시아어의) 미르mir(러시아의 자치적인 농촌 공동체 -옮긴이), 즉 그 자체로 하나의 세계였다.

공동사냥, 공동어로 그리고 과수원이나 과일나무 재배지의 공동경작은 과거 씨족들에게는 당연한 일이었다. 공동농업은 미개인의 촌락 공동체에서도 철칙이 되었다. 사실 이런 내용을 직접적으로 증언해주는 사례는 매우 드물고 고대의 문헌에서 켈트-이베리아의 부족 가운데 하나인 수에브족으로 구성된 리파리 제도Lipari Islands(이탈리아 남부 티레니아 해상에 있는 제도. 에올리에 제도라고도 한다 -옮긴이)의 거주민들에 관련해서 디오도루스Diodorus Sikelos(카이사르와 아우구스투스 시대의 사람으로, 기원전 60~30년에 그리스어로 『세계사 *Bibliotheca historica*』를 저술하였다. 고대 이집트·메소포타미아·트로이전쟁·알렉산드로스 대왕 등의 기술을 포함, 카이사르의 갈리아 전쟁까지 기술하였다 -옮긴이)와 율리우스 카이사르의 글이 있을 뿐이다. 그러나 공동농업이 튜턴족들, 프랑크인들 그리고 구 스코틀랜드인, 아일랜드인 그리고 웨일즈인들 사이에서 실행되었다는 사실을 입증해줄 증거는 충분하다.[121] 그 이후에도 공동농업이 유지되었다는 사실을 밝혀줄 증거들은 셀 수 없이 많다. 로마의 풍습을 철저하게 따랐던 프랑스에서도 공동경작은 모르비앙(브르타뉴)에서 약 25년 전에 관습처럼 되었다.[122] 고대 웨일즈의 연합단체cyvar, 마을의 지성소로 분배되어 공동경작되는 토지 등은 문명의 간섭을 가장 덜 받은 코카서스 부족 사이에서는 상당히 흔하게 볼 수 있다.[123] 그리고 이와 같은 현상들은 러시아의 농민들 사이에서는 일상적으로 벌어진다. 더욱이 브라질이나 중앙아메리카 그리고 멕시코의 여러 부족들은 자신들의 논밭을 공동으로 경작하는 일이 보통이고 몇몇 흑인 부족들과 더불어 뉴칼레도니아의 말레이인들 사이에도 같은 습속이 널리 퍼져 있음은 잘 알려져 있는 사실이다.[124] 요컨대 공동경작은 아리안, 우랄-알타이, 몽골, 니그로, 아메리카 인디언, 말레이 그리고 멜라네시아 부족들에게는 매우 일상적인 현상이므로 이를 원시농경의 보편적인 — 유일하다고는 할 수 없지만 — 형태로 간주할 수 있다.[125]

---

121) Maurer, *Markgenossenschaft*; *Histor. Taschenbuch*, 1883에 실린 Lamprecht의 "Wirthschaft und Recht der Franken zur Zeit der Volksrechte"; Seebohm, *The English Village Community*, 6장, 7장, 9장.

122) Letourneau, *Bulletin de la Soc. d'Anthropologie*, 1888, 11권. p. 476

123) Walter, *Das alte Wallis*, p. 323; Dm. Bakradze and N. Khoudadoff in Russian *Zapiski* of the Caucasian Geogr. Society, xiv. Part I.

124) Bancroft, *Native Races*; Waitz, *Anthropologie*, iii 423; Montrozier, *Bull. Soc. d'Anthropologie*, 1870; Post, *Studien*, 등등.

125) Ory, Luro, Laudes 그리고 Sylvestre 등이 안남Annam 지역의 촌락 공동체를 연구해서 그와 같은 형태가 독일과 러시아에도 존재했다는 사실을 입증하였다. 이들이 쓴 여러 저작들은 *Nouvelle Revue historique de droit français et étranger*, 1896년 10월, 12월에 실린 논평에서 Jobbé-Duval이 언급하였다. Heinrich Cunow(*Die Soziale Verfassung des Inka-Reichs*, Stuttgart, 1896)는

하지만 공동경작이 반드시 공동소비를 뜻하지는 않는다. 이미 씨족 조직하에서 우리는 다음과 같은 장면을 관찰했다. 즉 과일이나 생선을 가득 실은 배가 마을로 돌아오면 가져온 식량은 몇몇 가족이나 젊은이들이 거주하는 오두막이나 '긴 집'에서 나누어 각각의 화덕에서 제각기 요리되었다. 친척이나 동료들처럼 좀 더 가까운 사람들끼리 식사를 하는 습관은 씨족 생활의 초기에 유행하고 있었다. 이런 습관은 촌락 공동체에서도 마찬가지였다. 대체로 공동으로 재배된 식량조차도 그 일부를 공동 사용분으로 창고에 저장한 다음에 각 가정들끼리 나누어 갖는다. 하지만 공동식사의 전통만은 신앙처럼 유지되었다. 조상에 대한 기념이나 종교적인 축제, 들일이 시작하거나 끝났을 때, 아이의 출생이나 결혼식, 장례식과 같은 기회가 주어질 때마다 공동체는 공동으로 식사를 하게 된다. 이러한 나라에서는 '추수 만찬'으로 잘 알려진 관습이 지금까지도 사라지지 않고 있다. 다른 한편으로 오래 전에 공동으로 논밭을 경작하거나 파종하지 않았을 때도 다양한 농사일은 공동체가 지속적으로 수행하였고 지금까지도 마찬가지다. 공유지 가운데 일정 부분은 가난한 사람들이 사용할 수 있게 하거나 공동의 창고를 다시 채우거나 종교적인 축일에 생산물을 사용하기 위해서 지금도 여전히 공동으로 재배된다. 공동으로 관개수로를 파고 복구하기도 한다. 공동체는 공동의 목초지를 베어 정리한다. 목초지를 베는 러시아 코뮌의 광경은 무척 인상적인 장면이다. 남자들은 서로 낫을 들고 앞으로

잉카 문명이 권력을 확립하기 이전 페루의 촌락 공동체에 관한 탁월한 연구를 내놓았다. 이 책에는 토지를 공동으로 소유하고 공동으로 경작한 내용이 서술되어 있다.

나가고 그때 여자들은 곡식을 털어내고 더미를 쌓는다. 이러한 장면은 인간이 하는 일이 어떤 모습으로 진행될 수 있고 진행되어야 하는지를 보여준다. 이러한 경우에 독립된 가정마다 건초를 나누고 어느 누구도 허락 없이 이웃의 낟가리에서 건초를 가져갈 권리가 없다. 하지만 코카서스의 오세트족들은 이 마지막 규칙을 제한하고 있는데 이는 주목할 만한 사항이다. 뻐꾸기가 울어 봄이 왔음을 알리고 목초지가 다시금 풀로 뒤덮이면 누구든지 필요한 사람은 가축을 먹이는 데 필요한 건초를 이웃의 낟가리에서 가져올 수 있는 권리를 갖는다.126) 그러므로 과거의 공동체가 가지고 있던 권리는 절제되지 않은 개인주의가 인간의 본성에 얼마나 반하는가를 재확인해준다.

유럽의 여행객이 태평양의 어떤 작은 섬에 도착해서 멀리 야자수 나무 숲을 보고는 그 방향으로 걸어갔다. 그때 작은 마을들이 큰 돌로 포장된 길로 연결되어 있어서 맨발로 다니는 원주민들에게 상당히 편해 보였다. 그리고 그 길들이 스위스 산간 지방의 '구도로'와 상당히 유사하게 만들어져서 여행객은 깜짝 놀랐다. 유럽 전역에 퍼져 있던 '미개인들'은 이런 길을 밟고 다녔다. 약 2천 년 전 우거지고 습했던 유럽의 야생 상태를 극복하기 위해서 미개인 공동체들이 수행해야만 했던 엄청난 노역을 제대로 깨닫기 위해서는 주요한 교통수단이 닿지 않는 멀리 떨어진 곳, 험하고 인구가 희박한 곳을 여행해보아야 한다. 아무런 도구도 없이 무력하게 고립된 가족들은 이러한 상황을 극복할 수 없었을 것이다. 야생의 상태

126) Kovalevsky, *Modern Custom and Ancient Law*, i. 115.

는 그 힘없는 가족들을 압도했을 것이다. 공동으로 작업하는 촌락 공동체만이 야생의 숲과 푹푹 빠지는 늪 그리고 끝도 없이 펼쳐진 스텝 지역을 정복할 수 있었다. 거친 도로, 나룻배들, 겨울에 유실되어 봄 홍수가 끝난 후에 재건된 나무다리들, 울타리와 마을의 말뚝 담장, 지역에 산재해 있는 흙으로 만든 요새와 작은 탑들, 이 모든 것들은 미개인 공동체가 노동해서 얻어낸 결과물이다. 그리고 공동체가 크게 성장하면 새로운 공동체로 떨어져 나간다. 인근에 새로운 공동체가 생겨나면 숲과 초원은 차츰차츰 인간의 지배하에 놓이게 된다. 모든 유럽 국가들이 만들어지는 과정은 이런 식으로 촌락 공동체에서 새롭게 떨어져 나온 것이었다. 오늘날에도 러시아의 농부들은 재난으로 피폐해지지만 않는다면 공동체를 형성해서 이동하고 아무르 강 기슭이나 매니토바Manitoba(캐나다 정 중앙에 위치한다. 17세기 초반 백인들이 처음 이곳에 발을 디딘 후 프랑스인들이 살다가 19세기에는 각국의 이주민들이 들어와 살고 있다-옮긴이)에 정착해서 밭을 갈며 공동으로 집을 짓는다. 미국을 식민지로 개척하기 시작할 때 영국인들조차도 과거의 제도로 돌아가서 촌락 공동체로 집단을 이루곤 했다.[127]

미개인들이 혹독한 자연에 맞서 힘들게 싸워 나갈 때 촌락 공동체는 중요한 무기가 되었다. 또한 촌락 공동체는 혼란스러운 시기 동안에 쉽게 발전할 수 있었던 가장 교활한 것들과 가장 강한 것들의 압제에 대항하는 동맹이었다. 상상 속의 미개인들 — 마음

127) Palfrey, *History of New England*, ii. 13; Maine, *Village Communities*, New York, 1876, p. 201에서 인용됨.

내키는 대로 싸우고 죽이는 인간— 은 더 이상 '피에 굶주린' 야만인으로 존재하지 않았다. 실제로 미개인들은 오히려 여러 가지 제도하에서 무엇이 자기 부족이나 연합에 이로운지 또는 해로운지를 고려하면서 살고 있었다. 그리고 이러한 제도들은 운문이나 노래, 속담이나 삼행삼연시(아일랜드와 웨일즈 지방에서 전래된 3행 3연의 정형시 -옮긴이), 문장이나 교훈의 형태로 엄숙하게 대를 이어 전해져 왔다. 이런 것들을 더 많이 연구해보면 사람들을 촌락으로 묶었던 한정된 범위의 결속을 알아낼 수 있다. 두 개인 사이에 벌어진 모든 분쟁은 공동의 관심사로 여겨졌다. 싸우는 도중에 거친 말이 나오면 공동체나 조상에 대한 모욕으로 간주된다. 당사자들은 개인이나 공동체의 지적을 받고 교정되어야 했다.[128] 그리고 만일 분쟁이 싸움이나 상처를 입히며 끝나면 싸움 현장에 있으면서도 중재하지 않은 사람들은 마치 자신들이 직접 해를 입힌 듯이 취급되었다.[129]

재판 절차에도 같은 정신이 깃들어 있었다. 모든 분쟁은 먼저 중재자나 조정자 앞에 제시되고 대부분은 그들이 마무리한다. 조정자들은 미개인 사회에서 매우 중요한 역할을 한다. 그러나 상황이 너무나 중대해서 이런 식으로 해결되지 않으면 민회에 회부된다. 민회는 "판결을 내려," "만일 잘못이 판명되면 이러저러한 보상이 이루어져야 한다."는 식으로 조건을 달아 공표해야 한다. 즉 여섯 명이나 열두 명 정도의 사람들이 선서로서 사실을 확인하거나 부인함으로써 그러한 잘못이 판명되거나 거부되어야 한다. 두 편의 배심

128) Königswarter, *Études sur le développement des sociétés humaines*, Paris, 1850.
129) 적어도 칼무크족의 관습은 이랬다. 이들의 관습법은 튜턴족이나 구 슬라브족 등의 법과도 상당히 유사하다.

원 사이에 의견이 일치하지 않는 경우에 시죄법(튜턴족의 관습으로 일정한 고난 과제를 부여한 후 이 시련을 견딘 자를 무죄로 판명하는 법 -옮긴이)으로 해결해야만 했다. 이러한 절차는 2천 년 이상 계속해서 유효했으니 그 자체가 충분히 증명되고도 남음이 있다. 이 제도는 공동체의 모든 구성원들이 얼마나 가깝게 결속해 있는지를 보여준다. 더욱이 자신들의 도덕적인 권위 이외에 민회의 결정을 집행할 다른 어떠한 권위도 존재하지 않았다. 유일한 협박이라면 공동체에서 반역자를 추방자로 선언해버리는 정도였고 이러한 협박조차도 일방적으로 이루어지는 법이 없다. 민회의 결정에 만족하지 못한 사람은 스스로 부족을 버리고 다른 부족으로 전향할 수 있었다. 구성원들 가운데 어느 한 사람에게 불공정한 짓을 했던 부족에게는 온갖 종류의 불행이 반드시 닥쳐온다고 믿었기 때문에 이러한 위협은 가장 두려운 것이었다.[130] 헨리 메인이 잘 지적했듯이 관습법의 정당한 결정에 거스르는 반역은 '상상할 수도' 없었다. 왜냐하면 이 당시에 '법, 도덕성 그리고 사실'은 서로 분리될 수 없었기 때문이다.[131] 코뮌의 도덕적인 권위는 매우 강력해서 시대가 훨씬 지난 후에 촌락 공동체가 봉건 영주의 손에 넘어갔을 때조차 그들은 직접 사법권을 유지했다. 스스로 따르기로 맹세한 관습법에 따라 상기의 조건부 판결을 영주나 대리인이 내리도록 하는 일이나 코뮌에 내야할 벌금을 직접 거두도록 하는 일 따위만을 허용해주었다. 하지만 오랫동안 영주 자신도 코뮌 내 불모지의 공동 소유자로 남아 있는 한, 그리고 공동 관심사에 관한 한 공동체의 결정에

---

130) 이러한 습속은 다수의 아프리카나 여러 부족들에게서 여전히 유효하다.
131) *Village Communities*, pp. 65-68 그리고 199.

따랐다. 귀족이나 성직자도 민회의 결정에 복종해야 했다. "여기서 물과 목초지에 대한 권리를 향유한 자는 복종해야만 한다."는 옛 속담이 있었다. 심지어 농부들이 영주의 농노가 되었을 때도 소환되면 민회에 나와야 했다.[132]

미개인들은 정의 개념에 관한 한 야만인들과 크게 다르지 않았다. 그들 역시 살인은 살인자의 죽음을 야기할 수밖에 없고 상처를 입히면 똑같은 상처로 처벌받아야 하며, 잘못을 저지른 가족은 관습법으로 판결해야 한다는 생각을 가지고 있었다. 이는 신성한 의무였고 조상에 대한 의무였으므로 감춰지지 않고 공공연하게 이루어져 널리 알려져야 했다. 그러므로 무용담이나 서사시 가운데 참으로 멋진 문장들은 정의를 찬미하는 내용이었다. 신들도 스스로 신성한 의무를 돕기 위해 함께 한다고 믿었다. 미개인들의 정의 개념에서 눈에 띄는 특징은 한편으로 분쟁에 연루될 수 있는 사람들의 숫자를 제한한다는 점이고 다른 한편으로 피에는 피, 상처에는 상처라는 잔인한 생각을 일소하고 보상 제도로 대체하려는 경향이 있었다는 점이다. 미개인들의 법전 — 재판관들이 사용하기 위해 관습법의 규정들을 집대성해 놓은 것 — 에서는 복수 대신에 보상을 해주는 방안을 처음에는 용인하다가, 나중에는 장려했으며, 마침내 강제하였다.[133] 하지만 일부 사람들은 보상이라는 제도를 상당히 오해해서

---

132) Maurer(*Gesch. der Markverfassung*, §29, 97)는 이 주제에 대해서 상당히 단정적이다. 그의 주장은 이렇다. "공동체 구성원 모두는……평민이나 성직 영주든 부분적 공유자이든 심지어는 부분적 공유와 상관없는 사람들도 이러한 권한에 복종해야 했다."(p. 312) 이러한 관념은 15세기까지 지역적으로 효력을 발휘하였다.

133) Königswarter, 앞의 책. p. 50; J. Thrupp, *Historical Law Tracts*, London, 1843, p. 106.

벌금이나 원하는 일은 무엇이든지 할 수 있도록 부자들에게 주어진 일종의 백지 위임장으로 생각했다. 보상금은 벌금과는 전혀 달라서,[134] 관습적으로 모든 종류의 적극적인 위반 행위에 대해 매우 높게 부과되므로 그런 위법을 저지를 엄두도 내지 못하게 하는 기능을 갖고 있었다. 살인을 저지른 경우에 일반적으로 보상금은 살인자가 가지고 있는 전 재산을 상회했다. 18 이상의 숫자를 셀 줄 모르는 오세트족들에게 살인죄에 대한 보상금은 '암소 18마리의 18배'였고, 아프리카부족들은 새끼와 더불어 암소 800마리와 낙타 100마리 또는 더 가난한 부족의 경우에는 양 416마리 정도가 되었다.[135] 대부분의 경우에 보상금은 전혀 갚을 수가 없었고, 그래서 살인자는 회개하는 의미로 나쁜 일을 당한 가족에게 자신을 양자로 삼아달라고 설득하는 일 이외에는 방법이 없었다. 코카서스에서는 지금까지도 분쟁이 해결되면 가해자는 부족 가운데 가장 나이가 많은 여인의 가슴에 입술을 대고, 일을 당한 가족의 모든 사람들과 '젖으로 맺은 형제'가 된다.[136] 아프리카의 몇몇 부족의 경우에 살인자는 자신의 딸이나 여동생을 보내 피해 가족 가운데 어느

---

134) Königswarter는 벌금(fred)이 조상들을 위로하기 위해서 바치는 제물에서 유래했다고 밝혔다. 나중에는 평화가 깨졌을 경우에 벌금을 공동체에 지불했고 더 시간이 흐른 뒤에 판관이나 왕, 또는 영주가 공동체의 권리를 전유하면서 직접 벌금을 받았다.

135) Post, 『자료*Bausteine*』와 『아프리카의 법학*Afrikanische Jurispurudenz*』, Oldenburg, 1887, 1권. pp. 64 이하; Kovalevsky, 앞의 책, ii. 164-189.

136) O. Miller and M. Kovalevsky, "In the Mountaineer Communities of Kabardia", *Vestnik Evropy*, 1884년 4월. 무간 초원에 사는 샤크세븐인의 경우에 피를 부른 불화는 적대적이었던 양측 사이에 결혼을 맺으며 끝나는 것이 보통이다(Markoff, 카프카스 지리학회가 발간하는 *Zapiski*, xiv. I, 21의 부록).

한 사람과 결혼을 해야만 하고, 어떤 부족의 경우에는 과부가 된 여인과 결혼을 해야만 한다. 그리고 이 모든 경우에 살인자는 피해 가족의 구성원이 되어 모든 중요한 가족사에 그의 의견이 받아들여진다.[137]

이처럼 인간의 생명을 존중하는 미개인들은 후대에 로마나 비잔틴의 영향을 받아 세속법과 교회법에 의해 도입된 무서운 형벌을 전혀 알지 못했다. 색슨족의 법전에서는 방화와 무장 강도를 저질렀을 경우에 거리낌 없이 사형을 인정하지만 기타 미개인의 법전에서는 친족을 배신하거나 공동체의 신을 모독한 경우에만 신의 노여움을 가라앉히는 유일한 방법으로 사형을 제한적으로 선고하였다.

지금까지 살펴봤듯이, 이 모든 예들은 이른바 미개인들의 '도덕적 방종'과는 거리가 매우 멀다. 반면에 초기 공동체 내에서 만들어진 심오한 도덕률에 대해 감탄하지 않을 수 없다. 그러한 원리들은 웨일즈의 삼행삼연시, 아서왕의 전설, 브리혼(고대 아일랜드의 법률 전문가 계급-옮긴이) 주석서,[138] 구 게르만 전설이나 당시 미개인들의 속담에서도 찾아볼 수 있었다. 『은잘의 영웅담*The Story of Burnt Njal*』(아이슬란드의 영웅담-옮긴이)의 서문에서, 조지 다센트George Webbe Dasent(1817~1896. 영국 작가-옮긴이)는 영웅담에 나타난 고대 스칸디

---

137) 포스트는 『아프리카의 법학』에서 아프리카의 미개인들 사이에서 뿌리 깊은 평등 관념을 설명해주는 일련의 사실들을 제시한다. 미개인의 관습법을 진지하게 조사해보아도 마찬가지 결과를 얻을 수 있다.

138) E. Nys 교수의 *Études de droit international et de droit politique,* Bruxelles, 1896에 실린 뛰어난 장 'Le droit de la Vieille Irlande' (또한 'Le Haut Nord')를 보라.

나비아 사람들의 특성을 다음과 같이 요약한다.

> 적이나 악마, 운명을 두려워하지 않고 자기 앞에 놓인 문제를 공개적이고 남자답게 처리한다.……자신의 모든 행동을 자유롭고 대담하게 처리하며 친구나 친족들에게 부드럽고 관대하다. 자신의 적(보복법하에서)에게는 단호하고 엄격하지만 그들에게도 모든 의무를 이행한다.……휴전협정을 깨뜨리는 사람도, 소문을 퍼뜨리는 사람도, 험담을 하는 사람도 없다. 직접 대면해서 대담하게 말할 수 없다면 어느 누구에게도 아무런 말을 하지 않는다. 심지어는 적이라도 음식과 쉼터를 구하는 사람을 절대로 문전박대하지 않는다.[139]

이와 똑같은 원칙들 또는 더욱 바람직한 원칙들이 웨일즈의 서사시나 삼행삼연시 여기저기에 등장한다. 적이든 친구이든 상관없이 온화한 본성과 평등의 원리에 따라 행동하고, 잘못을 바로잡는 일은 인간의 지고한 의무이다. 시인 입법자는 "악은 죽음이요, 선은 생명이다."라고 일갈한다.[140] "만일 입으로 맺어진 약정이 존중되지 않는다면 이 세상은 웃음거리가 될 것이다."라고 브리혼법(고대 아일랜드인의 여러 권리나 관습을 정리한 법률의 총칭 -옮긴이)에 적혀있다. 겸손한 모르도비아의 주술사는 똑같은 특성을 찬양한 후에 자신의 관습법 원리에 다음을 추가한다. "이웃들 사이에는 젖소와 우유통을 공유하고, 암소의 젖은 직접 짜거나 우유를 원하는 사람이 짜야 하며, 매를 맞은 아이의 몸은 빨개지지만, 때린 사람의 얼굴은 수치심으로 붉어진다."[141] '미개인'이 표현하고 따라온 비

139) 서문, p. xxxv.
140) *Das alte Wallis*, pp. 343-350.

슷한 원리들로 몇 페이지를 더 채워나갈 수도 있다.

구 촌락 공동체의 몇 가지 특성은 언급할 만하다. 연대감으로 포용될 수 있는 사람들의 범위가 점차 확대된다는 사실이다. 부족들은 종족으로 연합될 뿐만 아니라 혈통이 다른 종족이더라도 역시 연합으로 결합된다. 예컨대 반달족 같은 몇몇 연합관계들은 너무나 친밀해서 동맹의 일부가 라인 강을 떠나서 스페인이나 아프리카로 옮겨간 후에도 40년 동안이나 경계표와 동맹 부족이 버리고 간 마을을 침해하지 않으며 사절단을 통해서 동맹 부족이 다시 돌아올 의도가 없다는 의사를 확인할 때까지 그 지역을 점유하지 않는다. 다른 미개인의 경우에 종족의 일부 사람들은 토지를 경작했고, 다른 사람들은 공유 지역의 변경이나 그 너머에서 전투를 했다. 몇몇 종족들 사이에 맺어지는 맹약도 매우 상시적으로 일어난다. 시캄버족은 체루스크족과 연합했고, 수에브족이나 쿠아드족은 사르마트족과 연합했으며, 사르마트족은 알란족, 카르프족, 훈족과 연합했다. 나중에 우리는 또한 미개인들이 점유하고 있는 유럽의 특정 지역에서 국가와 유사한 조직이 성장하기 오래 전에 유럽에서는 민족이라는 개념이 점차 발전하고 있음을 보게 된다. 그렇지만 이러한 민족들 — 프랑스의 메로빙거 왕조나 11, 12세기의 러시아를 민족이라고 명명하지 않을 수는 없으므로 — 은 오직 언어 공동체를 통해서 그리고 단 하나의 특정 가문에서만 군주를 뽑는 소국들의 묵계를 통해서 결집되었다.

전쟁을 완전히 피할 수는 없었다. 이동은 전쟁을 의미한다.

---

141) Maynoff, 러시아 지리학회의 인종학학보인 *Zapiski*, 1885, pp. 236, 257에 실린 “Sketches of the Judicial Practices of the Mordovians.”

하지만 헨리 메인 경은 국제법이 부족 사회에서 기원한다는 점을 연구하여, 그 결과 "전쟁을 피하려는 아무런 노력도 기울이지 않은 채 전쟁이라는 악을 감수할 만큼 인간은 흉포하지도 어리석지도 않았다."는 점을 이미 충분하게 입증했으며, "전쟁을 막고 대안을 제시하려는 의도를 가지고 있는 제도들이 고대에 얼마나 많았는지" 보여주었다.[142] 실제로 헨리 메인 경이 예상한 대로 인간은 호전적인 습성을 가지고 있지 않아서 미개인들은 일단 정착을 하게 되면 자신들의 전쟁 습관을 아주 빠르게 버린다. 그리고 자신들을 괴롭힐 수도 있는 가상의 침략자들로부터 스스로를 방어할 목적으로 특정한 대공들과 그들을 수행했던 전문적인 전사집단들scholæ을 부양할 수밖에 없었다. 그들은 전쟁보다는 평화로운 노역을 선호했다. 전사라는 직업이 특화된 것은 평화를 지향하는 인간의 특성 때문이다. 바로 이 때문에 훗날 농노제 시대 혹은 '국가 시대'의 역사 단계에서 벌어진 모든 전쟁이 야기된 것이다.

역사 연구를 통하여 미개인의 제도를 복원시키는 데에는 많은 어려움이 따른다. 매 단계마다 역사가들은 자신이 가지고 있는 자료만으로는 설명할 수 없는 희미한 징후들과 마주친다. 미개인 조상들의 사회 조직과 거의 동일한 조직에서 아직도 살아가고 있는 수많은 부족들의 제도를 인용해보면 곧바로 캄캄한 과거에 밝은 빛을 던질 수 있다. 여기서는 단지 선택의 어려움이 따를 뿐이다. 왜냐하면 태평양의 섬들, 아시아의 스텝 지역, 아프리카의 고원 등은 인류가

---

142) Henry Maine, *International Law*, London, 1888, pp. 11-13. E. Nys, *Les origines du droit international*, Bruxelles, 1894.

야만인의 종족 사회를 거쳐 국가 조직에 이르기까지 살아오면서 모든 가능한 중간 단계의 표본을 담고 있는 정말로 살아 있는 박물관이기 때문이다. 이제 이 표본들을 조사해보자.

몽골 부랴트족의 촌락 공동체, 특히 러시아의 영향에서 훨씬 벗어나 있는 레나 강 상류의 쿠딘스크 스텝 지역의 경우를 보면, 가축 사육과 농경 사이의 과도기적 상태에 있는 미개인들의 표본을 상당수 얻을 수 있다.[143] 이들 부랴트족은 여전히 합동가족의 형태로 살고 있다. 즉 아들들은 저마다 결혼을 하면 독립된 오두막으로 살러 나가지만, 적어도 같은 울타리 안에 세 세대의 오두막은 남아 있고, 집합가족은 논밭에서 공동으로 작업을 하며 '송아지들을 기르는 땅'(송아지를 기르기 위한 부드러운 풀이 간수되는 작은 울타리가 쳐진 땅뙈기)은 물론이고 살림살이와 가축을 공유한다. 대체로 식사는 각각의 오두막에서 개별적으로 이루어진다. 하지만 고기를 구울 때면 20명에서 60명 정도 되는 집합가정의 구성원들은 함께 잔치를 벌인다. 같은 마을에 정착한 더 작은 규모의 가족들뿐만 아니라 무리를 지어 사는 집합가정들은 오울루스라고 하는 촌락 공동체를 형성한다. 몇 개의 오울루스가 모여 부족이 되며 쿠딘스크 스텝 지역에 있는 46개의 부족이나 씨족들이 하나의 연합으로 합쳐진다. 몇몇 부족들은 필요할 때마다 특정한 목적을 위해 더 규모가 작고 긴밀한 연합들을 구성한다. 그들은 토지를 사적으로 소유할 줄 모르고 — 땅이란 오울루스나 동맹이 공동으로 소유하는 것이므로 — 만일 필요

143) 1862년에 시베리아로 추방된 카잔 출신의 러시아의 사학자 샤포프 교수는 동시베리아 지리학 협회회보(1874년 vol. v)에 이들의 제도에 대해서 훌륭하게 묘사해 놓았다.

하다면 부족의 민회에서 영토를 다른 오울루스에게 다시 할당하거나, 연합의 민회가 결정한 대로 46개의 부족에게 다시 할당한다. 3세기 동안 러시아의 지배하에 살면서 러시아의 제도에 익숙해져 있을 터인데도 이와 똑같은 조직이 동 시베리아에 사는 25만여 모든 부랴트족들 사이에서 흔하게 볼 수 있다는 점은 주목할 만하다.

이와 더불어 부랴트족 사이에서는 재산의 불평등이 급속도로 진행된다. 특히 러시아 정부가 타이샤(징기스칸 이래로 몽골족 족장들의 명칭임 -옮긴이), 즉 족장으로 선출된 자들을 지나치게 중시한 이래로 더욱 그런 현상이 두드러진다. 타이샤들은 책임 있는 세금 징수원이며, 러시아와의 행정, 심지어는 상업적인 관계에서 연합의 대표자로 여겨진다. 따라서 소수가 부를 획득할 수 있는 경로는 많아졌고, 한편으로는 러시아인들이 부랴트족의 땅을 전유함으로써 대다수의 사람들은 줄줄이 가난하게 되었다. 만일 어느 가족이 가축을 잃게 되면 만회할 수 있도록 부유한 가족들이 젖소나 말을 약간씩 주는 것이 부랴트족들, 특히 쿠딘스크에 사는 사람들의 관습이다(여기서 관습은 법 그 이상이다). 가족도 없는 가난한 사람은 동료의 오두막에서 식사를 한다. 그는 오두막에 들어가서 — 동정에 의해서가 아니라 권리로서 — 불 옆에 자리를 잡고 항상 세심하게 똑같이 분배된 식사를 나누고, 저녁을 얻어먹은 곳에서 잠을 잔다. 요컨대 시베리아를 정복한 러시아인들은 부랴트족의 공산주의적 실천에 너무나 감명을 받아서 그들에게 '형제 같은 사람들Bratskiye'(러시아어로 형제라는 뜻의 말과 부랴트족의 명칭이 비슷한 데서 착안한 것임 -옮긴이)이라는 이름을 붙여 주었고, 모스크바에 다음과 같이 보고하였다. "그들은 모든 것을 함께 하고 가진 것은 무엇이든지 공유한다." 지금까지도 레나 강의 부랴트족들은 밀을 팔거나 러시아의 도축업자들에게 팔 가축을 보낼 때 오울루스 즉 부족의 가족들이 밀과 가축을 함께 가지고 가서 모두 합산하여 함께 팔아 넘긴다. 더욱이 각각의 오울루스는 필요할 때 남에게 꾸어주는 용도로 각자의 곡식 창고와 제빵용 공동 화덕(구 프랑스 공동체의 공동 화덕과 같은 것)을 가지고 있고, 대장장이들은 인도 공동체의 대장장이와 마찬가지로[144] 공동체 내에서 한 일에 대해서는 보수를 받지 않는다. 그는 돈을 받지 않고 일을 해주어야 한다. 만일 남는 시간을 이용해서 부랴트에서 옷을 장식할 때 사용하는 끌로 파낸 작은 은철판들을 만들었다면, 다른 씨족 출신의 여자들에게는 팔 수 있지만 같은 부족의 여인에게 팔 수는 없다. 다만 같은 부족 여인에게 선물로 주는 것은 허용된다. 사고 파는 행위는 공동체 내에서는 이루어질 수 없다. 이러한 규칙은 상당히 엄격해서 부유한 가정에서 노동자를 구하려면 다른 씨족이나 러시아인들 가운데서 데리고 와야 한다. 분명히 이러한 습속은 부랴트족에게만 한정된 것은 아니다. 이러한 습속은 당대의 미개인들, 아리안족이나 우랄알타이족들 사이에서 상당히 광범위하게 퍼져 있어서 우리 조상들에게서는 보편적인 현상이었음에 틀림없다.

연합 내에서의 연대감은 부족의 공동 관심사, 민회 그리고 대체로 민회와 연관되어 있는 축제들을 통해서 활발하게 유지된다. 하지만 또 다른 제도로서 아주 오랜 과거를 생각나게 하는 '아바aba'

144) Henry Maine, *Village Communities*, New York, 1876, pp. 193-196.

즉 공동 사냥을 통해서도 위와 같은 연대감은 유지된다. 쿠딘스크에 있는 46개의 씨족들은 매년 가을마다 공동 사냥을 위해 모이고, 사냥에서 얻은 소득은 모든 가족들에게 분배한다. 또한 전 지역을 아우르는 공동 사냥이 수시로 소집되어 모든 부랴트 종족들의 단결을 확인한다. 이러한 경우에 바이칼호의 서쪽과 남쪽으로 수백 킬로미터에 걸쳐 흩어져 있는 모든 부랴트 씨족들은 대표 사냥꾼을 보내야 한다. 이때 모이는 숫자는 수천 명인데 각자 한 달 동안의 식량을 가지고 온다. 각자의 몫은 다른 사람들과 같아야 하므로 선출된 장로가 무게를 달아보고 나서 모두 합친다(일반적으로 '손으로' 무게를 단다. 저울을 사용하는 행위는 오래된 관습에 대한 모독으로 여긴다). 그런 다음에 사냥꾼들은 20개의 무리로 나뉘고 그 무리들은 체계적으로 준비된 계획에 따라 사냥을 나간다. 이런 공동 사냥을 통해서 모든 부랴트 종족은 강력한 연합으로 결속되어 있던 시대의 서사적인 전통을 부활시킨다. 이와 같은 공동 사냥은 아메리카 인디언이나 일명 '카다 강'이라고 불리는 우수리 강 기슭에 사는 중국인들에게도 매우 일반적인 일이었음을 덧붙이고자 한다.[145]

카바일족(알제리와 튀니지에 사는 종족 -옮긴이)의 경우는 두 명의 프랑스 탐험가들[146]이 이들의 생활 양식을 잘 묘사하고 있다. 이들은 미개인 중에서도 더욱 발전된 농경 생활을 하고 있었다. 그들은 논밭에 관개를 하고 비료를 주어 잘 관리하였고 구릉 지대의 이용 가능한 땅을 모두 가래로 경작하였다. 카바일족은 역사적으로 수많

145) Nazaroff, *The North Usuri Territory* (러시아어), St. Petersburg, 1887, p. 65.

146) Hanoteau et Letourneux, *La Kabylie*, 3 vols. Paris, 1883.

은 영고성쇠를 겪었다. 그들은 상당한 기간 동안 이슬람교도의 상속법을 따랐으나, 150년 전에는 이에 반대하여 부족들이 지켜왔던 옛 관습법으로 회귀하였다. 따라서 그들의 토지 보유제도는 복합적인 성격을 지니고 있어서 사적인 토지 소유와 공적인 소유가 병존하였다. 하지만 그들이 가지고 있는 조직의 근본 바탕은 타다르트라고 하는 촌락 공동체였는데, 이는 공동체의 기원이라고 주장하는 집합 가족들과 더 규모가 작은 이방인 가족들로 구성된다. 어떤 마을들은 씨족이나 부족으로 나뉜다. 몇몇 부족들은 타케빌트thak'ebilt라 불리는 연합을 형성하는데, 이 연합들은 주로 무장 방어를 목적으로 수시로 연맹을 맺는다.

카바일족 사회에서 권위를 갖는 기구는 촌락 공동체의 민회 젬마djemmâa(공동체를 대표하는 수뇌자 회의 -옮긴이)뿐이다. 모든 성년 남자들은 개방된 장소나 돌 의자가 마련되어 있는 특별한 건물 안에서 모임에 참가하며, 젬마의 결정은 분명히 만장일치로 받아들여진다. 즉 참석한 모두가 어떤 결정을 받아들이거나 복종하는 데 동의할 때까지 논의가 이어진다. 촌락 공동체 내에는 어떤 결정을 강요할 아무런 권위도 없으므로 촌락 공동체가 존재했던 어떤 곳에서든 인류는 이러한 제도를 실행해왔고, 촌락 공동체가 존재하는 어느 곳에서든 지구상의 수백만의 사람들은 여전히 이러한 체계를 유지하고 있다. 젬마에서는 장로, 서기, 회계 담당자 등으로 집행부를 선정한다. 이들이 자체적으로 세금을 감사하고, 모든 종류의 공공 장비뿐만 아니라 공유지의 재분배를 관장한다. 대다수의 일은 공동으로 이루어진다. 도로, 사원, 수원水源, 관개 운하, 약탈자를 막기 위해 세워진 탑들, 울타리 등등은 촌락 공동체에서 직접 건설한다. 큰길이나 대규모 사원 그리고 대형 장터 등은 촌락 공동체의 상위 단위인 부족 전체가 맡아 해야 할 일이다. 공동 경작의 흔적은 지금껏 많이 남아 있으며, 주택은 여전히 마을 사람들의 도움으로 지어졌다. 전체적으로 이러한 '도움'들은 일상적으로 일어나며, 밭을 경작하거나 추수를 할 때면 지속적으로 도움을 요청한다. 숙련된 작업을 하기 위해서 공동체마다 자체적으로 대장장이가 있다. 이 대장장이들은 공유지에 자신의 땅을 일부 가지고 있으며, 공동체를 위해 작업을 한다. 경작할 철이 되면 대장장이는 모든 집을 방문하여 아무 보수를 받지 않고 도구나 쟁기를 고쳐준다. 새로운 쟁기를 만들게 되면 돈이나 다른 어떤 형태의 보수로도 절대 보상받을 수 없는 신성한 일을 하였다고 여긴다.

카바일족은 이미 사적인 재산을 소유하고 있었으므로 그들 사이에는 분명히 부자와 가난한 사람이 모두 존재했다. 하지만 가깝게 함께 살며 어떻게 빈곤이 시작되는지 알고 있는 모든 사람들과 마찬가지로 그들은 가난을 모든 사람에게 찾아올 수 있는 일종의 사고로 여긴다. 러시아 농민들이 사용하는 속담 가운데 "거지 깡통을 차지 않겠다느니 감옥에 가지 않겠다느니 하는 말은 하지 마라." 라는 말이 있다. 외견상의 행동으로는 부자와 가난한 사람을 구별할 만한 차이를 발견할 수 없다. 가난한 사람들이 '도움'을 요청하면 부자들은 그들의 논밭에서 일을 해준다. 마찬가지로 가난한 사람은 답례로 자기 차례에 일을 해준다.[147] 더욱이 젬마에서는 가장 가난

147) '도움'을 청하거나 '일꾼'을 부르려면 공동체에 모종의 식사를 제공해야 한다. 그루지야에서 가난한 사람이 '도움'을 청하고 싶어서 부자에게 식사를 준비하려고 양 한두 마리를 빌렸는데, 공동체에서는 노동력 이외에도 많은

한 사람이 쓸 수 있도록 공동으로 경작하는 정원이나 논밭을 따로 떼어 놓는다. 이와 비슷한 관습들은 많이 있다. 가난한 가족들은 고기를 살 수 없으므로 벌금으로 거둔 돈이나 젬마로 들어온 선물, 혹은 공용 올리브기름통 사용 대금으로 정기적으로 고기를 구입해서 자기 힘으로 고기를 살 능력이 없는 사람들에게 공평하게 분배한다. 장에다 팔지 않을 목적으로 어느 가정에서 양이나 수소를 잡으면 마을의 장사꾼이 거리에서 이 사실을 알려 아픈 사람이나 임신한 여인들이 원하는 만큼 가져갈 수 있게 한다. 상호지지는 카바일족의 삶에 스며들어 있고, 외부로 여행을 하는 도중 곤경에 처한 다른 카바일 사람을 만나면 자신의 재산과 생명을 희생해서라도 도움을 주어야만 한다. 도움을 받지 못했을 경우에 무시당한 사람이 속한 젬마에서는 이의를 제기할 수 있고 이기적인 사람이 속한 젬마에서는 즉각 손해 부분을 보충해주어야 한다. 이렇게 해서 우리들은 중세의 상인길드를 연구하는 사람들에게 익숙한 관습들과 접하게 된다. 즉 카바일 마을에 들어온 모든 이방인들은 겨울에 집을 지을 권리를 갖게 되고 24시간 동안 공유지에서 말들이 항상 풀을 뜯을 수 있다. 필요하다면 이방인은 거의 무제한적인 지원을 기대할 수도 있다. 그러므로 1867년에서 1868년 기근 동안에 카바일족들은 혈통을 구분하지 않고 자신들의 마을로 피난처를 구하러 온 사람들을 모두 받아들여 음식을 나눠주었다. 델리스 지방에서는 알제리 전역 그리고 심지어 모로코에서 찾아온 만 2천 명 이상의 사람들을 이런 식으로 먹여주었다. 알제리 전역에서 사람들이 굶어 죽을 때에도

양식을 가져와서 그 빚을 갚을 수 있을 정도였다고 카프카스의 친구가 말해주었다. 이와 유사한 관습이 모르도비아족에게도 있다.

카바일 지역에서는 이런 이유로 죽은 사례가 단 한 건도 없었다. 자신들에게도 필요한 것을 자제하면서 젬마에서는 정부에게 어떠한 원조를 요청하거나 사소한 불평을 늘어놓지도 않고 구호물자를 준비하였다. 그들은 이러한 행동을 당연한 의무라고 여겼다. 한편 유럽의 정착민들 사이에서는 온갖 종류의 경찰 제도가 마련되어 이방인들이 유입해서 저지르는 절도와 무질서를 막으려 하였지만, 카바일 지역에서는 이런 일들은 전혀 필요하지 않았다. 젬마에는 원조도 외부로부터의 보호도 필요하지 않았다.[148]

이제 카바일족의 삶에서 가장 흥미로운 두 가지 특징을 간략하게나마 언급하고자 한다. 즉 전쟁시에 우물이나 운하, 사원, 시장, 도로 등을 방어해주는 아나야annaya라는 이름의 제도에 대해서이다. 이와 함께 소프cof라는 것도 있다. 아나야는 전쟁의 재해를 줄이고 분쟁을 피하기 위한 제도이다. 시장터도 하나의 아나야가 되는데, 특히 국경 지방에서 카바일 사람들과 외부인들이 함께 모이게 되면 이 장터가 바로 아나야가 된다. 어느 누구도 감히 시장에서 소란을 피우지 못하며, 만일 소란이 발생하면 시장에 모인 외부인들이 이를 진압한다. 여인들이 마을에서 물가로 가는 길도 역시 전쟁시에는 아나야가 된다. 한편 소프는 널리 분포된 군집의 형태로 중세의 시민회(Bürgschaften, Gegilden)의 특성을 가지고 있다. 뿐만 아니라 상호방어를 목적으로 하는 모임의 성격을 지니기도 하며, 마을이나

---

148) Hanoteau et Letourneux, *La Kabylie*, ii 58. 이런 식으로 외부인들을 존중하는 것은 몽골족에게도 일반적이다. 자기 집에 이방인을 들이기를 거부한 몽골인은 그로 인해 이방인이 고통을 당했다면 전적으로 피의 보상을 받아야 한다. (Bastian, *Der Mensch in der Geschichte*, iii. 231)

씨족, 동맹의 지역적인 조직으로는 충족될 수 없는 다양한 목적 — 지적, 정치적, 정서적 목적 — 을 위해 형성된 모임의 성격도 지닌다. 소프에는 지역적인 제한이 없다. 소프는 다양한 마을에서 심지어는 외부인들 사이에서도 구성원을 받아들이고, 살아가면서 발생할 수 있는 모든 사건으로부터 사람들을 지켜준다. 요컨대 소프란 국경을 초월해서 상호 친화력을 다양하게 표출함으로써 지역적인 모임을 넘어서고 보충하려는 시도이다. 그러므로 인간들이 개인적인 취향이나 사상에 따라 자유롭게 국제적 연대를 추구하는 것은 오늘날 우리의 삶에 나타나는 가장 중요한 특징이라고 생각하지만 사실 그 기원을 따져보면 고대 미개인들에게서 찾을 수 있다.

코카서스 산악민들에게서도 위에 나왔던 똑같은 실례들을 살펴볼 수 있는 매우 교훈적인 내용을 얻을 수 있다. 오세트족의 현재 관습 — 이들의 집합가족과 코뮌 그리고 사법 개념 — 을 연구한 코발레프스키 교수는 자신의 명저 『근대의 관습과 고대법』에서 이 결과를 밝힌 바 있다. 그는 오세트족에 대한 연구를 통하여 과거 미개인들의 법전에 나타나는 유사한 경향을 하나하나 추적할 수 있었고 봉건제의 기원까지도 연구할 수 있었다. 다른 코카서스 부족의 경우에서 우리는 촌락 공동체의 기원을 얼핏 알아챌 수 있다. 이 경우는 같은 부족 내에서 나타난 형태가 아니라 혈통이 다른 가족들 사이에 자발적으로 연합한 형태이다. 최근의 예를 들자면 주민들이 '공동체 그리고 동포애'의 서약을 하는 케브수레 마을이 이 경우에 해당한다.[149] 코카서스의 다른 지역 다게스탄(러시아 남서

149) N. Khoudadoff, 카프카스 지리학회 회보, XIV, 1. Tifils, 1890, p. 68에 실린 "Notes on the Khevsoures". 이 사람들은 또한 같은 연합의 여자와는

부 스타브로폴 지방에 있는 공화국-옮긴이)에서는 두 부족 사이에서 봉건적인 관계로 발전되는 것을 볼 수 있다. 그러면서도 각자의 촌락 공동체를(심지어 부족 시대의 '계급'이 있던 흔적까지도) 유지하면서 동시에 미개인들이 이탈리아와 갈리아를 정복하면서 취한 형태들을 생생하게 보여준다. 자카탈리 지역(현 아제르바이젠에 위치한 지명-옮긴이)에서 그루지야와 타타르 마을을 여럿 정복했던 전승 종족 레즈긴족(러시아 서남부 다게스탄 지역에서 가장 오래된 종족 가운데 하나-옮긴이)은 이들을 독립된 가족으로 지배하지 않았다. 그들은 세 마을에서 만 2천 가구를 포함하고, 그루지야와 타타르 마을 20개 이상을 공동으로 소유하는 봉건 씨족을 구축하였다. 이 정복자들은 씨족들에게 자신들의 땅을 나눠주었고 씨족들은 이 땅을 가족들 사이에 공평하게 나누었다. 하지만 그들은 자신들의 속국에서 율리우스 카이사르가 언급한 관습을 여전히 실천하고 있는 젬마에는 간섭하지 않았다. 즉 젬마에서는 매년 공유지에서 경작해야 할 지역을 결정하거나 이 땅을 가족 수만큼 나눈 다음 그 부분들을 각각의 몫으로 분배하는 일 따위를 결정한다. 여기서 주목할 만한 점은 (토지를 사유하고 농노를 공유하는 제도하에서 살고 있는[150]) 레즈긴족 사이에서는 무산자들이 흔하게 발생하지만 여전히 토지를 공동으로 소유하는 그루지야 농노들 사이에서는 무산자를 좀처럼 보기 힘들다는 것이다. 코카서스 산악민들의 관습법의 경우에 롱고바르드인

결혼을 하지 않겠다고 맹세를 한다. 그래서 과거 부족 시대의 율법으로 급격하게 회귀한다.

150) Dm. Bakradze, 같은 회보, xiv. Ⅰ. p. 264에 실린 "Notes on the Zakataly District". '공동 조직'은 오세트족과 마찬가지로 레즈긴족에게도 일반적이다.

들(현재의 이탈리아 롬바르디아에 살던 사람들 -옮긴이)이나 살리 프랑크 인들(프랑크 족은 게르만민족 중에서 서게르만에 속하는 한 파로서, 단일 부족명이 아니라 살리족 · 리부아리족 · 카티족 등 라인 강 중 · 하류의 동안東岸에 거주하는 여러 소부족의 부족집단을 말한다 -옮긴이)의 관습법과 상당히 유사하고, 그 몇 가지 경향을 살펴보면 과거 미개인들의 사법 절차를 상당히 많이 알게 된다. 이들은 감수성이 예민해서 중대한 문제가 제기될 때 분쟁이 발생하지 않도록 최선을 다한다. 케브수레인들의 경우에 분쟁이 발생하면 즉각 칼을 빼어든다. 하지만 만일 한 여인이 뛰어나와 자신이 머리에 두르고 있던 아마포를 다투는 사람들 사이에 던지면 칼은 즉각 칼집에 꽂히고 분쟁은 가라앉는다. 그 여인의 머리 장식이 아나야가 되는 것이다. 만일 어떤 분쟁이 제때에 멈추지 않아 살인으로 끝나게 되면 그에 따른 보상금이 너무 막대해서 피해 가족이 가해자를 양자로 받아들여 주지 않으면 완전히 자신의 인생을 망치게 된다. 그리고 만일 사소한 분쟁에 칼을 써서 상처를 입히게 되면 친족들로부터 동정을 받지 못하게 된다. 모든 분쟁에서 중재자가 직접 문제를 해결한다. 중재자는 씨족의 구성원들 사이에서 작은 일에는 6명, 좀 더 중대한 문제에는 10명에서 15명 정도의 재판관을 선출한다. 그리고 러시아인 목격자들에 따르면 이 재판관들은 너무나 청렴결백하다고 증언한다. 선서는 일반적으로 존경을 받는 사람들만이 면제될 정도로 의미가 있다. 단순한 증언만으로도 충분하다. 케브수레인들은 중대한 사건일수록 자신의 죄를 인정하는 데 주저하지 않는다(물론 아직 문명과 접촉하지 않은 케브수레인들을 말한다). 단순한 사실 진술 이외에 모종의 평가가 개입해야 하는 재산 관련 분쟁이 일어났을 때 주로 선서가 이루어진다. 이러한 경우에 증언이 분쟁을 결정짓기 때문에 사람들은 대단히 신중하게 행동한다. 요컨대 이러한 과정은 코카서스 미개인 사회의 특징인 동료들의 권리를 성실하게 받아들이고 존중한다는 의미를 절대로 훼손하지는 않는다.

아프리카의 종족들은 초기 촌락 공동체에서 전제적인 미개인 군주국에 이르는 모든 중간 단계의 사회상을 매우 다양하고 흥미롭게 보여주고 있다. 그래서 나는 이 제도들을 비교 연구해서 중요한 결론을 내보려는 생각을 버려야만 했다.[151] 가장 흉포한 왕의 전제 정치하에서도 촌락 공동체의 민회와 관습법은 폭넓은 분야에서 최고의 권위를 유지하고 있었다고만 말해두겠다. 국가법을 통해서 왕은 그저 기분 내키는 대로 자신의 욕구를 채우기 위해 어느 누구의 목숨도 취할 수 있었다. 하지만 사람들이 지켜온 관습법을 통해서 미개인이나 우리 조상들은 상호지원을 목적으로 하는 제도들을 똑같은 형태로 계속 유지하였다. 그리고 좀 더 나은 혜택을 받은 종족들(보르누, 우간다, 에티오피아에 사는) 특히 보고스족이 가지고 있던 관습법의 어떤 성향은 정말로 고상하고 섬세한 느낌을 주었다.

남북 아메리카 원주민들의 촌락 공동체도 같은 특성을 지니고 있다. 브라질의 투피족(아마존 강 하류, 브라질 연안에 거주하는 남 인디언의 일족-옮긴이)은 옥수수나 카사바 밭을 공동으로 경작하는 씨족 전체가 '긴 집'에 들어가 살고 있는 모습을 볼 수 있다. 문명이 훨씬 더 발전한 아라니족도 자신들의 농지를 보통은 공동으로 경작

151) Post, *Afrikanische Jurisprudenz*, Oldenburg, 1887; Münzinger, *Ueber das Recht und Sitten der Bogos*, Winterthur, 1859; Casalis, *Les Bassoutos*, Paris, 1859; Maclean, *Kafir Laws and Customs*, Mount Coke, 1858 등을 보라.

한다. 또한 오카가족들도 원시공산제를 유지하고 '긴 집'에서 살면서 초기 중세 유럽에 뒤지지 않는 좋은 도로를 만들고 다양한 가내 공업[152]을 경영할 줄 알고 있었다. 이들 모두 역시 앞에서 이미 예로 제시했던 관습법을 똑같이 지키며 살고 있었다. 이 세상의 또 다른 끝에서 우리는 말레이의 봉건제도를 발견하게 된다. 하지만 이 봉건제도는 네가리아나 촌락 공동체를 근절시키기에는 역부족이었다. 네가리아나 촌락 공동체는 적어도 땅의 일부를 공동으로 소유했으며, 부족의 일부 네가리아들은 땅을 다시 분배했기 때문이다.[153] 미나하사의 알푸루스족은 곡식을 공동으로 윤작하고 와이언도트족의 인디언 종족은 부족 내에서 주기적으로 땅을 재분배하고 씨족이 토지를 경작한다. 이슬람식의 제도가 과거의 조직을 아직 완전하게 파괴하지 않은 수마트라의 전 지역에서, 비록 그 지역의 일부는 허가 없이도 개간되었지만, 땅에 대한 권리를 유지하고 있는 합동가족suka이나 촌락 공동체kota를 발견할 수 있다.[154] 결국 앞에서 촌락 공동체의 특징으로 간략하게 제시했던 특징들, 즉 상호보호와 분쟁이나 전쟁을 예방하기 위한 모든 관습들이 이들에게도 마찬가지로 존재하는 셈이다. 뿐만 아니라 땅에 대한 공동 소유가 더욱 완전하게 유지될수록 이러한 관습들은 더욱 좋아지고 너그러워진다. 드 스토이어스De Stuers는 정복자들이 촌락 공동체 제도를 덜

152) Waitz, iii. 423 이하.

153) Post, *Studien zur Entwicklungsgeschichte des Familien-Rechts* Oldenburg, 1889, pp. 270 이하.

154) Powell, *Annual Report of the Bureau of Ethnography*, Washington, 1881. Post, *Studien*, p. 290에 인용됨; Bastian, *Inselgruppen in Oceanien*, 1883, p. 88

파괴한 곳에서는 어디든지 재산의 불평등이 적게 나타나고, 보복법 규정도 잔혹하지 않게 나타나는데, 반면에 촌락 공동체가 전적으로 와해된 곳에서는 "거주민들이 전제적인 통치자들에 의해 가장 참을 수 없는 압제를 받는다."는 사실을 적극적으로 확인하고 있다.[155] 이런 현상은 상당히 자연스러운 것이다. 그리고 부족 연합을 유지했던 종족들이 과거의 결속을 상실한 종족들보다 높은 발전단계에 와 있고 더 풍부한 문헌들을 가지고 있다고 웨이츠Waitz가 말했을 때 그는 예견될 수 있었던 것을 앞서 지적했을 뿐이다.

더 많은 사례를 들어봐야 나에게는 지루한 반복에 불과하다. 결국 모든 기후 조건이나 모든 종족들 사이에서 나타나는 미개인들의 사회상은 눈에 띄게 유사하다. 인류는 놀라울 정도로 유사한 진화의 과정을 동일하게 겪었다. 안으로는 독립된 가족으로부터, 밖으로는 이주해온 외부인들을 재편하고 다른 혈통의 외부인들을 받아들여야 하는 이유로 씨족 조직이 위협받고 있을 때 지역적인 개념을 바탕으로 하는 촌락 공동체가 나타나게 되었다. 이전의 형태—씨족—에서 자연스럽게 발전하게 된 이 새로운 제도 덕분에 미개인들은 역사상 가장 혼란스러운 시기에 독립된 가족으로 분열되지 않고 생존경쟁에서 살아남을 수 있었다. 새로운 조직하에서 새로운 형태의 문화가 발전하였다. 농업은 지금도 대다수의 국가에서 능가하기 힘든 단계에 도달하였고, 가내 공업은 높은 수준의 완성도에 도달하였다. 야생 상태는 정복되어 길이 가로놓였고 최초의 공동체에서 떨어져 나온 무리들이 산재하게 되었다. 공동 숭배의

155) De Stuers, Waitz가 인용함, v. 141.

장소뿐만 아니라 장터나 요새화된 중심지가 세워졌다. 전체 종족으로 그리고 다양한 기원을 가진 여러 종족들로 확장된 더 넓은 개념의 연합이 서서히 그리고 공들여 만들어졌다. 복수의 개념뿐이었던 과거의 정의관은 서서히 복수 대신에 잘못을 교정한다는 생각으로 철저하게 변형되었다. 인류의 3분의 2 이상이 여전히 일상생활의 법칙으로 삼고 있는 관습법은 부의 사적인 축적이 쉬워지면서 권력을 얻게 된 소수가 다수를 압제하지 못하게 막는 관습 체계와 조직으로 만들어졌다. 이런 현상은 상호지지를 옹호하는 다수의 성향이 선택한 새로운 형태였다. 그리고 새롭게 나타난 대중적인 조직 형태하에서 인류는 경제적, 지적, 도덕적으로 매우 커다란 진보를 이루어냈다. 그 결과 이후에 국가가 나타나게 되었을 때는 이미 촌락공동체에서 모두의 이익을 위해 실행되었던 모든 사법적, 경제적, 행정적 기능은 소수의 이익만을 위해 점유되었다.

5

중세 도시의 상호부조

미개인 사회에서 권위의 성장
촌락에서의 농노제
요새화된 도시의 반란, 자유, 특허장
길드
중세 자유도시의 이중 기원
자치 사법권, 자치 통치
노동의 명예로운 지위
길드와 도시를 통한 교역

인간은 원래 사회적 본성을 가지고 있어서 상호부조와 상호지원을 필요로 하기 때문에 소규모로 고립된 가족들이 생존 수단을 쟁취하기 위해 서로 싸우면서 살아가는 모습은 역사상 어떠한 시기에도 찾아볼 수 없다. 반면에 앞의 두 장에서 보았듯이 최근의 연구를 통해서 밝혀진 바에 따르면 선사 시대 초기부터 인간들은 혈통이 같다는 관념을 가지고 공동의 조상을 숭배하면서 부계 씨족, 모계 씨족, 부족으로 뭉쳐서 사는 것이 보통이었다. 수십만 년 동안 이런 식으로 조직을 형성하라고 어떠한 권위도 강요한 적이 없었지만, 인간들은 이러한 자발적인 조직을 통해서 통합될 수 있었다. 이것은 이후로 진행되는 모든 인류의 발전에 뿌리 깊은 특징을 부여하였다. 같은 혈통의 유대가 대규모의 이동으로 인해 느슨하게 되고, 씨족 자체 내에서 독립된 가족들이 형성되면서 과거에 유지되었던 씨족의 연대감이 파괴되자 인간은 사회적 특성을 발휘해서 원칙적으로 지역을 기반으로 하는 새로운 연합의 형태 — 촌락 공동체 — 를 만들어냈다. 또 다시 이러한 제도를 통해서 인간들은 수세기 동안 결합할 수 있었고, 사회 제도들을 더욱 발전시키며, 인간 집단을 가족이나 개인으로 귀착시키지 않으면서도 역사상 가장 암울했던 시기를 뚫고 나갈 수 있었고, 부수적인 사회 제도를 수없이 창출해 지금까지 유지하고 있는 것이다. 이제 우리는 항상 사라지지 않는 상호부조라는 경향이 더욱 발전하는 모습을 살펴보아야 한다. 로마 제국이 몰락하고 나서 새롭게 문명을 시작할 당시에 나타났던 이른바 미개인들의 촌락 공동체를 택해서 중세, 특히 중세의 길드와 중세 도시에서 대중들의 사회적 요구로 일어난 새로운 양상들을 연구해 봐야 한다.

1세기의 미개인들(지금도 여전히 같은 미개 단계에 있는 많은 몽골인들이나 아프리카인들, 아랍인들 등과 마찬가지로)은 주로 싸우기 좋아하는 동물들과 비교되었지만 실제로는 그와 달리 전쟁보다는 평화를 항상 선호했다. 대이동 기간 동안에는 불모의 사막이나 고산 지대로 쫓겨가야 했고 주기적으로 더 많은 혜택을 누리는 이웃들을 약탈할 수밖에 없는 소수의 부족들을 제외하면 튜턴족, 색슨족, 켈트족, 슬라브족 등 대부분은 새롭게 정복한 거주지에 정착하고 나면 곧바로 밭일이나 목축으로 돌아갔다. 가장 최초의 미개인 법전에는 이미 사회란 서로 싸우는 다수의 사람에 의해서가 아니라 평화로운 농업 공동체로 이루어진다고 나와 있다. 이 미개인들은 온 나라를 마을과 농가로 만들었고,[156] 산림을 개간하고, 급류가 휩쓸고 간 지대에 다리를 놓았으며, 이전에 사람이 살지 않던 야생 지대를 개척하였다. 이들은 전쟁처럼 불확실한 일은 여기저기 떠돌다가 일시적으로 대장을 중심으로 모여드는 거친 남자들의 전사집단, 또는 '대리조직trust'에게 위탁했다. 전사집단이나 트러스트들은 평화가 유지되

---

156) W. Arnold는 자신의 저작 *Wanderungen und Ansiedelungen der deutschen Stämme*, p. 431에서 현재 중부 독일의 경지 중 2분의 1은 6세기에서 7세기에 개간된 것이 틀림없다고 주장한다. Nitzsch(*Geschichte des deutschen Volkes*, Leipzig, 1883, vol. i)도 의견을 같이 한다.

기만을 바라며 자신들의 모험 정신과 전투력, 사람들을 보호해주는 데 필요한 전투 지식을 제공한다. 이 전사 집단들은 집안들끼리의 불화를 처리하느라고 동분서주하였지만 대부분의 사람들은 자신들의 촌락 공동체의 독립성에 간섭하지 않는 한 누가 지배자가 되든 거의 관심을 두지 않고 줄곧 토지를 경작했다.[157] 새롭게 유럽을 차지한 사람들은 지금도 수많은 사람들이 시행하는 토지 보유권과 토지 경작 체계를 발전시켰다. 그들은 과거 부족 시대에 행해지던 피의 보복 대신에 손해를 보상해주는 체계를 만들어냈으며 처음으로 산업의 기초 원리를 습득했다. 그리고 한편으로 방책으로 된 벽으로 자기 마을을 요새로 만들거나 새로운 침략에 대비해서 수리할 수 있게 흙으로 성채나 탑을 세웠다가 곧 그러한 일들은 전쟁을 전문으로 수행하는 사람들에게 넘겨주었다.

미개인들은 천성적으로 싸움을 싫어하고 평화를 지향하기 때문에 결과적으로 군사 지도자들에게 종속되는 원인이 되었다. 무장 조합에 참여하는 생활 방식이 농업 공동체에서 토지를 개간하는 일보다 부를 축적하기가 더 쉽다는 것은 명백하다. 무력을 사용하는 사람들은 수시로 마타벨레인(남아프리카에 살던 원주민. 은에베레족이라고도 불린다-옮긴이)들을 총으로 쏘아 가축 무리들을 약탈하였다. 하지만 지금까지도 마타벨레인들은 평화만를 바랄 뿐이고 비싼 대가를 치르더라도 평화를 받아들일 준비가 되어 있다. 과거의 전사 집단들은 우리 시대의 전사집단보다 더 양심적이지도 않았다. 가축 떼, 철(당시에 엄청나게 값이 나갔던[158]), 노예들이 이런 식으로 착복되

157) Leo and Botta, *Histoire d'Italie*, 불어판, 1844, t. i., p. 37.
158) 단순한 칼을 훔친 경우에 화해금은 15솔리디였고 제재소의 철을 약간 훔친

었다. 획득물 대부분은 서사시에서 언급되었던 영광스러운 축제의 장소에서 소비되지만 강탈한 재물의 일부는 부를 축적하기 위해 사용되었다. 필요한 가축과 도구만 구할 수 있다면 버려진 땅은 충분했고 그 땅을 경작할 사람도 부족하지 않았다. 거주민들은 역병이나 페스트가 돌고 화재가 발생하거나 새로운 이주민들의 습격으로 마을 전체가 파괴되면 살던 마을을 버리고 새로운 거주지를 찾아 어디로든 떠나버린다. 러시아에서도 이와 유사한 상황에서 비슷한 일이 벌어졌다. 가령 무장 조합의 우두머리가 농부들에게 새 출발을 위해 가축을 제공해주고 쟁기 자체는 아니더라도 쟁기를 만들 수 있는 철을 준다거나 계속되는 침략을 막아주고 농부들이 계약된 부채를 변제하기 전이라도 수년간 모든 구속을 풀어주면 농부들은 그 땅에 정착하였다. 그리고 흉작과 홍수 그리고 역병과 힘겹게 싸우고 나서 이 개척자들이 부채를 다시 갚기 시작할 때쯤이면 이 영토의 보호자들에게 노예와 같은 책무를 지게 되었다. 의심할 나위도 없이 부는 이런 식으로 축적되었고 권력은 항상 부를 수반하였다.[159] 게다가 6, 7세기 당시의 생활상을 자세히 들여다볼

경우의 화해금은 45솔리디였다. (이 주제에 관해서는 Raumer, *Historisches Taschenbuch*, 1883, p. 52에 나오는 Lamprecht, *Wirthschaft und Recht der Franken*을 보라.) 리파리안 법에 따르면 전사의 칼, 창, 철갑옷은 적어도 25마리의 암소 혹은 자유인이 2년간 행하는 노동의 가치와 맞먹는다. 살릭법(Desmichels, Michelet가 인용함)에서 흉갑 하나만은 36부셸의 밀에 상당하는 가치를 지녔다.

159) 오랜 동안 족장들이 부를 획득하는 주요한 방법은 자신들의 사유지에 죄수 노예를 살게 해서 부를 얻기도 했지만 주로 위에서 상술한 방식으로 부를 얻게 되었다. 재산의 기원에 관해서는 다음을 보라. Schmoller, *Forschungen*, 1권, 1878에 실린 Inama Sternegg, *Die Ausbildung der grossen Grundherrschaften in Deutschland* ; F. Dahn, *Urgeschichte der germanischen und*

수록 부와 군사력 이외에도 소수의 권위를 구축하는 데 필요했던 다른 여러 요소를 더 잘 알게 된다. 그 요인은 바로 법과 권리이다. 이는 평화를 유지하고 정의를 확립하려는 대중의 욕망이었다. 법과 권리를 통해서 전사집단의 수장들 — 왕, 공작, 대공 등 — 은 세력을 얻어 향후 2, 3백 년 동안 계속 확장해 나갔다. 정의란 잘못된 행위를 적절하게 복수하는 행위라는 생각은 부족 단계에서 발전되었다. 하지만 이후에 이어지는 제도의 역사를 실로 꿰듯 일관되게 통찰해 보면 정의 관념은 왕과 봉건 영주들의 권위가 세워질 때 군사적, 경제적인 원인보다도 훨씬 더 강한 밑바탕이 되었다.

사실 미개인 촌락 공동체에서 무엇보다도 중요한 일 가운데 하나는 우리 시대의 미개인들도 마찬가지지만, 당시의 정의 개념으로부터 발생한 분쟁을 신속하게 해결하는 것이었다. 다툼이 발생하면 공동체가 즉각 끼어들었고 민회에서 사건을 경청한 이후에 피해자나 그 가족에게 지불되어야 할 화해금의 액수는 물론이고 평화를 침해한 벌금으로 공동체에 지불되어야 할 액수가 결정되었다. 내부적인 싸움은 이런 식으로 쉽게 진정되었다. 하지만 모든 수단을 동원해서 분쟁을 막으려고 해도[160] 서로 다른 두 부족이나 두 연합 부족 사이에서 분쟁이 발생하면 오래된 법을 잘 알고 있어서 양측이 똑같이 받아들일 만한 결정을 공평하게 내려줄 중재자나 선고 구형자를 찾기가 어려워진다. 부족이나 동맹마다 관습법이 달라서 경우

---

romanischen Völker, Berlin, 1881 ; Maurer, *Dorfverfassung* ; Guizot, *Essais sur l'histoire de France* ; Maine, *Village Community* ; Botta, *Histoire d'Itale* ; Seebohm, *Vinogradov*, J. R. Green 등등.

160) Henry Maine, *International Law*, London, 1888을 보라.

에 따라 보상금 액수가 일치하지 않으면 문제는 더 커진다. 그러므로 과거의 법을 그대로 지키고 있어서 명망이 높은 가족이나 종족에서 선고 구형자를 선택하는 일이 상례가 되었고, 법은 노래나 삼제가, 전설 등 운문의 형식으로 기억되어 영원히 이어져 내려왔다. 그리고 이런 식으로 법을 존속시키는 일은 일종의 기술, '비법'이 되어 특정한 가문에서 조심스럽게 대대로 이어져 내려왔다. 아이슬란드나 여타 다른 스칸디나비아 나라에서는 전체민회Allthing가 열릴 때마다, 뢰브쇠그마터lövsögmothr라는 사람이 모인 사람들을 일깨우기 위해 법 전부를 암송하였다. 그리고 알다시피 아이슬란드에서는 전해 내려오는 전통을 잘 알고 있는 특별한 계급의 사람들은 평판이 높아 판관으로서 대단한 권위를 누렸다.161) 또한 러시아의 연대기에 따르면 북서 러시아의 어떤 부족은 '씨족에 맞서 들고일어나는 씨족'이 점차 혼란을 가중시키자 이동을 하게 되었고, 노르만의 관습법 전문가varingiar에게 자신들의 판관이나 전사집단의 지휘자가 되어 줄 것을 간청하였다. 그리고 200년 동안 줄곧 대공이나 공작들이 같은 노르만 가에서 선출된 것을 보면 다른 슬라브 동족들보다 노르만인들이 법을 더 잘 알고 있어서 믿고 맡길 수 있었음을 알 수 있다. 이런 상황에서 과거의 관습을 전달하기 위해 사용된 룬문자(1세기경 게르만민족의 한 종족인 마르코만니족이 도나우 · 라인 강 상류지역에서 그리스문자의 흐름을 받은 북부 에트루리아, 알프스지방의 문자에 접하여 그것을 변형시킨 것이라는 설이 유력하다 -옮긴이)를 가지고

---

161) *Ancient Laws of Ireland*, 서문; E. Nys, *Études de droit international*, t. i. 1896, pp. 86 이하. 오세트족 사이에서는 가장 오래된 세 개의 마을 출신의 중재자가 특별한 명성을 누린다(M. Kovalevsky, *Modern Custom and Old Law*, Moscow, 1886, ii. 217, 러시아어)

있다는 점이 노르만인에게 결정적인 이점이 되었다. 하지만 어떤 경우에는 종족 중에서 '가장 손 위' 분가, 즉 본가로 지목되는 가족에서 재판관을 내도록 요청을 받았고, 본가의 결정을 정당한 것으로 신뢰하였다는 징후가 희미하게 남아 있다.[162] 한편 이후에 기독교 성직자에게서 선고 구형자를 구하는 독특한 경향이 나타나는데, 당시에 이들은 지금은 잊혀졌지만 보복은 정의로운 행동이 아니라는 기독교의 근본적인 원리를 고수하였다. 당시에 기독교 성직자는 피의 복수를 피해 도망쳐온 사람들을 위한 피난처로 교회를 열어놓았고 생명에는 생명으로 상처에는 상처로 라는 과거 종족적인 원리에 늘 반대하면서 범죄 사건이 발생하면 기꺼이 중재자의 역할을 하였다. 요컨대 초기 제도사를 깊이 있게 연구해 볼수록 권위의 기원을 군사 이론에서 그 근거를 찾기가 더욱 힘들어진다. 오히려 나중에 억압의 근원이 되기도 하였던 그러한 권력조차도 그 기원은 대중들의 평화를 지향하는 경향에서 발견된 듯하다.

어느 경우에나 보상금의 절반에 해당하는 벌금은 민회로 돌아갔고 아주 오랜 옛날부터 그 몫은 공동 설비나 방어를 위한 일에 사용되었다. 카바일족이나 일부 몽골 종족들 사이에서도 그와 같은 용도(탑 건립)로 사용된다. 몇 세기 이후에 프스코프(레닌그라드 근방의 프스코프 호에 위치한 도시 -옮긴이)나 몇몇 프랑스, 독일의 도시에서 법에 따라 부과된 벌금은 여전히 도시 성벽을 수리하는 데 사용되었

---

162) [타니스트리Tanistry(여러 켈트 부족들 사이에 있었던 관습. 이 관습에 따라 왕이나 추장은 씨족들의 우두머리 가운데서 추천되어서 모두가 모인 자리에서 선출되었다 -옮긴이)라는 개념과 연관된]이러한 생각은 그 당시 생활에 중요한 역할을 했다고 생각해도 무방하다. 그러나 아직 이러한 방향으로 연구가 진행되고 있지는 않다.

다는 확실한 증거도 있다.163) 이러한 벌금이 지역의 방위를 맡은 무장한 전사집단을 유지하고 형을 집행해야만 하는 선고 구형자들에게 넘어가는 일은 너무나 당연하였다. 이런 상황은 선출된 주교가 선고 구형자 역할을 하였던 8, 9세기에 보편적인 관습이 되었다. 결국 이 당시에 오늘날의 사법권과 행정권이 처음으로 결합된 형태로 나타났다. 하지만 이 두 가지 기능에 대해서 공작이나 왕이 지닌 직권은 엄격하게 제한되었다. 왕이나 공작은 인민의 통치자도 — 절대 권력은 여전히 민회에 귀속되어 있다 —, 민병대의 지휘관도 아니었다. 민간인이 무장을 하게 되면 개별적으로 선출된 지휘관들의 지시에 따르게 되어 있었는데, 지휘관들은 왕에게 종속되지 않으며 오히려 동등한 권위를 가지고 있었다.164) 왕은 자기 개인 영지의 영주에 불과하였다. 실제로 미개인의 언어에서 코눙, 코닝 또는 키닝('인종, 가족'을 의미하는 라틴어 gens와 그 어원이 같다. 또는 cyning이 '국가'를 의미하는 cynn에 '가족의 이름에 붙는 접미사'인 ing를 붙인 것이거나, 아니면 '왕족'을 의미하는 cyne에 ing를 붙인 데서 유래되었다고 보기도 한다. cyning은 원래 부족이나 왕족의 아들을 의미했다. 그리고 이 단어는 고대 독일어 cuning과 고대 스칸디나비아어 Konungr와 밀접하게 관련이 있다 -옮긴이)이라는 말은 라틴어 렉스rex와 동의어로 일시적인 지도자나 남자들 무리의 우두머리라는 뜻 이외에 별다른 의미는 없었다. 소함

---

163) 1002년 성 쿠엔틴의 특허장에는 범죄를 저질러 철거되도록 되어 있는 집에서 받은 배상금은 성벽을 만드는 데 쓰이도록 분명하게 적혀 있었다. 독일의 시에서 거두어들이는 운겔트Ungeld(세금 혹은 물품세)도 같은 용도로 사용하였다. 프스코프에 있는 성당은 벌금을 거두어들이는 은행이었고 이런 기금에서 성벽을 짓는 비용이 충당되었다.

164) Sohm, *Fränkische Rechts und Gerichtsverfassung*, p. 23 ; 또한 Nitzsch, *Geschichte des deutschen Volkes*, i. 78.

대나 해적선의 지휘관도 역시 코눙이었고 지금까지도 노르웨이에서 어선의 지휘관을 노트콩, '그물의 왕'이라고 한다.[165] 왕의 품성을 숭배하는 후대의 관념은 아직 나타나지 않았고, 동족에 대한 배신은 사형에 처해졌지만, 왕을 살해한 경우엔 보상금을 지불해서 보상하였다. 왕은 자유민보다 좀 더 존중되었을 뿐이다.[166] 크누(크누트) 왕(995~1035. 덴마크왕 스벤 1세의 둘째 아들로 잉글랜드를 침입하여 전토를 점령하고, 잉글랜드의 왕에 즉위하였다. 1018년 형 하랄의 사망으로 덴마크왕위도 상속하게 된다-옮긴이)이 자신의 전사집단에 소속된 어느 한 사람을 죽였을 때 동료들을 팅(스칸디나비아의 법정이나 의회-옮긴이)에 불러모아 무릎을 꿇고 용서를 빌었다고 전설은 전하고 있다. 하지만 그는 보통 화해금의 아홉 배를 지불하기로 동의하고 나서야 비로소 용서를 받았다. 그 화해금 가운데 3분의 1은 자기 사람 가운데 손실분을 메우기 위해 자기 자신에게로 돌아갔고, 또 3분의 1은 죽은 사람의 친척에게 그리고 나머지 3분의 1(fred)은 전사집단에게로 돌아갔다.[167] 사실 교회와 로마법 연구자들의 영향을 이중으로 받아서 당시의 시대정신이 전적으로 변화되고 나서야 비로소

---

165) 이 주제에 관해서는 Augustin Thierry, *Lettres sur l'histoire de France*, 7번째 편지에 나오는 빼어난 논평들을 보라. 성서의 일부를 이방인들이 번역한 것은 이 점에서 상당히 교훈을 준다.

166) 앵글로 색슨의 법에 따르면 왕의 가치는 귀족의 36배였다. 로타리 법전에는 왕을 살해하면 사형을 당하도록 되어 있다. 하지만 (로마의 영향력을 제외하더라도) 이러한 새로운 처분권은 레오와 보타가 지적한 대로 (646년에) 롬바르디아 법에 도입되어 피를 부른 보복에서 왕을 보호하였다. 당시에 왕은 자신이 직접 판결을 내리고 집행해야 했기 때문에 특별한 처분권으로 보호를 받아야 했다. 로타리 법전이 생기기 이전에 몇몇 롬바르디아 왕이 계속해서 살해되었기 때문에 더욱 그러하다. (Leo and Botta, 인용문 중에서, i. 66-90)

167) Kaufmann, *Deutsche Geschichte*, Bd. I. "Die Germanen der Urzeit," p. 133.

왕의 인격에 신성한 관념이 부여될 수 있었다.

하지만 방금 지적된 요인들로부터 권위가 점차적으로 발전하는 과정을 살펴보는 작업은 이 글의 범위를 넘어선다. 영국의 그린Green 부부(영국의 역사학자들-옮긴이), 프랑스의 오구스탱 티에리Augustin Thierry, 미슐레Michelet 그리고 뤼세르Luchaire, 독일의 카우프만Kaufmann, 얀센Janssen, 아놀드W. Arnold 그리고 니츠Nitzsch, 이탈리아의 레오Leo와 보타Botta, 러시아의 브옐라에프Byelaeff, 코스토마로프Kostomaroff와 그들의 추종자들, 그리고 기타 많은 사람들을 포함해서 이처럼 여러 사학자들은 이런 이야기들을 충분하게 했었다. 사람들이 일단 자신들을 군사적으로 보호해주는 사람들을 어느 정도 '부양하기'로 쉽게 동의하고 난 후에 어떻게 이 보호자들의 농노가 되었는지를 이 학자들은 밝혀주었다. 교회나 영주에 대한 '위탁'이 어떤 식으로 자유민들에게 부담스러운 강요가 되었는지 그리고 각 영주나 주교의 성이 어떻게 약탈자의 소굴이 되었으며 — 한 마디로 봉건주의가 어떤 식으로 강요되었는지 —, 십자군들은 고통스런 삶을 살고 있는 농노들을 해방시켜 줌으로써 대중들이 해방되는데 어떤 식으로 자극을 주었는지도 밝혀주었다. 우리의 주된 목적은 대중들이 상호부조라는 제도에서 보여준 건설적인 성향을 살펴보는 일이기 때문에 이 모든 내용들을 여기서 다시 재론할 필요는 없다.

미개인들이 누리던 자유의 흔적이 사라져가는 듯했을 때, 그리고 유럽이 수많은 소 지배자들의 통치를 받게 되면서 야만단계 이후에 나타난 신정국가나 전제 국가 체제, 혹은 지금도 아프리카에서 볼 수 있는 야만적인 군주 정치 체제를 향해 나아가고 있을 때 유럽의 삶은 또 다른 방향으로 흘러갔다. 즉 일찍이 고대 그리스 도시에서 걸었던 방향과 유사한 경로를 밟게 되었다. 도시 집단들은 가장 작은 성시城市까지도 오랜 동안 계속되어 온 세속 영주와 성직 영주의 속박에서 벗어나기 시작하였다. 그러한 양상은 이해할 수 없을 정도로 거의 똑같은 모습으로 진행되어 역사가들조차도 이해할 수 없을 정도였다. 요새화된 마을들이 영주의 성에 대항하여 봉기하였다. 처음에는 영주의 성을 얕보다가 다음에는 공격을 일삼았고 마침내 영주의 성을 파괴하였다. 이러한 움직임은 곳곳으로 퍼져나갔고 유럽의 모든 마을이 휘말려들어, 백 년도 안 돼서 자유 도시들은 지중해 연안, 북해, 발틱해, 대서양 더 아래로는 스칸디나비아의 피오르드(빙하기에 빙하의 이동에 의해 깊게 깎여나간 만灣을 일컫는 말 -옮긴이)에 나타나게 되었다. 또한 아펜니노 산맥(이탈리아를 남북으로 가르며 놓여 있는 산맥 -옮긴이), 알프스 산맥, 독일 남부의 삼림지대(슈바르츠 발트), 그램피언 산맥(스코틀랜드 동북부에 있는 산맥 -옮긴이) 그리고 카르파티아 산맥(루마니아 중앙부에 왕관 모양으로 놓여 있는 산맥 -옮긴이) 기슭까지, 러시아, 헝가리, 프랑스와 스페인의 평원에도 자유 도시들이 등장하게 되었다. 도처에서 똑같은 반란이 같은 양상으로 비슷한 과정을 겪으면서 동일한 결과를 초래하였다. 사람들이 성벽 배후에서 보호해줄 뭔가를 찾았거나 찾기를 바랐던 곳이면 어디든지 하나의 공통된 사상으로 결합된 '동맹회', '협동단체', '친목회'를 조직하였고 상호지지와 자유를 추구하는 새로운 삶을 향해 담대하게 나아갔다. 그리고 그들의 이러한 노력은 3, 4백 년 동안 잘 진행되어서 유럽의 모습을 완전히 바꾸어 놓을 정도로 성공을 거두었다. 이들은 온 나라를 자유민들의 자유로운 연합 성향을 드러내는 호화스러운 건물들로 채워 놓았다. 그 아름다움과 풍부한 표현력은 그때까지 무엇에도 비할 바가 아니었다. 그리고 이들은 모든 기술과 모든 산업을 다음 세대에 물려주었고 현재 우리들의 문명은 모든 성과와 미래에 대한 약속과 더불어 이와 같은 유산을 더욱 발전시킨 것에 불과하다. 이처럼 엄청난 결과를 낳았던 힘에 눈을 돌려보면 우리는 그러한 결과들을 개별적인 영웅들의 천재성이나 거대한 국가의 강력한 조직 혹은 지배자들의 정치적인 역량에서가 아니라 상호부조와 지원이라는 한결 같은 흐름 속에서 찾아볼 수 있다. 상호부조와 지원은 촌락 공동체에서 힘을 발휘하였고, 중세에는 새로운 형태의 연합에 의해서 활력을 얻어 강화되었다. 새로운 형태의 연합은 이전과 같은 정신에 의해 고무되어 길드라고 하는 새로운 모델로 형성되었다.

지금까지 잘 알려져 있듯이 봉건제가 시작되었다고 해서 촌락 공동체가 와해되지는 않았다. 영주가 농민들에게 성공적으로 노예노동을 강제하였고 이전에 촌락 공동체에서만 부여했던 권리(세금, 영구 양도, 상속과 결혼의 의무)를 스스로 전유하였지만, 그럼에도 불구하고 농민들은 자신들의 공동체에서 두 가지 근본적인 권리, 즉 토지의 공동 소유 그리고 자치 사법권을 그대로 유지하였다. 과거에 왕이 마을에 대리인을 보내면 농민들은 그를 한 손에는 꽃을 들고 다른 한 손에는 무기를 들고 영접했다. 그리고는 그에게 마을에서 통용되는 법이나 아니면 대리인이 가져온 법 가운데 어느 법을 받아들일 작정인지 물었다. 그리고 앞의 경우라면 그들은 그에게 꽃을 전해주었고, 두 번째 경우라면 그와 싸움을 벌였다.[168] 왕이나 영주가 보낸 관리를 거절할 수 없는 경우에는 받아들였다. 하지만 그들은 민회의 사법권을 유지하여 직접 6명이나 7명 혹은 12명의 판관을 지명했다. 이 판관들은 민회에 출석해서 영주가 지명한 판관과 함께 중재자나 선고 구형자로서 맡은 일을 했다. 대부분의 경우에 이 관리에게는 선고를 확정하고 관습적인 벌금을 부과하는 직무 이외에는 아무런 일도 맡겨지지 않았다. 당시에 자치 관리와 자치 입법을 의미했던 자치 사법권이라는 귀중한 권리는 온갖 역경을 무릅쓰고도 유지되었다. 그리고 칼 대제를 보좌했던 법률가들도 이 제도를 폐지할 수는 없어서 마지못해 인정했다. 동시에 공동체에 관련된 모든 문제에서 민회는 최고의 권위를 유지하였고 (마우러 Maurer가 밝혔듯이) 토지 보유의 문제에 관한 결정은 영주 자신도 따라야 한다고 요구했다. 봉건제가 발전하면서도 이러한 저항은 누그러뜨릴 수 없었고 촌락 공동체는 그 근간을 유지했다. 그리고 9세기와 10세기에 노르만인, 아랍인 그리고 우그리아인들(에스토니아에 살던 종족-옮긴이)이 침략했을 때, 군사적인 전사집단이 영토를 보호하는 역할을 거의 하지 못하자 유럽 전역에서 마을을 석벽과 포대로 요새화하는 움직임이 전반적으로 시작되었다. 수많은 중심지가 촌락 공동체의 힘으로 건설되었다. 그리고 공동체가 벽을 건설하고 나면 이 새로운 성역 안에서 공동의 이해가 발생하면서 앞으로는 외부의 침략은 물론이고 영주와 같은 내부 적의 침탈을 막을 수 있다고 생각하게 되었다. 이 요새화된 울타리 안에 자유로운 삶이 새롭게 발전하기 시작하였다. 중세 도시가 탄생한 것이다.[169]

---

168) F. Dahn, *Urgeschichte der germanischen und romanischen Völker*, Berlin, 1881, Bd. I. 96.

역사의 어떤 시기에도 10, 11세기보다 일반 대중의 힘이 건설적으로 드러난 예는 없었다. 그 당시는 '봉건제의 숲 사이에 존재하는 오아시스'를 대표하는 요새화된 마을이나 장터 등은 스스로 영주의 속박에서 벗어나기 시작해서 서서히 미래의 도시 조직을 형성하였다. 하지만 불행하게도 이때는 역사적인 정보가 유독 희박한 시기이다. 결과는 알고 있지만 그 결과를 이루어 낸 수단에 대해서는 거의 알려진 바가 없다. 자신들이 세운 벽으로 보호를 받게 되면서 도시의 민회—상당히 독립적으로 운영되든 아니면 중요한 귀족이나 상인 가족들이 이끄는 민회이든—는 군사적인 보위자保衛子나 마을의 대법관을 선출하는 권리나 적어도 감히 이러한 지위를 손에 넣으려고 넘보는 자들을 가려낼 권리를 얻어 유지하였다. 이탈리아에서 신생 코뮌들은 지속적으로 보위자나 통치자들을 추방하였고 이에 저항

---

169) 오래 전부터 마우러(*Geschichte der Städteverfassung in Deutschland*, Erlangen, 1869)가 주장하는 견해를 따른 이유는 촌락 공동체에서 중세 도시로 단절되지 않고 진화한 사실을 충분하게 입증하였고 공동체 운동이 지닌 보편성을 설명할 수 있기 때문이다. 사비니Savigny와 아이히호른Eichhorn 그리고 이들의 추종자들은 로마의 무니키피움*municipium*(고대 로마에서 라틴 동맹이 해체되면서 로마에 편입한 자치 도시를 말한다 -옮긴이)의 전통이 완전히 사라지지 않았음을 분명하게 입증하였다. 하지만 이들은 이방인들이 도시를 만들기 이전에 살고 있었던 촌락 공동체 시기를 고려하지 않았다. 사실 인류가 문명 속에서 그리스나 로마 또는 중세에 첫발을 내딛을 때면 언제나 똑같은 단계를 거쳤다. 즉 부족, 촌락 공동체, 자유도시, 국가. 이 각각의 단계는 이전 단계에서 자연스럽게 진화한 것이다. 물론 앞선 문명의 경험은 절대로 상실되지 않는다. 그리스(이 자체도 동방 문명의 영향을 받은 것이다)는 로마에 영향을 주었고, 로마도 현재 우리 문명에 영향을 주었다. 하지만 그 문명들 하나하나는 같은 시작 단계, 즉 부족에서 시작했다. 우리 시대의 국가가 로마 시대의 국가가 연장된 것이라고 말할 수 없듯이 유럽의 중세 도시가 로마 도시의 연장이라고 할 수도 없다. 유럽의 중세 도시(스칸디나비아와 러시아를 포함해서)는 로마 도시의 전통에 어느 정도 영향을 받은 이방인들의 촌락 공동체의 연장이었다.

하는 자들과 싸움을 벌였다. 동양에서도 마찬가지였다. 보헤미아에서는 부자와 가난한 자가 다 같이 선거에 참여하였다.[170] 한편 러시아 도시의 민회vyeches에서는 정기적으로 항상 똑같은 루릭가에서 공작을 선출해서 그들과 계약을 체결하였고 불만이 생기면 대공을 추방했다.[171] 또한 서, 남 유럽 대부분의 도시에서는 도시 자체에서 선출한 주교를 옹호자로 받아들이는 경향이 있었다. 그리고 매우 많은 주교들이 도시의 '특권'을 보호하고 자유를 옹호하는 데 앞장섰기 때문에 상당수는 죽고 나면 다른 도시의 성인이나 특별한 후원자로 대접을 받았다. 윈체스터의 성 우설레드, 아우크스부르크의 성 울릭, 라티스본의 성 볼프강, 쾰른의 성 헤리베르트, 프라하의 성 아달베르트 그리고 많은 대수도원장과 수도사들은 대중의 권리를 옹호함으로써 이처럼 많은 도시의 성인이 되었다.[172] 그리고 평신도든 성직자든 새로운 옹호자를 옹립해서 시민들은 민회를 완전하게 자치 사법권과 자치 경영권을 획득하였다.[173]

---

170) M. Kovalevsky, *Modern Customs and Ancient Laws of Russia* (Ilchester Lectures, London, 1891, lecture 4)

171) 상당한 양의 연구가 이루어진 후에야 비로소 이른바 '이상理想 시기'의 특징이 브옐라에프(*Tales from Russian History*), 코스토마로프(*The Beginnings of Autocracy in Russia*), 그리고 특히 세르기에비치 교수(*The Vyeche and the Prince*)의 저술을 통해서 제대로 확립되었다. 영어권 독자라면 방금 언급한 코발레프스키의 저작이나 람보드의 *History of Russia* 그리고 간단한 요약본과 *Chambers's Encyclopedia* 최신판의 '러시아' 항목에서 어느 정도 정보를 얻을 수 있다.

172) Ferrari, *Historie des révolutions d'Italie,* i. 257; Kallsen, *Die deutschen Städte im Mittelalter,* Bd. I. (Halle, 1891).

173) 런던의 민회에 관해서는 G. L. Gomme 씨의 탁월한 지적을 보라(*The Literature of Local Institutions*, London, 1886, p. 76). 하지만 왕족이 다스리는

이 모든 해방의 과정은 드러나지 않게 공동의 대의에 바쳐진 헌신적 행위를 통해 추진되었고 평민 출신의 사람들이나 이름조차 역사에 남아 있지 않은 무명의 영웅들이 이루어낸 것이었다. 일반 대중들이 귀족 가문들 사이에 벌어지는 끊임없는 불화에 제한을 가하려는 노력으로 신의 평화를 기치로 내건 놀라운 운동이 신생 도시에서 발생하였고, 주교나 시민들은 자신들의 도시 성벽 내에서 확립된 평화를 귀족에게까지 확대하려고 노력하였다.[174] 이미 당시에 이탈리아의 상업 도시, 특히 아말피(844년 이후로 집정관이 선출되었고 10세기에는 이 총독들이 자주 바뀌었다)[175]에서는 관습적인 해양법과 상법이 만들어져서 이후 전 유럽의 모범이 되었다. 라벤나(이탈리아 북동부에 위치한 내륙도시 -옮긴이)에서는 수공업 조직이 형성되었고 980년에 최초의 혁명을 경험했던 밀라노는 상업의 대 중심지가 되어 11세기 이래로 무역에서 완전한 독립을 누렸다.[176] 브뤼헤(벨기에의 도시 -옮긴이)와 헨트(7세기에 세워진 벨기에에서 가장 오래된 도시

도시에서는 민회가 다른 도시에서 획득한 독립성을 갖지 못했다는 점도 지적해두어야겠다. 왕이나 교회가 국가 내에서 왕권의 요람으로서 모스크바나 파리를 선택한 이유는 틀림없이 모든 문제에 주권자 역할을 해왔던 민회라는 전통이 없었기 때문이다.

174) A. Luchaire, *Les Communes françaises* ; 또한 Kluckohn, *Geschichte des Gottesfrieden*, 1857. L. Sémichon(*La paix et la trève de Dieu*, 2권, 파리, 1869)은 공동체 운동이 이러한 제도에서 발생한 것으로 설명하려고 노력하였다. 실제로 귀족의 약탈과 노르만의 침공을 방어하기 위해서 루이 6세 하에서 시작한 동맹과 마찬가지로 '신의 평화treuga Dei'는 철저히 대중적인 운동이었다. 이 최후의 동맹을 언급한 유일한 역사가 비탈리는 이를 '민중의 공동체'로 설명한다. ("Considération sur l'histoire de France," Aug. Thierry, *Œuvres*, 4권, 파리, 1868, p. 191과 주석)

175) Ferrari, i. 152, 263 등.

176) Perrens, *Histoire de Florence*, i. 188; Ferrari, 앞의 책, i. 283.

중의 하나-옮긴이)도 마찬가지였다. 또한 프랑스의 몇몇 도시에는 공공장소Mahl가 상당히 독립적인 제도가 되었다.[177] 이미 이 시기 동안에 도시는 건축물들을 예술적으로 장식하기 시작하였고 우리는 지금까지도 그런 작품들을 찬미하고 당시의 지적인 사조를 높이 평가하고 있다. "당시에 거의 모든 지역에서 바실리카가 재건되었다."라고 라울 그라버는 자신의 연대기에 적고 있다. 중세 건축의 가장 세련된 기념물들은 당시로 거슬러 올라간다. 브레멘의 놀라운 옛 교회는 9세기에 건설되었고, 베네치아의 산 마르코 사원은 1071년에 완공되었으며, 피사의 아름다운 돔은 1063년에 만들어졌다. 사실 12세기의 르네상스[178]와 12세기 합리주의 — 종교개혁의 선구[179] — 로 설명되는 지적인 운동은 도시 대부분이 성벽으로 둘러싸여 작은 촌락 공동체 형태가 단순한 집단으로 여전히 남아 있던 이 시대에서 비롯되었다.

하지만 자유와 계몽사상이 성장하고 있던 이런 중심지에서 사상과 행동을 통일시키고 12, 13세기에 힘을 얻게 된 독창성을 발휘하게 하려면 촌락 공동체 원리말고도 또 다른 요소가 필요했다. 직업이나 수공업 그리고 예술이 다양하게 발달하면서 멀리 떨어진 나라들과 상업이 성행하자 새로운 형태의 연합이 필요하게 되었다. 이처럼 새롭게 필요한 요소를 충족시켜준 것이 길드였다. 길드,

177) Aug. Thierry, *Essai sur l'histoire du Tiers État*, 파리, 1875, p. 414, 주석.
178) F. Rocquain, "La Renaissance au XIIe siècle" *Études sur l'histoire de France*, 파리, 1875, pp. 55-117.
179) N. Kostomaroff, *Monographies and Researches* (러시아어)에 실린 '12세기의 합리주의자들'.

조합, 친목단체 그리고 러시아의 드루제스토바druzhestva, 민네 minne, 아르텔artels, 세르비아와 터키의 에스나이프esnaifs, 그루지야의 암카리amkari 등 다양한 이름을 가진 연합을 다룬 책들이 수없이 쏟아졌다. 이런 연합들은 중세에 엄청난 발전을 이루었고 도시를 해방시키는 데 중요한 역할을 하였다. 하지만 역사가들이 이러한 조직의 보편성과 진정한 특성을 이해하는 데는 60년 이상의 시간이 필요했다. 수많은 길드의 규정이 발간되어 연구되고 로마의 콜레기아(로마 제정시대에 조직된 콜레기아는 당시 사회적 약자나 하층민들이 서로 돕기 위해 만든 상호부조 조합이다-옮긴이)와의 관련성과 그리스나 인도[180]에서 가장 초기의 연합이 알려지면서 이제야 겨우 이러한 조합들이 우리가 씨족이나 촌락 공동체에서 작용하였던 똑같은 원리가 더 한층 발전된 것에 불과하다는 확신을 갖게 되었다.

배 위에서 형성되었던 일시적인 길드만큼 중세의 조합을 더 잘 증명해주는 사례는 없다. 당시에 전해진 바에 따르면 한자hansa의 배가 항구를 떠난 후 첫날 반나절의 여정을 마쳤을 때 선장은 모든 승무원과 승객들을 갑판에 불러모아 다음과 같이 말했다.

> "우리들은 신의 자비와 파도의 한 가운데 있으므로 각자가 서로 평등해야 합니다."라고 그는 말했다. 그리고 "우리는 폭풍과 높은 파도, 해적들 그리고 여러 위험에 둘러싸여 있기 때문에 우리의

---

180) 길드의 보편성에 관련된 아주 재미있는 사실들이 J. M. Lambert 목사의 "Two Thousand Years of Guild Life," Hull, 1891에서 발견된다. 그루지야의 암카리에 관해서는 코카서스 지리학 협회 회보, XIV. 2, 1892에 실린 S. Eghiazarov, *Gorodskiye Tsekhi*("Organization of Transcaucasian Amkari")를 보라.

> 항해를 무사히 마칠 수 있도록 엄격한 질서를 지켜야 합니다. 그렇기 때문에 우리는 바람이 거칠지 않기를 그리고 항해가 성공하기를 기도하고, 항해법에 따라 재판장의 자리에 오를 사람Schoffenstellen을 임명해야 합니다." 그래서 선원들은 판결을 내려줄 재판장Vogt과 네 명의 배심원Scabini을 선출했다. 항해가 끝날 무렵에 재판장과 배심원은 자신들의 직위에서 물러나면서 선원들에게 다음과 같이 말했다. "배 안에서 일어난 일에 대해서 우리들은 서로에게 용서를 베풀고 끝난 일로 여겨야 합니다. 우리가 올바르게 판단할 수 있었던 까닭은 정의를 지키려했기 때문이었습니다. 그렇기 때문에 진실한 정의의 이름으로 여러분 모두에게 다른 사람에게 품을 수 있는 모든 원한을 잊고 빵과 소금을 두고 그 일을 나쁘게 생각하지 않기를 맹세하도록 부탁하는 이유입니다. 하지만 어느 누구라도 스스로 피해를 입었다고 생각되면 육지의 재판장에게 탄원해서 해가 지기 전에 재판을 요구해야 합니다." 육지에 닿은 후에 벌금으로 모은 돈은 항구의 재판장에게 전해져서 가난한 사람들에게 분배된다.[181]

이 간단한 이야기는 다른 어떤 말보다도 중세 길드의 정신을 잘 묘사해준다. 한 무리의 사람들 — 어부, 사냥꾼, 행상인, 건축업자 또는 정착한 장인들 — 이 공동의 목적을 위해서 모이는 어느 곳에서든지 이와 같은 조직이 생겨났다. 그러므로 배 위에서는 선장이 배에 관한 전권을 가지고 있지만 공동의 사업을 성공시키기 위해서 부자나 가난한 사람, 갑판장이나 선원, 선장이나 항해사 등 배 위의 모든 사람들은 상호 관계에서 단순한 인간으로서 평등하게 대하기로 합의하고 서로를 도와주며 발생 가능한 분쟁을 모든 사람들이

181) Fichard, *Frankfurter Archiv*, ii. 245에 실린 J. D. Wunderer, "Reisebericht" ; Janssen, *Geschichte des deutschen Volkes*, i. 355에서 인용함.

선출한 재판장 앞에서 해결해야 한다. 이와 마찬가지로 수많은 장인들이 예컨대 성당 같은 건물을 지으려고 모여들면 이들 모두는 자신들의 정치적인 조직인 도시에 소속되어 있지만 각자 동업 조합에도 소속된다. 하지만 그 이외에도 어느 누구보다도 잘 알고 있는 자신들의 공동 사업을 위해서 결합한다. 그래서 일시적이기는 하지만 더 밀접한 결속력으로 결합된 조직체에 함께 참여하기도 했고 성당을 짓기 위한 길드를 설립하기도 했다.[182] 같은 상황을 카바일족의 소프에서도 볼 수 있다.[183] 카바일족은 촌락 공동체를 가지고 있다. 하지만 이러한 연합으로는 모든 정치적, 상업적, 개인적 욕구를 충족시킬 수 없어서 소프라고 하는 더 밀접한 동업조합이 구성된다.

중세 길드의 사회적 특성에 대해서는 길드의 규약을 보면 알 수 있다. 초기 덴마크 길드의 규약집skraa을 예로 들어 보자. 여기서 처음으로 읽을 수 있는 글귀는 길드 전체에 같은 형제라는 감정이 퍼져 있어야 한다는 내용이다. 그 다음으로는 두 조합원 사이에서 또는 조합원과 외부인 사이에서 분쟁이 발생할 경우에 대비해서 자치 사법권에 관련된 규정들이 나온다. 그 다음으로는 동업자들이 지켜야 할 사회적인 의무가 열거되어 있다. 어느 조합원의 집이 불에 탔거나 배를 잃거나 순례 여행 중에 고초를 겪게 되면 모든 동업자들은 도움을 주어야 한다. 어느 조합원이 위험한 병에 걸리면 두 명의 조합원이 환자가 위험에서 벗어날 때까지 침대 곁에서

182) Leonard Ennen, *Der Dom zu Köln, Historische Einleitung*, Köln, 1871, pp. 46, 50.
183) 앞 장을 보라.

지켜봐 주어야 하고, 만일 환자가 죽으면 동업자들은 그를 묻어 주고 — 페스트가 창궐한 당시에 이는 중대한 일이었다 — 교회나 무덤까지 따라가 주어야 한다. 환자가 죽은 후에도 죽은 사람의 아이들을 돌봐주어야 하고, 필요하다면 미망인은 길드의 여성 회원이 되는 경우도 있다.[184)]

이와 같은 두 가지 중요한 특징들은 여러 가지 목적으로 결성된 모든 조합에서 나타났다. 각각의 경우에 구성원들은 서로를 형제나 자매라고 부르고 대우했다.[185)] 모든 사람들이 길드에서는 평등했다. 이들은 공동으로 약간의 '재산'(가축, 땅, 건물, 예배소나 '자본금')을 공동으로 소유하였다. 모든 조합원들은 과거의 불화를 모두 잊어버리기로 서약했다. 그리고 서로에게 다시는 싸우지 않겠다는 의무감을 부여하지는 않지만 어떠한 다툼이라도 불화로 확대되거나 조합원 자신들의 법정 이외의 또 다른 재판소에서 소송으로 비화되지 않도록 동의하였다. 그리고 만일 어느 조합원이 길드에서 외부인과 분쟁에 연루되면 좋든 싫든 같은 조합원을 지지하기로 동의한다. 즉 부당하게 침해를 받아 고소를 당하거나 실제로 가해를 입혔더라도 조합원들은 자기 조합 사람을 지원해서 사태를 평화롭게 끝내도록 해야 한다. 상대방을 비밀리에 공격한 경우가 아니면 동업자들은 조합원의 편을 들었다.[186)] 피해를 입은 사람의 친척들이 즉각 다시

---

184) Kofod Ancher, *OM gamle Danske Gilder og deres Undergång*, Copenhagen, 1785. Knu 길드의 규약집.

185) 길드 내에서 여자들의 지위에 관해서는 툴민 스미스 양이 자신의 아버지가 쓴 *English Guilds*라는 책에 붙인 머리말을 보라. 1503년 케임브리지 규약집 중에는 다음과 같은 문장 하나가 분명히 들어 있었다. "이 규약집은 신성한 길드에 속한 모든 형제, 자매가 완전하게 합의하여 만든 것이다."

186) 중세에는 비밀리에 공격을 가한 경우에만 살인으로 취급되었다. 백주 대낮에

공격을 해서 보복하기를 원하면 조합원들은 가해자에게 도망갈 말이나, 배, 노 한 쌍, 칼 그리고 불을 밝힐 부싯돌을 마련해주었다. 만일 마을에 남고자 한다면 12명의 조합원이 그와 함께 하면서 지켜주었다. 그리고 한편으로는 화해금을 마련하였다. 조합원들은 법정에 가서 자기 조합원의 진술이 진실하다는 것을 선서로 지지하였고 만일 가해 조합원에게 유죄가 결정되면 조합원들은 그 사람이 파산하거나 결정된 보상금을 물지 못해서 노예가 되지 않도록 해준다. 마치 옛날 부족 사회에서 했듯이 조합원들 모두가 그 돈을 물어주었다. 어떤 조합원이 자신의 길드 조합원들이나 다른 사람에게 신의를 저버렸을 경우에만 "하찮은 인간으로 불리며" 조합에서 배제되었다.[187]

점차 중세의 삶 전체에 깊이 침투한 이러한 조합들의 주된 사상은 이와 같은 것이었다. 사실 우리는 모든 직업마다 길드 조직이 있다는 사실을 알고 있다. 농노의 길드,[188] 자유민의 길드 그리고 농노와 자유민의 길드. 길드는 사냥이나 어로, 또는 교역 원정 등의 특수한 목적을 위해 소집되었다가 그 목적이 달성되면 해산되었다. 특정한 기술이나 무역 분야에서는 길드가 몇 백 년씩 지속되

벌어진 피의 보복은 정당한 것이었다. 분쟁 중에 사람을 죽이게 된 경우에 가해자가 기꺼이 유감을 표시하고 그가 행한 잘못에 대해 보상하면 살인으로 간주되지 않았다. 이런 식의 구별은 특히 러시아에서 근대 형법에 깊은 흔적을 남기도 있다.

187) Kofod Ancher, 앞의 책. 이 오래된 책자에는 이후의 탐구자들이 빠뜨린 많은 내용을 담고 있다.

188) 이 길드들은 농노가 반란을 일으켰을 때 중요한 역할을 하였다. 그래서 9세기 후반에는 계속해서 여러 차례나 금지되었다. 물론 왕이 내린 금지령은 사문화 되었다.

기도 하였다. 그리고 길드의 목적이 엄청나게 다양해짐에 따라 길드의 형태도 그에 비례해서 다양해졌다. 그래서 우리는 상인, 장인, 사냥꾼, 농민들의 길드뿐만 아니라 목사, 미술가, 초등학교 선생님이나 대학교 교수들의 길드, 수난극을 상연하기 위한 길드, 교회를 짓기 위한 길드, 특정 유파의 기술이나 수공업의 '비전'을 발전시키기 위한 길드, 특수한 오락을 위한 길드를 볼 수 있고, 심지어는 거지나 사형집행인, 미망인들 사이에서도 길드가 결성되었다. 이 모든 길드는 자치 사법권과 상호지원이라는 이중의 원리를 근간으로 조직되었다.[189] 러시아의 경우에, 바로 '러시아를 형성하는 것'은 초기의 촌락 공동체의 역할에 버금가는 사냥꾼, 어부, 상인들의 아르텔이 수행했던 역할이었다는 긍정적인 증거가 있고, 현재까지도 러시아에는 아르텔이 넘쳐난다.[190]

이상의 몇 가지 언급만으로도 해마다 열리는 축제에서 이 제도의 본질을 파악하려 했던 초기의 길드 연구자들이 얼마나 잘못된

189) 중세 이탈리아의 화가들도 길드를 조직했다. 그리고 시간이 흐른 뒤에 길드는 미술원이 되었다. 당시의 이탈리아 미술이 오늘날까지도 파두아Padua, 바스노Bassno, 트레비소Treviso, 베로나Verona 지방의 각기 다른 유파들을 구별하는 유별난 개성에 영향을 받았다면, 비록 그 모든 도시들이 베니스에 있었지만 J. 폴 리히터에 따르면 각 도시에 있는 화가들은 각기 다른 길드에 속해 있으면서 다른 도시의 길드와도 우호적이고 각자 독립적으로 이끌어갔기 때문이다. 가장 오래된 길드 규약으로 알려진 것은 1303년이라고 적혀 있는 베로나 규약집인데 이것도 훨씬 더 오래된 규약집을 베낀 것이 틀림없다. 구성원들 사이의 의무를 다음과 같이 규정하고 있다. "필요한 경우엔 무슨 일이든 형제처럼 돕는다." "이방인들을 환대하고 마을을 지나갈 때면 알고 싶어하는 정보를 제공한다." "쇠약해진 사람을 위안해 줄 의무." (《19세기》, 1890년 11월, 1892년 8월)

190) 아르텔을 다룬 중요한 저작들은 브리태니커 백과사전 제9판, p. 84의 '러시아' 항목에 나와 있다.

견해를 가지고 있었는지가 드러난다. 사실 공동으로 식사를 하는 날은 주로 길드의 장을 선출하거나 규약집의 변경을 논의하는 날이나 그 다음 날이고 동업자들 사이에서 벌어진 분쟁을 심판하는 날이나[191] 길드에 대한 헌신을 새롭게 다짐하는 날이었다. 과거 부족 시대의 민회에서 벌어졌던 축제mahl, malum, 또는 부랴트족의 아바, 교구 잔치, 추수 만찬과 같은 공동식사는 단순히 형제애를 확인하는 것이었다. 공동식사는 씨족이 모든 일을 공동으로 처리하던 시대를 상징했다. 적어도 당시에는 모두가 모두에 귀속되었고 모두가 같은 식탁에 앉아서 같은 식사를 하였다. 심지어 훨씬 세월이 흐른 뒤에도 런던 길드에 소속된 사설 구빈원의 입소자도 이날만은 부유한 길드의 장 옆에 앉았다. 몇몇 연구자들은 고대 색슨족의 '치안 길드'와 이른바 '사회적' 혹은 '종교적' 길드를 구분하려 했지만 이 모두는 위에서 언급한 의미에서 치안 길드였고[192] 동시에

---

191) 다음을 보라. 예를 들면 툴민 스미스(*English Guilds*, 런던, 1870, pp. 274-276)가 제시한 케임브리지 길드의 문서에는 "모두에게 중요한 날은 선거일"이라고 나와 있다. 또는 Ch. M. Clode, *The Early History of the Guild of the Merchant Taylors*, 런던, 1888, i. 45 등등. 충성의 갱신에 관해서는 Pappenheim, *Altdänische Schutzgilden*, Breslau, 1885, p. 67에 언급된 Jómsviking saga를 보라. 길드에서 사법적인 문제가 발생하기 시작했을 때 규약집에 기록된 내용은 주로 식사일이나 혹은 신성한 의무만이 기록되었지 길드의 사법적인 기능에 대해서는 모호하게 언급되어 있었을 가능성도 많다. 하지만 이러한 기능은 상당히 시간이 흐른 뒤에도 사라지지 않았다. 지금은 국가가 사법 조직을 관료제도에 의해 전유하고 있으므로 "누가 나를 재판할 것인가?"라는 물음은 의미가 없다. 하지만 중세에는 상당히 중요한 문제였다. 자치 사법권은 자치 통치를 의미하기 때문이다. 색슨과 덴마크 말 '길드-형제 brodræ'가 라틴어 *convivii*로 번역된 것도 위와 같은 혼란이 생기게 된 이유라는 점도 언급하고 넘어가야겠다.

192) 치안 길드에 관해서는 *The Conquest of England*, 런던, 1883, pp. 229-230에 나오는 J. R. Green과 Green 여사의 탁월한 견해를 보라.

특정한 성인의 보호를 받게 되면 그 촌락 공동체나 도시는 사회적이고 종교적 성향을 갖게 되므로 그런 의미에서 종교적 길드였다. 만일 길드라는 이 제도가 아시아, 아프리카 그리고 유럽으로 광범위하게 퍼져나갔다면, 유사한 조건이 반복해서 형성되면서 다시 나타나 수천 년 동안 존속되었다면, 그 이유는 길드라는 조직이 식사하는 모임이나 특정한 날에 교회에 가기 위한 모임이나 장례식 모임 이상의 의미를 지녔기 때문이다. 길드 제도는 인간 본성이 지닌 아주 뿌리 깊은 욕구를 충족시켜주었고 이후에 국가가 관료나 경찰 제도를 통해 독점하였던 모든 기능을 구현하였다. 어쩌면 그 이상일 수도 있다. 길드는 모든 상황마다 그리고 살면서 발생하는 모든 사건들 속에서 '행동과 충고'를 통해 서로 도와주는 단체였고, 정의를 유지하기 위한 조직이었다. 국가 간섭의 근본적인 특징인 형식적인 요소가 아니라 모든 경우에 인간적이고 형제애적인 요소가 채택된다는 점에서 길드는 국가 조직과는 다르다. 길드 법정에 출석하는 경우에도 길드의 조합원은 자신을 잘 알고 있고 일과나 공동식사, 조합원의 의무를 수행하던 사람들 옆에 서서 진술을 했다. 즉 법률가나 다른 사람의 이익을 대변하는 사람이 아니라 법정에 출두한 자신과 동등하고 같은 조합원 자격인 사람들 앞에서 진술했던 것이다.[193]

이 제도는 개인에게서 독창성을 빼앗지 않으면서도 집단의 욕구를 충족시키는 데 상당히 잘 들어맞았기 때문에 확산되고 발전

193) 부록 10를 보라.

해서 강화될 수 있었다. 유일한 어려움이라면 촌락 공동체 연합의 간섭을 받지 않으면서 길드 연합을 결합시키고 이 모두를 하나의 조화로운 전체로 결합시키는 그러한 형태를 찾아내는 데 있었다. 그리고 이러한 결합 형태가 발견되어 여러 가지 호의적인 환경들이 조성되면서 도시들이 독립성을 얻게 되자 철도나 전신 그리고 출판이 상당히 발전되어 우리 시대에도 감탄할 수밖에 없는 사상의 통합을 도시는 이루어냈다. 도시의 해방을 기록한 수많은 특허장들이 우리들에게 전해지고 있다. 해방을 성취한 정도에 따라 그 세부 사항은 무수히 다양하지만 그 모두에는 한결같은 중심 사상이 흐르고 있다. 도시는 자체적으로 작은 촌락 공동체와 길드의 연합으로 조직되었다.

> 1188년에 플랑드르의 백작 필립이 에이어의 시민들에게 부여한 특허장에 기록된 대로 "도시의 교우회에 소속된 모든 사람들"은 신의와 서약으로 유용하고 정직한 일이면 무엇이든 같은 동업자로서 서로 도울 것을 약속하고 확인하였다. 누군가가 다른 사람을 말이나 행동으로 가해하면 그로 인해 고통을 당한 사람은 자기 스스로 또는 자신의 동료로 하여금 복수를 행하지 않을 것이다.……피해자가 항의를 제기하면 가해자는 중재자의 역할을 하는 선출된 12명의 재판관이 판결한 바에 따라 자신의 가해 행위에 대해 보상하게 될 것이다. 그리고 만일 세 차례 경고를 받은 후에도 가해자나 피해자가 중재자의 결정에 따르지 않으면 그는 사악한 자나 서약을 깨뜨린 자로 취급되어 교우회에서 추방될 것이다.[194]

194) *Recueil des ordonnances des rois de France*, t. xii. 562; *Considération sur l'histoire de France*, p. 196, ed. 12mo에서 Aug. Thierry가 인용함.

"코뮌에 속한 사람들 각각은 자신의 공동 선서자에게 성실해야 하고 정의가 지시한 바에 따라 도와주고 충고해주어야 할 것이다."라고 아미앵과 아비유의 특허장은 밝히고 있다. "모든 사람들은 자신의 능력에 따라 코뮌의 범위 내에서 서로 도와야 하고 다른 사람에게서 뭔가를 탈취하거나 기부금을 물게 해서는 안 된다." 수아송(파리 북동부에 위치한 도시 -옮긴이), 콩피에뉴(프랑스 북부의 도시 -옮긴이), 상리스(프랑스 피카르디 주에 있는 도시 -옮긴이)의 특허장에서 그리고 같은 유형의 여러 특허장에서 많이 볼 수 있는 구절이다.[195] 같은 주제가 셀 수 없이 다양하게 나타난다.

"코뮌은 상호부조를 서약한다.……새롭고 혐오스러운 말이다. 이를 통해 농노들은 모든 노예제에서 해방되었고 이를 통해서 법을 위반했을 경우에도 법적으로 규정된 벌금에 따라 선고를 받을 뿐이다. 농노들이 항상 지불하곤 했던 지불 의무는 없어졌다."라고 기베르 주교Guilbert de Nogen(1053~1124. 프랑스 연대기 편자. 1104년에 세워진 노장의 수도원에서 대수도원장을 지냈다 -옮긴이)는 쓰고 있다.[196]

12세기에 부유한 도시든 가난한 마을이든 대륙의 전 지역에 걸쳐 이와 같은 해방의 물결이 흘러 넘쳤다. 대체로 이탈리아의 도시들이 최초로 자유를 얻게 되었다고 말할 수 있더라도 어떤 중심이 정해져서 그로부터 운동이 퍼져 나왔다고 볼 수는 없다. 아주 빈번하게 중부 유럽의 작은 시가 그 지역을 선도하였고 큰 도시들이 작은 도시의 특허장을 자신들의 모범으로 받아들였다. 그래서 로리라는 작은 도시의 특허장이 남서 프랑스에 있는 83개의

195) A. Luchaire, *Les Communes françaises,* pp. 45-46.
196) Guilbert de Nogent, *De vita sua*, Luchaire가 앞의 책, p. 14에서 인용함.

마을에서 채택되었고, 보몽의 특허장은 벨기에와 프랑스에서 5백 개 이상의 마을과 도시의 모범이 되었다. 도시들은 이웃 도시에 특별 사절단을 보내서 특허장의 사본을 얻어 왔고 이 모델에 따라 기본적인 골격을 마련하였다. 하지만 이들은 단순히 서로 베끼기만 한 것은 아니고 영주로부터 얻은 이권에 맞추어 특허장의 틀을 잡았다. 역사가들이 언급했듯이 결과적으로 중세 코뮌의 특허장은 교회나 성당과 같은 중세의 건축물처럼 매우 다양하게 나타났다. 이 모든 특허장 — 교구의 연합을 상징하는 성당과 도시의 길드 — 에는 동일한 지도 이념이 내재하고 있지만 그 세부적인 내용은 매우 풍요롭게 나타난다.

자치 사법권이야말로 문제의 핵심이었고, 이는 곧 자치 경영을 의미했다. 그러나 코뮌은 단순히 '자치적'으로 운영되는 국가의 일부는 아니었고 — 이 당시에 자치적이란 말도 아직 생겨나지 않았다 — 본질적으로 국가 그 자체였다. 코뮌은 이웃들과 전쟁이나 평화를 맺을 권리, 연합이나 동맹을 체결할 권리를 가지고 있었다. 코뮌은 자신의 일을 처리할 때 자주권을 가지고 있으며 어떠한 외부 세력의 유입을 허락하지 않았다. 최고의 정치권력은 전적으로 민주적인 포룸에 부여될 수 있었다. 마치 프스코프의 경우처럼 비예치(러시아 민회)가 대사를 교환하고, 협정을 체결하고, 군주를 받아들이거나 추방하고 또는 수십 년 동안 군주 없이도 지냈다. 아니면 이탈리아에 있는 수백 개의 도시와 중부 유럽에 있는 도시들의 경우처럼 상인들이나 심지어 귀족들 같은 특권계급에 의해 최고 정치 권력이 부여되거나 찬탈되기도 하였다. 그럼에도 불구하고 기본 원리는 동일하게 유지되었다. 도시는 하나의 국가였고 어쩌면 좀 더 눈여겨

볼 일이지만, 도시의 권력이 상인이나 귀족과 같은 특권 계급의 손에 넘어간 경우에도 내적인 도시의 생활과 일상생활 속에서 민주주의는 사라지지 않았다. 이들은 이른바 국가라고 하는 정치적인 형태에 크게 의존하지 않았다.

얼핏 이례적으로 보이지만 중세의 도시가 중앙 집권적인 국가가 아니었다는 데 진의가 숨어 있다. 처음 몇 세기 동안 도시는 내적인 조직에 관한 한 국가라고 부르기 힘들 정도였는데, 그 이유는 중세는 오늘날처럼 지역적으로는 물론이고 기능적으로도 집중되어 있지 않았기 때문이다. 각각의 집단은 자기 몫의 주권을 가지고 있었다. 도시는 대체로 중앙으로부터 사방으로 뻗어난 네 개의 구역이나 다섯에서 일곱 개의 지구로 나뉘어 있었다. 각 구역이나 지구마다 그 안에 대체로 같은 상업이나 직업이 보급되어 있었지만, 그 안에 살고 있는 거주민들은 다른 사회적 지위와 직종—귀족, 상인들, 장인들 또는 반半 농노들—에 종사하고 있었다. 그리고 각 지구나 구역은 완전히 독립적인 집단으로 형성되었다. 베네치아의 경우에 각 섬은 정치적으로 독립된 공동체였다. 베네치아에는 자체적으로 조직된 상권이 있었고, 자체적으로 소금을 교역했으며, 자체적인 사법권과 경영권 그리고 공공장소를 가지고 있었다. 도시가 총독을 지명하더라도 각 단위의 내부적인 독립성에는 아무런 변화를 초래하지 않았다.[197] 쾰른에서는 주민들이 동업길드geburschaften과 주민길드Heimschaften, 즉 이웃 길드로 나뉘었는데 이는 프랑코니아 공국 시대로 거슬러 올라간다. 이들 각각은 재판관Burrichter과

---

197) Lebret, *Histoire de Venice*, i. 393; 또한 Marin, Leo and Botta의 *Histoire de l'Italie*, 불어판, 1844, t. i. 500에서 인용함.

대개 12명의 선출된 배심원Schöffen 그리고 지역 민병대의 지휘관을 가지고 있었다.[198] 정복 이전(영국은 1066년 노르만인에게 정복되었다 -옮긴이)의 초기 런던에 관한 그린의 이야기에 따르면 "성벽 안의 전 지역에 수많은 소집단들이 여기저기 산재해 있었고, 그 각각은 자체적인 생활과 제도, 길드, 사법권, 예배소 등을 가지고 성장해가면서 자치 도시의 연합으로 모여들었다."[199] 그리고 지역적인 세부사항이 비교적 풍부하게 남아 있는 러시아의 도시들, 노브고로드와 프스코프의 연대기에 관해서 언급해보면 독립된 거리ulitsa로 구성된 구역konets을 찾아볼 수 있는데, 각 거리마다 주로 특정한 기술을 지닌 장인들이 모여 사는 이곳에는 거주민들 사이에 상인이나 땅주인들도 있고 하나의 독립된 공동체였다. 여기서는 범죄가 발생하면 모든 구성원들이 연대 책임을 진다. 그래서 거리의 장들ulichanskiye starosty에게는 자체적인 사법권과 경영권이 있으며, 자체적인 문장과 필요하면 자체적인 광장도 열리며 독자적인 민병대와 자체적으로 선출된 성직자들이 있었고 집단생활과 집단사업도 자체적으로 수행하였다.[200]

그러므로 중세 도시는 이중의 연합체로 나타난다. 작은 지역적인 결합 — 거리, 교구, 구역 — 으로 합쳐진 세대주들의 연합 그리고 각자의 직업에 따라 서약에 의해 길드로 결합된 개인들의 연합. 전자는 도시에 스며있는 촌락 공동체적인 기원의 산물이고, 반면에

198) W. Arnold, *Verfassungsgeschichte der deutschn Freistädte*, 1854, 2권. 227 이하 ; Ennen, *Geschichte der Stadt Koeln*, 1권.
199) *Conquest of England*, 1883, p. 453.
200) Byelaeff, *Russian History*, vols. ii와 iii.

후자는 새로운 조건에 의해 나타난 후속적인 성장의 산물이다.

중세 도시의 주된 목적은 자유, 자치 경영권 그리고 평화를 보증하는 것이었다. 그리고 수공업길드를 언급할 때 곧 보게 되겠지만 노동이야말로 중세 도시의 중요한 기반이었다. 하지만 '생산'이 중세 경제학자의 모든 관심을 빼앗지는 않았다. 실용적인 정신에 따라 중세 경제학자는 생산을 하려면 '소비'가 보장되어야 한다고 이해했다. 그러므로 "가난한 사람들과 부자들에게 균등하게 꼭 필요한 음식과 주거"[201]를 공급해주는 것이 각 도시마다 근본적인 원칙이었다. 식료품이나 기타 생활필수품(석탄이나 나무 등)을 시장에 도착하기 전에 미리 사들이거나 다른 사람들은 배제된 상황에서 특별히 유리한 조건에서 사들이는 행위, 한마디로 선매先買는 전적으로 금지되었다. 모든 물건들을 시장으로 보내 거기서 모든 사람들이 종이 울려 장이 닫힐 때까지 살 수 있도록 공급해야 한다. 그리고 나서야 소매상들은 나머지 물건들만을 살 수 있었고, 거기서 얻은 이득도 '정당한 이득'이어야만 했다.[202] 또한 시장이 닫힌 후에 어느 제과업자가 밀을 도매로 사들여서, 매매 계약이 마지막으로 결정되기 전에 모든 시민들은 자기 집에서 쓸 목적으로 약간의

201) W. Gramich, *Verfassungs und Verwaltungsgeschichte der Stadt Würzburg* 13-15. Jahrhundert, *Würzburg*, 1882, p. 34.

202) 배 한 척이 뷔르츠부르그로 석탄을 싣고 오면 처음 8일 동안 소매로만 판매되었고, 각 가정에서는 50 양동이 이상 구매할 수 없었다. 남은 물량은 도매로 판매될 수 있지만 소매상은 정당하게 이득을 올리는 행위는 허가되었지만 부당한 이득을 올리는 행위는 엄격하게 금지되었다(Gramich, 앞의 책). 런던에서도(*Liber albus*, Ochenkowski가 p. 161에서 인용함) 그리고 사실은 어디에서도 마찬가지였다.

밀(2분의 1쿼터)을 도매가로 요구할 권리가 있었고, 반대로 시민이 되팔 목적으로 밀을 구매했다면 모든 제과업자도 같은 조건으로 요구할 수 있었다. 첫 번째 경우에 밀은 적정한 절차에 따라 결정된 가격으로 마을 제분소로 가져가서 제분되어야 하고, 공동 오븐에서 빵을 구울 수 있었다.[203] 요컨대 도시에 기근이 닥쳐오면 모든 사람들이 다소간 고생을 해야 했다. 하지만 큰 재난인 경우를 제외하면 자유 도시가 존재하는 한 불행히도 우리 시대에 너무나 빈번히 발생하듯이 그 와중에 굶어죽는 사람은 하나도 없었다.

그렇지만 이러한 모든 규제 사항들은 도시 생활이 후기로 접어들면서 발생했고, 초기에는 시민들이 사용할 모든 식료품을 바로 도시 자체에서 구매하였다. 최근에 그로스가 펴낸 자료에 따르면 이 부분을 상당히 긍정적으로 평가하고 있고 다음과 같은 자신의 결론을 확실하게 뒷받침하고 있다. 즉 "생필품은 시의 명의로 특정한 공무원이 구매하고, 그런 다음에 상인들에게 할당된 몫을 분배했으며, 항구에 들어온 물품은 시 당국이 매입을 거부하지 않는 한 아무도 구매할 수 없었다. 이러한 관행은 영국이나 아일랜드, 웨일즈 그리고 스코틀랜드에서는 상당히 일반적인 현상으로 보인다."고 그는 덧붙인다.[204] 16세기까지도 곡물의 공동구매는 1565년

---

203) Fagniez, *Études sur l'industrie et la classe industrielle à Paris au XIIIme et XIVme siècle*, Paris, 1877, pp. 155 이하를 보라. 빵과 맥주에 붙이는 세금은 일정량의 곡물에서 얻을 수 있는 빵과 맥주의 생산량을 면밀하게 조사한 다음에 결정했다는 사실은 굳이 더 말할 필요도 없다. 아미앵의 문서고에는 이와 관련된 의사록을 보관하고 있다(A. de Calonne, 앞의 책. pp. 77, 93). 또한 런던의 경우는 다음을 보라. Ochenkowski, *England's wirthschaftliche Entwickelung, etc.*, Jena, 1879, p. 165)

204) Ch. Gross, *The Guild Merchant*, Oxford, 1890, i. 135. 이 사람의 자료에

런던 시장이 밝혔듯이, "런던 시와 런던 시의회, 그리고 시민들과 우리와 함께 사는 모든 거주민들의 편의와 이익을 위해서" 시행되었음을 알 수 있다.[205] 베네치아에서 모든 곡물 교역은 시의 관할에 있었다는 사실은 잘 알려져 있다. 각 '지구'에서는 수입품을 관리하는 위원회로부터 곡물을 받아서 모든 시민의 집에 각자가 할당받은 양만큼 보내야만 한다.[206] 프랑스의 아미앵 시에서는 소금을 구매하여 모든 시민에게 보통 원가로 나누어주었다.[207] 그리고 많은 프랑스 마을에서 이전에 밀과 소금의 시유 창고였던 시장halles을 지금까지도 볼 수 있다.[208] 러시아의 노브고로드와 프스코프에서도 이와 같은 관습은 일상적이었다.

시민들이 사용하기 위한 공동 구매에 관련된 모든 문제와 그들이 사용했던 방식은 당시의 역사가들로부터 아직 정당한 관심을 끌지 못했던 것으로 보인다. 하지만 여기저기에서 이 문제를 새롭게

의하면 이러한 관행이 리버풀이나 아일랜드의 워터포드, 웨일즈의 니스 그리고 스코틀랜드의 린리스고우와 투르소에서도 실행되었음을 입증한다. 그로스의 저작은 또한 상인 시민뿐만 아니라 '모든 공민과 자치체'(p. 136 각주)에 분배해주기 위해서 이런 식으로 구매가 이루어졌음을 보여준다. 또한 17세기 투르소의 조례에 따르면, "상인, 장인, 자치도시의 주민들에게 필요와 능력에 따라 받도록 같은 비율로 갖게 한다."

205) *The Early History of the Guild of Merchant Taylors, Charles M. Clode*, 런던, 1888, i. 361, 부록 10; 또한 1546년에도 똑같은 구매가 이루어졌음을 계속 이어지는 부록에서 보여주고 있다.

206) Cibrario, *Les conditions économiques de l'Italie au temps de Dante*, 파리, 1865, p. 44.

207) A. de Calonne, *La vie municipale au XVme siècle dans le Nord de la France*, 파리, 1880, pp. 12-16. 1485년에 시는 일정량의 곡물을 안트워프로 수출하도록 허가하였다. "안트워프의 주민들은 아미앵의 상인과 시민들에게 항상 호의적이었다." (앞의 책, pp. 75-77 그리고 텍스트)

208) A. Babeau, *La ville sous l'ancien régime*, 파리, 1880.

비춰 볼 수 있는 아주 흥미로운 사실들이 몇 가지 있다. 그로스의 자료들 중에서 1367년의 킬케니 조례를 보면 상품의 가격이 어떻게 결정되는지 알 수 있다. 그로스는 다음과 같이 쓰고 있다. "상인들과 선원들은 선서를 하고 물품의 처음 가격과 운송비를 진술해야 했다. 그러면 시장과 두 명의 사려 깊은 사람이 물품을 판매할 수 있는 가격을 지정하게 되어 있었다." 투르소에서도 '바다나 육지로' 들어오는 물품에 대해서 똑같은 규정이 유효하게 지켜졌다. '값을 지정'하는 이러한 방식은 중세에 통용되었던 거래 개념과 상당히 일치해서 틀림없이 보편적으로 시행되었음 직하다. 제3자가 가격을 정하는 관행은 매우 오래된 관습이었다. 도시 내의 모든 교역에서 가격 결정을 판매자나 구매자가 아닌 제3자, 즉 '사려 깊은 사람'에게 맡기는 것은 분명히 널리 퍼진 관습이었다. 이러한 제도는 교역의 역사에서 훨씬 더 오래된 기원을 갖는다. 즉 주요 산물의 교역은 시 전체가 수행하고 상인들은 대리인이나 수탁인으로서 수출한 물건을 팔기만 했다. 그로스가 펴낸 워터포드의 조례에는 다음과 같이 적혀 있다. "어떠한 종류든 모든 상품은 그 당시의 공동 구매자인 시장과 관리가 구매하고 시의 자유민들에게 똑같이 분배된다(자유민과 거주자들이 가지고 있는 사유물만은 제외되었다)." 이 조례는 시가 외부와 거래할 때는 모두 대리인이 관여한다는 사실을 인정하지 않고는 제대로 설명될 수 없다. 더욱이 노브고로드와 프스코프 같은 경우가 더욱 직접적인 증거가 될 수 있다. 먼 지방으로 대상을 보낸 사람은 바로 노브고로드와 프스코프의 주권자였다.

중서 유럽의 거의 모든 중세 도시에서 수공업길드는 필요한 모든 원재료를 단체로 구매하고 자신들의 제품을 관리들을 통해서 판매하곤 하였으므로 대외 무역에서도 분명히 같은 식으로 이루어졌다는 사실을 알 수 있다. 또한 13세기까지는 특정 도시의 모든 상인들은 누군가가 체결한 부채를 단체로 책임을 져야 한다고 생각했을 뿐만 아니라 도시 전체도 상인들 각각의 부채를 책임졌다는 사실도 잘 알려져 있다. 12, 13세기에 라인 강의 도시들만이 이러한 책임을 폐지하는 특별한 약정을 맺었다.[209] 그리고 마지막으로 그로스가 펴낸 입스위치Ipswich를 다룬 자료를 언급할 수 있는데, 이 자료를 통해서 도시의 상인길드는 도시에서 자유로운 권리를 가졌던 모든 사람들 그리고 길드에 기부금(입회금)을 내고자 했던 모든 사람들로 구성되었고, 전체 공동체는 어떻게 하면 상인길드를 더 잘 유지할 수 있는지를 모두 함께 논의해서 길드에 일정한 특권을 부여하였다는 사실을 알 수 있다. 그러므로 잎스위치의 상인길드는 공동의 사적 길드라기보다는 오히려 도시의 위탁자 단체로 볼 수 있다.

요약하자면 중세 도시를 더욱 깊이 이해할수록 중세 도시가 정치적인 자유를 보호하기 위한 단순한 정치 조직만은 아니었음을 더 잘 알게 된다. 중세 도시란 촌락 공동체보다 훨씬 커다란 규모로 상호원조와 지원, 소비와 생산을 위한 연합이었다. 그리고 사람들에게 국가라는 속박을 부과하지 않으면서도 예술, 공예, 과학, 상업 그리고 정치 조직에서 각기 독립된 집단의 창조적이고 천재적인 개인들이 완전한 자유를 표출하면서 함께 사회생활을 하기 위한 밀접한 연합을 조직하려는 시도였다. 이러한 시도가 어느 정도까지

---

209) Ennen, *Geschichte der Stadt Köln*, i. 491, 492, also texts.

성공적이었는지는 다음 장에서 중세 도시에서의 노동 조직 그리고 도시와 주변 농업 인구와의 관계를 분석해보면 더 잘 알 수 있다.

6
중세 도시의 상호부조 (2)

중세 도시의 같은 점과 다른 점
수공업길드 : 이들 각각에 스며있는 국가적 속성
농민에 대한 도시의 속성, 농민들을 해방시키려는 시도
영주들
중세 도시에 의해 달성된 결과들 : 예술과 학문 분야에서
몰락의 원인들

중세 도시들은 외부 입법자들의 의지에 따라 사전 계획에 의해 조직되지 않았다. 중세 도시들 제각기 말 그대로 자연스럽게 발달했다. 도시들마다 각각의 서로 다른 에너지에 따라서 도시들 사이에 충돌을 일으킬 기회가 많고 적음에 따라 그리고 도시들을 둘러싸고 있는 지원 세력들이 크고 작음에 따라 도시 자체를 조정하고 재조정하는 여러 세력들 사이에 벌어지는 다양한 투쟁의 결과이다. 그러므로 어떤 두 도시가 내적인 조직이나 운명이 서로 같을 가능성은 거의 없다. 각각의 도시는 독자적으로 시대에 따라 변화한다. 그렇지만 유럽의 전 도시로 시야를 넓혀보면 지역적이고 민족적인 차이점은 사라지고 도시마다 독립적으로 다른 환경 속에서 독자적으로 발전해왔지만 그런 와중에도 놀라울 만큼 유사하다는 인상을 받게 된다. 거친 노동자와 어부가 주민인 스코틀랜드 북부의 작은 도시. 세계적인 상업과 사치, 유흥과 활기찬 삶을 좋아하는 플랑드르의 부유한 도시들. 동방 무역으로 부유하게 되어 성내의 세련된 예술적 취향과 문화를 키운 이탈리아의 도시들. 러시아의 늪과 호수 지대에서 주로 농업에 종사하는 가난한 도시. 이 모든 도시들에서 공통점을 찾아보기란 좀처럼 힘들어 보인다. 그렇지만 도시를 조직하는 중요한 노선이나 도시에 생기를 불어넣는 정신에는 한 가족처럼 닮은 점이 스며있다. 도처에서 우리는 작은 공동체나 길드라고 하는 같은 형태의 연합, 중심 도시를 둘러싸고 있는 똑같은 형태의 '하위 도시', 똑같은 모습의 민회 그리고 독립을 상징하는 같은 형태의 상징을 볼 수 있다. 도시의 옹호자마다 이름과 복장은 달라도 동일한 권위와 이익을 대표한다. 식량의 공급, 노동과 상업 등은 매우 유사한 방향으로 조직되었다. 서로 비슷한 야망 때문에 내외적으로 분쟁이 발생했다. 뿐만 아니라 연대기나 조례, 공문서에서도 볼 수 있듯이 분쟁이 발생하는 방식도 동일하다. 고딕이나 로마 양식이든 비잔틴 양식이든 건축물들도 동일한 열망과 이념을 표현하고 있어서 동일한 방식으로 계획되고 건설되었다. 서로 다른 점이 나타나더라도 시대적인 차이에 불과하고 실제로 자매 도시 사이에서도 실재하는 서로 다른 점들은 유럽의 다른 지역에서도 되풀이된다. 중심 사상이 일치하고 기원이 같기 때문에 기후나 지리적인 조건, 부, 언어 그리고 종교에서 차이가 나더라도 보완이 된다. 그렇기 때문에 중세 도시를 잘 정의된 문명의 한 단계로 이야기할 수 있는 것이다. 지역적이고 개별적인 차이점을 주장하는 연구가 나올 때마다 환영할 만한 일이기는 하지만 우리는 여전히 모든 도시가 발전하는 중요한 방향은 일치한다는 점을 지적할 수 있다.[210]

---

210) 이 주제에 관한 문헌은 방대하다. 하지만 중세 도시를 전반적으로 다룬 연구는 아직 나오지 않았다. 프랑스 코뮌에 관해서는 Augustin Thierry, *Lettres*와 *Considérations sur l'histoire de France*가 아직도 고전으로 남아 있고, 같은 노선을 걷고 있는 Luchaire의 탁월한 저작 *Communes Françaises*도 추가할 수 있다. 이탈리아의 도시들에 관해서는 Sismondi의 걸작(*Histoire des republiques italiennes du moyen âge,* 파리, 1826, 16권), Leo and Botta, *History of Italy*, Ferrari, *Révolutions d'Italie*, 그리고 Hegel, *Geschichte der Stadteverfassung in Italien* 등이 일반적인 정보를 얻을 수 있는 중요한 출처들이다. 독일의 경우에는 Mauer, *Städteverfassung*, Barthold, *Geschichte der deutschen Städte*, 그리고 최근의 저작으로는 Hegel, *Städte und Gilden der germanischen Völker* (2권,

당연히 초기 미개인의 시대에서부터 시장에서 용인되었던 보호 제도는 중세 도시가 해방되는 데 유일하지는 않더라도 중요한 역할을 해왔다. 초기 미개인들은 자신들의 촌락 공동체 내에서 교역할 줄을 몰랐다. 이들은 특정하게 지정된 장소에서 특정한 날에 외부인들하고만 교역을 하였다. 그리고 외부인들이 서로 다른 부족 사이에 발생할 수도 있는 불화로 인해 살해당할 위험 없이 물물교환 장소에 올 수 있도록 하기 위해서 장터는 항상 모든 부족들이 모여 특별한 보호 장치를 마련한 다음에 열렸다. 시장은 아무도 침해하지 못한다. 마치 열리는 장소마다 보호를 받는 예배소와 마찬가지다. 카바일족들에게 시장은 여인들이 우물에서 물을 길어오는 길과 마찬가지로 아나야이다. 심지어 부족 사이에 전쟁이 벌어지고 있는 동안에도 무력으로 이를 침범해서는 안 된다. 중세에도 시장은 일반적으로 똑같이 보호를 받았다.[211] 사람들이 교역을 하러 온 장소나

라이프치히, 1891), 그리고 Otto Kallsen, *Die deutschen Städte im Mittelalter* (2권, Halle, 1891), 그 밖에도 Janssen, *Geschichte des deutschen Volkes* (5권, 1886)이 있는데 이 책은 곧 영어로 번역되기를 바란다(1892년에 불어로 번역됨). 벨기에에 관해서는 A. Wauters, *Les Libertés communales* (Bruxelles, 1869-78, 3권)이 있다. 러시아에 관해서는 브옐라에프, 코스토마로프, 세르기에비치 등의 저작을 참고할 수 있다. 마지막으로 영국에 관해서는 J. R. Green, *Town Life in the Fifteenth Century* (2권, 런던, 1894)에 광범위한 지역의 도시를 다룬 훌륭한 연구 성과들을 참고할 수 있다. 게다가 풍부하게 잘 알려진 지역사 그리고 일반사와 경제사를 다룬 탁월한 저작들이 있다. 나는 이번 장과 앞 장에서 그러한 내용을 자주 언급하였다. 하지만 이처럼 풍부한 문헌들은 주로 개별적인 도시, 특히 이탈리아와 독일의 역사, 길드, 토지문제, 당시의 경제 원리, 길드와 동업 조합이 경제에 미치는 영향, 도시 사이의 동맹(한자), 공동체 예술에 관해서 독립적이고 때로는 빼어난 연구 결과이다. 정말로 엄청나게 많은 정보들을 이차 범주에 속하는 저작들에서 찾아볼 수 있지만 그 가운데서도 더욱 중요한 자료들만 이 페이지에서 언급한 것이다.

211) 원시 교역에 관한 뛰어난 논문에서 Kulischer 역시 다음과 같이 지적하고

그로부터 일정한 반경 내에서는 분쟁을 벌일 수 없었다. 그리고 만일 판매자나 구매자 등이 잡다하게 얽혀 있는 군중 사이에서 분쟁이 발생하면 시장을 보호하기 위해 마련된 공동체의 법정이나 주교, 영주, 왕의 재판장 앞으로 가야 했다. 거래하기 위해 온 외부인은 방문객이 되는 셈이고 그에 걸맞게 행동했다. 대로에서 상인을 주저 없이 약탈하는 영주도 계표界標는 존중한다. 즉 시장에 서 있는 장대에는 그 시장을 보호해주는 주체가 왕인지 영주인지 아니면 지역 교회나 민회인지에 따라서 왕의 문장紋章이나 그 지역의 성인의 형상, 또는 단순한 십자가 등이 걸려 있었다.[212]

자발적이든 그렇지 않든 이 최후의 권리를 도시 자체가 갖게 되면서 시장에서의 특수한 사법권으로부터 도시의 자치 사법권이 어떤 식으로 발전할 수 있었는지 쉽게 이해할 수 있다. 이처럼 도시가 획득한 자유의 기원은 다양한 경로로 추적될 수 있지만 당연히 이후의 발전에 특별한 흔적을 남기게 되었다. 도시가 자유를 획득하자 공동체에서 교역 부분이 두드러지게 되었다. 당시 도시에 집을 소유했던 시민들은 시유지도 공동으로 소유했으며 시의 교역

있다. 즉 헤로도투스에 따르면 아그리파 지역은 신성하게 여겨졌는데 그 이유는 이 지역에서 스키타이족과 북방의 부족들이 교역을 벌였기 때문이다. 다른 지역에서 온 도망자도 이 지역 안에 들어가면 함부로 할 수 없었고 이웃 지역에서 이런 사람들에게 중재자 역할을 해 달라고 부탁하는 경우도 있었다. 부록 11를 보라.

212) 계표와 계표법에 관해서 최근에 논의가 있었는데, 여전히 명쾌하게 해결되지 않았다(Zöpfl, *Alterthümer des deutschen Reichs und Rechts*, iii. 29 ; Kallsen, i. 316을 보라). 위의 설명은 상당한 개연성을 가지고 있지만 더 연구해서 진위를 가려보아야 한다. 스코틀랜드인이 사용하는 'market cross'라는 표현은 교회 사법권의 표지로 간주될 수 있음은 틀림없다. 하지만 우리는 이것을 주교가 관리하는 도시와 민회가 주권을 가진 도시 모두에서 발견할 수 있다.

권을 장악하고 있는 상인길드를 아주 빈번하게 형성하였다. 그리고 처음에는 부유하든 가난하든 모든 시민들이 부분적으로 상인길드를 구성할 수 있었고, 시 전체의 교역 자체가 이들 수탁자들이 수행하는 듯 보였지만, 점차로 길드는 일종의 특권 단체가 되었다. 자유 도시로 모여들기 시작했던 외부인들이 길드로 들어오지 못하도록 애써 막음으로써 해방의 시기에 시민들로 구성되었던 소수의 '가족들'을 위한 교역에서 발생한 이익을 유지할 수 있었다. 그 결과로 상인들이 소수의 독재 정치를 형성할 위험이 분명히 존재했다. 하지만 이미 10세기에 더욱이 계속되는 2세기 동안에 길드로 조직되었던 주요한 수공업자들도 상인들의 독재적인 경향을 견제할 만큼 강력한 세력을 이루었다.

수공업길드는 자체 생산품을 공동으로 판매하고 원재료를 공동으로 구매하였고, 그 구성원은 상인이면서 수공업자들이었다. 그러므로 자유 도시의 초창기부터 과거의 수공업길드가 지배권을 가지고 있었기 때문에 이후에 도시에서도 수공업은 높은 지위를 보장받을 수 있었다.[213] 사실상 중세 도시에서 수공업은 하위직으

213) 상인길드에 관한 모든 사항은 그로스 씨의 철저한 저작, *The Guild Merchant* (옥스포드, 1890, 2권)을 보라. 또한 *Town Life in the Fifteenth Century*, 2권, 5장, 8장, 10장에 실린 그린 여사의 단평과, Schmoller, *Forschungen*, 12권에 실린 이 주제에 관한 A. 도렌의 논평을 보라. 앞 장에서의 고찰(교역은 처음부터 공동으로 행해졌다)이 옳다면 개연성이 있는 가설로서 다음과 같이 주장할 수도 있다. 즉 길드 상인은 도시 전체의 이익을 위해 교역을 위탁받은 단체였다가 점차 자신들을 위해서 교역을 하는 상인들의 길드가 되었다. 영국의 모험 상인 조합, 노브고로드의 자유 이주자와 상인*povolniki* 그리고 개인 상인 *mercati personati* 등이 자신들을 위해 새로운 시장과 새로운 교역 분야를 열어 놓았다. 전체적으로 중세 도시가 단 하나의 기능으로 유래했다고 할 수 없다는 점만은 밝혀 두어야겠다. 중세 도시는 다양한 차원의 여러 기능들이 작용해

로 여겨지지 않았다. 반대로 촌락 공동체 시대에 높은 존경을 받았던 흔적이 남아 있었다. '비전'의 수공업은 시민들에 대한 신성한 의무, 즉 다른 일만큼이나 명예로운 공직으로 여겨졌다. 지금으로선 너무 지나쳐 보이지만 공동체에서의 '정의' 관념, 생산자와 소비자 모두에게 '정당'하다는 관념은 생산과 교환 활동에 영향을 미쳤다. 피혁공, 통 제조자 또는 제화공의 작업은 반드시 '정당'하고 공정해야 한다고 당시의 사람들은 기록해 놓았다. 장인들이 사용하는 나무나 가죽 또는 실 따위는 '제대로 된' 것이어야 하고 빵도 '적당하게' 구워져야 한다. 이런 이야기들을 우리 시대에 맞게 옮겨 보면 마치 꾸며낸 이야기처럼 이상하게 보일 수 있다. 하지만 당시에 이런 정황은 자연스럽고 꾸며내지도 않은 것이었다. 왜냐하면 중세의 장인들은 생면부지의 구매자를 대상으로 물건을 만들지 않았고 자신의 상품을 알지도 못하는 시장에 내놓지는 않았기 때문이다. 그들은 먼저 자신의 길드를 상대로 물건을 만들었고, 서로를 잘 알고 있고 그 직종의 기술을 알고 있는 조합 사람들을 위해서 제품을 만들었다. 각 생산품의 가격을 지정할 때는 제품의 제조 과정에 들어간 기술이나 작업에 투여된 노동을 제대로 평가받을 수 있었다. 개별적인 생산자가 아닌 길드에서는 공동체에 팔 목적으로 물건들을 내놓았고 그런 다음에 차례가 되면 결연을 맺은 공동체의 조합에 수출될 물건들을 내놓고 제품의 품질에 책임을 졌다. 이러한 조직에서 각 동업 조합들은 저급한 품질의 제품을 내지 않으려고 노력하였다. 그리고 기술적인 결함이나 저질품을 내놓게 되면 조례

서 나타난 결과이다.

에 "그러한 물품들은 공동체의 믿음을 깨뜨릴 수 있다."214)고 나와 있기 때문에 모든 공동체에서 우려하는 문제가 되어버렸다. 그러므로 생산 활동은 전체 관리들amitas의 통제를 받는 사회적인 의무였기 때문에 수공업은 자유 도시가 존속하는 한 지금처럼 나쁜 조건으로 떨어지지 않을 수 있었다.

장인과 도제 또는 장인과 직인의 차이는 중세 도시 초창기부터 있었다. 하지만 처음에는 부와 권력의 차이가 아니라 나이와 기술의 차이에 불과하였다. 7년 동안의 도제 생활을 마치거나 어떤 기능에서 지식과 능력이 증명된 후에는 도제도 장인이 되었다. 훨씬 뒤인 16세기쯤 왕권이 도시와 수공업 조직을 파괴한 후에는 단순히 세습과 재력만으로도 장인이 될 수 있었다. 또한 이 시기는 중세의 산업과 예술이 전반적으로 쇠락해가는 시대이기도 하였다.

중세 도시가 번성하던 초기에 고용 노동은 물론이고 개별적으로 고용되어 일하는 사람도 나타나지 않았다. 직조공이나 궁수, 대장장이, 제빵업자 등의 일은 동업 조합이나 도시에서 시행되었다. 그리고 수공업자가 건축업에 고용되면 일시적으로 조합(지금도 러시아의 아르텔에서 하는 것처럼)을 만들어서 일했고 보수는 일괄적으로 수령했다. 고용주를 위한 노동은 더 나중에 가서야 늘어나기 시작했다. 하지만 이런 경우에도 노동자들은 지금 영국에서 받는 액수보다 더 많은 보수를 받았고, 19세기 초반에 유럽 전역에서 지급되었던 보수보다 훨씬 더 좋은 조건이었다. 소롤드 로저스 덕분에 영국의 독자들은 이런 사상에 익숙하게 되었지만, 팔케Falke(1823~1976. 독

214) Janssen, *Geschichte des deutschen Volkes*, 1권. 315 ; Gramich, *Würzburg* ; 그리고 사실상 모든 조례집.

일의 역사가-옮긴이)와 쇤베르크의 연구와 수시로 나타나는 여러 정황이 보여주듯이 유럽 대륙에서도 마찬가지 상황이었다. 15세기만 해도 아미앵에서는 석공이나 목수, 대장장이들은 임금으로 하루에 4솔을 받았는데 이는 빵 48파운드, 작은 수소의 8분의 1에 해당하는 액수였다. 작센 지방에서 건축업에 고용된 직인의 급료는 팔케의 말에 따르면, 6일 동안 번 돈으로 양 세 마리와 신발 한 켤레를 살 수 있는 정도였다.215) 직인들이 성당에 기부하는 행위 역시 이들이 상대적으로 여유가 있다는 것을 증명해준다. 특정 수공업길드들의 명예로운 기부 행위나 축제나 행렬에서 이들이 소비하는 행태는 더 말할 필요도 없을 정도였다.216) 사실 중세 도시를 더 많이 알게 될수록 도시의 삶이 절정기에 다다를 때처럼 노동이 그토록 번성하고 존경받은 때는 없었다는 점을 확신하게 된다.

여기서 그치지 않았다. 우리 시대 급진주의자들의 열망은 이미 중세 때 실현되었다. 게다가 현재 유토피아적으로 그려지는 일들이 당시에는 현실적인 문제로 받아들여졌다. 노동은 즐거워야 한다고

---

215) Falke, *Geschichtliche Statistik*, 1권. 373-393 그리고 2권 66 ; Janssen, *Geschichte*, 1권. 339에서 인용함 ; *Comptes et dépenses de la construction du clocher de Saint-Nicolas à Fribourg en Suisse*에서 J. D. Blavignac도 유사한 결론에 도달한다. 아미앵에 관해서는 De Calonne, *Vie Municipale*, p. 99 그리고 부록을 보라. 영국 중세의 임금과 이를 빵과 고기로 환산한 내용을 철저하게 평가해서 생생하게 보여준 G. Steffen의 빼어난 논문과 도표를 《19세기》 1891년, 그리고 *Studier öfver lönsystemets historia i England*, 스톡홀름, 1895에서 찾아보라.

216) 쇤베르크와 팔케의 저작에서 하나만 예를 인용하자면, 라인 강의 크산텐 지방의 구두직공 16명은 교회의 칸막이와 제단을 세우기 위해서 기부금에서 75길더, 자신들의 주머니에서 12길더를 지불했다. 이 돈은 정확하게 따져보면 지금의 10배에 해당한다.

말하면 우리는 그냥 웃어넘기지만 중세 구텐베르크 조례에는 다음과 같이 적혀 있었다. "모든 사람들은 일을 하며 즐거워야 하고 아무 일도 하지 않을 때는 어느 누구도 다른 사람이 근면과 노동으로 이루어낸 것을 착복할 수 없다. 왜냐하면 법이 근면과 노동을 지켜주기 때문이다."[217] 우리가 한창 하루 8시간 노동을 이야기할 때 페르디난드 1세Ferdinand I (1503~1564. 신성 로마 제국의 황제 -옮긴이)의 대영제국 탄광에 관련된 조례를 기억해 볼만한데, '과거에도 그러했듯이' 토요일 오후의 노동은 금지되었다. 얀센의 이야기에 따르면, 그 이상 더 장시간 노동은 매우 드문 경우이고 일반적으로는 그보다 더 짧은 시간 동안 노동하였다. 15세기 영국에서는 로저스의 말에 따르면 "노동자들은 일주일에 48시간만 노동하였다."[218] 근대에 와서 쟁취한 것으로 알려졌던 토요일의 반나절 노동도 중세의 제도하에서 시행되고 있었다. 토요일 반나절 노동으로 남는 시간을 대부분의 공동체에서는 목욕 시간으로 활용하였고, 직인은 수요일 오후가 목욕 시간이었다.[219] 그리고 학교 급식은 없었지만—아마도 배가 고파서 학교에 못 가는 경우는 없었으므로— 몇몇 지역에서는 부모에게 목욕비를 탈 수 없는 아이들에게 관행처럼 돈을 나누어

---

217) 얀센이 앞의 책, 1권 p. 343에서 인용함.

218) *The Economical Interpretation of History*, 런던, 1891, p. 303.

219) 얀센, 앞의 책. 또한 Alwin Schultz, *Deutsches Leben im XIV. und XV. Jahrhundert*, grosse Ausgabe, Wien, 1892, pp. 67 이하를 보라. 파리에서는 노동 시간이 겨울에는 7, 8시간, 여름에는 14시간 정도 하는 직종도 있었고 겨울에는 8, 9시간, 여름에는 10에서 12시간 정도하는 직종도 있었다. 토요일과 그 밖의 25일(시에서 시행하는 코뮌의 날) 정도는 4시가 되면 모든 일을 멈추었고, 일요일과 그 밖의 30일 정도의 공휴일에는 전혀 일을 하지 않았다. 전체적인 결론에 따르면 중세의 노동자들은 오늘날의 노동자보다도 일을 덜 하였다(E. Martin Saint-Léon, *Histoire des corporations*, p. 121).

주었다. 노동자 대회 같은 경우는 중세에 정기적으로 시행되었다. 독일의 어떤 지역에서는 다른 코뮌에 소속된 같은 직종의 수공업자들은 보통 매년 모임을 갖고 자신들의 직종, 도제 기간, 순회 연한, 임금 등에 관련된 문제들을 논의했다. 1572년 한자 동맹의 도시들은 공식적으로 수공업자들이 정기 대회에 모여서 상품의 질에 관련해서 그 도시의 공문서에 나와 있는 규정에 위반되지 않는 한 어떠한 결의라도 채택할 수 있는 권리를 인정하였다. 한자 동맹과 같이 어느 정도 국제적인 노동자 대회는 제빵업자, 주물공, 대장장이, 칼 제조자와 통 제조자들이 개최하였던 것으로 알려진다.[220]

물론 길드는 수공업 조직을 면밀하게 감독하였고, 그런 이유로 항상 특별 시정 참여관을 지명하였다. 하지만 도시에서 자유로운 삶이 보장되는 동안에는 감독에 대한 불평이 전혀 없었다는 점은 주목할 만하다. 한편 국가가 개입하면서 길드의 자산을 몰수하고 국가의 관료주의를 옹호하기 위해 길드의 독립성을 침해하게 되자 불평이 끊임없이 생겨났다.[221] 다른 한편 중세의 길드 체제하에서 모든 예술 영역이 엄청나게 발전을 이룬 것은 이 체계가 개인의 창의성에 방해가 되지 않았다는 좋은 증거가 된다.[222] 중세의 교구,

---

220) W. Stieda, "Hansische Vereinbarunger über städtisches Gewerbe im XIV. und XV. Jahrhundert" *Hansische Geschichtsblätter*, Jahrgang, 1886, p. 121. 쇤베르크, *Wirthschaftliche Bedeutung der Zünfte*; 또한 부분적으로 Roscher를 보라.

221) *English Guilds*에 쓴 서문에서 툴민 스미스가 왕가의 길드 약탈에 관해서 감동 깊게 지적한 내용을 보라. 프랑스에서도 1306년부터 왕가가 약탈을 자행하고 길드의 사법권을 폐지하기 시작하였고 마지막 광풍이 1382년에 몰아쳤다(Fagniez, 앞의 책. 52-54).

222) 아담 스미스와 그의 동시대인들은 국가가 교역에 간섭하거나 교역을 독점하려는 시도에 반대하는 글을 쓰면서 자신들이 무엇을 비난하고자 하는지를

거리, 구역과 마찬가지로 중세의 길드는 국가 기능의 통제를 받기로 되어 있는 시민들의 연합체가 아니었고 일정한 동종업에 관련된 모든 사람들의, 예를 들면 공인 원료 구매자들, 완제품의 판매자들 그리고 수공예 장인, '직인'과 도제의 연합체였다. 동종업의 내부 조직은, 이들의 집회가 다른 길드를 방해해서 길드를 관할하는 길드 즉 시로 이 문제가 이송되지 않는 한 독자적으로 움직였다. 하지만 여기에는 그 이상의 무언가가 있었다. 즉 자체적인 자치 사법권, 군대, 일반적인 모임들, 투쟁, 영광 그리고 독립에 대한 나름대로의 전통, 다른 도시에 같은 직종에 속한 다른 길드와의 자체적인 관계 등이 있었다. 한마디로 너무나도 활발하게 돌아가는 기능 덕분에 완전히 유기적인 삶이 가능했다. 도시가 전쟁을 해야 할 때면 길드는 자체적으로 마련한 무기를 들고 (후대에는 길드에서 정성 들여 갈고 닦은 총포로 무장하고) 직접 선출한 지휘관의 통솔하에 각기 독립된 연대Schaar로 모습을 나타냈다. 즉 스위스 연방의 우리Uri 공화국이나 제네바 공화국에서 50년 전에 그랬듯이 도시는 연합의 한 단위로서 독립적인 형태를 갖추었다. 따라서 국가가 지녔던 주권의 모든 속성이 박탈되고, 부차적으로 축소된 몇 가지 기능만을 가지고 있는 오늘날의 노동조합을 중세의 길드와 비교한다면 나폴레옹 법전의 영향으로 성장한 프랑스의 코뮌이나 에카테리나 2세(1729~1796,

잘 알고 있었다. 불행히도 구제 불능의 천박했던 추종자들은 베르사유 칙령과 길드의 조례를 구별하지 못해서 중세의 길드와 국가의 간섭을 똑같이 취급하는 꼴이 되었다. 쇤베르크(유명한 《*Political Economy*》의 편집자)처럼 이 주제를 진지하게 연구한 경제학자들은 이런 오류에 절대로 빠지지 않았다. 하지만 최근까지도 위와 같은 유형의 산만한 논의가 경제'학'이라는 이름으로 진행되고 있다.

러시아의 여제 -옮긴이)가 제정한 도시법의 지배를 받았던 러시아의 도시를 피렌체나 뷔르헤와 비교하는 일만큼이나 어리석은 짓이다. 이 모든 도시에서도 시장을 선출하였으며, 러시아의 도시도 중세 도시와 마찬가지로 수공업 조합을 가지고 있었지만 차이는 존재한다. 이 모든 차이는 피렌체와 퐁트네르와즈나 차레보코크샤이스크 사이에서 나타나는 차이, 혹은 베네치아의 총통과 부지사의 사무관 앞에서 모자를 들어 인사하는 오늘날의 시장 사이에서 나타나는 차이이다.

중세의 길드는 스스로 독립성을 유지할 수 있었다. 그리고 나중에 특히 14세기에 곧 나타나게 될 몇 가지 원인 때문에 과거 자치 도시의 생활에 커다란 변화를 겪게 되면서 신생 동업 조합들이 도시 운영에서 자신들의 당연한 몫을 챙길 만큼 힘을 얻게 되었다. '소수' 기능으로 조직된 이들은 성장하고 있는 소수 독재 정치의 수중에서 권력을 빼어내기에 이르렀고 이러한 과업이 거의 성공을 거두자 다시 한 번 새로운 번영의 시기가 열리게 되었다. 실제로 몇몇 도시에서는 1306년의 파리와 1371년의 쾰른의 경우처럼 반란이 유혈로 진압되었고 노동자들에 대한 대량 참수가 이어졌다. 이런 경우에 도시의 자유는 급속하게 위축되었고, 도시는 점차 중앙 권력에 의해 진압되었다. 하지만 대다수의 도시는 새로운 삶과 활력으로 이러한 혼란으로부터 빠져 나올 충분한 생명력을 가지고 있었다.[223] 이 도시들에게는 새로운 부활의 시간이 보상으로 주어졌다.

223) 피렌체에서는 1270~1282년에 7개의 소수 동업자 조직들이 혁명을 일으켰다. 그 결과에 대해서는 Perrens(*Histoire de Florence*, 파리, 1887, 3권) 그리고 특히나 Gino Capponi(*Storia della repubblica di Firence*, zda edizione, 1876,

새로운 생명이 고취되었고, 눈부신 건축물에서, 새로운 번영의 시간 속에서, 기술과 발명의 급작스런 진보, 그리고 르네상스와 종교개혁을 이끌어낸 새로운 지적인 운동을 통해서 새롭게 표출되는 생명력을 발견할 수 있었다.

중세 도시의 삶은 자유를 쟁취하고 지켜나가는 힘든 싸움의 연속이었다. 사실 시민들의 강하고 끈질긴 혈통은 이처럼 혹독한 경쟁 속에서 발전해왔고, 자기 도시에 대한 사랑과 숭배의 마음은 이러한 투쟁 속에서 자라났으며, 중세 코뮌에서 이루어냈던 굵직한 일들은 그러한 애정의 직접적인 결과였다. 자유를 위한 투쟁에서 공동체가 감수해야 했던 희생은 그럼에도 불구하고 잔혹했고 그들의 내적 삶에서도 깊은 분열의 흔적을 깊이 남겨 놓았다. 유리한 상황이 동시에 발생했던 극소수의 도시는 단번에 자유를 획득하는

---

i. 58-80 ; 독일어로 번역됨)가 완전하게 기술했다. 반면에 리옹에서는 1402년에 소수 동업 조합들이 운동을 벌였는데, 마지막에는 진압당했고 자신들의 재판관을 지명하는 권리도 잃게 되었다. 이 두 집단은 분명히 타협을 맺었다. 똑같은 운동이 로스톡에서는 1313년에 발생했고, 취리히에서는 1336년, 베른에서는 1363년, 브라운슈바이히에서는 1374년, 그 이듬해에는 함부르크에서, 뤼벡에서는 1376~1384년에 발생하였다. Schmoller, *Strassburg zur Zeit der Zunftkämpfe* 그리고 Strassburg, *Blüthe* ; Brentano, *Arbeitergilden der Gegenwart*, 2권., 라이프치히, 1871~72 ; Eb. Bain, *Merchant and Craft Guilds*, Aberdeen, 1887, pp. 27-47, 75 등을 보라. 영국에서 벌어진 투쟁에 관련된 그로스 씨의 견해에 대해서는 *Town Life in the Fifteen Century*, ii. 190-217에 나오는 그린 여사의 언급을 보라. ; 또한 노동 문제를 다루는 장 그리고 실제로 너무나 흥미로운 이 책 전체를 참조하라. 툴민 스미스의 *English Guilds*에 실린 브렌타노의 논문 "On the History and Development of Guilds"의 3절과 4절에 표명된 동업 조합의 투쟁에 관한 그의 견해는 이 주제에 관한 고전으로 남아 있고 연구를 거듭할수록 재차 그 가치가 확인되었다.

데 성공했지만, 얼마 안 되는 그 도시들도 대부분 자유를 쉽게 잃었다. 한편 대부분의 도시들은 자유롭게 생활할 권리를 인정받기 위해 50년이나 100년을 계속해서 싸워야 했고, 도시의 자유가 굳건해지는 데 또 100년이라는 시간이 필요했다. 그러므로 12세기의 특허장은 자유를 위해 놓여진 단 하나의 주춧돌에 불과했다.[224) 실제로 나라가 봉건적인 예속에 빠져든 와중에 중세 도시는 하나의 요새화된 오아시스가 되었고, 스스로 자체적인 무력으로 각각의 입지를 마련해야 했다. 앞 장에서 간단하게 언급했던 몇 가지 이유로 각 촌락 공동체는 점차로 세속 영주나 성직 영주에게 예속되었다. 영주의 집은 성으로 발전하였고, 영주의 무장 세력들은 항상 농민들을 약탈하려고 노리는 추악한 용병이 되었다. 일주일에 3일은 영주를 위해 일을 해야 했다. 뿐만 아니라 씨를 뿌리거나 거둘 때, 기쁘거나 슬플 때, 살아가고, 결혼하고 죽을 때마다 그런 일을 할 수 있는 권리를 얻기 위해 온갖 종류의 강제 징수금을 감당해야 했다. 그리고 최악의 경우에 끊임없이 이웃 영주의 무장 강도들에게 약탈을 당했으며, 이들 약탈자들은 농민들을 영주의 친족으로 간주해서 영주에 대한 싸움의 보복으로 농민과 그들의 가축, 곡식 등을 탈취하였다. 모든 목초지와 논밭, 강 그리고 도시를 둘러싼 도로, 그 땅 위에 사는 모든 사람들은 영주의 지배를 받게 되었다.

봉건 귀족을 증오하는 시민들의 정서는 귀족들에게 강제로 서

224) 예를 하나만 들면, 캄브라이에서는 907년에 처음으로 혁명이 일어났고 서너 차례 반란이 더 일어난 후 1076년에 특허장을 획득하였다. 이 특허장은 두 차례 취소(1107년, 1138년)되었다가 다시 두 번 획득(1127년, 1180년)되었다. 투쟁이 벌어진 지 223년만에 독립권을 얻게 되었다. 리옹은 1195년에 투쟁을 벌여 1320년에 독립권을 획득하였다.

명하게 한 여러 다른 특허장에 사용된 용어에서 가장 특징적으로 나타났다. 하인리히 5세는 1111년 슈파이에르에서 승인된 특허장에 서명하게 되었고 그 내용은 "도시를 가장 처참한 빈곤으로 몰아넣었던 지독하고 저주스러운 영구 양도법"으로부터 시민들을 자유롭게 해준다는 것이었다(*von dem scheusslichen und nichtswürdigen Gesetze, welches gemein Budel genannt wird*, Kallsen, i. 307). 1273년에 씌어진 바욘의 관습법에는 다음과 같은 구절이 들어 있었다. "평민들은 영주보다 우선한다. 평화를 열망해서 힘센 자들의 횡포를 억누르고 무찌르기 위해서 영주를 내세운 것은 바로 다른 누구보다도 수적으로 많은 평민들이다." 등등(Giry, *Établissements de Rouen*, i. 117, Luchaire, p. 24에서 인용함). 로버트 왕이 서명한 특허장도 마찬가지 특징을 지니고 있다. 그는 다음과 같이 쓰고 있다. "나는 소는 물론이고 어떠한 동물도 약탈하지 않는다. 상인을 붙잡아 돈을 갈취하거나 몸값을 요구하지 않는다. 성모 마리아 축일(3월 25일)에서부터 만성절萬聖節(11월 1일)까지 목초지에서 말이나 암말, 망아지 등을 잡아가지 않는다.……도둑을 비호하는 일은 하지 않는다." (피스터가 이 문서를 출판했고, 뤼셰르가 다시 출판하였다.) 브장송의 대주교 위그는 '허가한' 특허장에서 영구 양도법으로 인한 모든 잘못을 열거해야만 했는데 이도 역시 특징적이다.[225] 기타 등등.

이러한 상황에서 도시들은 자유를 유지할 수 없었고 성벽 바깥에서 전쟁을 수행할 수밖에 없었다. 시민들은 마을에서 폭동을 지휘토록 하기 위해 밀사를 보냈고, 각 마을을 자신들의 조합으로 끌어

225) Tuetey, "Étude sur le droit municipal...en Franche-Comté", *Mémoire de la Société d'émulation de Montbéliard*, 2e série, ii. 129 이하.

들여 귀족에 대항해서 직접 전쟁을 벌였다. 봉건 성들이 조밀하게 산재해 있는 이탈리아에서 전쟁은 대담한 형태를 띠었고, 쌍방이 모두 매우 격렬하게 싸움을 벌였다. 피렌체에서는 귀족들로부터 부근의 농민을 해방시키려고 77년 동안이나 계속해서 피비린내 나는 전쟁을 치러야 했다. 하지만 이 싸움을 승리로 이끌고 나자(1181년) 모든 것을 다시 새로 시작해야 했다. 귀족들은 다시 결집했고, 도시의 맹약에 맞서 자신들의 맹약을 결성하였고, 황제나 교황에게서 새로운 지원을 받으면서 전쟁을 130년 동안이나 지속하였다. 로마나 롬바르디, 이탈리아 전역에서도 같은 상황이 벌어졌다.

이러한 전쟁에서 시민들은 비상한 용기와 대담함 그리고 끈기를 보여주었다. 하지만 활과 도끼를 든 기술자와 수공업자들이 갑옷으로 무장한 기사들을 맞서 항상 이길 수는 없었고, 많은 성들은 시민들의 집요한 공격과 불굴의 저항을 잘 견디어냈다. 피렌체, 볼로냐 그리고 프랑스나 독일, 보헤미아의 도시들처럼 몇몇 도시들은 주변의 마을들을 해방시키는 데 성공하였고, 이에 대한 보답으로 엄청난 번영과 평온을 얻게 되었다. 하지만 여기에서조차 힘이 없고 추진력이 약한 도시들에서는 전쟁에 지치고 자신들의 이익을 잘못 이해한 상인이나 장인들은 농민들을 제쳐놓고 조약을 체결하였다. 그들은 강제로 영주에게 도시를 위해 의무를 다하도록 서약하게 하였다. 지방에 있는 영주의 성은 파괴되었고, 집을 지어 도시에 거주하기로 약속을 함으로써 영주는 공동 시민이 되었다. 하지만 그 대가로 영주들은 농민에 대한 권리를 대부분 유지할 수 있게 되었고 농민들의 부담은 부분적으로만 줄어들었을 뿐이다. 식량 공급을 농민들에게 의존해야 했던 시민들은 농민에게 동등한 권리가 부여되어야 한다는 점을 이해할 수 없었고, 그래서 도시와 농촌 사이에는 깊은 균열이 드리워졌다. 어떤 경우에 농민들은 단순히 소유주가 바뀌었을 뿐이고, 도시는 귀족의 권리를 사서 시민들에게 나누어 팔았다.[226] 농노제는 계속 유지되었고, 훨씬 나중인 13세기 말에 수공업자들의 혁명이 일어나고서야 농노제가 종식되었고, 사적인 예속이 폐지되었지만 그와 동시에 농노들은 토지를 빼앗겼다.[227] 이러한 정책의 치명적인 결과들이 곧 도시 자체에도 영향을 미치게 되었을 뿐만 아니라 농촌은 도시의 적이 되었다.

성에 맞선 싸움은 또 하나의 나쁜 결과를 초래했다. 이러한 싸움으로 인해서 도시는 오래도록 지속된 상호 간의 싸움에 말려들게 되었고, 최근까지 유행한 이론 즉 도시들은 스스로의 시기심과 상호 투쟁 때문에 독립성을 상실하게 되었다는 논리에 근거를 제공하게 되었다. 특히 제국주의적 역사가들이 이 이론을 지지하였다. 그렇지만 최근의 연구는 이 이론을 상당히 흔들고 있다. 이탈리아의 도시에서는 완고한 증오심 때문에 서로 싸움을 벌인 것은 분명하지만 그 이외의 어디에서도 그 정도로 싸움을 벌이지는 않았다. 그리고 이탈리아에서도 도시 간의 전쟁, 특히 최초에 벌어진 전쟁에는 나름대로 특별한 원인이 있었다. (시스몽드와 페라리가 이미 제시했듯이)

---

226) 이런 경우는 이탈리아에서 흔한 일이다. 스위스의 베른 시는 툰과 부르크도르프 시를 사들이기도 했다.

227) 적어도 도시와 농민 사이의 관계가 잘 알려져 있는 투스카니 지방(피렌체, 루카, 시에나, 볼로냐 등)에서는 상황이 그랬다. (Luchitzkiy, “Slavery and Russian Slaves in Florence” 키에프 대학 학보, 1885, 필자는 Rumohr, *Ursprung der Besitzlosigkeit der Colonien in Toscana*, 1830을 정독하였다.) 도시와 농민 사이의 관계에 관한 모든 문제에 대해서는 지금까지보다 더 많은 연구가 필요하다.

이러한 전쟁은 성에 대한 싸움의 연장에 불과했다. 자유 도시와 연방의 원리는 불가피하게 봉건제와 제국주의 그리고 교황권과 격렬한 항쟁을 벌여야 했다. 주교, 영주 또는 황제의 지배를 부분적으로 뒤흔들었던 많은 소도시들은 귀족들, 황제 그리고 교회—이들의 정책은 도시를 분열시키고 도시 간에 무기를 들고 싸우게 하는 것이었다—에 의해 자유 도시와 대항하는 상황에 내몰렸다. 이러한 특수한 상황(부분적으로 독일에서도 반영된)을 통해서 한편으로 황제의 지원을 받아 교황과 싸우고자 했고 또 다른 한편은 교회의 지원을 받아 황제에 대항하려 했던 이탈리아의 도시들이 곧 기벨린(황제파)과 구엘프(교황파)로 분열된 이유와 이와 같은 분열 양상이 도시마다 나타난 이유를 알 수 있다.[228]

이러한 전쟁이 절정에 다다랐을 때 대부분의 이탈리아 도시에서는 경제적으로 엄청나게 발전[229]하였고 도시들 사이에서 동맹 관계가 쉽게 맺어졌다. 이런 상황은 당시의 투쟁에서 볼 수 있었던 특징이었고, 따라서 위의 이론은 점점 더 설득력을 잃게 되었다. 이미 1130년에서 1150년쯤 되면 강력한 연맹이 등장하게 된다. 그리고 몇 년 후에 프레드릭 바바로사Frederick Barbarossa(독일 국왕, 신성 로마 제국의 황제 -옮긴이)가 귀족들과 후발 도시들의 지원을 받으며 이탈리아를 침공해서 밀라노를 향해 진군해 나갈 때 많은 도시에

228) 페라리가 내린 결론은 대체로 지나치게 이론에만 치우쳐 있어서 항상 옳다고는 할 수 없다. 하지만 도시의 전쟁에서 귀족들이 맡았던 역할에 관한 그의 견해는 입증된 사실들을 광범위하게 기초하고 있다.

229) 호족의 대의를 완강하게 유지하려 했던 피사나 베로나와 같은 도시들만이 전쟁에서 패배하였다. 호족들 편에서 전쟁을 치른 도시들이 패배하면서 자유와 진보의 시발점이 되었다.

서 대중 설교자들은 민중들이 열광적으로 호응하도록 부추겼다. 크레마, 피아첸차, 브레시아, 토르토나 등도 지원에 나섰다. 베로나, 파두아, 비센자, 트레비사 길드의 깃발이 황제와 귀족의 깃발에 맞서 도시 진영에서 나란히 펄럭였다. 그 다음 해에 롬바르디 연맹이 등장하였고, 60년 후에 많은 도시가 가담하면서 연맹이 강화되었고 연방의 전쟁 자금의 절반이 제노아에서 나머지 절반은 베네치아에서 모금되어 지속적인 조직을 형성하게 되었다.[230] 투스카니에서 피렌체는 또 하나의 강력한 동맹을 이끌었다. 이 동맹에는 루카, 볼로냐, 피스토이아 등이 속해 있었고 중부 이탈리아에서 귀족들을 물리치는 데 중요한 역할을 했다. 한편 더 규모가 작은 동맹들도 동시에 발생했다. 당연히 비열한 질투심이 존재했고, 불화의 씨도 쉽게 유포되었지만, 이런 요인들 때문에 도시들이 공동으로 자유를 방어하기 위해 함께 연합하지 못했던 것은 분명히 아니었다. 나중에 가서야 독립된 도시들이 작은 국가가 되면서, 국가들이 주권과 식민지를 얻기 위해 싸움을 벌이는 경우와 마찬가지로 전쟁이 발발하게 되었다.

독일에서도 이와 유사한 연맹들이 같은 목적으로 결성되었다. 콘라드 황제의 후계자들 밑에서 국토가 귀족들 사이에 끝없는 불화의 희생이 되자 베스트팔렌 지방의 도시들은 기사들에 대항하는 동맹을 결성하였다. 동맹이 만든 조항 가운데 하나는 훔친 물건을 계속해서 감추려고 하는 기사들에게는 절대로 돈을 빌려주지 않겠다는 것이었다.[231] 『보름스의 분노*Wormser Zorn*』에서 고발하고 있듯

230) Ferrari, ii. 18, 104 이하 ; Leo and Botta, i. 432.
231) Joh. Falke, *Die Hansa als Deutsche See- und Handelsmacht*, Berlin, 1863,

이, “기사들과 귀족들은 약탈로 먹고살았고, 죽이고 싶은 자들을 살해”하고 다닐 때 라인 강 유역의 도시들(마인츠, 쾰른, 슈파이어, 스트라스부르, 그리고 바젤)은 곧 60개에 달하는 도시가 연합하여 동맹의 주도권을 잡았으며, 약탈자들을 진압하였고 평화를 유지하였다. 세 개의 '평화 구역'(아우크스부르크, 콘스탄츠, 울름)으로 나누어진 슈바벤 도시의 연맹도 같은 목적을 가지고 있었다. 그리고 이러한 동맹이 비록 깨어졌지만,[232] 명목상의 조정자들 — 왕이나 황제 그리고 교회 — 은 불화를 선동하고 약탈자 기사들에게 스스로 무력함을 보일 때 평화와 통합을 재건하기 위한 추진력은 도시에서 나왔다는 것을 보여줄 정도로 오래 지속되었다. 국가 전체의 통합을 실제로 이룬 것은 황제들이 아니라 바로 도시였다.[233]

이와 유사한 연합들이 작은 마을에서도 조직되었고, 이제 관심의 초점은 우리들에게 이러한 조직에 대해서 더 많이 알게 해줄 뤼세르가 제기한 주제로 모아졌다. 피렌체의 농촌지역이나 노브고로드와 프스코프의 보호령에서도 마찬가지로 마을들은 작은 동맹으로 결성되었다. 프랑스에서는 17개의 농민 마을이 동맹을 결성한 명백한 증거가 있는데, 1256년까지 거의 100년 동안 라네에 있었던 이 동맹은 독립을 쟁취하기 위해 치열하게 싸웠다. 셋 이상의 농촌 공화국들이 랑, 수아송과 유사한 특허장에 맹약했다. 이 공화국들은 랑의 접경 지역에 있었고 지역적으로 근접해 있었기 때문에

---

pp. 31, 55.

232) 아헨과 쾰른에서는 두 도시의 주교들 — 둘 가운데 한 사람이 적에게 매수되어 — 이 적에게 문을 열어 주었다는 직접적인 증언도 있다.

233) 항상 결론에 도달하지는 않지만, Nitzsch, iii. 133 이하 ; 또한 Kallsen, i. 458 등에 나온 사례들을 보라.

각각의 해방 전쟁을 서로 지원해주었다. 대체로 12, 13세기에 분명히 프랑스에서 이러한 동맹들이 등장했지만 이와 관련된 자료들은 대부분 망실되었다고 뤼셰르는 밝히고 있다. 물론 성벽으로 보호받지 못했기 때문에 이들은 왕이나 영주들에게 쉽게 침탈당할 수 있었다. 하지만 어떤 유리한 상황, 이를테면 도시 연맹의 지원을 받거나 산으로 둘러싸여 보호를 받는 유리한 상황이 조성되면 이 농촌 공화국들은 스위스 연방의 독립된 단위가 되었다.[234)]

평화적인 목적을 위해 도시 사이에 동맹이 이루어지는 경우는 상당히 흔하게 일어나는 현상이었다. 해방의 시기에 확립된 이러한 교류는 이후에도 중단되지 않았다. 독일 도시의 배심원이 새롭고 복잡한 사건에 판결을 내려야 하는데 어떤 판결을 내려야 할지 모르는 경우에 이따금씩 다른 도시에 대표자를 파견해서 판결을 얻어오곤 하였다. 프랑스에서도 같은 일이 발생했다.[235)] 한편 포를리와 라벤나에서는 서로의 시민에게 시민권을 주어 두 도시의 모든 권리를 부여했다. 두 도시 사이에 또는 도시 안에서 분쟁이 발생하면 중재자의 역할을 맡은 다른 코뮌에 넘기는 일도 이 시대의 정신이었다.[236)] 두 도시 사이에 상업적인 협정도 상당히 흔하게 맺어졌

---

234) 멜레빌의 연구(*Histoire de la Commune du Laonnais*, 파리, 1853)가 나오기까지 랑의 코뮌과 혼동되었던 라네의 코뮌에 관해서는 뤼셰르, pp. 75 이하를 보라. 초기의 농민 길드와 이후에 발생하는 동맹에 관해서는 *Zeitschrift für Kulturgeschichte*, neue Folge, 3권, Henne-am-Rhyn, *Kulturgeschichte*, iii. 249에 인용된 R. Wilman, "*Die ländlichen Schutzgilden Westphaliens*"를 보라.

235) Luchaire, p. 149.

236) 마인츠와 보름스와 같은 중요한 두 도시는 중재 재판으로 정치적 분쟁을 해결하였다. 아브빌에서 내전이 발발한 이후로 아미앵이 1231년에 중재자 역할을 하였다(Luchaire; 149). ; 등등.

다.[237] 생산량이나 포도주의 유통에 사용되는 통의 크기를 규제하기 위한 동맹, '청어 동맹' 등은 플랑드르 한자와 이후에 나타나는 북독일 한자와 같은 거대한 상업 동맹의 전조일 뿐이다. 이들의 역사를 통해서 당시 사람들에게 스며들어 있던 동맹의 정신을 설명하는 데도 많은 지면이 할애된다. 한자 동맹을 통해서 중세 도시들은 17세기 초에 나타난 국가보다도 국제 교류나 항해술, 항해상의 발견 등이 발전하는 데 더 많은 기여를 했다는 사실은 더 부언할 필요도 없다.

한마디로 개별적인 길드 내에서 공동의 일로 결합된 사람들 사이에서뿐만 아니라 작은 지역 단위의 연합 그리고 도시나 도시 집단의 연합은 당시의 삶과 사상의 본질을 이루고 있었다. 그러므로 10세기에서 16세기까지의 시대는 연합과 단결의 원리가 모든 인간 생활에서 표출되고 최대한도로 지속되어 오면서 대규모로 상호부조와 상호지원을 확보하려는 광범위한 시도가 있었다고 설명할 수 있다. 이러한 시도는 엄청난 성공을 거두었다. 이러한 시도를 통해 이전에 분열되었던 사람들이 결합하게 되었고 상당한 자유를 확보하게 되었으며 사람들의 힘을 몇 배로 강화시켰다. 여러 가지 원인 때문에 배타주의가 야기되고 불화와 질시를 일으키는 원인도 매우 많았을 수도 있었던 당시에 넓은 대륙에 걸쳐 산재해 있던 도시들이 공통점이 많았고 공동의 목적을 수행하기 위해서 동맹을 맺을 준비가 되어 있었다는 사실을 알게 되어서 다행스러운 일이다. 하지만 결국 이들은 강력한 적 앞에 무릎을 꿇었다. 그 이유는

237) 예컨대 W. Stieda, *Hansische Vereinbarungen*, 앞의 책, p. 114를 보라.

상호부조의 원리를 충분히 이해하지 못해서 스스로 치명적인 과오를 저질렀기 때문이다. 중세 도시는 서로 간의 질투심 때문에 사라진 것이 아니다. 그리고 도시 간에 연합 정신이 부족해서 이러한 과오를 저지르지도 않았다.

인류는 중세 도시에서 새로운 운동을 이루어냈고 그 결과는 실로 엄청났다. 11세기 초에 유럽의 도시들에는 초라하고 작은 집들이 소규모로 집단을 이루었고 낮고 볼품 없는 교회만이 도시를 치장했다. 교회 건축가들은 아치를 어떻게 만드는지 몰랐고, 주로 조립하고 연마하는 정도의 기술은 아직 초보적인 단계에 있었다. 학문은 소수의 수도원에서만 가능했다. 바로 이랬던 유럽의 모습은 350년이 지나면서 변화되었다. 부유한 도시들이 온 나라에 산재했었고 그 하나하나가 예술 작품인 탑과 성문들이 엄청나게 두꺼운 성벽을 둘러싸고 있었다. 장엄한 양식으로 기획되어 화려하게 장식된 성당들은 지금도 애써 도달하려고 하는 순수한 형식과 대담한 상상력을 과시하면서 성당의 종탑을 하늘 높이까지 끌어올렸다. 물건을 제작하는 속도보다 노동자들의 창의적인 솜씨와 빼어난 마무리를 더 높이 평가한다면 당시의 수공업과 예술은 여러 방면에서 지금도 좇아갈 수 없을 정도로 완벽한 경지에 이르렀다. 자유 도시의 상선들은 북, 남 지중해를 사방으로 헤치고 나아갔다. 좀 더 힘을 썼으면 대양을 가로지를 기세였다. 광범위한 지역에서 괴로움은 행복으로 바뀌었고 학문도 발전하며 널리 퍼져 나갔다. 과학적 방법론이 고안되어 자연 철학의 기초가 놓여졌고, 우리 시대가 그토록 자랑하는 모든 기계적인 발명을 예비하는 길이 마련되었다. 400

년도 안 돼서 이러한 마술 같은 변화가 유럽에서 이루어졌다. 자유 도시를 잃게 됨으로써 유럽이 감당해야 할 손실은 17세기를 14세기나 13세기와 비교해 봐야만 이해할 수 있다. 이전에 스코틀랜드, 독일, 이탈리아의 평원으로 상징되었던 번영은 사라져 버렸다. 도로는 형편없는 상태가 되어 버렸고, 도시의 인구는 감소되었으며, 노동은 노예 상태로 전락하였으며, 예술은 사라지고 상업 자체도 쇠락해가고 있었다.[238]

중세 도시는 우리들에게 당시의 화려함을 증명해줄 어떠한 문헌도 남겨주지 않았고, 스코틀랜드에서 이탈리아, 스페인의 헤로나(스페인 북동부 카탈루냐 지방 헤로나 주의 주도 -옮긴이)에서 슬라브 지역의 브레슬라우(현재 폴란드의 브로츠와프 지역 -옮긴이)에 이르는 전 유럽에 걸쳐 지금도 우리가 보고 있는 기념비적인 건축 예술 이외에는 어떤 것도 남기지 않았다. 그렇다 하더라도 도시가 독립적으로 생활할 수 있었던 기독교 시대로부터 18세기 말에 이르는 기간이야말로 인간의 지성이 최대로 발전했던 시대라고 결론지을 수 있다. 예를 들어 뉘른베르크를 재현하고 있는 중세의 그림을 보면 그 안에는 수많은 탑과 철탑이 즐비했는데, 그 하나하나는 자유롭고 창조적인 예술의 특질을 가지고 있다. 300년 전 도시에 누추한 집들만이 모여 있었던 시대에는 상상하기도 힘든 광경이었다. 보헤미아와 같은 극동 지역과 지금은 폐허가 되어버린 폴란드의

238) Cosmo Innes, *Early Scottish History* 그리고 Rev. Denton이 앞의 책, pp. 68, 69에서 인용한 *Scotland in Middle Ages* ; Lamprecht, *Deutsches wirthschaftliche Leben im Mittelalter*, Schmoller가 자신의 연감 12권에서 논평. ; Sismondi, *Tableau de l'agriculture toscane*, pp. 226 이하. 피렌체 영토는 한 눈에도 번영된 모습을 알아 볼 수 있을 정도였다.

갈리치아(폴란드 남동부로부터 서우크라이나지방에 이르는 지역을 가리키는 역사적 명칭. 현재는 1919년에 설정된 커즌라인에 의해 폴란드령과 우크라이나령으로 분할되었다-옮긴이)에 이르는 전 유럽에 걸쳐 흩어져 있는 수많은 교회와 종탑, 성문 그리고 공회당 등 그 하나하나의 건축물과 장식의 세부 사항을 들여다보면 우리의 찬미는 더 커질 수밖에 없다. 예술의 근원지 이탈리아뿐만 아니라 전 유럽은 이러한 기념물들로 가득하다. 모든 예술 가운데서도 무엇보다 사회성이 강한 예술인 건축이 최고도로 발달했다는 사실 그 자체만으로도 의미가 있다. 건축이 그와 같은 모습을 지닐 수 있었다면 그 이유는 분명히 사회적인 삶에서 유래되었기 때문이리라.

중세 건축이 그 장엄한 경지에 도달할 수 있었던 이유는 손재주가 자연스럽게 발전했기 때문만은 아니다. 그렇다고 건물마다 건축적인 장식 하나하나를 돌이나 철, 청동, 단순한 목재나 회반죽으로부터 어떤 예술적인 효과를 얻어낼 수 있는지를 직접 자신의 손으로 경험해서 알게 된 사람들이 만들어냈기 때문만도 아니고, 각각의 기념물이 '조합'이나 동업 조합에서 축적된 집단적인 경험의 결과이기 때문도 아니다.[239] 중세 건축이 장엄한 이유는 바로

---

239) John J. Ennett(*Six Essays*, 런던, 1891)는 중세 건축의 이러한 양상을 빼어나게 기술하고 있다. 윌리스는 Whewell, *History of Inductive Science*(i. 261-262)의 부록에서 중세 건축물들이 지니고 있는 역학적 관계의 아름다움을 지적했다. 그는 이렇게 적고 있다. "새로운 장식 구조는 역학적 구조에 배치되거나 구조를 위축시키지 않으면서 구조의 아름다움을 돋보이게 하며 조화를 이룬다. 모든 부분들과 주형물들이 무게를 떠받쳐준다. 그리고 수많은 지주들이 서로 버텨주고 그 결과 무게가 분산되어 각각의 부분들이 이상하리만큼 가늘어 보이지만 눈으로는 구조물이 안정되어 보였다." 도시의 사회적 삶에서 분출된 예술만큼 특징적인 것도 없다.

장엄한 사상에서 나왔기 때문이다. 그리스 예술과 마찬가지로 중세 건축은 도시가 키워낸 우애와 통합의 사상에서 나왔다. 중세 건축은 대담한 투쟁과 승리를 통해서만 획득할 수 있는 호방함을 가지고 있었고 도시의 모든 삶에 스며들어 있었던 활력이 표출된 것이었다. 성당이나 공회당은 모든 석공이나 채석공 한 사람 한 사람이 건축가가 되어 전체 건물을 책임지는 유기적인 웅장함을 상징했다. 중세의 건물들은 단 한 사람의 상상력에 의해 부여된 몫을 수천 명의 노예들 각자가 분담하면 되는 고립된 노력의 결과가 아니라 도시 전체의 노력이 투여되어 나타난 것이다. 우뚝 솟은 종탑은 그 자체로 장엄한 구조물 위로 솟아 있다. 여기서 도시의 삶은 고동치고 있었다. 그것은 파리의 철탑(1889년에 제작된 에펠탑을 말한다 -옮긴이)처럼 별다른 의미 없는 뼈대나 위로 솟아 있는 것도 아니고, 타워 브리지처럼 철골 뼈대의 추한 모습을 감추려고 돌로 가짜 구조물 위에 올려진 것도 아니었다. 아테네의 아크로폴리스처럼 중세 도시의 성당은 도시가 이루어낸 승리를 장엄하게 찬미하고자 했으며, 동업 조합의 통합을 상징하고, 자신의 창조물이기도 한 도시의 시민들 한 사람 한 사람을 찬양하고자 했다. 동업 조합의 혁명이 달성된 이후에 도시는 새로운 성당을 짓기 시작하면서 보다 광범위하게 등장했던 새로운 동맹을 과시하였다.

이러한 대역사大役事에 직접 소요된 자금은 작업 규모에 어울리지 않게 소액이다. 쾰른 성당은 연간 단 500마르크의 비용으로 시작되었고, 100마르크 정도를 증여하면 고액 기부로 등록되었다.[240] 사업이 막바지에 이르러 증여가 쇄도할 때도 연간 비용은 5000마르크 정도에 달했고 14,000마르크를 초과한 경우는 없었다.

바젤 성당도 마찬가지로 적은 자금으로 건축되었다. 하지만 각 조합들은 자신들의 공동 기념물을 위해서 각자의 역할에 따라 돌이나 노동 그리고 장식 기술 등을 기부하였다. 길드마다 그 안에다가 자신들의 정치적인 이념을 표현하였다. 돌이나 청동으로 도시의 역사를 이야기하고, '자유, 평등, 박애'[241]의 원리를 찬양했으며, 도시의 동맹을 찬미하고 적에게는 영원한 불의 심판을 보냈다. 길드마다 제각기 스테인드글라스나 그림, 미켈란젤로가 말한 것처럼 "천국의 문에나 걸맞을 문"이나 건물의 가장 세밀한 구석까지 미쳐 있는 돌 장식 등으로 공동의 기념물을 호화롭게 장식해서 나름대로 애정을 표시했다.[242] 작은 도시나 작은 교구[243]에서도 이런 작업에서는 큰 도시와 경쟁할 정도였고, 랑이나 생투앙의 성당들은 랭스의 성당이나 브레멘의 공회당, 브레슬라우 민회의 종탑에 전혀 뒤지지 않는다. "어떠한 사업이든 숭고한 코뮌의 정신에 따라서 착안되고 모든 시민들의 마음으로 이루어지며, 하나의 공동 의지로 결합하게 하는 그러한 일이 아니면 코뮌에 의해 시작되어서는 안 된다." 이것이 피렌체 평의회의 명령이었다. 그리고 이러한 정신은 공공시설과 같은 모든 공동 사업에서도 나타난다. 예를 들면 피렌체 주변의 운하, 언덕, 포도밭, 그리고 과수원 또는 롬바르디 평원을 가로지르

240) L. Ennen, *Der Dom zu Köin, seine Construction und Anstaltung*, Köln, 1871.
241) 파리 노틀담 사원 외부 장식에 세 개의 조각상이 있다.
242) 그리스 예술과 마찬가지로 중세 예술은 오늘날 국립미술관이나 박물관처럼 따로 골동품을 모아 놓지 않았다. 공동체의 예술을 기념하기에 적당한 장소에 놓기 위해 그림을 그리고 조각을 깎고 청동 장식물을 만들었다. 그러한 예술품들은 그런 곳에서 살아 숨쉬고 있었고 전체를 이루는 한 부분이 되었으며, 전체가 만들어내는 인상에 통일성을 부여하였다.
243) J. T. Ennett, "Second Essay" p. 36을 참조하라.

는 관개 운하, 제노아의 항만과 수로 그리고 실제로 거의 모든 도시에서 실행되었던 온갖 종류의 사업들이 그랬다.[244)]

모든 기술들이 중세 도시에서는 같은 방식으로 발전하였고, 오늘날의 기술도 대부분은 당시에 발전했던 기술의 연장일 뿐이다. 플랑드르의 도시들은 자신들이 만들었던 질 좋은 모직물을 기반으로 번영하였다. 흑사병이 창궐하기 전 14세기 초에 피렌체에서는 120만 플로린 금화의 가치에 해당되는 7만에서 10만 파니의 모직물이 생산되었다.[245)] 귀금속 세공, 주물 공예, 금속 세련 등은 강력한 동력을 사용하지 않고도 전적으로 손으로 만들어서 자신들만의 경지에 도달할 수 있었던 중세 '동업 조합'의 창조물들이었다. 웨웰Whewell의 말을 빌리자면 손과 발명으로 이루어낸 것이다.

> 양피지와 종이, 인쇄술과 조판술, 개량 유리와 강철, 화약, 시계, 망원경, 선박용 나침반, 개량된 역법, 십진법, 대수, 삼각법, 화학, 대위법(새로운 음악의 창조에 상응하는 발명), 이 모든 것들은 비난조로 정체의 시기라고 불려졌던 시대로부터 계승된 재산이다. (『귀납적인 과학의 역사』, i 252).

---

244) Sismondi, iv. 172 ; xvi. 356. 테시노 강에서 물을 끌어오는 대 운하, *Naviglio Grande* 공사는 1179년 그러니까 독립을 쟁취한 이후에 시작해서 13세기에 끝났다. 그 이후의 붕괴 과정은 xvi. 355를 보라.

245) 1336년에 피렌체에는 초등학교 학생수가 8,000에서 10,000명, 일곱 개의 중학교 학생수가 1,000에서 1,200명, 네 개의 대학교 학생수가 550명에서 600명 정도였다. 30개의 공동 병원인구 90,000명에 1,000개 이상의 병상이 마련되어 있었다(Capponi, ii. 249 이하). 대체로 교육 수준은 일반적으로 생각하는 것보다 훨씬 더 높았다고 권위 있는 저자들이 여러 차례 주장했다. 민주적인 분위기의 뉘른베르크에서도 분명히 상황은 마찬가지였다.

웨웰이 말한 대로 이러한 발견을 통해서 실제로 새로운 원리가 설명되지는 않았다. 하지만 중세 과학은 실질적으로 새로운 원리를 발견하는 일 그 이상을 해냈다. 중세 과학은 현재 우리가 알고 있는 기계 과학으로부터 모든 새로운 원리의 발견을 예비하였고 탐구자들이 사실을 관찰하고 그로부터 추론하는 데 익숙하게 해주었다. 귀납의 중요성과 효력은 아직 완전하게 파악되지는 않았지만, 중세 과학은 귀납적인 과학이었으며 역학과 자연 철학의 초석을 놓았다. 프란시스 베이컨, 갈릴레오 그리고 코페르니쿠스는 로저 베이컨과 미카엘 스코투스Michael scotus(평생 아리스토텔레스 사상을 연구한 아베로에스의 주석서를 라틴 세계에 소개한 학자-옮긴이)의 직계 후계자들이었다. 마찬가지로 증기 기관은 기압의 무게에 관해서 이탈리아 대학에서 수행했던 연구들 그리고 뉘른베르크에서 유행했던 특이한 수학과 기술 지식의 직접적인 산물이었다.

그런데 왜 중세 도시에서 과학과 예술이 진보했다고 주장하면 꺼림칙한 느낌이 드는 걸까? 기술 분야에서는 성당을, 사상의 분야에서는 이탈리아어와 단테의 시를 지적하는 것만으로는 그리고 중세 도시가 존속했던 4세기 동안에 무엇이 창조되었는지를 평가해보는 것만으로는 충분하지 않단 말인가?

중세 도시들은 유럽 문명에 엄청난 공헌을 했다. 이는 의심의 여지가 없다. 중세 도시는 유럽이 무의식적으로 과거의 신정정치나 전제적인 상태로 빠져드는 것을 막아주었고 유럽에 다양성과 독립, 진취적인 기상 그리고 현재 유럽이 보유하고 있는 막대한 지적, 물적 에너지를 부여해주었다. 이러한 에너지야말로 동양으로부터의 새로운 침략에 저항할 수 있는 최상의 담보이다. 그런데 인간 본성에 깊이 자리 잡은 욕구에 부응하려 했고 생명으로 충만했던 이러한 문명의 중심지들이 더 오래 존속되지 못했던 이유는 무엇일까? 왜 이러한 중심지들은 16세기에 노쇠하고 쇠약해졌을까? 그리고 외부로부터 그토록 많은 침략을 격퇴하고 내적인 투쟁으로부터 새로운 활력을 빌려온 다음에 왜 중세 도시들은 그 두 가지에 굴복했을까?

이러한 결과를 초래했던 원인들은 다양했다. 그런 원인들 가운데 일정 부분은 먼 과거에서 기인하기도 하지만 한편으로 어떤 부분은 도시 스스로가 저지른 과오에서 비롯되었다. 15세기 말에 이르러 과거 로마식으로 재건된 강력한 국가들이 이미 나타나기 시작했다. 어느 나라, 어느 지역에서도 더 교활하고 더 많은 비축물을 가지고 있으며, 이웃들보다 비양심적인 봉건 영주들은 자기들만 사적인 소유지를 더 많이 전유하는 데 성공함으로써 그들의 땅에는 더 많은 농부들이 있었고 그의 휘하에는 더 많은 기사들이 있었으며, 금고에는 더 많은 보물들이 있었다. 봉건 영주는 다행히도 아직 자치 도시의 생활에 익숙하지 않은 상태에 있는 도시들 — 파리, 마드리드 혹은 모스크바 — 에 자신의 영지를 확보하였다. 그리고 농노들의 노동력을 이용해서 그 지역을 왕실을 위한 요새 도시로 만들게 하였고, 전사들을 끌어들이려고 마음대로 촌락을 분배해주었고 상인들을 불러모아 상권을 보호해주었다. 점차 다른 유사한 중심지들을 흡수하기 시작하면서 미래 국가의 싹이 트게 되었다. 로마법 연구에 정통했던 법률가들도 이러한 중심지로 모여들었다. 시민들 가운데서 집요하고 야심 찬 부류의 사람들이 나타났는데, 이들은 영주들의 부도덕성도 소농민들의 무법성도 다같이 혐오하였다. 이들은 자신들의 규범에 맞지 않는 촌락 공동체라는 형태와 연방주의의 원리를 바로 '미개인'의 유산으로 간주해서 혐오감을 가졌다. 이들의 이상은 대중의 동의라는 허구와 무력의 힘으로 지지되는 독재 군주제였고, 이를 실현해 줄 듯한 사람들을 위해 최선을 다했다.[246]

한때 로마법에 대항했지만 이제는 동맹이 된 기독교 교회도 같은 방향으로 움직였다. 신권주의적인 유럽 제국을 구축하려는 시도가 실패로 돌아가자 더욱 사리에 밝고 야심 있는 주교들은 이스라엘 왕 또는 콘스탄티노플 황제의 권위를 재건하려는 자들을 지지하게 되었다. 교회는 새롭게 등장하는 지배자들에게 교회의 신성함과 지상에서 신의 대리자라는 영예를 부여했으며, 성직자들의 학식과 정치적 수완, 교회의 축복과 저주, 교회의 재산과 가난한 사람들에게 간직했던 동정심 등을 지배자들을 위해 사용하도록 하였다. 도시가 해방시키지 못했거나 해방을 거부하였던 농민들은 기사들 사이의 끝없는 전쟁 — 이런 전쟁은 상당한 대가를 치러야 했다 — 을 종식시키는 데 시민들이 무력하다는 사실을 알고는 자신들의 희망을 왕이나 황제 혹은 대공에게 걸게 되었다. 그러는 한편 농민들은 강력한 봉건 소유주들을 분쇄하도록 이들을 도우면서, 중앙집

246) L. Ranke가 자신의 저작 *Weltgeschichte*, 4권. Abth. 2, pp. 20-31에서 보여준 로마법의 본질에 대한 탁월한 연구 성과를 참조하라. 또한 왕족의 권력이 확립될 때 법률가가 했던 역할에 대해서는 *Histoire des Français*, 파리, 1826, viii. 85-99에 나오는 Sismondi의 언급을 참고하라. "현명한 박사들과 민중의 두건절취"에 대한 대중의 증오는 16세기의 첫 해, 초기 종교 개혁 운동의 설교를 통해서 일제히 폭발하였다.

권화된 국가를 형성하는 데도 도움을 주었다. 그리고 마지막으로 몽골과 터키의 침략, 스페인의 무어족들과 맞서 벌이는 성전, 그리고 주권이 발달한 중심지 사이에서 발발했던 끔찍한 전쟁 — 일드프랑스와 브르고뉴, 스코틀랜드와 잉글랜드, 잉글랜드와 프랑스, 리투아니아와 폴란드, 모스크바와 트베르 등 — 도 같은 결말을 맞았다. 강력한 국가가 건설되었다. 이제 도시들은 느슨해진 영주들의 연합뿐만 아니라 마음대로 부릴 수 있는 농노군을 가지고 있던 강력하게 조직된 중심지와도 대항해서 싸워야 했다.

최악의 사태는 독재 정치가 발전하면서 도시 자체 내에서 성장하게 된 분파 가운데 지원군을 찾게 된 것이었다. 중세 도시의 근본적인 이념은 웅대했지만 충분하게 확대되지는 않았다. 상호부조와 상호지원이 소집단으로 한정될 수는 없었다. 이러한 이념들은 주변으로 퍼져 나가야 하는데 그렇지 않으면 이러한 주변 환경에 집단이 동화되어버린다. 그리고 이런 점에서 중세의 시민들은 처음부터 만만치 않은 과오를 저질렀다. 성벽의 보호하에 모여들었던 농민들과 장인들을 도시가 형성되는 데 일정 부분 기여했던 조력자로 간주하지 않음으로써 과거 시민 '가문'과 새로 유입해온 사람들 사이에 날카로운 분열이 나타났다. 원래 시민이었던 사람들에게 공동 교역과 공유지에서 얻어지는 이익이 모두 보전되었지만, 새로 유입된 사람들에게는 직접 자기 손으로 기술을 자유롭게 사용할 권리 이외에 어떤 것도 남겨지지 않았다. 따라서 도시는 '시민' 또는 '평민' 그리고 단순한 '거주자'로 나누어지게 되었다.[247] 이전

247) 브렌타노는 '구 시민'과 새로 유입된 시민들 사이에 벌어진 투쟁의 숙명적인 결과를 충분하게 이해하고 있었다. 스위스의 촌락 공동체에 대한 저작에서

에 공동으로 이루어졌던 교역도 이제는 상인과 장인 '일가'의 특권이 되어 버렸고 더 나아가 개인이나 전제적 단체의 특권이 되어 버리는 일은 불가피하였다.

엄격한 의미의 도시와 그 주변의 마을 사이에도 똑같은 분열이 발생하였다. 코뮌은 농민을 해방시키려 하였지만, 영주에 맞서서 벌인 전쟁은 이미 언급한 대로 농민들을 해방시키기 위한 것이라기보다는 영주로부터 도시 스스로를 해방시키는 전쟁이 되어버렸다. 도시 입장에서는 영주가 도시를 더 이상 괴롭히지 않고 동등한 시민이 되겠다는 조건하에서 농노에 대한 영주의 권리를 남겨 두었다. 도시에 받아들여진 귀족들은 성안에 살게 되면서 도시 내에서 케케묵은 전쟁을 속행하였다. 귀족들은 장인이나 상인의 법정에 복종하려고 하지 않았고 길거리에서도 해묵은 불화를 일으켰다. 이제 도시마다 자체적으로 콜론나와 오르시니, 오베르스톨츠와 웨이스처럼 서로 앙숙인 가문들이 생겨났다. 이들은 여전히 보유하고 있던 사유지에서 막대한 수입을 올리면서 수많은 예속 평민들을 직접 거느렸고 도시 자체의 모든 관습과 습속을 봉건적인 형태로 만들었다. 도시의 장인 계급 내에서 불만이 감지되자 과거에 자체적으로 확보하였던 중재 수단을 찾아보지도 않고 무기와 부하들을 투입해서 제멋대로 전쟁을 벌여 분쟁을 해결하였다.

대부분의 도시가 저지른 가장 크고 치명적인 과오는 농업을 무시하고 상공업으로 부의 기반을 쌓은 것이었다. 그래서 도시들은 고대 그리스 도시들이 이미 저질렀던 과오를 반복하였고 똑같이

미아스코프스키는 촌락 공동체에 관해서도 똑같은 내용을 지적하였다.

어리석은 상황에 빠져들게 되었다.[248] 많은 도시들이 지방으로부터 멀어지면서 필연적으로 지방에 적대적인 정책을 채택하게 되었고, 이러한 정황은 에드워드 3세,[249] 프랑스의 쟈크리 봉기(1358년 프랑스에서 일어난 농민 봉기 -옮긴이), 후스 전쟁(종교 개혁가 얀 후스를 추종하는 사람들이 황제에 반항하여 일으킨 전쟁 -옮긴이), 그리고 독일의 농민 전쟁 당시에 더욱 확실하게 드러났다. 다른 한편으로 상업 정책을 통해서 도시는 원거리 사업에 개입하게 되었다. 이탈리아 도시들은 남동쪽에, 독일의 도시들은 동쪽에, 슬로베니아 도시들은 멀리 북동쪽에 각기 식민지를 건설하였다. 식민지 전쟁을 치르기 위해서 용병들이 유치되기 시작했고 이들은 곧 본토를 방위하기도 하였다. 시민들을 완전히 타락시킬 정도로 대출 계약이 체결되었고 선거 때마다 내부적인 경쟁은 점점 더 심화되었으며, 그러는 동안에 소수의 가문에 이익을 남겨주었던 식민지 정책이 위태로워졌다. 부자와 가난한 사람 사이의 분열은 더욱 심화되었고 16세기에 접어들면서 각 도시마다 왕권은 가난한 사람들 사이에서 언제든지 자기편과 지지자를 찾을 수 있었다.

공유제가 몰락하게 된 또 다른 이유가 있는데, 이 이유야말로 지금까지 이야기한 것보다 더욱 중요하고 심각하다. 중세 도시의 역사는 인류의 운명에 미치는 사상과 원리의 힘 그리고 그러한 중심

---

248) 동방에서 납치해온 노예 교역은 15세기까지 이탈리아의 공화국에서는 한 번도 중지된 적이 없었다. 이러한 희미한 흔적들은 독일이나 여타 지역에서도 찾아볼 수 있다. Cibrario, *Della schiavitù e del servaggio*, 2권. Milan, 1868 ; Luchitzkiy, "Slavery and Russian Slaves in Florence in the Fourteenth and Fifteenth Centuries" 키에프 대학 *Izvesta*, 1885를 보라.

249) J. R. Green의 *History of the English People*, 런던, 1878, i. 455.

사상이 완전히 변형되면 정반대의 결과를 얻게 된다는 실례를 가장 두드러지게 보여 주었다. 11세기를 관통하는 중요한 사상이라고 하면, 독립과 연방주의, 각 집단의 주권 그리고 단순한 단계에서 복잡한 단계에 이르는 정치 조직의 구성 등을 들 수 있다. 하지만 이 시기가 지나면서 이러한 개념들은 완전히 바뀌었다. 이노센트 3세(1160~1216, 로마 교황-옮긴이) 시대 이래로 로마법 연구자와 교회의 고위 성직자들이 밀접하게 공모하여 도시의 근간을 이루었던 이 사상—고대 그리스 사상—을 쓸모 없게 만드는 데 성공하였다. 2, 3백 년 동안 이들은 교단이나 대학 강단, 그리고 판사석에서 다음과 같은 내용을 가르쳤다. 구원이란 반半 신성의 권위를 지닌 강력하게 중앙집권화된 국가를 통해서 얻어야 하며,[250] 한 사람이 사회의 구세주가 될 수도 있고 또 되어야 하며, 대중을 구원한다는 명목만 있으면 어떠한 폭력도 행사할 수 있다. 예를 들면 남자와 여자를 화형에 처하거나 형언할 수 없는 고문으로 죽게 하거나 지역 전체를 가장 참담한 상태로 몰아넣을 수도 있다. 로마법 학자들과 고위 성직자들은 왕의 칼과 교회의 화형이, 또는 이 두 가지가 동시에 닿을 수 있었던 곳이면 어디든지 엄청난 규모로 들어본 적도 없이 잔인하게 이러한 효과를 생생하게 보여주었다. 이런 교육과 본보기가 끊임없이 대중들의 관심 속에 반복적으로 각인되면서 시민들의 정신 자체에 새로운 틀이 형성되었다. 일단 '공공의 안전'을 위해서라면 권력이 아무리 확장되어도, 살인이 아무리 잔인하게 자행되어도 그에 대한 정당한 이유를 묻지 않게 되었다. 그리고

250) 이미 1158년에 론카글리아 의회에서 볼로냐의 법률가들이 표명한 이론을 보라.

정신이 새로운 방향으로 나아가고 한 사람의 권력에 대한 새로운 믿음이 생겨나면서 과거의 연합주의적인 원리는 사라져갔고, 대중들이 가지고 있던 창조적인 정신은 차차 소멸되었다. 로마의 사상은 목표를 달성하였고 이런 상황 속에서 중앙집권화된 국가는 도시 안에 간편한 먹이감을 갖게 되었다.

15세기의 피렌체는 이러한 변화를 전형적으로 보여주었다. 이전의 대중 혁명은 새로운 출발의 신호였다. 이제 절망에 빠진 인민들이 들끓게 되자 더 이상 건설적인 사상은 존재하지 않았고 이러한 운동으로부터 어떠한 새로운 사상도 나오지 않았다. 이전에 400명이었던 공의회의 대표자가 천 명이 되었고, 시그노리아에는 80명이었다가 100명이 들어가게 되었다. 하지만 숫자상의 혁명은 아무런 소용이 없었다. 민중들의 불만은 계속 고조되었고 새로운 반란들이 잇따랐다. 구세주 — 폭군 — 가 필요해졌다. 구세주는 반란자들을 학살했지만, 공동체의 분열은 계속해서 이전보다 더 악화되었다. 새로운 반란이 일어난 후에 피렌체의 민중들은 가장 대중적인 인물, 지롤라모 사보나롤라Girolamo Savonarola(이탈리아 페라라에서 태어난 도미니크회 수도사. 1491년부터 피렌체의 산 마르코 수도원 원장으로 있으면서 스스로 금욕주의를 실천하고, 당시 교회의 타락과 사회의 부패를 비판하며 회개할 것을 설교하였다 -옮긴이)에게 도움을 청했지만, 이 수도사는 이렇게 말했다. "오, 나의 인민들이여, 그대들이 알고 있듯이 나는 국사에 관여할 수 없다네.……그대들의 영혼을 정화하라. 그러한 마음으로 시를 개혁하면 피렌체의 인민, 그대들은 전 이탈리아의 개혁에 막을 올리게 될 것이네!" 카니발에서 사용하는 가면과 부도덕한 책들은 불살라졌고, 자선에 관한 법률과 고리 대금업자에 반대하는 법률이 통과되었다. 하지만 피렌체의 민주주의는 제자리에 머물러 있었다. 과거의 정신은 사라져 버렸다. 정부를 지나치게 신뢰한 나머지 자기 자신을 믿지 않게 되었고 새로운 의제를 개발하지도 못했다. 국가가 밀고 들어와 이들의 마지막 자유를 말살하였다.

그렇지만 상호부조와 상호지원이라는 조류는 대중 속에서 사멸해버리지 않았고, 실패를 경험한 후에도 계속해서 명맥을 이어갔다. 이러한 사조는 종교개혁에서 처음으로 나타난 선동가들의 공산주의적인 호소에 화답하여 엄청난 세력으로 다시 등장하였다. 게다가 종교개혁에 고무되어 새로운 시대를 열고자 했지만 실패했던 대중들이 독재 권력의 지배를 받게 된 후에도 그 정신은 계속 존속하였다. 이러한 조류는 지금도 면면히 흐르고 있고 새롭게 표출할 방법을 모색하고 있다. 이제 그 모습은 국가나 중세 도시, 미개인들의 촌락 공동체나 미개인들의 씨족 사회는 아니다. 그 모든 제도들에서 유래되었지만 상호부조와 상호지원은 더 넓고 더 깊이 있는 인도적인 개념 속에서 모든 제도를 능가하는 방식으로 모색되고 있다.

7 근대인의 상호부조

국가 시대에 시작된 대중의 반란
오늘날의 상호부조 제도
촌락 공동체 : 촌락 공동체를 폐지하려는 국가에 저항하는 투쟁
현재의 촌락에 남아 있는 촌락 공동체 생활에서 유래된 습속
스위스, 프랑스, 독일, 러시아

인간의 상호부조 경향은 그 기원이 상당히 오래되었고, 과거 인류의 모든 진화 과정 속에 깊이 뒤섞여 있다. 그래서 역사상 온갖 영고성쇠에도 불구하고 오늘날까지 인류는 그러한 경향을 유지해왔다. 상호부조는 주로 평화와 번영기에 발전했다. 하지만 인간에게 최악의 재난이 닥쳤을 때도 — 온 나라들이 전쟁으로 황폐해지거나, 전체 인구가 빈곤으로 인해 격감하거나, 압제자의 속박에 신음할 때조차 — 상호부조의 경향은 마을마다 도시의 극빈층 사이에서도 명맥을 유지하면서 사람들을 하나로 묶어주었고, 마침내 이러한 경향을 감상적인 허튼소리라고 여겼던 소수의 지배자, 전사, 파괴자들에게도 영향을 미치게 되었다. 그리고 새로운 발전 단계에 적합한 새로운 사회 조직을 창출해내야 할 때면 언제나 인류의 건설적인 정신은 항상 새 출발을 위한 여러 요소들과 열정을 영원한 생명력을 지닌 경향에서 변함없이 끌어냈다. 새로운 경제적, 사회적 제도는 대중들의 창조물인 한은 새로운 윤리 체제, 종교 등과 함께 모두 같은 근원에서 유래되었고, 넓게 보면 인류의 윤리적인 진보는 부족에서 점점 더 규모가 커진 집단에 이르기까지 상호부조라는 원리가 점진적으로 확대되어 나타난 것이고 마침내 언젠가는 신념이나 언어, 인종에 상관없이 인류 전체를 포괄하게 될 것이다.

미개인들의 부족 시대, 다음으로 촌락 공동체를 거치고 난 후에 유럽인들은 중세에 이르러 새로운 형태의 조직을 만들어내기 시작하였다. 이 제도는 개인에게 창의성을 큰 폭으로 허용해주는 이점을 가지고 있으면서도 동시에 상호지원이라는 인간의 욕구를 충분히 만족시켰다. 길드와 공제 조합과 같은 조직망으로 퍼져 있는 촌락 공동체의 연합이 중세 도시에 등장하게 되었다. 이러한 새로운 형태의 동맹이 만들어지면서 야기되었던, 모두를 위한 복지, 산업, 예술, 과학 그리고 상업 분야에서의 엄청난 결과들을 앞의 두 장에서 충분하게 논의하였다. 또한 15세기 말에 이르러 적대적인 봉건 영주들의 영지에 둘러싸여 노예 상태로 있던 농민들을 해방시킬 수도 없고, 점차로 로마의 독재 군주제 사상에 물든 중세의 공화국들이 성장하는 군사 국가의 희생이 될 수밖에 없었던 이유를 밝혀 보려고 하였다.

하지만 대다수의 사람들은 다가올 3세기 동안 모든 것을 집어삼킬 듯한 국가의 권위에 굴복하기에 앞서 이전의 상호부조와 상호지원을 기반으로 해서 사회를 재건하려고 안간힘을 썼다. 잘 알려져 있듯이 이때까지 종교개혁이라고 하는 커다란 움직임이 단순히 가톨릭 교회의 부조리에 맞선 반란만은 아니었다. 개혁은 건설적인 이상도 가지고 있었다. 이러한 이상은 자유롭고 형제애로 뭉친 공동체적 삶을 의미했다. 당시 대중들에게 가장 열렬한 반응을 일으켰던 초기 문헌들과 설교에는 인류의 경제적 사회적 동포주의라는 사상이 스며들어 있었다. 독일과 스위스의 농민이나 장인들 사이에 퍼져 있던 '12개 신조' 그리고 그와 유사한 신앙 고백에는 누구나 자신이 이해한 대로 성경을 해석할 권리는 물론이고 공유지가 촌락 공동체에 반환되고 봉건적인 노예제도가 폐지되어야 한다는 요구도 포함되어 있었다. 거기에는 항상 '진정한' 신앙—동업자에 대한 믿음—을 암시하고 있었다. 동시에 수십만의 남자와 여자들이 공산주의적인 모라비아 형제회에 가담해서 이 단체들에 자신들의 전 재산을 기부하고 공산주의의 원리에 따라 수많은 정착지를 만들어 생활하였다.[251] 무수히 자행된 대대적인 학살만이 이렇게 널리 퍼져 있는 대중 운동을 멈출 수 있었을 뿐이다. 신생 국가들은 칼, 화형, 고문의 힘을 빌려서 인민 대중을 상대로 최초의 결정적인 승리를 확보할 수 있었다.[252]

다음 3세기 동안 대륙이나 영국 등지의 국가들은 이전에 상호부조의 경향이 표출되었던 제도들을 전부 체계적으로 제거하였다. 촌락 공동체는 자신들의 민회나 법정 그리고 독립적인 경영권을 빼앗겼고 토지는 몰수되었다. 길드는 자신들의 소유물과 자유를 강탈당했으며, 변덕스럽고 탐욕스러운 국가 관리들에게 희생되었

---

251) 이전에는 상당히 무시되어 왔던 주제를 다룬 문헌들이 지금 독일에서 쏟아져 나오고 있다. 켈러의 저작들, *Ein Apostel der Wiedertäufer*, 코르넬리우스의 *Geschichte des münsterischen Aufruhrs*, 그리고 얀센의 *Geschichte des deutschen Volkes* 등이 중요한 자료로 언급될 수 있다. 이러한 방향으로 진행되었던 독일에서의 연구 결과를 영국의 독자들에게 보급시키려고 처음으로 리차드 히스가 자신의 짧지만 뛰어난 논문을 통해서 시도하였다. "Anabaptism from its Rise at Zwickau to its Fall at Münster, 1521-1536," 런던, 1895(*Baptist Manuals*, 1권). 이 논문에서는 이 운동의 중요한 특징들을 지적하였고 서지 정보도 완벽하게 붙어 있다. 또한 카우츠키의 *Communism in Central Europe in the Time of the Reformation*, 런던, 1897가 있다.

252) 우리 동시대인들 가운데 이 운동의 범위와 한정된 수단, 이 모두를 이해하고 있는 사람은 거의 없다. 하지만 농민 대전쟁 직후에 그 광경을 글로 남겼던 사람들에 의하면 독일에서 패배한 후에 학살된 농민의 수는 대략 10만 명에서 15만 명에 이를 정도였다. Zimmermann, *Allegemeine Geschichte des grossen Bauernkrieges*를 보라. 네덜란드에서 벌어진 운동을 진압하는 데 어떤 수단이 사용되었는지는 Richard Heath, *Anabaptism*을 보라.

다. 도시들은 주권을 빼앗겼고, 도시 내부의 삶의 원천—민회, 선출된 판사와 관리, 독립적인 교구와 길드—은 제거되었다. 이전에 유기적으로 연결되어 있던 모든 고리들을 국가의 공권력이 장악하게 되었다. 국가가 만들어낸 치명적인 정책과 전쟁 탓으로 과거에는 인구도 많고 풍요롭던 지역들이 하나같이 헐벗게 되었다. 부유한 도시들은 하찮은 자치 도시로 전락하고 도시들을 연결해주던 도로 자체도 통행할 수 없게 되어 버렸다. 산업과 예술 그리고 지식도 쇠락하게 되었다. 정치, 교육, 과학 그리고 법은 국가의 중앙집권사상에 공헌하게 되었다. 대학이나 교회는 일찍이 상호지원의 욕구를 실현하기 위해 사용되었던 제도들은 합리적으로 조직된 국가에서는 허용될 수 없다고 가르쳤다. 그리고 또한 국가만이 국민들 사이의 유대관계를 대표할 수 있고 연합주의나 '지방주의'는 진보의 적이며 국가만이 정당한 발전의 기폭제라고 가르쳤다. 18세기 말에 이르러 대륙의 왕들, 영국의 의회, 그리고 프랑스의 혁명의회는 서로 전쟁을 벌이고 있는 와중에도 다음과 같은 주장을 할 때면 의견의 일치를 보았다. 즉 어떤 형태로든 시민들이 결성하는 독립적인 동맹은 국가 내에서는 존재할 수 없고, 감히 '제휴'를 꾀하려는 노동자들에게는 고된 노역과 죽음만이 적절한 처벌이 된다는 것이었다. "국가 내에 어떠한 국가도 있을 수 없다!" 국가만이 그리고 국가의 교회가 모든 관심사를 다루어야 하고, 국민들은 느슨한 개인들의 집단을 대표해야 한다. 그러한 집단은 어떠한 특정한 동맹과도 연관되지 않고 공동의 요구가 있을 때마다 정부에 청원할 의무가 있다. 19세기 중엽까지 이것이 유럽의 이론이자 실제였다. 상공업 단체들도 의심의 눈초리로 감시를 받았다. 노동자들이 결성한 동맹들은 영국에서는 거의 우리 시대까지, 그리고 유럽 대륙에서는 20년 전까지 불법으로 취급되었다. 최근까지 영국에서조차 사회 대다수에서는 국가 교육의 모든 조직을 혁명적인 대책으로 받아들일 정도였다. 하지만 이러한 것들은 500년 전 마을의 민회나 길드, 교구나 도시에서는 자유민이든 농노든 누구에게나 용인되었던 권리였다.

국가가 사회 기능을 모두 병합함으로써 필연적으로 방종하고 편협한 개인주의가 발전하게 되었다. 국가에 대한 의무가 늘어나면서 시민들은 서로에 대한 의무를 확실히 덜게 되었다. 길드 내에서 — 누구든지 길드나 공제 조합에 소속되어 있던 중세에 — 두 '조합원'은 병든 동업자를 번갈아 가면서 돌보도록 되어 있었는데, 이제는 가까운 빈민 병원을 알려주기만 하면 된다. 미개인 사회에서는 분쟁으로 비화된 두 사람 사이의 싸움에 끼어들어 돌이킬 수 없는 결론에 도달하지 않게 막지 않으면 그 사람도 살인자로 간주되었지만, 국가가 모든 것을 보호한다는 이론에 의해서 구경꾼들은 끼어들 필요가 없어졌고 사건의 개입 여부는 경찰관의 소관 사항이 되었다. 한편 야만인들의 땅에서 사는 호텐토트인들 사이에서는 음식을 나누어 먹고 싶은 자가 있는지 없는지 세 번 큰 소리로 외치지 않고 먹으면 수치스러운 일로 여겨졌는데, 현재 점잖을 빼는 시민들이 하는 짓이란 고작 가난한 자들에게 세금을 물리고 굶주린 사람들을 더 굶주리게 하는 일뿐이다. 결과적으로 사람들은 다른 사람의 곤궁함을 무시하고 자기 자신만의 행복을 추구할 수 있고 그것이 당연하다고 주장하는 이론이 법이나 과학, 종교 등 모든 방면에서 힘을 발휘하고 있다. 그러한 이론이 오늘날의 종교가 되어 버렸고 그 이론의 유효성을 의심하면 위험한 유토피아주의자가 되고 만다. 과학은 득의양양하게 만인에 대한 개개인의 투쟁이야말로 자연뿐만 아니라 인간 사회의 중심원리라고 외치고 있다. 생물학은 동물계의 점진적인 진화를 이러한 투쟁의 탓으로 돌린다. 역사도 같은 노선을 취한다. 그리고 고지식하게 아무것도 모르는 정치 경제학자들도 근대의 산업과 기계의 진보를 같은 원리의 '놀라운' 효과에서 찾으려 하였다. 목사가 설파하는 종교는 바로 일요일에만 이웃과 자선적인 관계를 맺음으로써 개인주의를 다소 누그러뜨리는 그런 종교이다. '실용적인' 사람이나 이론가들, 과학자, 종교인, 법률가 그리고 정치가들은 모두 단 한 가지 점에 동의한다. 즉 자선 행위 때문에 무자비한 결과가 다소 완화될 수 있지만, 사회가 유지되고 앞으로도 발전하기 위한 안전한 기반은 오직 개인주의뿐이라는 점이다.

그러므로 현대 사회에서 상호부조라는 제도와 관습을 찾아보는 일은 무의미해 보인다. 그렇다면 이제 도대체 무엇이 남아 있을까? 그렇더라도 수많은 사람들이 살았던 방식을 확인해보고 이들의 일상적인 관계를 연구하려고 노력해보면 오늘날까지도 인간의 삶 속에는 상호부조와 상호지원의 원리가 커다란 역할을 하고 있다는 사실을 알게 된다. 상호부조라는 제도가 관습이나 이론상으로는 파괴되고 있지만 3, 4백 년 동안 많은 사람들은 계속해서 이 제도를 기반으로 살아왔다. 사람들은 이 제도를 신성하게 유지하였고 이 제도가 없어져버린 곳에서는 재건하려고 노력하였다. 우리들 상호관계 속에서 우리 모두는 오늘날 유행하는 개인주의적인 신념에 반대하는 순간을 맞게 되며, 사람들은 상호부조라는 경향을 지표로 삼고 행동한다. 만일 그렇게 하지 않으면 더 이상의 모든 윤리적인 발전도 즉각 멈춰버릴 정도로 상호부조는 일상적인 교제에서 매우 많은 부분을 차지하게 된다. 인류 사회 자체는 단 한 세대가 살아가는 동안도 유지될 수 없을 것이다. 사회학자들이 대체로 무시하고 있지만 삶에서 가장 중요하고 인류를 더욱 발전시켜주는 이런 사실들을 우리는 상호지원이라는 불변의 제도에서 시작해서 다음으로 개인적이고 사회적인 동정심에서 유래하는 상호부조 행위를 통해서 분석하려 한다.

현재 유럽사회의 구조를 넓게 일별해보면 촌락 공동체를 제거하려는 일들이 수도 없이 자행되었지만, 이런 형태의 동맹은 오늘날까지도 찾아볼 수 있을 정도로 명맥을 유지하고 있다는 사실 그리고 현재 이런저런 형태로 촌락 공동체를 재건하거나 대체할 만한 제도를 찾으려는 시도들이 많이 진행되고 있다는 사실에 우리는 곧바로 깊은 감명을 받게 된다. 촌락 공동체를 다룬 최근의 이론에 따르면 서유럽에서 토지의 공유제가 농업의 근대적인 요구와 일치하지 않았기 때문에 촌락 공동체는 자연적으로 소멸하게 되었다는 것이다. 하지만 실제로는 촌락 공동체가 자연적으로 사라진 곳은 어디에도 없었다. 반대로 어디에서든 지배계급이 촌락 공동체를 폐지하고 공유지를 몰수하려는 기도는 항상 성공하지는 않았지만 몇 세기 동안이나 지속되었다.

프랑스에서 촌락 공동체는 16세기 초부터 독립성을 빼앗기고 땅을 약탈당하기 시작했다. 하지만 과세와 전쟁으로 인해 농민 대중들이 땅을 쉽게 빼앗기고 수치스러울 정도로 예속당하고 빈궁한 상태에 빠지게 된 시점은 바로 역사가들이 생생하게 묘사하듯이

17세기부터였다. "모두가 자신들의 권력에 따라 땅을 탈취해갔다.……농민들의 땅을 빼앗으려고 있지도 않은 부채를 주장하기도 하였다." 1667년 루이 14세가 공표한 칙령에는 위와 같이 나와 있었다.[253] 물론 이러한 악행에 대한 국가의 대책은 오히려 코뮌으로 하여금 국가에 예속되게 만들었고 코뮌 자체를 약탈하는 것이었다. 실제로 2년 후에 코뮌의 모든 수입금이 왕에게 몰수되었다. 공유지를 전유하는 사태는 점점 더 심화되었고, 어떤 추산에 따르면 다음 세기에는 귀족이나 성직자들도 경작지의 2분의 1이라는 광대한 지역의 땅을 이미 소유하게 되었고 대부분은 경작되지 않은 채 방치되었다.[254] 하지만 여전히 농민들은 공유 제도를 유지하였고, 1787년에 가서야 모든 세대주로 구성된 마을 민회가 종탑이나 나무 그늘 아래에 모여서 자신들의 논밭에 보유하고 있는 것들을 분배하거나 재분배하고 관리자를 선출했다. 마치 러시아의 미르에서 오늘날에도 행해지는 것과 마찬가지다. 이는 바보Babeau의 연구에서 입증되었다.[255]

하지만 정부는 민회가 '너무 시끄럽고', 너무 말을 듣지 않는다

253) "Chacun s'en est accommodé selon sa bienséance...on les a partagés...pour dépouiller les communes, on s'est servi de dettes simulées" (여러 저자들이 인용하는 1667년 루이 14세의 칙령. 이 날짜로부터 8년 전에 코뮌은 국가의 관리하에 놓여 있었다.)

254) "대지주의 땅에 대해서 말하자면, 비록 그 지주가 엄청난 세금을 거두어들인다고 해도 아직 경작되지 않은 땅은 반드시 있게 마련이다(아서 영)." "땅의 4분의 1 가량은 경작되지 않은 상태로 남아 있었다." "지난 백 년 동안 토지는 황량한 상태로 되돌아갔다." "지난날 번영했던 솔로뉴는 이제 거대한 늪지이다." 등등. (Théron, de Montaugé, Taine가 *Origines de la France Contemporaine*, tome i. p. 441에서 인용함)

255) A. Babeau, *Le Village sous l'Ancien Régime*, 3e édition, 파리, 1892.

고 생각하게 되었고, 1787년에 시장과 가장 부유한 농민들 중 세 명에서 여섯 명의 평의원을 선출한 평의회가 대신 도입되었다. 2년 후 이 점에서 구정권과 일치된 견해를 보였던 혁명 입법 의회도 이 법을 전폭적으로 승인하자(1789년 12월 14일), 이번엔 마을의 부르주아들이 공유지를 약탈할 차례가 되었고, 이런 행위는 혁명기간 내내 계속되었다. 1792년 8월 16일 농민 봉기의 압력을 받아 의회는 사유화된 땅을 코뮌에 반환하기로 결정하였다.[256] 그런데 의회는 그와 함께 땅이 부농들에게만 공평하게 분배되어야 한다고 명령하였다. 이 법안은 새로운 봉기를 초래하였고, 이듬해인 1793년에 공유지를 모든 평민들에게 부유하든 가난하든, '부지런하든' 아니면 '게으르든' 다 같이 나누도록 하는 법령이 나왔을 때 비로소 폐기되었다.

하지만 농민들의 생각과 매우 심하게 충돌하였기 때문에 농민들은 이 두 법안을 따르지 않았고, 땅의 일부를 다시 소유하게 된 곳에서는 어디서든지 땅을 나누지 않고 있었다. 그러다가 오랜 동안 전쟁이 계속되자 공유지들은 국채의 저당으로 잡혀 국가가 몰수하거나(1794년), 경매에 붙여져 통째로 약탈하였다. 그리고 다시 코뮌에 반환되었다가 다시 몰수되었다(1813년). 1816년에야 가장 생산성이 떨어지는 나머지 땅 천 5백만 에이커가 촌락 공동체에 반환되었다.[257] 코뮌이 당한 수난은 여기서 끝나지 않았다. 새롭게

---

256) 동 프랑스에서 이 법은 농민들이 이미 스스로 이루어 놓은 일을 확인한 것에 불과했다. 프랑스의 다른 지역에서 이 법은 대체로 사문화되었다.

257) 중간 계급의 반동이 승리를 거둔 이후에 공유지는 국가 소유의 땅이라고 공표되었다(1794년 8월 24일). 그리고 공유지는 귀족에게서 몰수한 땅과 함께 경매물로 고시되었다. 한편 소 부르주아 모리배들이 공유지를 좀도둑질

등장한 정권은 모두 공유지를 자신들의 지지자들을 기쁘게 해주기 위한 수단으로 여겼고 세 개의 법안을(첫 번째 법안은 1837년에 그리고 나머지는 나폴레옹 3세 치하에) 통과시켜서 공유지가 자신들의 사유지로 분할되도록 하였다. 이 세 개의 법안은 촌락 공동체의 반대에 부딪쳐 세 번이나 폐기되었다. 하지만 그럴 때마다 촌락 공동체의 입지가 조금씩 갈취당하는 식이었다. 그러다가 나폴레옹 3세는 농업 방식을 개선시킨다는 구실로 공유지의 많은 부분을 자기가 총애하는 자들에게 나누어주었다.

이처럼 수없이 수탈을 당하고 난 후에 촌락 공동체가 가지고 있던 자치권에서 무엇이 남아 있을 수 있었을까? 이제 시장과 평의원들은 국가 기관의 무급 공무원으로 간주되었을 뿐이다. 제3공화국 치하에서 지금까지도 지사나 장관에 이르는 거대한 국가 기관이 움직이지 않고서는 촌락 공동체 내에서 직접 할 수 있는 일은 거의 없다. 예를 들어 어떤 농민이 공유 도로를 보수하는 데 직접 필요한 양의 돌을 깨는 대신에 자기 몫에 해당하는 일을 돈으로 지불하려고

하였다. 그 다음 해(프랑스 공화력 5년 목월牧月 2일의 법령)에 이러한 좀도둑질이 그친 것은 사실이었고 앞의 법률도 폐지되었다. 그러나 한편으로 촌락 공동체도 완전히 폐지되었고 대신에 군(주) 평의회가 설치되었다. 그러다가 단 7년 후에, 그러니까 1801년에 촌락 공동체가 다시 도입되었지만, 모든 권리가 박탈되어 프랑스에 있는 3만 6천 개의 코뮌에서는 정부가 시장과 평의원을 지명하였다! 이러한 제도는 코뮌 평의회가 1787년의 법률을 재도입한 1830년 혁명 이후까지도 유지되었다. 공유지는 1813년에 국가가 다시 장악하였고, 그런 식으로 약탈되었다가 일부만 1816년에 코뮌에 반환되었다. Dalloz가 고전 프랑스 법률을 모아 놓은 『사법집성*Répertoire de Jurisprudence*』을 보라. 또한 Doniol, Dareste, Bonnemère, Babeau, 그리고 기타 여러 작가들의 저작을 보라.(목월은 프랑스 공화력으로 9월이다. 즉 5월 20일부터 6월 18일까지를 말한다 -옮긴이)

할 때, 그 돈을 공의회에 지불하도록 허가를 받기 전에 12명 이상의 각기 다른 국가 공무원에게 승인을 받아야 하며, 도합 52가지의 각기 다른 절차가 이루어지고 서로 교환되어야 했다. 이는 믿기 어렵지만 사실이었다. 나머지 일들도 같은 식으로 이루어진다.[258)]

프랑스에서 일어났던 일은 서부 유럽이나 중부 유럽의 모든 곳에서도 일어났다. 심지어 농민의 땅에 대 공세를 퍼부은 주요한 날들도 모두 같았다. 영국의 경우에 유일하게 다른 점이라면 약탈 행위가 전면적인 조치에 의해서가 아니라 개별적인 절차에 의해 이루어졌고 프랑스보다 늦었지만 훨씬 철저하게 이루어졌다는 것이다. 1380년 농민 봉기가 실패한 후 15세기에 영주들은 공유지를 탈취하기 시작하였다. 로서Rossus의 『역사*Historia*』나 헨리 7세의 법령에서 볼 수 있듯이 이러한 탈취 행위를 '공유재산에 끼친 흉폭하고 막대한 손실'[259)] 이라는 제목으로 설명하고 있다. 그 이후에 헨리 8세가 대 심문을 시작하였다. 알다시피 이는 공유지의 사유화(인클로저)를 막기 위한 조치였는데, 이미 저질러진 일을 재가하는 선에서 끝이 났다.[260)] 공유지는 계속해서 약탈되었고 농민들은 땅에서 쫓겨나는 신세가 되었다. 다른 곳과 마찬가지로 영국에서도

---

258) 이는 참으로 터무니없는 절차여서 만일 상당히 권위 있는 저자가 *Journal des Economistes*(1893, 4월, p. 94)라는 책에 52개의 다른 조항들을 열거해 놓지 않았더라면, 그리고 같은 저자가 유사한 사례들을 몇 가지 더 제시해 놓지 않았더라면 그런 일이 가능하리라고 믿기 힘들었을 정도이다.

259) Ochenkowski, *Englands wirthschaftliche Entwickelung im Ausgange des Mittelalters*, Jena, 1879, pp. 35 이하. 여기에서 모든 문제가 텍스트에 대한 충분한 지식과 더불어 논의된다.

260) Nasse, *Über die mittelalterliche Feldgemeinschaft und die Einhegungen des XVI. Jahrhunderts in England*, Bonn, 1869, pp. 4, 5 ; Vinogradov, *Villainage in England*, Oxford, 1892.

공동 소유의 자취를 철저하게 뿌리뽑는 일이 체계적인 정책의 일환이 되었는데, 시기적으로 특히나 18세기 중엽부터였다. 그러므로 공동 소유제가 사라졌다는 사실이 놀라운 일이 아니라 영국에서조차 "우리 세대의 할아버지 때까지 유지되어 최근까지 널리 유행"[261]했다는 사실이다. 시봄Frederic Seebohm(1833~1912. 영국의 법률가 · 경제사학자 -옮긴이)이 제시한 대로 인클로저 법령의 목적은 바로 이러한 제도를 없애는 데 있었고,[262] 1760년에서 1844년 사이에 통과된 약 4천 개의 법령을 통해 공동 소유제가 철저하게 제거되면서 현재는 거의 흔적만이 희미하게 남아 있다. 촌락 공동체의 땅을 영주가 탈취하였고, 그럴 때마다 의회는 그러한 전유 행위를 재가해 주었다.

독일, 오스트리아, 벨기에 등지에서도 국가는 예외 없이 촌락 공동체를 파괴하였다. 공유자들이 자신들의 땅을 직접 나누는 경우는 거의 찾아볼 수 없었다.[263] 한편 어디에서든지 국가는 공유자들을 압박해서 분할을 집행하거나 땅을 사적으로 전유하도록 부추겼

261) Seebohm, *The English Village Community*, 3판, 1884, pp. 13-15.

262) "인클로저 법령을 자세히 검토해보면, 위에서 서술한 이 제도(공유제)는 인클로저 법령을 없애려는 의도를 가지고 있는 제도라는 점이 분명해진다." (시봄, 앞의 책, p. 13) "그것들은 다음과 같은 자세한 설명으로 시작하면서 대체로 같은 형식으로 묘사되었다. 즉 울타리가 없는 공유지들이 작게 분할되어, 서로 뒤섞여 있으면서 불편하게 위치해 있었다. 여러 사람이 그 땅을 부분적으로 소유하고 그 사람들에게 공유권을 부여하게 된다.……그리고 그 땅은 분배되거나 울타리를 쳐서 특정한 몫을 세 놓거나 각각의 소유주에게 지급되는 것이 바람직하다"(p. 14). 포터가 작성한 목록에는 이와 같은 법령이 3867개나 들어 있는데, 그 대다수는 1770년에서 1780년 그리고 1800년에서 1820년 사이에 프랑스와 마찬가지로 쏟아져 나왔다.

263) 스위스에서는 전쟁으로 파산해서 땅의 일부를 팔았다가 다시 그 땅을 사들이려고 노력하는 코뮌들을 많이 볼 수 있다.

다. 중부 유럽의 공동 소유제가 마지막으로 타격을 받은 때는 18세기 중반으로 거슬러 올라간다. 오스트리아에서는 1768년에 정부가 노골적으로 폭력을 자행하여 코뮌에게 땅을 분할하게 하였다. 이러한 목적을 달성하기 위해 2년 후에 특별 위원회가 임명되었다. 프러시아의 프레드릭 2세는 몇 차례나 자신의 법령을 통해서(1752, 1763, 1765 그리고 1769년에) 재판관을 천거해 분할을 집행하였다. 실레지아에서는 1771년에 특별 결의안을 발표해서 같은 목적을 달성하였다. 벨기에에서도 마찬가지였는데, 코뮌이 이에 따르지 않자 공유 목초지를 구매해서 소매로 팔거나 살 만한 사람이 있을 경우에 공유지를 강제로 팔게 할 수 있는 권한을 정부에게 부여하는 법안이 1847년에 제정되었다.[264]

요컨대 경제적인 법칙에 의해 촌락 공동체가 자연스럽게 소멸되었다고 말한다면 전쟁터에서 학살당한 병사들이 자연사했다고 말하는 것처럼 불쾌하기 짝이 없는 농담이다. 사실은 이렇다. 촌락 공동체는 천 년 이상 지속되어왔다. 언제 어디서고 농민들은 전쟁이나 강제 징수 때문에 멸망하지는 않았고 꾸준하게 자신들의 경작법을 개량해왔다. 하지만 산업의 발달로 땅의 가치가 증가하면서 귀족들은 봉건 제도를 통해서는 가져본 적이 없던 권력을 국가 조직을 통해 획득하게 되자, 공유지 가운데 가장 좋은 부분을 차지했고, 공유 제도를 파괴하려고 전력을 다했다.

이 모든 상황에도 불구하고 촌락 공동체 제도는 땅을 경작하는

---

264) A. Buchenberger, "Agrarwesen und Agrarpolitik," A. Wagner, *Handbuch der politischen Ökonomie*, 1892, 1권. pp. 280 이하.

사람들의 요구와 생각에 매우 잘 맞아 떨어져 유럽에는 오늘날까지 촌락 공동체의 잔재가 계속 남아 있고, 가만히 따져보면 유럽 농촌의 삶 속에는 공동체 생활을 하던 시기로 거슬러 올라가는 관습과 습속이 스며들어 있다. 영국에서조차 구질서에 맞서 과감한 조치가 모두 취해졌지만 촌락 공동체는 19세기 초반까지 보편화되어 있었다. 이 주제에 관심을 가졌던 몇 안 되는 학자 가운데 한 사람인 곰므Gomme는 자신의 저작에서 다음의 사실들을 밝히고 있다. 땅을 공동으로 소유했던 흔적이 스코틀랜드에서 발견되며 '런리그'라는 소작지가 1813년까지 포파셔에서 유지되었으며 인버네스의 어떤 마을에서는 1801년까지 땅의 경계를 구분하지 않고 전체 공동체를 위해 경작하고는 다시 경작이 끝난 후에 분배하는 관습을 가지고 있었다. 킬모리에서는 "25년 전까지만 해도" 전답이 활발하게 분배되거나 재분배되었고, 영국의 어떤 지역에서는 여전히 그런 일이 활발하게 진행되고 있다는 사실을 크로프터스 위원회는 알게 되었다.[265] 아일랜드에서 이 제도는 대 기근 기간까지도 성행했었고, 잉글랜드의 경우에 나세Nasse와 헨리 메인 경이 관심을 기울이고 나서야 주목을 받기 시작했던 마샬의 저작에 따르면 촌락 공동체라는 체제가 19세기 초에 거의 영국 전역에 걸쳐 널리 퍼져 있었다는 데 의심의 여지가 없었다.[266] 불과 20년 전에 헨리 메인 경은 비정

265) G. L. Gomme, "The Village Community, with special reference to its Origin and Forms of Survival in Great Britain"(*Contemporary Science Series*), 런던, 1890, pp. 141-143 ; 또한 이 저자의 *Primitive Folkmoots*, 런던, 1880, pp. 98 이하.

266) "거의 나라 전체에서, 특히 중부와 동부뿐만 아니라 서부의 윌트셔, 남부의 서레이, 북부의 요크셔에도 울타리가 쳐있지 않은 광대한 공유지가 있었다.

상적으로 소유권을 가지고 있던 사례의 숫자에 대단히 놀랐는데, 이는 필연적으로 집단 소유권과 협동 경작이 이미 존재했었음을 암시하는 것이다. 그래서 비교적 그가 관심을 가지고 간략하게나마 연구했던 주제이다.[267] 그리고 공유제도는 최근까지도 남아 있었기 때문에 영국 학자가 촌락 생활에 관심을 기울였더라면 상당수의 상호부조적인 습속과 관습을 영국 촌락에서 찾아내기가 쉬웠을 것이다.[268]

유럽 대륙의 경우에 동부유럽은 물론이고 프랑스, 스위스, 독일, 이탈리아, 스칸디나비아 반도 그리고 스페인 등 많은 지역에서 공유제가 온전하게 존속하고 있었다. 이런 나라들의 촌락 생활에는 공유적인 습속과 관습이 베어 있고 거의 해마다 이러한 문제와 연관된 주제들을 다루는 진지한 저술들이 나와 유럽 대륙의 문헌을 풍부하게 하고 있다. 그러므로 나는 아주 전형적인 사례만으로 설명을 제한해야 할 것 같다. 스위스야말로 이러한 경우에 딱 들어맞는 나라임에 틀림없다. 유리, 슈비츠, 아펜젤, 글라루스, 운터발덴 이렇게 다섯 개의 공화국은 각자의 땅을 분할되지 않는 소유지로 가지고

노스앰튼셔에 있는 316개의 교구 가운데 89개가 이러한 상태에 있고, 옥스퍼드셔에서는 100개 이상, 워윅셔에는 5만 에이커 정도, 버크셔에서는 절반 정도, 윌트셔에서는 절반 이상, 헌팅던셔에서는 전체 지역 24만 에이커 가운데 13만 에이커가 공유 목초지나 공유지, 전답이었다."(마샬, 헨리 메인 경의 *Village Communities in the East and West*, 뉴욕 판, 1876, pp. 88, 89에서 인용함).

267) 앞의 책, p. 88 ; 또한 5차 강연. 서레이에 있는 광범위한 '공유지'는 지금도 유명하다.

268) 영국의 농촌 생활을 다루고 있는 수많은 책을 검토해보았는데 농촌 풍경 같은 내용은 매혹적으로 기술하고 있지만 농민들의 일상생활이나 관습에 관해서는 아무런 언급이 없었다.

있으면서 민회에서 관리하였다. 뿐만 아니라 다른 모든 주에서는 촌락 공동체가 폭넓은 자치권을 소유하고 있어서 연방 영토의 대부분을 소유하고 있다.[269] 알프스 목초지의 3분의 2 그리고 스위스 삼림의 3분의 2는 지금도 공유지로 되어 있고 상당수의 전답과 과수원, 포도밭, 토탄지土炭地, 채석장 등도 공동으로 소유되고 있다. 선출된 공의회의 심의에 모든 세대주가 여전히 참여하고 있는 보Vaud에서는 공유 정신이 특히 강하게 살아있다. 겨울이 끝날 무렵에 각 마을의 모든 젊은이들은 며칠간 숲에 머무르면서 목재를 베어 터보건(썰매의 일종)이 다니는 가파른 길로 목재를 실어 나른 다음, 목재와 연료로 쓸 나무를 모든 세대에 나누어주거나 이윤을 목적으로 팔았다. 이런 식의 짧은 여행이야말로 남성적인 노동을 상징하는 진짜 축제이다. 레만 호의 강기슭에서는 포도밭의 단구를 지탱하는 데 필요한 작업 일부를 여전히 공동으로 하고 있다. 그리고 봄이 되어 해가 뜨기 전에 온도가 영도 이하로 떨어지면 순찰자가 모든 세대주들을 깨워서 짚과 소똥으로 불을 피워 인공적인 구름을 만들어 서리로부터 포도나무를 지키도록 한다. 거의 모든 주의 촌락 공동체는 이른바 공익권을 통해서 공동으로 여러 마리의 소를 키우면서 각 가정에 버터를 공급해준다. 또한 공동으로 전답이나 포도밭을 관리하고 거기서 난 생산물들을 주민에게 나눠주거나

---

269) 스위스에서는 개방된 토지에 있는 농민들도 영주의 지배를 받았고, 농민들의 땅 가운데 대부분은 16, 17세기에는 영주들이 착복하였다. (예를 들면 Schmoller, *Forschungen*, 2권. 1879, pp. 12 이하에 나온 A. Miaskowski 박사의 지적을 보라.) 하지만 스위스에서의 농민 전쟁은 다른 나라에서처럼 철저하게 궤멸되지는 않았고 공유권과 공유지 상당수가 존속되었다. 코뮌의 자치권은 실제로 스위스가 자유를 확보하는 데 상당한 기반이 되었다.

공동체의 이익을 위해서 자신들의 땅을 임대했다.[270]

코뮌이 폭넓은 기능을 보유하고 한 국가의 유기적인 삶에서 실질적인 부분을 차지하고 있는 곳에서 그리고 그러한 코뮌들이 너무나 비참한 상황으로 빠져들지 않았던 곳에서는 토지가 잘 관리되고 있었다는 점은 대체로 받아들일 수 있다. 따라서 스위스의 공유지는 영국의 '공유지'가 처한 참담한 상태와 두드러지게 대조가 된다. 보와 발레의 공유림은 근대 임학의 법칙에 맞게 훌륭하게 관리되고 있다. 재분배 제도에 따라 소유자가 바뀌는 공유림 가운데 있는 '좁고 긴 땅'은 어디든 특히 목초나 가축이 부족하지 않게 매우 잘 경작되어 있다. 고지대의 목초지도 대체로 잘 가꾸어졌고 시골길들도 아주 잘 닦여 있다.[271] 그리고 우리가 스위스의 농가 châlet(샬레)나 산길, 농민들이 기르는 가축, 포도밭의 단구나 학교 등을 보고 감탄하지만 실제로 샬레를 지을 목재가 공유림에서 채취되지 않고 돌이 공동 채석장에서 얻어지지 않았다면 소가 공유 목초지에서 자라지 않고 길이나 학교가 공동 노동으로 만들어지지 않았다면, 감탄할 만한 일도 별로 없었음을 명심하자.

스위스의 촌락에서 상호부조의 습속과 관습이 지속적으로 수 없이 존속했다는 사실은 더 이상 말할 필요도 없다. 각 가정마다

---

270) Schmoller, *Forschungen*, 2권. 1879, p. 15에 나오는 Miaskowski 박사의 언급.

271) 이 주제에 관해서는 K. Bücher가 Laveleye, *Primitive Ownership* 독어판에 첨가했던 장(아직 영어로 번역되지는 않았지만 뛰어나고 시사적인 내용을 담고 있다)에 요약된 일련의 저작들을 보라. 또한, Meitzen, "Das Agrar- und Forst-Wesen, Die Allmenden und die Landgemeinden der Deutschen Schweiz" *Jahrbuch für Staatswissenschaft*, 1880, iv. (미아스코프스키의 저작에 대한 분석) ; O'Brien, "Notes in a Swiss village" *Macmillan's Magazine*, 1885년 10월.

호두열매를 까기 위해 번갈아가며 열렸던 저녁 모임. 결혼할 처녀들이 예물을 바느질하기 위한 저녁 모임. 집을 짓거나 추수를 하거나 공유자들 가운데 누군가가 요청할 수도 있는 온갖 일에 '도움'을 청하는 일. 아이들이 두 언어, 즉 불어와 독일어를 배울 수 있도록 주끼리 아이들을 교환하는 관습 등. 이 모든 일들은 상당히 관습적으로 벌어지고 있었다.[272] 한편으로 근대적인 다양한 요구들도 같은 정신으로 충족되었다. 글라루스에서는 재해를 겪는 동안에 알프스 목초지 대부분이 팔렸지만, 코뮌은 계속해서 전답지를 사들였고 새롭게 구매된 전답들이 경우에 따라 10년, 20년 또는 30년 동안 개별적으로 공유자들의 소유로 있다가 공동 자산으로 환원되어 모든 사람들의 필요에 따라 재분배된다. 제한된 규모이기는 하지만 공동 작업을 통해 생필품들 — 빵, 치즈, 포도주 — 을 생산하기 위해 작은 조합들이 무수히 만들어졌다. 그리고 농업 협동조합도 매우 용이하게 스위스 전역으로 퍼져 나갔다. 열 명에서 서른 명 정도의 농민들로 구성된 조합들은 공동으로 목초지나 전답을 사들여 공동 소유자의 자격으로 함께 경작하는 일이 흔하게 일어났고 우유, 버터, 치즈 등을 판매하기 위한 낙농 조합들도 도처에서 조직되었다. 사실 스위스야말로 이런 형태의 협동조합이 탄생한 곳이다. 더욱이 이는 온갖 근대적인 욕구를 충족시켜주기 위해서 만들어진 다양한 종류의 크고 작은 집단을 연구하기 위해서도 폭넓은 장을 마련해주고 있다. 스위스의 어떤 지역에는 거의 모든 촌락에 수많은 조합들이 결성되어 있다. 소방 조합, 배 운송 조합, 강의 방파제 관리

272) 스위스에서 젊은 세대들을 도와주기 위해서 결혼 선물을 넉넉하게 해주는 것도 분명히 공동체적인 관습의 잔재이다.

조합, 급수 조합 등등. 그리고 이 나라는 근대 군국주의의 산물인 궁수, 1급 사수, 지형학자, 도보 탐험가 등으로 구성되는 단체들이 널려 있다.

그렇다고 스위스가 유럽에서 절대로 예외적인 나라는 아니다. 왜냐하면 똑같은 제도와 관습들이 프랑스나 이탈리아, 독일, 덴마크 등지의 마을에서도 발견되기 때문이다. 우리는 지금껏 프랑스의 지배자들이 촌락 공동체를 파괴하고 그 땅을 차지하기 위해서 저질렀던 일을 살펴보았다. 하지만 이런 온갖 시도에도 불구하고 경작 가능한 전체 지역의 10분의 1, 즉 전체 자연 목초지의 절반 그리고 국토의 모든 삼림 가운데 5분의 1을 포함한, 약 1350만 에이커의 땅이 공동 소유로 남아 있다. 숲은 공유자들에게 연료를 공급해주고, 목재는 대부분 상당히 타당한 규칙에 따라 공동 노동으로 벌채되었으며, 방목지는 공유자들의 가축들에게 자유롭게 개방되었고 프랑스의 어떤 지역—아르덴—에서는 공동 전답 가운데 남은 부분을 통상적인 방식으로 분배하거나 재분배하기도 한다.[273]

이러한 부가적인 공급원을 통해서 가난한 농민들은 흉년이 들어도 자신들의 소규모 필지를 내놓거나 갚을 수 없을 만큼 큰 빚을 지지 않고도 견뎌낼 수 있기 때문에 농업 노동자들에게도, 300만에 가까운 소작농에게도 중요한 의미를 가진다. 이러한 부가적인 자원이 없었다면 소농의 소유권이 유지될 수 있었는지 의심스

273) 프랑스의 경우 코뮌에서 전체 삼림 지역 2481만 3천 에이커 중에서 455만 4100에이커를 소유하고 있고 자연 목초지 1139만 4천 에이커 중에서 693만 6300에이커를 소유하고 있다. 나머지 2백만 에이커는 전답이나 과수원 등이다.

렵다. 하지만 아무리 사소하더라도 공동 소유라는 제도가 지닌 경제적인 가치보다 윤리적인 중요성이 훨씬 더 크다. 촌락 생활에 공동 소유제가 있었기 때문에 소토지 소유제로 개인주의와 탐욕이 매우 쉽게 발전해서 무모하게 자라나는 계기를 강력하게 제어해주는 상호부조 관습과 습속이 토대를 유지할 수 있었다. 촌락 생활의 모든 가능한 상황 속에서 상호부조는 모든 나라의 일상생활의 일부가 된다. 어디서든지 우리는 이름은 각기 다르지만 샤로아charroi, 즉 곡식을 거두거나 포도를 수확하거나 집을 짓지 위해서 자유롭게 이웃을 돕는 행위를 만나게 된다. 또 어디를 가도 스위스에서 언급되었던 것과 같은 저녁 모임을 찾아볼 수 있고, 어디서든지 공유자들은 온갖 종류의 작업을 제휴한다. 이러한 습속들은 프랑스 촌락 생활에 대해 저술했던 거의 모든 사람들이 언급했던 내용이다. 나는 여기에서 이 주제에 관해서 의견을 나누고 싶었던 내 친구에게 받은 편지를 요약해보는 편이 더 낫겠다. 이 편지들은 수년간 남프랑스(아리에주에서)의 코뮌에서 행정관을 지낸 나이 많은 분에게서 온 편지였다. 그가 언급했던 사실들은 오랜 동안의 개인적인 관찰의 결과이고, 넓은 지역을 대충 살펴본 것이 아니라 한 지역에서 그 내용이 얻어졌다는 이점을 가지고 있다. 그 내용 가운데 어떤 부분들은 너무 시시콜콜하지만 대체로 촌락 생활이라고 하는 아주 작은 세계를 묘사한 내용이다.

내 친구는 다음과 같이 쓰고 있다. "우리 지역에 있는 몇몇 코뮌들에는 차용제도라고 하는 오래된 관습이 여전히 유효하다. 한 소작지에서 어떤 일을 빨리 처리하기 위해서 많은 일손이 필요할 때면 예컨대 감자를 캐거나 풀을 벨 때 이 지역의 젊은이들이 소집

된다. 젊은 남녀가 여럿이 몰려와서 즐겁게 일을 하고는 보수도 받지 않는다. 그리고 밤이 되면 즐겁게 식사를 마치고는 함께 춤을 춘다."

"같은 코뮌에서 한 여자가 결혼을 하게 되면 이웃 여자들이 와서 결혼식에 입을 옷 바느질을 도와준다. 몇몇 코뮌에서는 여자들이 상당양의 실을 만들어낸다. 어떤 가정에서 실 감는 일을 해야 하면 모든 친구들을 불러모아 하룻밤 안에 끝낸다. 아리에주와 남서쪽에 있는 지역의 코뮌에서는 인도 옥수수를 까는 일도 모든 이웃들과 함께 해낸다. 사람들은 밤과 포도주로 대접을 받고 젊은이들은 일을 마친 후에 춤판을 벌인다. 견과로 기름을 만들거나 대마를 눌러 부수는 일을 할 때도 같은 관습대로 이루어진다. L이라는 코뮌에서도 수확한 곡물을 들여올 때면 같은 식으로 한다. 이처럼 힘든 일을 한 날은 축제일처럼 되어서 주인은 감사의 표시로 성찬을 제공한다. 보수는 전혀 주고받지 않고 서로를 위해 일을 해줄 뿐이다."[274]

"S라는 코뮌에서는 공동 목초지가 해마다 증가했다. 그래서 코뮌 땅의 거의 전부가 공동으로 유지되고 있다. 여자들을 포함해서 모든 가축 주인들이 양치기를 선출하였다. 수소들도 공동으로 소유했다."

"M이라는 코뮌에서는 공유자들이 기르는 4, 5십 마리의 양떼들을 모두 합쳐서 셋이나 네 무리로 나누어 고지대의 목초지로

---

274) 이런 일들은 그루지야인들 사이에서보다는 코카서스에서 더 잘 벌어진다. 식사비용이 많이 들거나 가난한 사람이 식사를 제공하지 못하는 경우에는 일을 도와주러 온 이웃들이 양을 산다.

보냈다. 주인들은 각각 양치기 역할을 하러 일주일 동안 가 있곤 하였다."

"C라고 하는 작은 마을에서는 탈곡기를 여러 가정에서 공동으로 구매했다. 모든 가정이 힘을 합쳐 마련한 이 기계를 돌리는데 15에서 20명 가량의 인원이 필요했다. 세 대의 탈곡기가 더 구매되었고, 소유주들은 이를 임대해주기는 하였지만, 작업은 일상적으로 외부에서 온 사람들이 수행한다."

"우리 코뮌 R에서는 공동묘지의 담을 쌓아 올릴 일이 생겼다. 석회를 사고 숙련공의 임금을 주기 위해 필요한 돈의 절반은 공의회에서 충당해주었고 나머지 절반은 기부금으로 충당되었다. 모래와 물을 나르고 회반죽을 만들고 석공을 도와주는 따위의 일들은 전적으로 자원자들에 의해 이루어졌다(마치 카바일족의 젬마와 같이). 시골길도 같은 방식으로 공유자들이 정한 자원 봉사의 날에 보수되었다. 다른 코뮌에서는 이런 방식으로 수원水源을 마련하였다. 포도즙 짜는 기구나 기타 사소한 도구들은 주로 코뮌에서 관리한다."

내 친구는 같은 지역의 두 주민에게 질문을 했고 다음과 같이 덧붙였다.

"○○에는 몇 년 전까지만 해도 제분소가 없었다. 코뮌은 사람들에게 세금을 부과해서 제분소를 하나 지었다. 제분업자가 부정을 저지르거나 불공평하게 하지 못하도록 빵을 사먹는 사람들이 각자 2프랑씩 내기로 하고 옥수수는 무료로 제분할 수 있도록 정했다."

"St. G에서는 화재 보험에 드는 농민이 거의 없다. 큰 화재가 발생하면 — 최근에 그랬는데 — 모든 사람들이 화재를 당한 가정에 뭔가를 가져다준다. 석탄, 침대보, 의자 등등. 그렇게 해서 아쉬운

대로 살림살이가 다시 갖추어진다. 모든 이웃들은 불 탄 집을 짓는 데 도와주고, 그동안에 이 가족은 이웃집에 공짜로 묵는다."

이와 같은 상호지원의 습속을 통해서 프랑스 농민들은 단독으로뿐만 아니라 공동으로 여러 가지 밭일을 할 때면 제휴해서 자신들이 기르는 말이나 포도즙 짜는 기구, 타작기를 번갈아가며 이용해서 경작을 한다는 사실을 분명하게 설명해준다. 아주 오랜 옛날부터 촌락 공동체가 운하를 유지하였고, 삼림도 개간하였으며, 나무를 심었고, 늪지에 배수 시설을 하였다. 그리고 같은 일들이 여전히 계속되고 있다. 아주 최근에 로제르의 라본느에서는 황폐한 언덕을 공동으로 일구어 비옥한 정원으로 만들었다. "사람들이 등으로 흙을 져서 날랐고 단구가 만들어져 밤나무, 복숭아나무, 그리고 여러 과수가 심어졌다. 물은 3, 4킬로미터 되는 운하를 만들어 관개를 해서 끌어들였다." 이들은 이제 막 길이가 17킬로미터나 되는 새로운 운하를 만들었다.275)

최근에 농업 조합이 이루어낸 괄목할 만한 성공도 역시 이러한 정신의 소산이다. 프랑스에서는 1884년에 가서야 19인 이상의 조합이 허용되었다. 그리고 이러한 '위험한 실험' — 의회에서 이런 식으로 명명되었다 — 이 감행되었을 때 관리들이 고안해낼 수 있는 모든 '예방 조치'도 함께 마련되었음은 물론이다. 이 모든 조치에도 불구하고 프랑스에는 조합들이 증가하기 시작했다. 처음에 이 조합들은 비료나 종자를 구매할 목적으로만 조직되었다. 그 이유는 비료나 종자에 엄청난 비율로 가짜가 들어 있었기 때문이다.276) 하지만

---

275) Alfred Baudrillart, H. Baudrillart의 *Les Populations Rurales de la France*, 3차 시리즈, 파리, 1893, p. 479.

조합들은 점차로 자신들의 역할을 농산물 판매나 영구적인 토지 개량 등 여러 분야로 늘려갔다. 남 프랑스에서는 포도나무 뿌리의 진디가 맹위를 떨치자 포도주 생산 조합이 많이 생겨났다. 열에서 서른 명 정도의 재배자들이 조합을 결성해 물을 뿜는 증기 엔진을 구매해서 자신들의 포도밭에 물을 대는 데 필요한 장비를 교대로 마련하게 되었다.[277] 침수로부터 토지를 보호하거나 관개를 목적으로 하는 조합, 운하 유지를 목적으로 하는 조합들이 계속적으로 새롭게 결성되었고, 인근 지역의 농민들이 함께 하기 위해서는 법이 필요했지만 이 때문에 방해를 받지는 않았다. 다른 곳에서는 치즈제조 조합이나 낙농 조합이 있었는데, 몇몇 조합에서는 각 소의 생산량에 상관없이 버터와 치즈를 똑같이 나누었다. 아리에주에서는 땅을 공동으로 경작하기 위해서 여덟 개의 개별적인 코뮌이 모여서 조합을 형성하였고, 같은 지역에서 무료 의료부조를 위한 조합이 337개의 코뮌 가운데 172 코뮌에서 형성되어 있었다. 소비조합도

---

276) *Journal des Économistes*(1892년 8월호, 1893년 5월호와 8월호)에는 최근에 헨트와 파리에 있는 농업시험소에서 실시한 분석 결과를 몇 가지 싣고 있다. 그 결과에 의하면 얼마나 가짜가 판치는지 믿을 수 없을 정도이다. '정직한 상인들'이 사용하는 방식도 마찬가지였다. 어떤 목초 씨의 경우 모래알이 32%나 들어 있어서 경험이 많은 사람의 눈도 속일 정도였다. 또 다른 견본에는 진짜 씨는 52%에서 22% 정도가 들어 있고 나머지는 잡초 씨로 채워져 있었다. 야생 완두의 씨에는 독초 씨가 11%나 들어 있었고 가축을 살찌게 하는 밀가루에는 황산염이 36%나 들어 있었다. 이 밖에도 사례는 끝이 없이 많다.

277) A. Baudrillart, 앞의 책, p. 309. 처음에는 한 사람의 재배자가 물을 대기로 하면 다른 몇몇 사람들은 그 물을 함께 쓰기로 합의하곤 했다. A. Baudrillart는 이렇게 언급하고 있다. "이러한 조합의 두드러진 특징이라면 문서로 협약을 맺는 법이 없다는 점이다. 모든 일은 구두로 정해진다. 하지만 당사자들 사이에 분쟁은 단 한 건도 일어나지 않았다."

이 조합들과 연계되어 생겨났다.[278] "우리 마을에서는 각 지역마다 나름대로 특수한 성격을 가진 이러한 조합들을 통해 엄청난 혁명이 진행되고 있다."라고 알프레드 보드리야르Alfred Baudrillart는 쓰고 있다.

독일의 경우도 매우 똑같이 이야기할 수 있다. 농민들이 토지의 약탈을 막을 수 있었던 지역이면 어디서든지 땅에 대한 공동소유제를 유지하였다. 이러한 제도는 주로 뷔르템베르크, 바덴, 호헨쫄레른 그리고 슈타켄베르크의 헤센 지방에 널리 퍼져 있었다.[279] 대체로 공유림은 최상의 상태로 관리되고, 수많은 코뮌에서는 목재와 연료로 쓸 나무를 매년 모든 주민들에게 나누어주었다. 과거의 관습이었던 땔감 채취일도 널리 보급되었다. 마을에 종이 울리면 모든 사람들은 숲으로 가서 각자가 가지고 올 수 있는 만큼

---

278) A. Baudrillart, 앞의 책, pp. 300, 341 등. 생 지로네 연합조합(아리에주)의 조합장 M. 테르삭은 내 친구에게 다음과 같은 내용의 편지를 썼다. "툴루즈에서 개최되는 박람회를 위해서 우리 조합은 전시할 만한 가치가 있어 보이는 가축 소유주들을 불러모았다. 여비와 박람회 참가비의 절반은 조합에서 부담했다. 전체 경비에서 4분의 1은 소유주들이 각자 부담했고, 나머지 4분의 1은 상을 탄 참가자가 부담했다. 그래서 결과적으로 이런 식으로 하지 않았으면 박람회에 참가할 수도 없었을 사람들이 함께 할 수 있었다. 1등상을 탄 사람들은 상금(350프랑)의 10% 정도를 기부했다. 상을 타지 못한 사람들은 각자 단돈 6, 7프랑씩을 지출했다."

279) 뷔르템베르크에서는 1910개의 코뮌 가운데 1629개의 코뮌이 공동으로 재산을 보유하고 있다. 1863년 당시에 백만 에이커가 넘는 땅을 소유하고 있었다. 바덴의 경우 1582개의 코뮌 가운데 1265개의 코뮌이 공유지를 가지고 있었다. 1884년에서 1888년까지 공동으로 경작하는 전답이 12만 1500에이커에 달했고 임야가 67만 5천 에이커, 즉 임야 전체의 46%였다. 삭손의 경우 전체 면적의 39%가 공동 소유였다(Schmoller, Jahrbuch, 1886, p. 359). 호헨쫄레른에서는 전체 목초지의 거의 3분의 2, 그리고 호헨쫄레른-헤칭겐에서는 획득된 모든 재산 가운데 41%가 촌락 공동체의 소유이다(Buchenberger, *Arrawesen*, 1권. p. 300).

땔감을 가져간다.[280] 베스트팔렌 지역에서는 모든 땅을 근대적인 재배학에 따라서 일종의 공동 자산처럼 경작했다. 과거에 공유했던 관습이나 습속에 따라 독일의 대부분 지방에서 이러한 상황이 벌어지고 있었다. 도움을 청하는 것은 실제로 노동의 축제이기도 한데 베스트팔렌이나 헷세, 낫소에서는 아주 관습적인 일로 알려져 있다. 수목이 울창한 지역에서 새 집을 짓기 위한 목재는 주로 공유림에서 채취되며 모든 이웃들이 함께 집을 짓는다. 프랑크푸르트 교외지역에서는 어떤 정원사가 아픈 경우에 다른 모든 정원사들이 일요일에 와서 아픈 사람의 정원을 손질해주는 것이 일상적인 관습이기도 하다.[281]

프랑스에서처럼 독일에서는 지배자들이 농민조합을 금지하는 법을 폐지하면서 온갖 법적인 장애가 가로막았지만 조합들은 놀라운 속도로 발전하기 시작하였다.[282] "어떠한 종류의 화학 비료가 있는지 어떻게 사료를 사용해야 적절한지를 몰랐던 수천의 촌락 공동체들은 이러한 조합들 덕분에 예상할 수 없을 정도로 일상적으로 비료나 사료를 사용하게 된 것은 사실이다."라고 부헨베르거는 말한다(vol. ii. p. 507). 이러한 조합 활동을 통해서 노동을 절약하는 기구와 농기계들을 모두 사용하게 되고 가축들을 더 효율적으로 기르게 되었다. 그리고 제품의 질을 높이는 다양한 설비가 도입되기

---

280) K. Bücher를 참조하라. 그는 Emil de Laveleye의 『원시소유제*Ureigenthum*』에 특별히 첨가한 장에서 독일의 촌락 공동체에 관련된 모든 정보를 모아 놓았다.

281) K. Bücher, 앞의 책. pp. 89, 90.

282) 이런 식의 입법 행위, 관료적 형식주의와 감시의 형태로 나타나는 수많은 장애물들에 관해서는 Buchenberger의 *Agrarwesen und Agrarpolitik*, 2권. pp. 342-363 그리고 p. 506 각주를 보라.

시작하였다. 농산물을 판매하기 위한 조합은 물론이고 토지를 영구적으로 개량하기 위한 조합도 결성되었다.[283]

사회 경제학적인 관점에서 보면 농민들이 실천한 모든 노력들은 별로 중요하지 않다. 농민들은 전 유럽의 토지 경작자들에게 불어닥친 불행을 실질적으로도 또한 영구적으로도 개선할 수 없었다. 하지만 우리가 지금 고려하고 있는 윤리적인 관점에서 보면, 농민들의 중요성은 간과될 수 없다. 현재 만연되고 있는 무모한 개인주의 체제하에서도 농민 대중들은 상호지원이라는 유산을 충실하게 유지하고 있음을 여실히 보여준다. 그리고 국가가 사람들 사이의 모든 유대를 깨뜨렸던 강철 같던 법률을 늦추자마자 정치적, 경제적, 사회적 어려움이 많았지만 이러한 결합 형태들은 근대적 생산 활동에 가장 잘 호응하는 형태로 즉각 재건되었다. 이를 통해 앞으로 어떤 방향과 어떤 형태로 더 진보되어야 할지를 제시해준다.

나는 이러한 예들을 이탈리아나 스페인, 덴마크 등지에서 끌어들여 각 나라에 들어맞는 재미있는 특징들을 지적하면서 내용을 쉽게 확대할 수 있다.[284] 오스트리아나 발칸 반도에 사는 슬라브 주민들 사이에 '합동가족'이나 '미분할가족'이 있다는 사실도 짚고 넘어가야 한다.[285] 하지만 먼저 러시아로 가보면 거기서는 똑같은 상호지원의 경향이 특이하고 예측하기 어려운 형태를 취하고 있다.

---

283) Buchenberger, 앞의 책 2권. p. 510. 농업협동 총동맹은 모두 합해서 1679개의 조합으로 구성되어 있다. 실레지아(유럽 중부 지방)에서는 최근에 73개의 조합이 힘을 합쳐 모두 3만 2천 에이커의 땅에 배수 시설을 하였다. 프러시아에서는 516개의 조합이 모여서 454,800에이커의 땅을 일구었다. 바바리아에는 배수와 관개 조합이 1715개나 있다.

284) 부록 12를 보라.

285) 발칸 반도에 관해서는 Laveleye의 *Propriété Primitive*를 보라.

또한 러시아의 촌락 공동체를 다룰 때면 방대한 양의 자료를 얻을 수 있다는 이점이 있다. 이 자료는 최근에 몇몇 주의회가 광범위한 호별 탐문 조사 기간에 수집하였고 각 지방의 여러 지역에 걸쳐 약 2천만 명의 농민들이 조사 내용에 포함되었다.[286]

러시아 탐문 조사에서 수집된 많은 증거를 통해 두 가지 중요한 결론을 도출할 수 있다. 중부 러시아에서 농민들 가운데 3분의 1 가량이 (무거운 세금, 적게 분배되는 불모지, 엄청나게 높은 소작료 그리고 흉작이 들어도 너무 가혹하게 징수되는 세금 때문에) 철저하게 몰락하게 되었고, 농노가 해방된 후 처음 25년 동안 촌락 공동체 내에서는 토지를 개별적으로 소유하려는 경향이 분명하게 나타났다. '말을 소유하지 못한' 수많은 빈농들은 자신들에게 할당된 땅을 포기하였고 이러한 땅은 주로 교역으로 여분의 돈을 번 부농들이나 농민들로부터 높은 지대를 받아내기 위해 땅을 매입하는 외지의 상인들 소유로 넘어갔다. 1861년에 나온 토지 상환법에 허점이 있어서 아주 적은 비용으로 농민 소유의 땅을 사는 일이 상당히 용이해졌고[287] 게다가 국가 공무원들은 주로 자신들의 막중한 영향력을

286) 거의 백 권(450권 중에서)에 달하는 이러한 조사 내용에 포함된 촌락 공동체에 관련된 사례들은 V. V.가 러시아어로 쓴 주옥같은 저작 *Peasant Community(Krestianskaya Obschina)*, 생페테르부르크, 1892에 분류, 요약되어 있다. 이 책의 이론적인 가치는 차치하고라도 주제와 관련된 자료들을 풍부하게 일람할 수 있는 장점을 지니고 있다. 위의 조사 내용도 역시 방대한 문헌의 출처가 되었다. 근대의 촌락 공동체 문제는 그러한 문헌 덕분에 개론적인 범위를 탈피해서 신뢰할 수 있고 충분히 상세한 사실들을 바탕으로 견고한 기반을 가지게 되었다.

287) 저당 잡힌 땅을 다시 찾는 비용은 49년 동안 연부금으로 갚아 나가야 했다. 세월이 흘러 대부분의 비용을 갚아 나가게 되면서 남은 금액이 점점 줄어들면 상환하기가 더욱 수월해졌다. 각자에게 분배된 몫은 개별적으로 상환할 수도

발휘해 공유제에 반대하고 개인소유제를 지지했다. 하지만 최근 20년 동안 토지를 사적으로 소유하는 움직임에 반대하는 분위기가 중부 러시아의 마을들에 강하게 감돌았고, 부유하지도 아주 가난하지도 않은 농민들 대다수는 촌락 공동체를 유지하려는 노력을 굽히지 않았다. 현재 가장 인구가 많고 유라시아에서 가장 부유한 지역인 남부의 비옥한 스텝 지역의 경우 19세기에 정부가 인가해준 사적 소유제나 점유제로 인해 대부분 식민지가 되었다. 그러나 이 지역에 기계의 도움으로 농업기술이 발전된 이후로 자작농들은 사적 소유제를 점차로 공동 소유로 바꾸기 시작하였고 러시아의 곡창 지대에서는 최근에 형성된 수많은 촌락 공동체가 자발적으로 나타났다.[288]

우리가 상세한 자료를 가지고 있는 크리미아 반도와 반도의 북쪽에 근접해 있는 본토의 일부(토리다 지방)를 살펴보면 이 운동을 입증해주는 좋은 사례를 알게 된다. 러시아 방방곡곡에서 개별적으로 또는 작은 집단을 형성해서 모여든 대 러시아인, 소 러시아인, 백 러시아인들 — 카자흐 사람들, 자유민들 그리고 도망친 농노들 — 에게 이 지역이 1783년에 병합된 이후로 개척되기 시작하였다. 이들은 먼저 가축을 사육하였고, 토지를 경작하게 되면서 각자 자신들의 능력에 맞게 땅을 경작하였다. 그러다가 이주가 계속되고 완전 경작

있었다. 상인들은 이러한 처분권을 이용해서 몰락한 농민들로부터 반값에 땅을 사들였다. 이런 일이 발생하자 법률을 통과시켜서 이런 매매활동을 금지하였다.

288) V. V.씨는 자신의 저작 *Peasant Community*에서 이 운동과 관련된 모든 사실들을 모아 분류했다. 남 러시아에서 빠르게 진행된 농업의 발전과 기계의 보급에 대해서 영국의 독자들은 영사 보고서(오뎃사, 타간로그)에 나와 있는 정보를 찾아볼 수 있다.

이 도입되면서 땅에 대한 수요가 상당히 증가하였고, 그에 따라 정착민들 사이에서 격렬한 분쟁이 발생하였다. 이러한 분쟁은 수년간 지속되었고, 이전에 상호 유대 관계를 맺지 않았던 이 사람들은 궁극적으로 분쟁을 종식시키기 위해서는 공동 소유제를 도입해야 한다는 생각에 이르게 되었다. 이들이 개별적으로 소유하고 있던 땅들은 그 이후로는 공동 자산이 되어야 한다고 결정되었고, 통상적인 촌락 공동체의 규칙에 따라 땅을 할당하고 재할당하기 시작하였다. 이러한 움직임은 점차로 크게 확대되었고, 어느 작은 지역에서 토리다의 통계학자들은 주로 1855년에서 1885년 사이에 161개의 마을에서 자작농들이 사유제 대신에 공유제를 도입했다는 사실을 알게 되었다. 정착민들은 상당히 다양한 유형의 촌락 공동체를 이런 방식으로 자유롭게 만들어냈다.[289] 이러한 변화를 통해서 찾아볼 수 있는 흥미로운 사실은 이런 상황이 촌락 공동체 생활을 해왔던 대 러시아인들 사이에서만 발생했던 것이 아니라 폴란드의 지배하에서 오랫동안 공동체 생활을 잊어 왔던 소 러시아인들, 그리고 그리스나 불가리아인들 심지어는 자기 나름대로 오랫동안 부유하고 반半 산업화된 볼가 식민지를 만들었던 독일인들 사이에서도 발생했다는 점이다.[290] 토리다 지방의 이슬람 타타르인들은 분명히 사적인 소유를 제한하는 이슬람의 관습법에 따라 자신들의 땅을

289) 몇몇 사례에서는 상당히 조심스럽게 진행되었다. 한 마을에서는 모든 목초지를 통합하기 시작하였지만 그 가운데 아주 일부만(1인당 5에이커) 공유지가 되었고, 나머지는 계속 개별적으로 소유하게 되었다. 그 이후(1862~1864)에 이 제도가 확대되다가 1884년에 가서야 공유제가 전면적으로 도입되었다. V. V., *Peasant Community*, pp. 1-14.

290) 메노파 신도들의 촌락 공동체에 관해서는 A. Klaus, *Our Colonies(Nashi Kolonii)*, 생페테르부르크, 1869를 보라.

보유하고 있었다. 하지만 이들에게도 유럽식 촌락 공동체가 도입되는 경우도 간혹 있었다. 토리다의 다른 민족의 경우에도 여섯 개의 에스토니안 촌락, 두 개의 그리스 촌락, 두 개의 불가리아 촌락, 각각 하나의 체코 촌락과 독일 촌락에서도 사유제도가 폐지되고 있었다.

이러한 운동은 비옥한 남부 지방의 스텝 지역 전체에서 두드러지게 나타났다. 하지만 소 러시아에서도 개별적인 사례들이 발견되었다. 체르니고프 지방의 수많은 마을에서 농민들은 이전에 자신들의 작은 땅뙈기를 개별적으로 소유하고 있었고 각자가 그 땅에 대한 법률적인 문서를 가지고 있어서 보통은 마음대로 세를 놓거나 팔았다. 하지만 19세기 중반이 되면서 이들 사이에 공동 소유를 찬성하는 움직임이 나타나기 시작하였다. 여기서 중요한 논점은 극빈 가정의 숫자가 늘어나고 있다는 점이었다. 어느 한 마을에서 개혁이 시작되면 다른 마을들이 뒤를 이었다. 기록에 의하면 마지막 사례는 1882년으로 거슬러 올라간다. 당연히 공유제를 주로 주장하는 가난한 사람들과 사유제를 더 선호하는 부자들 사이에 늘 다툼이 있었고 이러한 싸움은 종종 수년간 계속되었다. 어떤 지역에서는 법이 요구한 만장일치에 이르기가 어려워지면 마을은 두 부분으로 나누어져 한쪽은 사유제를 다른 한쪽은 공유제를 지지하게 된다. 그러다가 두 개의 연립된 마을이 하나의 공동체로 합쳐질 때까지 남아 있거나 아니면 계속 분리된 상태를 유지했다. 중부 러시아의 경우에 사유제로 빠져들고 있었던 많은 마을에서 1880년 이후로 촌락 공동체를 재건하려는 움직임이 실제로 활발하게 나타났다. 수년 동안 사유제하에서 살아왔던 자작농들조차도 모두 공유제도로 전환하였다. 그러므로 정규 할당량의 4분의 1밖에 받지 못했던 이전의 농노들은 상당수가 빚을 상환하지 않고도 그 땅을 받아 개인적으로 소유하게 되었다. 1890년에 이들 사이에는(쿠르스크, 랴잔, 탐보프, 오렐 등에서) 자신들에게 할당된 땅을 모두 합해서 촌락 공동체를 도입하려는 움직임이 광범위하게 있었다. 1803년 법에 의해 농노제에서 해방되어 개별적으로 각 가정에 할당된 땅을 사들인 '자유 농가'들은 거의 모두 자신들이 도입한 촌락 공동체 체제하에 있었다. 이 운동들은 모두 최근에 시작되었고 러시아인이 아닌 사람들도 동참하였다. 예를 들면 60년 동안 사유제도하에 남아 있었던 티라스폴 지역의 불가리아인들은 1876년에서 1882년 사이에 촌락 공동체를 도입하였다. 베르단스크의 독일 메노파들(네덜란드의 종교개혁자 메노 시몬스Menno Simons에 의해 생겨난 재세례파 중 최대의 교파-옮긴이)은 1890년대에 촌락 공동체를 도입하기 위해 투쟁하였고, 독일의 침례교파들 가운데 소작농들은 자신들의 마을에서도 같은 입장으로 여론을 이끌고 있었다. 한 가지 예를 더 들자면 사마라 지방에서 40년대에 러시아 정부는 시험삼아 103개의 마을을 사유제로 만들었다. 각 가정마다 105에이커라는 엄청난 토지를 불하받았다. 1890년에 이르러 103개의 마을 가운데 72개 마을의 농민들은 촌락 공동체를 도입하고 싶다는 바람을 이미 알려왔다. 나는 이러한 모든 사실들을 V. V.의 빼어난 저작에서 얻었고 V. V.는 위에서 언급된 호별 방문 조사에서 기록한 사실들을 분류해서 제시했을 뿐이다.

공유제에 찬성하는 이러한 운동은 현재의 경제이론과는 상당히 배치된다. 경제 이론에 따르면 집약 경작은 촌락 공동체에는 맞지 않는다. 하지만 백보를 양보해서 말하더라도 경제 이론은 실험을 통해 검증된 적이 단 한 번도 없었고 그저 정치적인 탁상공론에 가깝다. 반대로 우리가 얻은 사실들은 이렇다. 즉 유리한 상황이 동시에 발생해서 평균적인 사람들보다는 덜 비참한 상태에 있는 러시아 농민들의 촌락 공동체는, 어디서든지 그리고 그들이 이웃에서 지식과 독창성을 가진 사람들을 알게 되면 언제든지 농업과 마을 생활 모두에서 다양한 발전을 이룰 수 있는 수단이 된다. 다음의 사실들에서도 보게 되겠지만 다른 경우와 마찬가지로 만인에 대한 개개인의 전쟁보다 상호부조가 진보를 이끄는 데 더 유리하다.

니콜라스 1세 치하에서 많은 관리와 농노 소유자들은 마을 토지 가운데 작은 부분을 농민들이 공동으로 경작하도록 강요하였는데, 그렇게 한 이유는 가장 가난한 공유자들에게 곡물을 대여한 후에 공동 창고를 다시 채우기 위해서였다. 농민들의 마음속에 농노제의 가장 나쁜 추억과 연관되는 이런 공동 경작은 농노제가 폐지되자마자 곧바로 중지되었다. 하지만 이제는 농민들이 자진해서 그런 경작을 강화하기 시작하였다. 어느 한 지역(쿠르스크의 오스트로고쉭)에서 한 사람이 공동 경작을 주도하자 전 마을의 5분의 4 가량이 다시 동참하기 시작하였다. 몇몇 다른 지역에서도 같은 일이 벌어졌다. 어느 특정한 날에 공유자들이 쏟아져 나오는데, 부자들은 쟁기나 수레를 들고 나오고, 가난한 사람들은 빈손으로 나온다. 하지만 사람들에게 할당된 몫에는 차별이 없었다. 그 이후에 수확된 것들은 극빈 공유자들에게 대부분 무료로 대부해주거나 고아나 과부, 마을 교회나 학교를 위해 사용되거나 공동의 부채를

갚는 데 사용되었다.[291]

코뮌 전체는 마을의 일상적인 생활에 속하는 모든 작업(예를 들면 길이나 다리, 댐, 배수시설, 관개 용수의 공급, 목재 채취, 나무 심기 등)들을 수행하고 코뮌 전체가 나서서 토지를 대여하거나 목초지를 정리한다. 톨스토이가 묘사한 대로 이러한 작업은 남녀노소를 막론하고 다 함께 하는 일이며, 촌락 공동체하에서 살고 있는 사람들에게서만 기대해 볼 수 있다.[292] 이런 일들은 전 국토에서 매일 일어나는 일이다. 하지만 촌락 공동체에서도 비용을 감당할 수 있고 이전에는 부자들에게만 독점되었던 지식이 농민들에게도 혜택이 돌아간다면 절대로 근대적인 농업 개량에 반대하지 않는다.

개량된 농기구가 남부 러시아에 급속하게 퍼져나갔고 촌락 공동체는 농기구 보급에 도움을 주었다고들 했다. 쟁기는 공동체에서 구입하여 일정한 공유지에서 시험을 거친 뒤에 개선이 필요한 점을 생산자에게 지적해주고, 촌락에서 할 수 있는 공업 활동으로 생산자들이 값싼 쟁기를 생산하기 시작할 때 코뮌이 종종 도움을 주었다. 모스크바 지역에서 최근 5년 동안 농민들이 1,560개의 쟁기를 구입했는데, 이럴 수 있었던 까닭은 경작법 개량이라는 특수한

---

291) 이런 식의 공동 경작은 오스트로고쉭 지역에 있는 195개의 마을 가운데 159개의 마을에서 시행되었다고 알려져 있다. 또한 슬라브야노세르브스키 지역에서는 187개 마을 가운데 150개 마을에서, 알렉산드로프스키에서는 107개의 촌락 공동체에서, 니코라예브스키에서는 93개 마을에서, 엘리자베스그라드에서는 35개의 마을에서 시행되었다. 어느 독일 식민지에서는 공동의 채무를 변제하기 위해서 공동 경작을 시행했다. 155세대 가운데 94개 세대만이 부채를 지고 있었지만 모두가 작업에 참여했다.

292) 주의회의 통계전문가들이 알고 있는 상태에서 작성된 이런 작업 목록은 V. V.의 *Peasant Community*, pp. 459-600에서 찾아볼 수 있다.

목적을 위해 땅을 임차했던 코뮌들이 자극을 주었기 때문이다.

북동 지방(뱌트카)에서는 (철강 지역 가운데 한 곳에서 촌락 공업으로 생산된) 키질하는 기계를 가지고 다니는 소 농민조합들이 인근 주에 이러한 기계를 사용하도록 보급하였다. 사마라, 사라토브 그리고 케르손 등지에서 타작기가 광범위하게 보급된 이유는 농부들이 개별적으로는 살 수 없지만 농민 조합 덕분에 비싼 발동기들을 살 수 있었기 때문이었다. 거의 모든 경제학 논문에서 볼 수 있는 내용에 따르면 삼포식농법이 윤작법으로 대체되어야 하는 시기가 되면 촌락 공동체는 사라질 운명에 처하게 된다고 나와 있지만, 실제로 러시아에서는 촌락 공동체에서 주도적으로 윤작법을 도입하고 있었다. 윤작법을 받아들이기 전에 농민들은 주로 일정 부분의 공유지를 따로 떼어 두어 실험적으로 목초지를 인공 재배하였고 코뮌은 종자를 사들였다.[293] 실험이 성공을 거두면 오포식농법이나 육포식농법을 실행할 목적으로 경작지를 아무리 재분배하여도 문제가 발생하지 않았다.

현재 이러한 농법이 모스크바, 트베르, 스몰렌스크, 뱌트카 그리고 프스코프 등의 수많은 촌락에서 실행되고 있다.[294] 그리고

---

293) 모스크바 주정부에서는 이러한 실험이 위에서 상술한 공동 경작용 필지에서 주로 이루어졌다.

294) 이와 유사하게 향상된 사례들이 *Official Messenger*, 1894, 256-258호에 실려 있었다. '말이 없는' 농민들 사이의 단결이 남 러시아에서도 나타나기 시작했다. 또 한 가지 매우 재미있는 사실은 버터를 만드는 수많은 협동 낙농장이 남서부 시베리아에서 급속히 발전한 일이다. 이러한 운동이 어디서부터 시작되었는지 알 수 없을 정도로 수백 개가 넘는 협동 낙농장이 토볼스키와 톰스크에 퍼져 있었다. 이 운동은 덴마크의 협동 조합에서 유래했다. 덴마크 사람들은 품질이 높은 자기들의 버터는 수출을 하고 내수용으로는 시베리아에서 질이 낮은 버터를 사들였다. 몇 년 동안 이런 식으로 교류를 하다가

공동체 내에 토지에 여유가 있는 곳에서는 일정 지역을 과수 재배로 할당하기도 한다. 마지막으로 최근에 러시아에서 소규모 시범 농장이나 과수원, 부식물 정원 그리고 누에 양식장—이런 것들은 학교장이나 자원봉사자에 의해 학교 교사校舍에서 시작되었다—등이 급속도로 증가하고 있는 이유는 촌락 공동체의 지원을 받고 있기 때문이다.

게다가 배수나 관개처럼 영구적인 시설 개량도 빈번하게 이루어졌다. 예를 들면 상당 부분이 공업지대인 모스크바의 세 지역에서 10년 동안 계속해서 180에서 200개 이상의 개별적인 마을이 참여하는 대규모 배수 공사가 이루어졌다. 공유자들은 직접 삽을 들고 일에 참여했다. 러시아의 극지 가운데 하나인 노브젠의 건조한 스텝 지역에서는 코뮌들이 연못을 만들기 위한 천 개 이상의 댐을 건설하였고 수백 개의 깊은 우물을 팠다. 한편 남동 지역의 부유한 독일 식민지에서는 남자와 여자 할 것 없이 모든 공유자들이 함께 5주 동안 계속해서 작업을 해서 3킬로미터나 되는 관개용 댐을 세웠다. 건조한 기후와 맞서 싸우는데 고립된 인간이 무엇을 할 수 있었겠는가? 남부 러시아에서 마모트가 창궐하여 피해를 입었을 때 부자와 가난한 자, 공유자나 개인주의자 할 것 없이 그 땅에 사는 모든 사람들이 그 재난을 조절하기 위해 직접 나서야만 할 때 개별적으로 흩어진 노력을 통해서 무엇을 얻을 수 있었겠는가? 경찰을 불러봤자 아무런 소용도 없었을 테고 유일한 해결책이란 연합하는 것이었다.

덴마크 사람들은 러시아에 낙농장을 도입하였다. 현재 막대한 수입 거래는 이 사람들의 노고 덕분에 증가하였다.

그리고 '문명국'에서 토지를 경작하는 사람들이 실천하는 상호부조와 상호지원에 대해서 이토록 많은 말을 하고 나니까 이제 근대 문명과 근대 사상과는 동떨어져 있지만 다소 중앙집권화된 국가의 통치하에서 살고 있는 수억 명의 사람들의 삶에서 가져올 수 있는 사례들을 가지고도 책 한 권은 채울 수 있을 것 같다. 나는 터키 마을 내부에서 벌어지는 생활상 그리고 놀라울 만큼 조직되어 있는 상호부조 관습과 습속을 기술할 수도 있다. 코카서스 농민들의 생활상에 관한 사례들이 들어 있는 나의 노트를 펼쳐보면 서로 돕고 사는 감동적인 사실들을 접하게 된다. 나는 이와 같은 관습들을 아랍의 젬마, 아프간의 푸라에서, 페르시아, 인도 그리고 자바의 마을에서, 중국의 대가족 제도에서, 중앙아시아의 반 유목민들과 극북지역 유목민들의 야영지에서 그 흔적을 찾는다. 아프리카의 문헌에서 무작위로 가져온 기록을 조사해보면 유사한 사실들을 광범위하게 발견하게 된다. 곡물을 수확하기 위해 도움을 청하는 일, 촌락의 거주민들이 집을 짓는 일, 때로는 개화된 불법 침입자들이 소란을 피우면 수습하는 일, 사고가 났을 때 서로 도와주거나 여행객들을 보호해주는 사람들 등등. 아프리카의 관습법을 다룬 포스트의 개론서를 탐독해보면 온갖 전제정치나 탄압, 약탈과 침략, 종족 전쟁, 탐욕스러운 왕, 사람을 속이는 마술사나 성직자들, 노예 사냥꾼 등이 있었지만, 이 주민들이 어째서 숲 속에서 길을 잃지 않았는지, 어떻게 특정한 문명을 유지해왔는지, 멸종해가는 오랑우탄들처럼 뿔뿔이 흩어져 사라지지 않고 인간으로 유지할 수 있었는지를 이해할 수 있게 된다. 사실상 노예 사냥꾼이나 상아 도둑, 포악한 왕, 마타벨레나 마다가스카르의 '영웅들'은 피와 불로 자신들의 흔적을 남기고 사라졌지만, 종족과 촌락 공동체에서 발전한 상호부조의 핵심은 제도, 습속, 관습 속에 남아 있다. 그리고 상호부조를 통해 인간은 사회로 결합되어 문명이 진보할 수 있는 길을 열었으며, 탄알 대신에 문명을 받아들여야 하는 날이 다가오면 그렇게 할 준비가 되어 있다.

우리 문명 세계에도 똑같은 상황이 적용된다. 자연적이고 사회적인 재앙은 사라지게 마련이다. 전체 인구가 주기적으로 빈곤과 굶주린 상태를 맞게 되고, 도시가 빈곤화되면서 수백만 사람들의 삶의 터전은 파괴되었다. 수많은 사람들의 이성과 감정은 소수의 이익을 위해 길들여지면서 더럽혀졌다. 이 모든 상황은 분명히 우리 존재의 일부가 되었다. 하지만 서로 지원해주는 제도나 습속 그리고 관습의 토대는 여전히 살아남아 있어서 많은 사람들을 하나로 묶어준다. 만인에 대한 개개인의 투쟁이라는 이론은 과학이란 이름으로 제시되었지만 절대로 과학이 아니다. 그래서 사람들은 그런 이론을 받아들이기보다는 자신들의 관습, 신념 그리고 전통을 더 고수하려고 한다.

근대인의 상호부조 (2)

국가가 길드 조직을 파괴한 이후에 성장한 노동조합
노동조합의 투쟁
파업 중의 상호부조
협동
다양한 목적을 위한 자유로운 연합
자기희생
모든 가능한 방면으로 공동 행위를 위해 만들어진 무수한 사회집단
빈민 생활에서의 상호부조
개인적인 부조

유럽 농민들의 일상생활을 들여다보면 근대 국가가 촌락 공동체를 해체하려고 여러 가지 일들을 자행했지만 이들에게는 서로 도와주고 지원해주는 습속과 관습이 깊게 배어 있음을 알 수 있다. 또한 토지를 공동으로 소유했던 중요한 흔적이 여전히 남아 있고 농촌에서 조합 활동을 가로막았던 법들이 최근에 사라지면서 곧바로 여러 가지 경제적 목적을 도모하는 동맹 조직이 농민들 사이에서 거침없이 급속하게 퍼져나갔다. 이렇게 새롭게 나타나는 운동은 과거의 촌락 공동체와 유사한 방식으로 동맹을 재건하는 경향을 띠었다. 앞 장에서 이와 같은 결론에 도달했고, 이제 우리가 고찰해야 하는 문제는 오늘날 산업에 종사하는 사람들 사이에서는 어떤 제도를 통해서 서로 지원해주고 있는지 밝혀내는 일이다.

지난 300년 동안 농촌 마을과 마찬가지로 이러한 제도들이 발전하기 위한 조건들은 도시에서도 형편이 좋지 않았다. 사실 16세기에 성장하고 있던 군사 국가가 중세 도시를 정복했을 때 장인이나 직인 그리고 상인들을 길드와 도시로 결합시켜 주었던 모든 제도들은 무참하게 파괴되었다는 사실은 누구나 다 알고 있다. 길드와 도시가 가지고 있던 자치 정부와 자치 사법권도 폐지되었고, 따라서 길드-동업자들 사이에 충성의 서약을 맺게 되면 국가에 대한 중죄를 범하는 꼴이 되었다. 길드의 자산은 촌락 공동체와 같은 방식으로 몰수되었고 직업마다 내부 조직과 기술 조직은 국가의 수중으로 넘어갔다. 어떤 방식으로든 장인들의 결합을 막으려고 더욱 엄격해진 법이 통과되었다. 한동안 과거 길드의 잔재가 허용되었다. 상인들의 길드는 왕에게 보조금을 헌납한다는 조건하에 존속될 수 있었고, 몇몇 장인길드는 행정 조직으로 유지되었다. 그들 가운데 몇몇은 특별한 기능 없이 계속 존속되었다. 하지만 이전에는 중세의 생활과 산업에 활력이 되었던 제도들이 중앙집권국가의 과도한 압력에 눌려 오래 전에 그 힘을 잃고 말았다.

근대 국가의 산업 정책 가운데 가장 훌륭한 실례를 꼽으라면 영국을 들 수 있다. 영국 의회는 15세기 초부터 길드를 파괴하기 시작하였다. 하지만 결정적인 조치가 취해진 시기는 바로 그 다음 세기 즉 16세기에서였다. 헨리 8세는 길드 조직을 황폐하게 만들었을 뿐만 아니라 길드의 재산도 몰수했는데, 수도원의 재산을 몰수할 때보다도 더 궁색한 구실과 비열한 방식을 취했다고 툴민 스미스는 쓰고 있다.[295] 에드워드 6세는 자신의 과업을 완성하고,[296] 이전에 도시에서 각자 개별적으로 해결해왔던 수공업자와 상인들 사이의 모든 분쟁을 16세기 후반에는 의회에서 해결하게 되었다. 의회와 왕은 모든 다툼을 법률로 통제했다. 더 나아가 수출을 할 때면 국왕의 이익을 고려하였고, 교역을 할 때마다 도제의 숫자를 결정하

---

295) Toulmin Smith, *English Guilds*, London, 1870, 서문 p. xliii.

296) 에드워드 6세의 법령 — 직위 제 1년 — 은 다음 사항을 왕에게 양도하도록 명령하고 있다. "영국과 웨일즈 그리고 여타 왕이 소유하는 영토 안에 있는 모든 공제 조합, 동업 조합, 길드 그리고 이들이나 이들 가운데 어느 하나에라도 속해 있는 장원, 토지, 차지借地, 그리고 여타 상속 재산들." (*English Guilds*, 서문 p. xliii) 또한 Ockenkowski의 *Englands wirtschaftliche Entwicklung im Ausgange des Mittelalters*, Jena, 1879, 2-4장을 보라.

거나 각 제품에 사용되는 기술을 세밀하게 규제하기 시작하였다. 예를 들면 재료의 무게, 1마의 옷감에 들어가는 실의 수 등등. 그러나 이러한 조치는 좀처럼 성공할 수가 없었다. 그 이유는 수세기 동안 서로 밀접하게 도움을 주고받으며 길드와 연합 도시 사이에서 분쟁이나 기술적인 어려움이 생길 때마다 협정을 통해서 조정해왔는데 이런 일을 중앙집권국가의 권력으로 감당하기에는 상당히 무리였기 때문이다. 관리들이 지속적으로 간섭하게 되면서 교역은 마비되었고 대부분은 완전히 파산하게 되었다. 지난 세기의 경제학자들이 국가가 나서서 산업을 규제하는 사태에 반대했을 때 이는 사실 널리 퍼져있는 불만을 표시한 것일 뿐이다. 프랑스 혁명으로 국가의 간섭이 폐지되자 사람들은 해방을 위한 조치로 환영하였고, 프랑스에서의 사례는 다른 곳에서도 모범이 되었다.

국가는 임금을 규제하는 데도 크게 성공을 거두지 못했다. 중세 도시에서 장인과 도제나 도제 수습을 마친 사람들 사이의 차별이 15세기에 더욱더 노골적으로 드러나자 종종 국제적인 성격을 띠고 있던 도제 동맹은 장인과 상인 동맹에 반기를 들게 되었다. 이제 국가가 나서서 도제들의 불리한 상황을 해결해주어야 했다. 1563년 엘리자베스 법령에 의해서 치안 판사는 수습을 마친 사람들이나 도제들의 '적절한' 삶이 보장되도록 임금을 조정해야만 했다. 하지만 이해관계의 충돌을 조정하는 데 판사들은 도움이 되지 못했고 더욱이 장인들이 판사들의 결정에 따르도록 하지 못했다. 점차 이 법은 사문화되었고 18세기 말에 폐지되었다. 국가가 임금을 규제하지 못하게 되자 수습을 마친 사람들과 노동자들이 임금을 올리거나 임금을 일정 수준으로 유지하기 위해서 시작했던 모든 단합 행위가 지속적으로 엄격하게 금지되었다. 18세기 내내 국가는 법률로 노동자들의 동맹을 금지하였고, 1799년에 마침내 모든 형태의 결사가 중형으로 금지되었다. 사실 이런 상황에서 영국 의회만이 노동자들의 연합을 금지하는 엄격한 법을 발표했던 프랑스 혁명의회의 사례를 따랐다. 많은 시민들 사이에서 결성된 연합은 피지배자들을 모두 동등하게 보호하도록 되어 있는 국가의 통치권에 대한 저항으로 간주되었다. 이렇게 해서 중세의 동맹들을 파괴하는 과업은 완수되었다. 도시에서나 시골에서나 국가는 개인들의 느슨한 집단 위에 군림하였고 어떤 식으로든 사람들 사이에 독립적으로 동맹이 재건되는 사태를 가장 엄중한 수단으로 막을 태세를 갖추고 있었다. 19세기에 상호부조의 경향은 이러한 조건하에서 갈 길을 헤쳐 나가야만 했다.

어떠한 수단으로도 상호부조의 경향은 깨뜨릴 수 없다고 말할 필요가 있을까? 18세기 내내 노동자들의 동맹은 계속해서 재건되었다.[297] 1797년과 1799년에 제정된 법에 따라 법 집행이 가혹하게 자행되었어도 이러한 움직임은 막을 수 없었다. 조금이라도 감독자에게 흠잡을 일이 있거나 주인들이 노동조합을 밀고하는 낌새가 보이면 노동자들은 언제나 꼬투리를 잡아 단결하였다. 사교 모임, 장례 공제회 또는 비밀 조합 등으로 위장해서 다양한 조합이 직물 산업이나 셰필드의 칼 장수, 광부들 사이에 퍼져 있었다. 그리고 동맹 파업이나 법이 집행되는 동안에 이런 다양한 직업 단체를 지원해주기 위해서 강력한 연합조직들이 결성되었다.[298]

297) Sidney and Beatrice Webb, *History of Trade-Unionism*, London, 1894, pp. 21-38를 보라.

결사에 관한 법률이 1825년에 폐지되면서 이러한 운동은 새로운 전기를 맞게 되었다. 모든 직종에서 노동조합과 전국적인 연합이 만들어졌고,[299] 로버트 오언Robert Owen(1771~1858. 웨일즈 출신의 사업가, 사회주의 개혁가-옮긴이)이 전국 총연합 노동조합을 시작하자 몇 달 만에 50만의 회원들이 모여들었다. 이처럼 상대적으로 자유로운 시기는 실제로 오래 지속되지 않았다. 새로운 법집행이 30년대부터 시작되고 1832년과 1844년 사이에 잘 알려진 가혹한 유죄 선고가 계속되었다. 전국노동조합은 해체되었고, 전국에 걸쳐 개인 고용주나 정부는 각자의 작업장에서 노동자들에게 노동조합과의 모든 관계를 끊을 것과 이런 취지를 담은 '문서'에 서명할 것을 종용하기 시작하였다. 고용주와 고용인에 관한 법령에 의해 노동조합원들은 전면적으로 기소되었다. 노동자들은 고용주가 잘못된 행위에 조금만 불만을 제기해도 즉석에서 체포되어 유죄 판결을 받았다.[300] 파업은 폭압적인 방식으로 진압되었고, 파업을 선전하거나 대리인으로 활동한 것만으로도 너무나 황당할 정도의 유죄 판결이 이루어졌다. 군대가 파업 소요를 진압하였고 폭력 행위가 발생할 때마다 유죄 판결이 잇따랐다. 이러한 상황 속에서 서로를 지원해주는 일은 결코 쉬운 일은 아니었다. 우리 세대에는 상상도 할 수 없는 이러한 모든 어려움을 무릅쓰고 1841년에 다시 노동조합이

---

298) 당시에 존재했던 조합들은 시드니 웹의 저작에서 찾아보라. 런던의 장인들은 1810년과 1820년 사이보다 더 잘 조직된 적은 없었던 것으로 추정되었다.

299) 노동보호를 위한 전국연합에는 약 150개의 개별적인 노동조합이 포함되었고, 높은 기부금을 부담하였으며 10만 명의 회원을 가지고 있었다. 건축공 조합과 광부 조합도 역시 대규모 조직이었다(웹, 앞의 책, p. 107).

300) 이 부분에 대해서 나는 웹의 저작을 따르고 있는데 그 책에는 그의 진술을 확인할 만한 충분한 자료를 포함하고 있다.

살아나기 시작하였고 그 이후로 노동자들의 단결도 꾸준히 진행되었다. 100년 이상 지속된 오랜 싸움 끝에 마침내 노동자들은 단결권을 쟁취하였고, 현재까지 정규직 노동자의 4분의 1, 약 150만 명 정도가 노동조합에 소속되어 있다.[301]

기타 유럽 국가들의 경우에 아주 최근까지도 모든 형태의 노동조합들은 음모단체의 일종으로 기소되었다. 가끔은 비밀 결사의 형태를 취할 수밖에 없었지만, 이런 상황에서도 노동조합은 여기저기에 산재해 있었다. 미국이나 벨기에에서 노동 조직, 특히 노동기사단의 규모와 그 세력은 90년대의 파업에서 충분하게 증명되었다. 하지만 법적으로 기소당하는 일 이외에도 단지 노동조합에 소속되어 있다는 사실만으로도 금전적으로나 시간적으로 그리고 무급노동을 통해 상당한 희생을 치러야 했으며, 노동조합원이라는 사실만으로도 일자리를 잃을 위험에 지속적으로 노출되었다.[302] 게다

301) 40년대 이후 부자들이 노동조합을 보는 시각이 급격하게 변화하였다. 하지만 60년대가 되면서 고용주들은 모든 사람들이 노동조합에 들어가지 못하도록 막아 결국 노동조합을 고사시키려고 무서운 담합을 시도하였다. 1869년까지 피케팅은 말할 것도 없이 단순히 파업에 동조하거나 플래카드로 파업을 알리기만 해도 위협 행위로 간주해서 처벌하였다. 1875년이 되서야 겨우 고용주와 고용인 법령이 폐지되어 평화적인 피케팅은 허용되었다. 그리고 파업이 벌어지는 동안에 '폭력과 위협 행위'는 관습법으로 처리하였다. 그러나 1887년 부두 노동자들이 파업하는 동안에 피케팅의 권리를 얻기 위해 법정 앞에서 투쟁하는 데 원조 기금이 사용되어야 했다. 한편 수년간 계속된 고발 사건 때문에 획득한 권리마저도 다시 한 번 수포로 돌아갈 처지에 놓였다.

302) 18실링의 임금에서 6펜스를 또는 25실링의 임금에서 1실링의 조합비를 매주 내는 것은 300폰드의 임금에서 9폰드의 조합비를 내는 것보다 더 큰 의미를 지닌다. 임금은 주로 음식을 사는 데 충당되고 동업 노동조합이 파업을 선언하게 되면 조합비는 곧바로 두 배가 된다. 웹 부부가 어느 수련공의 노동조합에서의 생활을 도해로 발표한 것을 보면(431페이지 이하) 노동조합원에게 어느 정도의 일이 요구되었는지 잘 알 수 있다.

가 노동조합원은 끊임없이 파업에 직면해야 했고 빵 가게나 전당포에서 일하는 노동자 가족의 얼마 안 되는 잔고는 곧 바닥이 났다. 이것이 파업이 초래하는 냉혹한 현실이다. 파업 수당은 식비에도 못 미쳐서 곧 아이들의 얼굴에는 굶주린 기색이 나타난다. 노동자들과 가까이 사는 사람들에게 장기간의 파업이야말로 가장 비통한 광경으로 비춰졌다. 한편 40년 전의 영국에서 그리고 지금까지도 유럽 대륙의 가장 부유한 지역을 제외하고 파업이 어떤 의미를 지니는지는 쉽게 상상해 볼 수 있다. 지금까지도 여전히 파업은 완전히 진압되거나 전체 노동자들이 강제로 이주당하면서 끝이 나고 파업 노동자가 사소하게 도발하거나 심지어는 아무런 도발을 하지 않아도[303] 총을 발사하는 일이 유럽에서는 상당히 일상적으로 되어 버렸다.

그런데도 유럽과 미국에서는 해마다 수천 건의 파업과 직장폐쇄가 발생했다. 가장 혹독한 장기 파업은 대체로 '동조 파업'인데, 이는 직장을 폐쇄당한 동료들을 지원하거나 노동조합의 권리를 유지하기 위해 시작되었다. 일부 언론에서는 파업을 '협박'이라고 설명하는 경향이 있었지만, 파업 노동자들과 함께 생활했던 사람들은 노동자들이 지속적으로 실천하고 있는 상호부조와 상호지원을 아낌없이 격려해주었다. 런던 부두 노동자들이 파업을 벌이는 동안에 이들을 돕기 위해서 자발적으로 조직된 노동자들이 많은 일을 했다는 사실, 수 주 동안 일을 하지 못한 다음에도 광부들은 일을

303) 1894년 5월 10일 오스트리아 의회 앞에서 벌어진 오스트리아 팔케나우의 파업을 둘러싼 논쟁을 보라. 이 논쟁은 장관과 탄광주가 모두 확인하였다. 당시의 영국 신문도 참조하라.

재개했을 때 조합비로 4실링을 지불한 일, 1894년 요크셔 노동 전쟁 동안에 광부의 미망인들은 자신들 남편의 생명 보조금을 파업 기금으로 내놓은 일 등은 우리 모두가 잘 아는 일이었다. 또한 마지막 빵 한 조각도 항상 이웃들과 나누었고, 넓은 채소밭을 가지고 있는 래드스톡의 광부들은 400명의 브리스톨 광부들을 초대해서 양배추나 감자 등을 함께 나누었다. 1894년 요크셔에서 광부들이 대규모 파업을 일으키는 동안 모든 신문의 기자들은 자신들과 '관계없는' 이러한 문제들을 모두 다 보도할 수는 없었지만 이런 사실들을 너무나 많이 알게 되었다.[304)]

그렇지만 노동조합주의만이 노동자들의 욕구를 표출하는 유일한 형태는 아니다. 그 이외에도 정치적 연합들이 있었다. 노동자들은 이러한 정치 활동이야말로 현재 자신들의 목표에만 제한되어 있는 노동조합보다 전반적인 복지에 더 많은 도움이 된다고 생각하였다. 물론 단지 정치단체에 소속되어 있다는 사실만으로 상호부조 정신을 지지한다고 볼 수는 없다. 정치란 사회에서 매우 이기적인 요인들이 이타적인 염원과 복잡하게 얽혀 있는 결합체로 여겨지는 분야임을 다 알고 있다. 그러나 경륜 있는 정치인들이라면 모두가 알고 있듯이 모든 위대한 정치 운동은 원대하고 먼 미래의 쟁점들을 가지고 투쟁하면서 그 가운데서도 가장 사심 없이 열정을 불러일으키는 쟁점이 가장 강력한 힘을 지니고 있다는 것이다. 역사적으로 위대했던 운동들은 모두 이러한 특징을 가지고 있었으며, 우리 세대의 경우에는 사회주의가 이 경우에 해당된다. 분명히 '고용된 선동

---

304) 이러한 수많은 사실들은 1894년 10월, 11월 판 *Daily Chronicle*과 *Daily News*의 일부에서 찾아볼 수 있다.

자'라는 말은 사회주의에 대해서 아무것도 모르는 사람들이 즐겨 입에 오르내리는 말이다. 하지만 사실은 내가 개인적으로 아는 한도에서 말하자면 가령 지난 20년 동안 일기를 쓰면서 내가 사회주의 운동에서 보았던 헌신과 자기희생을 모두 적어 두었다면, 이 일기를 읽는 사람은 '영웅주의'라는 말을 끊임없이 입에서 연발했을 터이다. 그러나 내가 언급한 사람들은 영웅이 아니고, 웅대한 사상에 고무된 그저 평범한 사람들이었다. 유럽에만도 사회주의 신문이 수백 종이 있었는데, 하나같이 아무런 보수도 바라지 않고 수년간 이루어진 희생의 역사를 적고 있으며, 압도적으로 많은 대다수의 경우에는 심지어 개인적인 야심도 드러내지 않았다. 나는 내일 먹을 음식이 어떻게 될지도 모르며 살고 있는 가족들을 보았다. 남편은 이런 신문에 간여했다는 이유로 마을에서 배척당했고, 부인은 바느질을 해서 가족을 부양하다가 이러한 상황이 몇 년간 지속되면서 마침내 이 가족은 불평 한 마디 없이 "계속해보라, 우리는 더 이상 견딜 수가 없다!"라는 말만 남기고 떠났다. 폐결핵으로 죽어가고 있으면서 그리고 그러한 사실을 알면서도 집회를 준비하기 위해 눈보라와 안개 속을 뛰어 다니고, 죽기 몇 주 전에 집회에서 연설하고 그러고 나서야 다음과 같은 말을 남기고 병원으로 후송된 사람들을 나는 보았다. "자, 동지들, 난 할 일을 다했네. 의사들은 내가 몇 주 정도만 더 살 수 있다고 하는군. 동료들에게 나를 봐주러 오면 좋겠다고 전해주오." 여기서 말하면 '너무 이상적'으로 여겨질 만한 사실들을 알고 있다. 가까운 친구들 이외에 외부에서는 거의 알지 못하는 이 사람들의 이름은 그 친구들마저 사라져 버리면 곧 잊혀지게 된다. 사실 이러한 소수의 사람들이 보여주는 무한한 헌신과 대다수의 사람들이 보여주는 작은 헌신 가운데 어느 쪽을 더 감탄해야 하는지 나 자신도 모르겠다. 1페니에 팔리는 신문들, 온갖 집회, 사회주의 선거를 승리로 이끌었던 여러 차례의 표결들, 이 모든 행위들은 겉으로 보기에는 제대로 알 수 없는 상당한 에너지와 희생을 나타내준다. 그리고 사회주의자들이 해왔던 일들은 과거에는 정치적이고 종교적인 대중 정당이나 진보 정당에서 모두 해왔던 것들이다. 과거에 이루어진 모든 진보는 이런 사람들 그리고 그들의 헌신을 통해 촉진되어왔다.

특히 영국에서의 협동조합은 종종 '합자 개인주의'로 설명된다. 지금은 이렇지만 영국의 협동조합은 공동체 일반은 물론이고 협동조합원들 사이에서도 분명히 협동조합의 이기주의를 배양하는 경향이 있다. 그렇지만 처음에 이 운동은 본질적으로 상호부조라는 성격을 지니고 있었던 것은 확실하다. 지금까지도 협동조합의 가장 열렬한 후원자들은 협동조합이야말로 인류의 경제적 관계를 더 조화로운 단계로 이끌어 준다고 확신하고 있고, 북쪽 지방에 있는 협동조합의 본거지에 머물러 보면 대다수의 일반 조합들도 똑같은 의견을 가지고 있음을 알게 된다. 이들 대부분에게 그러한 신념이 없었다면 이 운동에 대한 관심이 시들해졌을 것이다. 그리고 최근 몇 년 이내에 일반적인 복지와 생산자들의 연대라는 더 큰 이상이 조합원들 사이에 유행되기 시작했다는 점도 인정해야 한다. 협동조합의 작업장을 소유한 사람들과 노동자들 사이에 더 좋은 관계가 정립되는 경향은 분명하다.

영국이나 네덜란드 그리고 덴마크에서 협동조합이 중요한 역할을 한다는 사실은 잘 알려져 있다. 한편 독일에서, 특히 라인 지방에서 협동조합은 산업 생활에서 이미 중요한 요인이 되었다.[305] 하지만 매우 다양한 양상을 띠고 있는 협동조합을 연구하는 데 가장 좋은 장을 제공해주는 곳은 바로 러시아이다. 러시아에서 협동조합은 중세로부터 이어져 내려와서 자연스럽게 발전하였다. 그리고 한편으로 공식적으로 설립된 협동조합은 법적인 어려움과 관리들에게 의심을 받아야 했지만, 비공식적인 협동조합 — 아르텔 — 은 러시아 농민의 삶에 본질적인 부분이 되었다. '러시아 형성'의 역사 그리고 시베리아 개척의 역사는 촌락 공동체와 더불어 사냥과 교역 아르텔 또는 길드의 역사이다. 그리고 지금도 도처에서 아르텔을 찾아볼 수 있다. 예를 들면 공장에서 일하기 위해 같은 마을에서 모인 10명에서 50명 정도의 농민 집단 사이에서, 모든 건축업에서, 어부와 사냥꾼들 사이에서, 시베리아로 가고 있거나 시베리아에 있는 기결수들 사이에서, 철도 하역부들, 거래소 배달부, 세관 노동자들 사이에서도 아르텔을 찾아볼 수 있고, 노동계의 맨 위에서 아래까지 항구적이든 일시적이든, 가능한 모든 조건하에서 생산과 소비를 위해서 7백만 명의 사람들에게 직업을 부여해주는 촌락 산업계 전반에서도 아르텔을 찾아볼 수 있다. 현재까지 카스피 해의 지류에 접해 있는 많은 어장들을 거대한 아르텔이 보유하고 있고 우랄 강은 우랄 코삭 전체에 속해 있어서 당국으로부터 아무런 간섭도 받지 않으면서 아마도 세계에서 가장 풍족한 어장을 마을들끼리 분배하거나 재분배한다. 우랄이나 볼가 그리고 북 러시아의

305) 중부 라인 지방에 있는 31,473개의 생산자와 소비자 조합은 1890년, 한 해에 18,437,500폰드를 지출하고 그 해에 3,675,000폰드를 차입하였다.

모든 호수에서 수렵은 항상 아르텔이 도맡아 한다. 이러한 영구적인 조직 이외에도 일시적으로 조직되는 아르텔들이 수도 없이 많은데 각각 특수한 목적에 맞게 결성된다. 직물공이나 목수, 석공이나 조선공 등으로 일하기 위해서 어떤 지방에서 큰 도시로 10명이나 20명 정도의 농민들이 올라오면 이들은 항상 아르텔을 형성한다. 이들은 방을 빌리고 요리사를 고용하고(주로 이들 가운데 누군가의 부인이 이러한 역할을 한다), 대표자를 선출한다. 모두가 함께 식사를 하고 각자 자기 몫의 식사와 잠자리에 대한 돈을 아르텔에 지불한다. 시베리아로 가는 기결수 무리들도 항상 같은 방식으로 하는데, 여기서 선출된 대표자는 기결수들과 이들을 이끄는 군대 지휘관 사이에서 공식적으로 인정된 중재인이 된다. 강제 노동 수용소에도 똑같은 조직이 있다. 철도 하역부, 거래소 배달부, 세관 노동자, 수도의 관청 배달부 등은 각 집단의 구성원에 대해서 공동으로 책임을 지므로 상인들이 아르텔의 구성원들과 일정한 액수의 돈이나 어음을 신용으로 거래할 정도로 평판이 높다. 건축업에서는 10명에서 200명 정도의 구성원들이 아르텔을 형성하고 신중한 건축업자나 철도 도급자라면 항상 개별적으로 고용된 노동자들보다는 아르텔과 거래하기를 더 선호한다. 최근에 국방성은 특히 가내공업으로 형성된 생산 아르텔과 직접 거래를 시도해서 군화와 각종 황동이나 철제품을 주문했는데 아주 만족스러운 결과를 얻었다고 설명하고 있다. 한편 7, 8년 전에는 왕실 철공장을 노동자들에게 대여해주어서 확실한 성공을 거둔 적이 있다.

따라서 우리는 러시아의 예를 통해서 어떻게 과거 중세의 제도가 국가의 간섭을 받지 않으면서 지금까지 충분하게 존속할 수 있었는지 그리고 근대의 산업과 교역에 알맞게 매우 다양한 형태를 취할 수 있었는지 알 수 있다. 발칸 반도나 터키 제국 그리고 코카서스의 경우에도 오래된 길드들이 고스란히 유지되고 있다. 세르비아의 에스나프도 중세 때의 특징을 온전히 유지하고 있다. 에스나프에는 도제를 마친 사람들과 장인이 포함되어 교역을 규제하며 일할 때나 아플 때 서로 도와주는 조직이었다.[306] 한편 코카서스, 특히 티플리스의 암카리는 이러한 기능을 하면서 추가적으로 도시 생활에 상당한 영향력을 끼치고 있었다.[307]

협동조합에 관련해서 친목 단체들도 거론해야 할 것 같다. 예컨대 영국에서 창립된 비밀 공제 조합, 도시나 시골에서 의료비를 갚기 위해 조직된 공제회, 의복이나 장례 공제회, 공장에서 일하는 소녀들 사이에서 흔하게 나타나는 소규모 공제회—이 소녀들은 매주 몇 펜스씩 돈을 모았다가 나중에 1파운드 정도가 되면 제비를 뽑아서 그 돈으로 중요한 것들을 구매하거나 기타 다른 물건들을 사는 데 사용한다—등이 있다. 비록 각각의 회원들 사이에 '대변과 차변'이 세심하게 감시되곤 하지만 이러한 모든 단체들과 공제회에서는 상당히 사회적이고 건전한 정신이 살아 있다. 하지만 필요하다면 시간이나 건강 그리고 생명까지도 희생할 준비가 되어 있던 집단들이 매우 많이 있었기 때문에 우리는 가장 훌륭한 형태의 상호지원의 사례들을 풍부하게 제시할 수 있다.

---

306) 영국 영사관 보고서, 1889년 4월.
307) 이 주제에 관한 중요한 연구는 코카서스 지리학회 회보에 C. Egiazaroff가 러시아어로 출판한 적이 있다. vol. vi 2, 티플리스, 1891.

영국의 해난구조협회 그리고 이와 유사한 유럽의 조직들을 먼저 언급해보자. 해난구조협회에서는 영국의 섬 주변 해안가에 300척 이상의 보트를 대기시켜놓고 있다. 어부들이 가난하지만 않았더라도 이보다 두 배 정도의 배를 가지고 있어야 했지만 그들은 배를 살 여유가 없었다. 선원들은 모두 자원자로 구성되어 있는데 생면부지의 사람들을 구하기 위해 자신들의 생명을 희생할 준비가 되어 있는 이들은 매년 혹독한 시련을 겪는다. 기록에 따르면 겨울마다 이 자원자들 가운데 가장 용감한 사람들이 몇 사람씩 목숨을 잃는다. 그리고 만일 이 사람들에게 성공할 가망성이 거의 없는 경우에도 무엇 때문에 자신들의 생명을 걸게 되는지 묻는다면, 그 사람들은 다음과 같이 답한다. 영국해협을 가로질러 불어오는 매서운 눈보라가 켄트의 작은 마을 앞에 있는 평평한 모래 해안에 세차게 휘몰아치고 오렌지를 실은 작은 배가 근처 모래사장에 좌초했다. 이처럼 얕은 물에서는 밑이 평평하고 단순하게 생긴 구명보트만이 중심을 잡을 수 있는데, 이렇게 폭풍우가 치는 동안에 구명보트를 띄우게 되면 거의 확실하게 재앙에 직면하게 될 상황이었다. 그렇지만 사람들은 뛰쳐나갔고 몇 시간 동안 바람과 싸웠으며, 보트는 두 번이나 전복되었다. 한 사람은 익사하였고 다른 사람들은 해안가에 표류하게 되었다. 이들 가운데 한 사람, 훈련받은 해안 경비원은 다음 날 아침 심한 타박상을 입고 눈 속에서 반쯤 언 채로 발견되었다. 나는 그에게 어떻게 그토록 결사적인 시도를 하게 되었는지 물었다. 그는 "내 자신도 모르겠다."고 대답했다. "난파선이 있었어요. 모든 마을 사람들은 해변가에 서 있었고, 모두가 바다로 나가는 것은 어리석다고 말했지요. 저렇게 밀려오는 파도를 돌파할 수는 없었어요. 우리는 돛대에 대여섯 명의 사람들이 매달려 필사적으로 보내는 신호를 보았어요. 우리 모두는 뭔가 해야 한다고 생각했지만 우리가 무슨 일을 할 수 있었겠어요? 한 시간, 두 시간이 흐르고 우리 모두는 그곳에 서 있었습니다. 우리들 마음은 아주 편치 않았어요. 그때 갑자기 폭풍 속에서 그들이 울부짖는 소리가 들리는 듯했지요. 그 사람들 가운데 아이가 있었던 거예요. 우리는 더 이상 우두커니 서 있을 수가 없었어요. 모두가 동시에 소리쳤어요. '가야 돼!' 여자들까지도 그렇게 말했어요. 우리들이 바다로 뛰어들지 않았다면 여자들은 우리를 겁쟁이로 취급했을 겁니다. 다음 날 사람들은 우리들이 바다로 뛰어든 것은 어리석은 짓이었다고 말하기는 했지만. 남자답게 우리들은 배로 돌진해 바다로 나갔죠. 배가 전복됐지만 우리들은 배에 매달렸어요. 최악의 상황은 앞이 잘 안보였다는 것인데, 배 근처에서 사람이 익사하고 있는데도 우리들은 그를 구하기 위해 아무 일도 할 수 없었지요. 그때 매서운 파도가 밀려와 배가 다시 전복되었고 우리들은 해안가로 밀려갔지요. 사람들은 D 보트로 구조되었고 우리 보트는 수 킬로미터 밖에서 발견되었죠. 나는 다음 날 아침 눈 속에서 발견되었습니다."

이와 똑같은 감정이 물에 잠긴 탄광에서 동료들을 구출하기 위해 노력했던 론다 계곡의 광부들도 움직였다. 그들은 묻혀 있는 동료들에게 도달하기 위해 32미터의 석탄층을 파내었다. 탄층이 파내지기까지 겨우 3미터를 남겨놓고 그들은 폭발성 유독 가스에 휩싸였다. 전등은 꺼지고 구조대원들은 후퇴했다. 이런 상황에서 작업을 하게 되면 언제 폭발할지 모를 위험을 무릅쓰고 감행하는 것이었다. 하지만 묻혀 있는 광부들이 두드리는 소리가 여전히 들려왔다. 이 사람들은 아직도 살아있으며 도움을 호소해왔다. 몇몇 광부들이 어떤 위험이 와도 작업을 하겠다고 자원을 하였다. 자원자들이 탄광으로 내려갈 때 이들의 부인들은 가지 말라는 말도 한 마디 하지 못하고 소리 없이 눈물만 흘리며 남편들의 뜻을 따를 뿐이었다.

인간 심리에는 동기가 있다. 사람들이 전쟁터에서 미치지만 않았다면 그들은 도움을 청하는 호소를 듣고 이에 응답하지 않고 "견딜 수 없다." 영웅들은 행동한다. 모든 사람들은 영웅들이 할 일은 자신들도 해야 한다고 생각한다. 머릿속의 궤변으로 상호부조라는 감정을 거스를 수는 없다. 왜냐하면 이러한 감정은 수천 년 동안 인간의 사회생활 속에서 그리고 인류가 나타나기 전 수십만 년 동안의 군거 생활 속에서 길러졌기 때문이다.

"하지만 군중들 앞에서 서펜타인(런던 하이드 파크 내에 있는 연못 -옮긴이) 연못에 빠진 사람들을 어느 누구도 구해주려고 움직이지 않는다면 어째서인가?"라고 물을 수도 있다. "휴일 군중들이 있는 곳에서 리젠트 공원의 도랑에 아이가 빠졌을 때 한 숙녀가 침착하게 뉴펀들랜드종 개를 풀어 아이를 구출한 경우는 어찌된 일인가?" 답은 너무 간단하다. 인간은 물려받은 본능과 받은 교육의 산물이다. 광부나 어부들 사이에서 이들은 같은 직업을 가지고 있으면서 서로 간의 일상적인 접촉을 통해 연대감이 생겨났다. 이들을 둘러싼 위험한 환경도 용기와 담력을 유지하게 해준다. 반대로 도시에서는 공통되는 관심사가 없기 때문에 무관심하게 되고 용기나 담력도 발휘해볼 기회가 거의 없으므로 사라져 버리거나 다른 방향으로 흘러간다. 더욱이 광산이나 바다에서는 영웅들의 전통이 광부나 어부들의 마을에 시적인 후광으로 장식되어 살아 있다. 그러나 혼잡한 런던의 군중들에게는 어떤 전통이 있는가? 그들이 공통으로 가질 수 있는 전통이라면 문학으로 창조되어야만 하는 것뿐이고 농촌의 서사시에 필적할 만한 문학은 좀처럼 존재하지 않는다. 성직자들은 인간의 본성에서 나온 것은 모두 죄이며, 인간의 선은 모두가 초자연적인 기원을 갖는다는 것을 무리해서 입증하려고 한 나머지 저 높은 곳에서 유래하는 고귀한 영감이나 은총의 예로서 제시될 수 없는 사실들을 대부분 무시하려 한다. 일반 작가들의 경우에 이들의 관심은 주로 일종의 영웅주의, 국가라는 관념을 조장하는 영웅주의로 향해 있다. 그러므로 이들은 로마의 영웅이나 전쟁터의 군인들을 찬미하지만 어부들의 영웅적인 행동에는 거의 관심을 기울이지 않고 지나쳐버린다. 시인이나 화가들도 물론 인간의 마음 그 자체의 아름다움에 심취될 수는 있지만 가난한 사람들의 삶에 대해서는 알지 못한다. 그리고 뻔한 상황에서 로마의 영웅이나 군사적인 영웅들을 노래하거나 그리기는 하지만 이들이 관심을 기울이지 않는 평범한 환경 속에서 행동하는 영웅을 인상적으로 노래하거나 그리지는 않는다. 이들이 용기를 내어 그렇게 하더라도 단편적인 수사학에 불과하다.[308)]

---

308) 프랑스 감옥에서 탈출하기란 매우 어려운 일이다. 그럼에도 불구하고 한 죄수가 1884년 아니면 1885년에 프랑스의 한 감옥에서 탈출하였다. 경보가 울리고 인근의 농부들이 그를 찾으려고 나섰지만 이 사람은 용케도 하루 동안 숨어 있을 수 있었다. 다음 날 아침 그는 작은 마을에 접해 있는 도랑에 몸을 숨겼다. 아마도 음식을 훔치거나 죄수복을 벗고 갈아입을 옷을 훔치려 했을지도 모른다. 그가 도랑에 누워 있을 때 이 마을에서 화재가 발생하였다. 그는 불타고 있는 집에서 뛰쳐나오는 한 여인을 보았고 이 불타는 집의 2층에 있는 아이를 구해달라고 필사적으로 호소하는 소리를 들었다. 아무도

삶을 즐기기 위해, 연구나 조사 또는 교육 등을 목적으로 결성된 수많은 단체나 공제회 그리고 결연 등은 최근에 수적으로 증가했고 이를 단순히 표로 만드는 데만 해도 여러 해가 필요하지만 이 역시 오래도록 단결이나 상호지원의 역할을 해왔던 경향이 드러난 것이다. 다른 종의 어린 새들이 무리를 지어 가을만 되면 모여들듯이 이 모임들 가운데는 오로지 즐거운 삶을 나누기 위해 만들어진 것도 있다. 영국이나 스위스, 독일 등에 있는 마을마다 크리킷, 축구, 테니스, 나인핀즈, 클레이 피전(사격의 일종), 음악이나 합창 클럽 등이 있다. 이 밖에도 사교모임의 수는 훨씬 더 많은데 어떤 모임들은 사이클 연합처럼 갑자기 무서운 기세로 발전하기도 한다. 비록 이 협회의 회원들은 사이클을 좋아한다는 점 이외에는 아무런 공통점을 가지고 있지 않지만, 사이클 애호가가 별로 없는 외딴 곳에서는 유별나게 서로 도와주려는 우애적인 감정이 진작에 나타난다. 이들은 어떤 마을에 있는 '사이클 애호가 연합 클럽'을 마치 집처럼 간주한다. 그리고 매년 사이클 애호가 캠프에서는 지속적인 유대관계가 돈독해진다. 독일의 나인핀즈 동호회도 유사한 단체이

도와주려 하지 않았다. 이때 탈옥수는 은신처에서 뛰쳐나와 불길을 헤치고 들어가 얼굴을 그을리고 옷이 탄 채로 불길 속에서 아이를 안전하게 구출해서 아이의 어머니에게 넘겨주었다. 물론 그 사람은 모습을 드러내게 되어 그 자리에서 마을의 헌병에게 체포되었다. 그는 감옥으로 송환되었다. 이러한 사실이 프랑스의 모든 신문에 보도되었지만 그 죄수를 석방해야 한다고 노력한 신문은 하나도 없었다. 만일 그 사람이 동료들의 폭행으로부터 간수를 지켜냈다면 영웅시 되었을 것이다. 하지만 그의 행동은 인간적인 것이었을 뿐 국가의 이상을 증진하지는 않았다. 그 자신도 자신의 행동을 신성한 은총의 갑작스런 영감 때문이었다고 여기지는 않았다. 그리고 그의 행동은 사람들의 기억에서 사라지면 그만이었다. 어쩌면 국가의 자산인 죄수복을 훔친 탓으로 형기가 6개월이나 12개월쯤 늘어났을 수도 있다.

다. 그리고 체육가 협회(독일에 30만 명의 회원이 있다), 프랑스의 비공식 카누 동호회, 요트 클럽 등도 마찬가지다. 이러한 단체들이 사회의 경제적인 계층 조직을 바꾸지는 못하지만 특히 작은 마을에서는 사회적인 차별을 완화하는 데 기여하며, 대규모로 국가나 국제적인 연합에 가입하는 경향을 보이므로 지구상에 다양하게 흩어져 있는 여러 인종의 사람들 사이에 사적으로 친숙한 관계를 증진시키는 데 도움을 준다.

독일의 산악회, 수렵보호협회는 사냥꾼, 전문적인 삼림학자, 동물학자 그리고 단순한 자연 애호가 등으로 구성된 10만 명 이상의 회원을 가지고 있고, 독일의 동물학자, 사육사, 일반 농민 등이 포함되어 있는 국제 조류학 협회도 똑같은 특징을 지니고 있다. 이 단체들은 여러 해 동안 대규모로 연합해야만 제대로 할 수 있었던 아주 유용한 작업들(지도, 대피소, 산악로, 동물의 생태, 독성 곤충, 새들의 이동 등에 관한 연구)을 상당히 많이 이루어냈을 뿐만 아니라 사람들 사이의 새로운 유대 관계를 창출해냈다. 코카서스에 있는 대피소에서 만난 국적이 다른 두 등산가들, 같은 집에 머물렀던 교수와 농부 조류학자들은 더 이상 서로 모르는 사이가 아니다. 뉴캐슬의 엉클 토비 협회는 이미 26만 명 이상의 소년 소녀들에게 새둥지를 파괴하지 말고 모든 동물들에게 잘 대해주도록 가르쳤다. 이런 활동을 통해서 아이들에게 인간적인 감정과 자연과학에 대한 흥미를 유발하는 데 엉클 토비 협회는 도덕론자나 학교보다 더 많은 일을 한 셈이다.

아무리 대강 훑어보더라도 수많은 과학, 문학, 예술, 교육 단체들을 빠뜨릴 수는 없다. 지금까지도 국가의 통제를 긴밀하게 받으면서 보조금도 지원 받았던 과학 단체들은 일반적으로 아주 협소한 영역에서만 활동해왔고, 국가 관직을 얻기 위한 관문으로만 여겨지게 되었다. 한편으로 이들 집단의 편협함 때문에 사소한 질투심이 생겨나기도 한다. 출생의 차이 그리고 정당이나 신념의 차이 등은 이러한 단체들로 인해 어느 정도 완화되었다. 더 규모가 작고 외떨어진 마을에서는 아마추어들에게 광범위하게 흥미를 끌었던 과학, 지리학, 음악 단체들은 지적인 삶의 작은 중심이 되었고, 작은 지역과 넓은 세상을 연결하는 고리 역할을 했으며, 매우 다른 조건 속에서 사는 사람들이 동등한 입장에서 만날 수 있는 장소가 되었다. 이러한 중심지의 가치를 충분하게 인식하려면 시베리아와 같은 경우를 알아야 한다. 지금에 와서야 국가와 교회의 독점을 타파하기 시작한 무수한 교육 단체들은 오래 전부터 이 분야에서 확실하게 지도적인 힘을 갖게 되었다. 이미 유치원 제도는 '프뢰벨 동맹'의 혜택을 받고 있고 러시아에서 여자들의 고등교육은 수많은 공식, 비공식적 교육 단체의 도움을 받고 있다. 비록 이러한 단체나 집단들은 막강한 정부에 강력하게 반발하면서 활동해야 했지만 말이다.309) 독일의 다양한 교육자 단체들이 보통 학교에서 근대적인 방법론을 통해 과학을 가르치는 데 가장 큰 역할을 했음은 잘 알려

---

309) 여자 의과 대학(700명이 졸업해서 상당 부분의 여의사를 러시아에 배출했다), 4개의 여자 대학(1887년에 약 1천 명 가량의 학생이 있었고 그해에 문을 닫았다가 1895년에 다시 문을 열었다) 그리고 여자 상업고등학교 등은 전적으로 이러한 사립단체가 했던 사업이다. 여자 김나지움들이 60년대에 개교한 이래로 높은 수준에 도달할 수 있었던 것도 이러한 단체들 덕분이다. 100여 개의 김나지움들(약 7만 명 이상의 학생)이 러시아 제국 각지에 흩어져 있었고, 이는 영국의 여자 고등학교에 상응하는 것이었다. 그러나 교사들은 모두 대학 졸업자들이었다.

진 일이다. 또한 교사들도 이러한 단체들에게 지원을 받기도 하였다. 이런 단체의 도움이 없었다면 격무와 박봉에 시달리는 시골의 교사들은 얼마나 힘들었겠는가![310]

이런 모든 협회나 단체, 조합, 동맹, 학회 등은 유럽에만 만 개 이상을 헤아릴 정도이고, 이 각각의 단체들은 자발적이고 사심도 없이 무보수나 박봉을 받으면서 많은 일을 해왔다. 이런 예들은 매우 다양한 처지에서 인간이 지향하는 상호부조와 상호지지의 정신을 한결같이 드러낸 것이 아니라면 무엇이겠는가? 거의 3세기 동안 인간들은 문학이나 예술 그리고 교육적인 목적을 위해서 제휴하기를 꺼려해왔다. 각종 모임들은 국가나 교회의 비호하에서 또는 프리메이슨과 같이 비밀 결사로만 결성되었다. 하지만 이제는 그와 같은 압박이 사라지면서 여러 방면으로 단체들이 모이게 되어 인간 활동의 잡다한 분야로 확장되었고, 국제화되었으며, 아직 충분히 인정되지는 않았지만 다른 나라들 사이에 국가가 쳐놓은 장막을 부수는 데 공헌하였다. 상업적인 경쟁 때문에 생겨난 질투와 사라져 가는 과거의 망령이 퍼뜨렸던 증오에도 불구하고 세계의 지도자들과 노동자 대중 사이에도 국제적인 연대의식이 자라나고 있었다. 이러한 단체들은 또한 국제 교류의 권리도 획득했기 때문에 지난 25년 동안 유럽에서 전쟁을 억제하는 데 국제적인 연대 의식이 관여해왔다는 점은 의심할 여지도 없다.

전 세계를 대표하는 종교적인 자선단체들도 여기서 다시 한

310) 공리 교육 보급 협회는 회원수가 5,500명에 불과하지만 이미 1,000개 이상의 공공 도서관과 학교 도서관을 열었으며, 수천 개의 강좌를 개설하고 매우 귀중한 책들을 출판했다.

번 언급해야겠다. 이러한 종교단체의 구성원들은 전 인류가 공유하는 상호부조의 감정에 이끌려 일관되게 움직인다는 사실은 추호도 의심할 여지가 없다. 유감스럽게도 종교학자들은 이러한 감정의 기원을 초자연적인 탓으로 돌리고 싶어한다. 이 학자들 가운데 상당수는 자신들이 대표하는 특정 종교의 가르침으로 교화되지 않는 한 사람들이 의식적으로 깨우쳐서 상호부조를 실천하는 것은 불가능하다는 식으로 말한다. 성 아우구스티누스를 포함해서 이들 대부분은 '이교의 야만인'에게 이러한 감정이 있다는 것을 인정하지 않는다. 더욱이 다른 모든 종교와 마찬가지로 초기 기독교는 상호부조와 동정심이라는 인간적 감정에 폭넓게 호소했지만, 기독교 교회는 국가와 손을 잡고 상호부조와 상호지원 제도를 파괴하였다. 당연히 이 제도들은 교회가 있기 전에도 있었고 교회 밖에서도 항구적으로 발전되었다. 그리고 모든 야만인들이 자신들의 동족에 대한 의무라고 생각했던 상호부조 대신에 교회는 자비를 설교하였다. 자비란 하늘로부터 감화를 받는다는 성격을 지니고 그에 따라 받는 자보다 주는 자가 우월하다는 의미를 내포하고 있다. 이러한 한계와 더불어 단지 인간적인 행동을 하면서 자신들을 선택받은 단체라고 간주하는 사람들을 비난할 의도는 없지만, 우리는 확실히 상당수의 종교적인 자선 단체를 상호부조와 똑같은 경향의 산물로 간주할 수 있다.

이런 사실들을 찬찬히 살펴보면 타인의 욕구와는 상관없이 무모하게 자기 이익만을 채우려는 경향이 근대적인 삶의 유일한 특성만은 아님을 알 수 있다. 그토록 의기양양하게 인간사를 주도해 온 이러한 흐름 이외에도 상호부조와 상호지원이라는 불변의 제도를 다시 도입하기 위해서 농촌주민과 도시주민들이 벌인 치열한 투쟁도 알게 된다. 그리고 사회의 모든 계층에서 같은 목적을 지닌 영구적인 제도들을 매우 다양하게 확립하려는 움직임을 폭넓게 찾아볼 수 있다. 하지만 근대인들의 공적인 삶에서 사적인 삶으로 옮아가보면 상호부조와 상호지원이라는 지극히 넓은 또 하나의 세계를 발견하게 된다. 대부분의 사회학자들은 가족이나 개인적인 우정이라는 협소한 범위로 제한하기 때문에 그런 세계를 간과하게 된다.[311]

현재의 사회 체제하에서 같은 동네나 이웃에 거주하는 사람들 사이의 온갖 유대 관계는 무력해지고 있다. 대도시의 부유한 지역에서는 옆집에 누가 사는지도 모르면서 살아가고 있다. 하지만 밀집되어 있는 골목길에서는 서로 잘 알고 지속적으로 접촉하면서 살아간다. 물론 다른 곳과 마찬가지로 이런 골목길에서도 사소한 싸움은

---

311) 사회학에서 이 분야에 관심을 기울인 작가들은 극히 드물다. 예링Ihering 박사가 그들 가운데 한 사람인데 이 사람의 경우는 매우 교훈적이다. 법 분야의 뛰어난 독일 작가가 철학적인 저작 『법의 목적*Der Zweck im Rechte*』을 쓰기 시작할 때, "사회의 진보를 야기하고 유지하는 적극적인 힘"에 대해 분석하고 "사회적 인간에 대한 원리"를 제시하는 것이 그의 의도였다. 먼저 그는 현재의 임금체계와 다양한 정치, 사회법에 들어 있는 강압장치를 포함해서 영향을 미치고 있는 독선적인 힘에 대해서 분석했다. 그리고 자신의 저작에 관해 면밀하게 계획을 짜면서, 마지막 문단은 같은 목적에 기여할 윤리적인 힘 — 의무감과 상호 사랑 — 에 할애할 의도를 가지고 있었다. 하지만 그가 이 두 가지 요인이 지닌 사회적인 기능에 대해서 논의하게 되면서 첫째 책의 두 배나 되는 분량의 두 번째 책을 써야만 했다. 아직도 그는 다음 페이지에서 몇 줄 다뤄질 개인적인 요인에 관해서만 다루었다. 다군L. Dargun은 *Egoismus und Altruismus in der Nationalökonomie*, 라이프치히, 1885에서 몇 가지 새로운 사실들을 첨가하면서 똑같은 생각을 다루었다. 뷔히너의 『사랑*Love*』 그리고 이에 관한 몇 가지 해설판들이 영국과 독일에서 출판되어 같은 주제를 다루고 있다.

벌어진다. 그러나 개인적인 친밀도에 따라 집단이 형성되어 자신들의 영역 내에서는 부자들이 상상할 수 없을 정도로 상호부조를 실천한다. 길거리나 교회마당 또는 잔디밭에서 놀고 있는 가난한 이웃의 아이들을 예로 들어보면 일시적으로 싸우기도 하지만 친밀하게 유대 관계를 맺고 있으며, 이러한 유대관계를 통해 모든 불행에서 스스로를 보호한다는 사실을 금방 알 수 있다. 한 아이가 호기심 때문에 하수구 입구에 몸을 구부리자마자 한 꼬마가 "거기에 서 있지 마라! 구멍 속은 뜨겁다!"라고 소리친다. "그 벽 위로 올라가지 마라. 떨어지면 기차에 치여 죽는다! 도랑 근처에 가지 마라! 그 열매는 먹지 마라! 독이 있어 죽는다!" 밖에서 친구들과 놀면서 이 개구쟁이들에게 처음으로 주어지는 교훈들은 이런 것들이다. 이런 식으로 서로 도움을 주고받지 않는다면 놀이터라야 '노동자 시범 주거단지' 주변의 포장도로나 운하의 방파제나 다리뿐인 아이들은 얼마나 많이 차에 치어 죽거나 더러운 물에 빠져 죽었겠는가! 금발의 잭이 우유집 마당 뒤에 있는 아무런 방책도 없는 도랑에 빠지거나 볼이 빨간 리지가 갑자기 운하 속으로 빠지면 어린 아이들은 일제히 소리를 질러 상황을 알아차린 이웃들이 달려와 구출해준다.

다음으로 어머니들의 동맹이 있다. 가난한 이웃과 살았던 한 여자 의사가 나에게 이렇게 말해주었다. "이들이 서로를 얼마나 도와주는지 상상할 수 없을 정도예요. 곧 태어날 아이를 위해 아무 준비도 못하거나 준비할 수도 없는 여인이 있으면 — 이런 일은 너무 자주 일어나지만 — 이웃 모두가 새로 태어난 아이를 위해 뭔가를 가져옵니다. 이 산모가 자리에 있는 동안에 이웃 가운데 한 사람은 그 집 아이들을 돌봐주고 다른 사람들은 가사 일을 봐주러 들릅니다." 이런 관습은 일반적인 현상이다. 가난한 사람들과 살았던 사람들은 모두 이렇게 말한다. 어머니들은 여러 가지 사소한 방식으로 서로를 도와주고 자기 아이가 아니더라도 돌봐준다. 부유한 계층의 여인이 길에서 떨고 있는 굶주린 아이를 못 본 체 지나치는 이유는 내심 체면을 차리려 하기 때문이다. 그런 체면치레가 좋은지 나쁜지는 그들이 스스로 결정할 일이지만 말이다. 하지만 가난한 계층의 어머니들은 그런 교육을 받지 못했다. 그들은 배고픈 아이들을 보면 견딜 수가 없다. 어머니들은 그 아이를 먹여 주어야만 마음이 풀리고 실제로 그렇게 한다. "학교에 다니는 아이들이 빵을 달라고 하면 어머니들은 좀처럼, 아니 절대로 거절하는 일이 없다." 수년간 화이트채플에서 노동자들의 공제회와 연계해서 일했던 한 여자 친구가 나에게 편지를 보내왔다. 어쩌면 그녀의 편지에서 몇 구절을 옮겨 놓는 편이 낫겠다.

> 노동자들끼리는 이웃이 아플 때 보수도 받지 않고 간병해주는데 이는 상당히 흔한 일이다. 마찬가지로 어린 아이들이 있는 여인이 일하러 나가면 다른 엄마가 그 아이들을 항상 돌봐준다.
> 노동자들은 서로 돕지 않고서는 살아가기 힘들다. 아플 때나 누군가 죽었을 때도 어린 아이들을 양육하기 위해서 돈이나 음식, 연료 등을 나누면서 서로 지속적으로 돕고 있는 가족들을 알고 있다. 가난한 사람들 사이에서는 '나의 것'과 '너의 것'을 부자들만큼 엄밀하게 구분하지 않는다. 신발이나 옷, 모자 등은 계속해서 서로 빌려 쓰는데, 온갖 종류의 가재도구도 마찬가지다.
> 지난 겨울에 합동 급진 공제회의 회원들은 돈을 조금 모아서 크리스

마스가 끝난 이후에 학교에 가는 아이들에게 무료로 비누와 빵을 나누어주었다. 이들이 돌봐주는 아이들이 1800명 정도였다. 기금은 외부에서도 들어 왔지만, 모든 일은 공제회의 회원들이 도맡아 했다. 일이 없는 사람들은 새벽 4시에 나와 야채를 씻어 다듬고 여자들 5명이 (자기 집의 일을 마친 다음에) 9시나 10시에 나와서 음식을 만들고 6시나 7시까지 머무르면서 설거지를 한다. 그리고 12시에서 1시 30분 사이에 식사시간이 되면 노동자들 2, 3십 명이 와서 스프 배식을 도왔는데 이 사람들은 각자 자신의 식사시간을 할애해서 참여하였다. 이런 일은 두 달 동안이나 지속되었고 어느 누구도 보수를 받지 않았다.

내 친구는 개별적인 사례들을 다양하게 언급해주었는데 전형적인 사례들은 다음과 같다.

윌모트 가의 어떤 노인이 제공하는 식사를 어머니가 가져다가 애니 W.에게 먹였다. 그녀의 어머니가 사망하자 자신도 매우 가난했던 그 노파가 아무런 보수도 받지 않고 아이를 맡았다. 이 노파마저도 사망하게 되었을 때 5살짜리 아이는 아무도 돌봐주지 않아서 남루했었다. 그러자 즉시 아이가 여섯이나 있었던 구둣방집 부인 S씨가 이 아이를 맞게 되었다. 최근에는 남편이 병이 들어서 그들은 모두가 제대로 먹지도 못했다.
일전에 여섯 아이의 엄마 M 부인은 M-g 부인이 아픈 동안에 돌보아주었고 장남을 자신의 방으로 데리고 갔다……하지만 당신께는 이런 사실들이 필요한가요? 이런 일들은 너무나 일반적인 일들이에요……나는 또 재봉틀을 가지고 있는 D. 부인(오벌, 해크니가)을 알고 있는데, 자기 자신도 5명의 아이들과 돌봐줄 남편도 있었지만, 아무런 보수도 받지 않고 다른 사람들을 위해서 바느질을 해주었지요.……그 밖에도 이런 일은 많아요.

누구든지 노동자 계급의 삶을 조금이라도 알고 있다면 노동자들끼리 대규모로 상호부조를 실천하지 않으면 이들에게 닥치는 온갖 어려움을 헤쳐 나갈 수 없다는 사실을 분명히 알 수 있다. 이는 불을 보듯 뻔한 일이다. 노동자 가족이 일생 동안에 리본 직조공 조셉 거터리지Joseph Gutteridge가 자서전에서 묘사했던 그와 같은 위기 상황에 직면하지 않고 살아가는 경우란 매우 드물다.[312] 그리고 그런 상황에서 모두가 살아남을 수 있었다면 그건 상호부조를 실천한 덕분이다. 거터리지의 경우를 보면 이 가족이 최후의 파국으로 빠져드는 순간에 빵과 석탄 그리고 침구를 외상으로 얻어와 갖다주었던 사람은 바로 자기 자신도 찢어지게 가난했던 어느 늙은 간호사였다. 다른 경우라도 이 가족을 도와주러 다른 누군가가 혹은 이웃들이 어떤 조치를 취했을 것이다. 하지만 가난한 사람들로부터 일정한 도움을 받지 못했다면 매년 얼마나 많은 사람들이 돌이킬 수 없는 파멸을 맞았을 것인가![313]

플림솔Plimsoll은 일주일 동안 7실링 6펜스를 가지고 가난한 사람들과 생활을 해보았다. 그런 후에 가난한 사람들끼리 맺고 있는 관계에 어떤 식으로 상호부조와 상호지원이 베어 있는지 알게 되고 그런 지원이 아주 간단한 방식으로 이루어진다는 사실을 알게 되자 이 생활을 처음 시작했을 때 자신이 가지고 있었던 호의적인 마음이

---

312) *Light and Shadows in the Life of an Artisan*, Coventry, 1893.
313) 많은 부유한 사람들은 지독하게 가난한 사람들이 서로를 어떻게 도와줄 수 있는지 이해하지 못한다. 왜냐하면 극빈 계층에 속한 사람들의 삶은 매우 적은 양의 음식이나 돈에 의존한다는 것을 그들은 알지 못하기 때문이다.

'진심어린 존경과 감탄'으로 바뀌게 되었음을 인정해야 했다. 수년간 이런 경험을 한 후에 그는 다음과 같은 결론을 내렸다. "생각해보면 이 사람들이 했던 것처럼 노동자 계급의 대다수도 그렇게 했던 것이다."[314] 심지어 극빈 가정에서조차 고아를 양육하는 경우가 일반적인 관행으로 설명될 수 있다. 그러므로 워렌 계곡과 룬드 언덕에서 두 차례의 폭발이 있은 후에 각 위원회의 증언에 따르면 광부들 사이에서 사망한 남자들 가운데 거의 3분의 1 가량이 부인과 자식 이외에도 친척들을 부양하고 있었다는 사실이 밝혀졌다. 플림솔은 다음과 같이 덧붙였다. "이 사실이 무엇을 의미하는지 곰곰이 생각해 본 적이 있는가? 부자들이나 편안하게 살아갈 수 있는 사람들이 그렇게 했다면 당연한 일이라고 생각한다. 하지만 뭐가 다른지를 생각해보라." 노동자들이 동료의 미망인을 돕기 위해 기부하는 1실링이나 동료 노동자가 장례식에 들어가는 추가 비용을 도와주려고 내는 6펜스가 일주일에 16실링을 벌어 어떤 경우에 아내와 대여섯 명의 아이들을 부양해야 하는 사람들에게 무엇을 의미하는지 생각해보라.[315] 하지만 이러한 기부 행위는 전

---

314) Samuel Plimsoll, *Our Seamen*, 염가판, London, 1870, p. 110.

315) *Our Seamen*, u.s., p. 110. 플림솔은 다음과 같이 덧붙인다. "나는 부자들을 비난하고 싶지는 않다. 하지만 부자들에게 이러한 자질이 충분히 발달되어 있는지 여부는 상당히 의심스럽다고 생각한다. 왜냐하면 부자들 가운데 상당수는 적절하든 그렇지 않든 간에 가난한 친척들의 요구를 잘 알고 있으면서도 이러한 자질이 지속적으로 발휘되지는 않기 때문이다. 너무나 많은 경우에 부유함은 그것을 소유한 사람의 인간성을 억누르는 것 같다. 그리고 부자들이 지닌 동정심은 편협하다기보다는 계층화되어서 자기가 속한 계급의 고통이나 자신들보다 위에 있는 계급의 재난을 위해 남겨 놓는다. 부자들의 마음이 아래로 향하는 경우는 거의 없고 영국 노동자들의 삶과 전 세계의 노동자들의 삶 속에서 일상적인 특징으로 나타나 지속적으로 실천되는 꿋꿋함이나 다정

세계의 노동자들 사이에서는 어느 가정에서나 일어나는 죽음보다도 훨씬 더 일상적인 경우로서 흔하게 실천되고 있다. 한편 일할 때 서로 도와주는 행위는 노동자들의 삶 속에서 가장 비일비재하다.

부자들 사이에서도 상호부조나 상호지원이 이루어지지 않는 것은 아니다. 물론 부유한 고용주가 자신의 고용자에게 흔히 보이는 가혹한 행위를 떠올리면 인간의 본성을 매우 비관적으로 생각하기 쉽다. 1894년 요크셔 대파업 동안에 폭발했던 분노를 기억해야 한다. 당시에 나이 든 광부들이 폐광에서 석탄을 캤다는 이유로 탄갱 소유주에게 고소를 당했다. 그리고 파리 코뮌이 무너진 이후에 수천 명의 노동자 죄수들이 학살을 당했는데, 이와 같은 투쟁과 사회 전쟁 시기에 벌어졌던 참사를 고려하지 않고서도 40년대 영국에서 이루어졌던 노동 심리審理에서 밝혀진 내용이라든가 "구빈원에서 차출되거나 영국 전역에서 공장 노동자로 팔릴 목적으로 매수된 아이들이 공장에 위탁되어 생명이 소모되는 끔찍한 상황"[316]을 기술한 샤프츠베리 경의 글을 누가 이해할 수 있을까? 그리고 인간이 탐욕에 연루되어 생겨나는 비열함을 생생하게 통감하지 않고서 누가 이런 것을 이해할 수 있을까? 이런 식으로 취급되는 모든 잘못이 전적으로 인간 본성의 범죄성 탓으로 돌려져서도 안 된다. 아주 최근까지도 가난한 계층의 사람들을 불신하고 경멸하거나 증오하도록 가르친 것은 과학자들과 심지어 일부 유명한 성직자가 아니었던가? 농노제가 폐지된 이후로 스스로 결함을 가지고 있지 않다면 어느 누구도 가난해질 수 없다고 가르친 것은 과학이 아니었

함보다는 용감한 행동을 훨씬 더 찬양하는 편이다."

316) *Life of the Seventh Earl of Shaftesbury*, Edwin Hodder, vol. i. pp. 137-138.

던가? 교회에서 아동 살해범을 비난할 용기를 가진 자는 극히 소수였지만, 반면에 가난한 사람들이 겪는 고통과 흑인들의 노예 상태까지도 신이 계획한 일의 일부라고 가르치는 사람들은 너무 많았다! 대체로 비국교도란 그 자체가 가난한 사람들을 자신들의 손아귀에 넣고 가혹하게 취급하는 국교회에 맞선 대중들의 저항이 아니었던가?

플림솔의 지적대로 이러한 정신적 지도자들한테서는 부유한 계급을 바라보는 감정이 뭉뚱그려 나타나지 않고 '계층화'되어 있다. 그들은 가난한 사람들에게 좀처럼 관심을 두지 않았다. 잘 사는 사람들은 생활 방식이 달라서 가난한 사람들과 구분되었고, 매일 최상의 상태에서 살고 있어서 가난한 사람들을 이해하지 못한다. 하지만 이들 가운데서도 부를 축적하고자 하는 열정의 결과들 그리고 부 자체를 유지하기 위해 어쩔 수 없이 강요되는 무익한 지출을 받아들이면서 가족과 친지들 사이에서 부자들도 가난한 사람들과 마찬가지로 상호부조와 상호지원을 똑같이 실천한다. 친지들끼리 대출 형식으로 오고가는 돈을 모두 통계로 잡아 기록할 수 있다면 세계 무역 거래량과 맞먹을 만큼 그 총액이 엄청나다고 밝힌 예링 박사와 L. 다군 박사의 말은 전적으로 옳다. 그리고 당연한 일이지만 접대나 사소한 상호 봉사, 다른 사람의 일을 관리해주거나 증여나 자선 사업 등에 지출되는 액수를 추가하면, 이런 대체 행위가 국가 경제에서 얼마나 중요한지 우리는 충격을 받을 수밖에 없다. 최근에 통용되는 "우리는 저 회사로부터 가혹한 대접을 받았다."라는 식으로 상업적인 이기주의가 지배하는 이 세상에서도 가혹한 처리 방식, 즉 법률적인 처리 방식과 반대되는 우호적인 처리 방식도 있다. 한편으로 해마다 얼마나 많은 회사들이 다른 회사로부터 받는 우호적인 지원을 통해서 파산을 면하고 있는지 모든 상인들은 알고 있다.

노동자들은 물론이고 상당수의 잘 사는 사람들, 특히 전문직에 종사하는 사람들이 자발적으로 자선 사업과 전반적인 복지를 위해서 많은 일을 하고 있는데, 근대의 삶에서 두 가지 범주의 자선 행위가 도맡아 하고 있는 역할은 누구나 다 알고 있다. 평판이나 정치적 권력 또는 사회적인 영예를 얻으려는 욕망이 개입해서 이런 식의 자비로운 행동의 진정성을 망치기도 하지만 대부분은 서로 도와주려는 감정이 우러나와서 그럴 수 있었다는 데는 의심의 여지가 없다. 부를 획득한 사람들은 기대했던 만큼 만족감을 찾지 못한다. 경제학자들이 부를 능력에 대한 보상이라고 아무리 말해도 사람들 대다수는 부자들이 가지게 된 보상이 과분하다고 생각하게 된다. 인간의 연대의식이 목소리를 내기 시작했다. 비록 교묘한 수단으로 사회생활을 다양하게 배치해서 이러한 연대의식을 억압하려 하여도 이러한 감정은 늘 승리를 거둔다. 그래서 사람들은 자신의 재산이나 힘을 자신들이 생각하기에 전반적인 복지를 증진시킬 그 무엇인가에 투여함으로써 저 깊은 인간의 욕구가 바라는 결과를 찾으려 한다.

요약하자면, 중앙집권국가의 파괴적인 권력도, 고상한 철학자나 사회학자들이 과학의 속성으로 치장해서 만들어낸 상호증오와 무자비한 투쟁이라는 학설도 인간의 지성과 감성에 깊이 박혀 있는 연대의식을 제거할 수는 없다. 모든 인간의 연대감이란 앞선 진화과정 속에서 자라난 것이기 때문이다. 최초의 단계부터 진화를 거듭하며 얻어진 연대감이 마찬가지로 진화 과정에서 나타난 여러 가지 양상 가운데 단 한 가지 요인 때문에 극복될 수는 없다. 최근에 작게는 가족이나 빈민가에 사는 이웃들 그리고 촌락이나 노동자 비밀 결사 형태로 숨어들었던 상호지지와 지원에 대한 욕구는 근대 사회에서도 다시금 거듭 주장되었고, 늘 그래왔던 것처럼 미래의 진보에 주도적인 위치를 차지하면서 그 권리를 주장하고 있다. 우리가 지난 두 장에서 간략하게 열거했던 여러 사실들을 하나하나 숙고해보면 반드시 이와 같은 결론에 도달하게 된다.

결 론

이제 근대사회를 분석해서 얻을 수 있었던 교훈들을 동물과 인간의 진화에서 나타난 상호부조의 중요성과 관련된 실질적인 증거와 함께 해석해보면 우리의 연구를 다음과 같이 요약할 수 있다.

동물계에서 대다수의 종들이 군집을 이루어 살며 연합을 이루어야 생존경쟁에서 가장 좋은 무기를 얻게 된다는 사실도 알게 되었다. 당연히 여기서 생존경쟁이란 다윈의 주장대로 넓은 의미에서 단순히 생존 수단을 얻기 위한 투쟁이 아니라 이 종들에게 호의적이지 않은 모든 자연 조건에 맞선 투쟁을 말한다. 개별적인 투쟁을 최소화하면서 상호부조를 최고조로 발전시킨 동물 종들이야말로 늘 수적으로 가장 우세하며 가장 번성하고 앞으로도 더욱 발전할 가능성을 가지고 있는 셈이다. 이런 식으로 확보된 상호방어, 오래 생존해서 경험을 축적하게 되는 가능성, 더 높은 수준으로 발달하는 지능, 더욱 발전해가는 사회적인 습속 등을 통해서 종족이 유지, 확장되고 더 높은 수준으로 점진적으로 진화하게 된다. 반대로 사회성이 없는 종들은 멸망할 운명에 처한다.

다음에 인간의 경우에는 구석기 시대 초부터 씨족이나 부족의 형태로 살고 있었음을 알 수 있다. 씨족이나 부족 사회의 저급한 야만 단계에서도 이미 여러 제도들이 광범위하게 발전되어 온 사실을 알 수 있었다. 최초에 나타난 부족의 관습이나 습속들은 계속되는 진보의 주요한 양상 속에서 이후에 형성되었던 모든 제도의 맹아를 인류에게 제공해주었다. 야만인 부족에서 미개인의 촌락 공동체가 생겨났다. 새롭고 더욱 폭넓어진 사회 관습, 습속, 제도 등은 그 범위가 새로워지고 더욱 넓어지면서 — 이들 가운데 상당수는 아직도 우리들 사이에 살아남아 있지만 — 민회의 관할권을 통해서 주어진 영토를 공동으로 소유하고 공동으로 방어하는 원리에 따라 그리고 한 혈통에 속하거나 속한다고 생각되는 촌락들 사이의 연합 속에서 발전되었다. 그리고 인간에게 새로운 출발이 요구되자 인간은 촌락 공동체라는 지역 단위로 길드와 결합된 도시를 만들었다. 그리고 길드는 일정한 기술이나 직업을 공동으로 수행하면서 상호지원이나 상호방어를 위해 발생하였다.

그리고 마지막으로 앞의 두 장에서 로마 제국을 본떠서 국가가 성장하면서 상호지원을 표방하는 중세의 제도들을 모두 폭력적으로 종식시켰지만, 이 새로운 모습으로 나타난 문명도 오래 지속되지 못했다는 사실을 알게 되었다. 개인들 사이의 헐거운 결합에 기초하면서 유일한 연합의 결속을 보증했던 국가도 소기의 목적에 부합하지 못했다. 마침내 상호부조를 통해서 강철 같던 국가의 통치가 분쇄되었고 인간들이 서로 단결할 때마다 그러한 경향이 다시 나타나 제 목소리를 내게 되었다. 상호부조의 경향은 인간의 삶에 속속들이 베어들게 되었고 이를 통해서 인간은 자신의 지친 삶을 북돋아주는 데 필요한 모든 것을 마련하게 되었다.

어쩌면 비록 상호부조가 진화에 나타나는 요인들 가운데 한 가지는 대표할 수 있지만, 그것은 인간관계에서 나타나는 단 하나의 양상에만 작용하며 상호부조의 경향이 아무리 강력하더라도 이 조류와 병행하여 개인의 자기주장이라는 또 다른 조류가 과거로부터 지금껏 존재해왔다고 지적될 수도 있겠다. 개인의 자기주장은 개인이나 계급이 경제적, 정치적 그리고 정신적 우월성을 확보하려는 노력 속에서 나타날 뿐만 아니라, 덜 분명하게 드러나기는 하지만 훨씬 더 중요한 기능, 즉 부족이나 촌락 공동체, 도시 그리고 국가가 개인에게 부과하는, 항상 고착화되기 쉬운 연대를 깨뜨리는 기능 속에서도 나타난다. 즉 개인의 자기주장은 진보의 요인으로 받아들여진다.

이러한 두 가지 두드러진 경향을 분석하지 않고는 진화를 어떤 식으로 성찰해도 완전할 수 없음은 분명하다. 개인의 자기주장이나 개인들의 집단적인 자기주장, 우위를 차지하기 위한 투쟁 그리고 그로부터 야기된 분쟁들은 태고적부터 항상 분석되고, 기술되며, 미화되어 왔다. 사실 지금까지도 이러한 경향만이 서사시인이나, 분석가, 역사가 그리고 사회학자들의 관심을 받아왔다. 이를테면 지금껏 씌어진 역사도 거의 전적으로 신권정치, 군사권력, 전제정치 그리고 최근에는 부자 계급의 지배가 증진되고 확립되면서 유지되었던 방식이나 수단만을 묘사하고 있다. 사실 이러한 세력들 간의 투쟁이야말로 역사의 본모습이다. 그러므로 우리는 방금 언급했던 경향에 관한 주제를 새롭게 연구할 여지가 충분히 있기는 하지만 지금까지의 인간의 역사에서도 개인적인 요인에 관한 지식을 얻을 수 있다. 다른 한편으로 상호부조라는 요인은 지금까지 시야에서 보이지 않았었고 현재나 과거 세대의 작가들에게 간단하게 거부되거나 심지어는 웃음거리가 되었다. 그러므로 무엇보다도 동물계나 인간 사회의 진화에서 이러한 요인이 차지하는 엄청난 역할을 밝혀

둘 필요가 있다. 이것이 충분하게 인정되고 난 후에야 두 요인들을 비교할 수 있다.

통계적인 방법론을 어떤 식으로 동원하든 이들의 상대적인 중요성을 거칠게나마 평가하는 것은 분명히 불가능하다. 우리가 잘 알고 있듯이 수백 년 동안 상호부조의 원리라는 억제 받지 않은 행위가 산출했던 선보다 단 한 번의 전쟁으로도 더 많은 악을 직접적이고도 지속적으로 산출할 수 있다. 동물계에서 점진적인 발전과 상호부조는 서로 협력 관계에 있으며, 종 내에서 벌어지는 내적인 투쟁은 퇴행적인 발전을 수반하게 된다. 인간의 경우에 분쟁이나 전쟁까지도 분쟁중인 두 당사국이나 도시, 당파 혹은 부족들 사이에서 상호부조가 어느 정도로 발전했는지에 따라 결정되고, 진화의 과정에서 전쟁 그 자체도 국민이나 도시나 씨족 내에서 상호부조를 통한 진보의 결과에 도움이 되어 왔다는 것을 알게 되면 진화의 한 요소로서 상호부조가 가지고 있는 두드러진 중요성을 인식하게 된다. 또한 상호부조를 실천하고 계속적으로 발전시킴으로써 인간이 예술이나 지식 그리고 지능을 발전시킬 수 있는 사회생활의 조건을 창출하게 되며, 상호부조를 기반으로 하는 제도들이 전성기를 누리는 시기야말로 예술, 산업 그리고 과학의 전성기였다는 점도 알 수 있다. 사실 중세 도시나 고대 그리스 도시의 내적인 삶을 연구해보면 길드나 그리스 씨족 내에서 행해졌던 상호부조가 연합의 원리에 의해 개인과 집단에게 남겨진 풍부한 독창성과 결합하면서 인류에게는 역사상 가장 위대한 두 시기, 즉 고대 그리스와 중세 도시의 시대를 맞게 되었다는 사실이 드러난다. 역사상 뒤이어 나왔던 국가가 지배하던 시기 동안에 두 시대가 모두 급속한 쇠퇴를 맞게 되면서 위에서 말한 제도들은 몰락하게 된다.

우리 시대에 접어들어 갑작스럽게 산업이 발전했다. 그 이유를 대체로 개인주의와 경쟁 원리가 승리한 탓으로 돌리지만 그보다는 훨씬 더 깊은 연원을 가지고 있다. 일단 15세기에는 위대한 발견들이 이루어졌다. 특히 자연 과학이 발전을 거듭하면서 대기압을 발견하게 되었다. 그리고 중세 도시 조직에서도 발견들이 이루어졌다. 일단 이러한 발견들이 이루어지자 증기기관이 발명되었고 새로운 동력을 정복하게 했던 모든 혁명들이 필연적으로 뒤를 이었다. 만일 중세 도시가 이러한 발견들이 이루어질 때까지 존속했다면 증기가 촉발시킨 혁명은 윤리적으로 다른 결과를 초래했을지도 모른다. 하지만 기술이나 과학에서도 똑같은 혁명이 필연적으로 발생했을지도 모른다. 사실 자유도시의 몰락에 잇따른, 특히 18세기 초반에 산업이 전반적으로 눈에 띄게 붕괴하면서 이후에 계속된 기술 혁명은 물론이거니와 증기기관의 출현을 상당히 지체시키지 않았는가라는 문제는 여전히 해결되지 않고 남아 있다. 직물업, 금속공업, 건축 그리고 항해술 등의 분야에서 12세기에서 15세기에 이르는 놀라운 산업 발전의 속도를 고려해보고 이러한 산업 발전이 15세기 말에 초래한 과학적인 발견을 숙고해보면 우리는 유럽에서 중세 문명이 몰락한 이후에 예술과 산업이 전반적으로 침체되었을 때 이러한 성과들을 충분하게 활용하기를 미루었던 것은 아닌지 자문해보아야 한다. 확실히 예술가나 장인이 사라지고 대도시가 몰락하면서 이들 사이의 거래도 끊어지는 사태 등등은 산업혁명에 유리하게 작용하지 않았다. 실제로 제임스 와트가 자신의 발명품을 실용화하는 데 20년 이상의 시간이 들었다. 그럴 수밖에 없었던 이유는 지난 세기에 중세의 피렌체나 브뤼헤에서라면 쉽게 구할 수 있었던 환경들, 즉 자신의 발명품을 금속으로 만들고 증기기관에 요구되는 정교한 마무리와 정밀 작업을 할 수 있는 장인들을 구할 수 없었기 때문이다.

그러므로 우리 시대에서 이룬 산업의 진보는 모두가 주장하듯이 만인에 대한 개개인의 투쟁 때문이라는 생각은 비가 내리는 원인을 모르면서 진흙으로 만든 우상 앞에서 제물로 바친 희생덕분에 비가 내렸다고 여기는 꼴이다. 서로를 위해 자연을 정복하는 경우처럼 산업 분야에서의 발전을 위해서도 상호부조와 친밀한 교제 등이 늘 그랬듯이 상호투쟁보다 훨씬 더 이익을 준다.

하지만 상호부조 원리의 두드러진 중요성은 특히 윤리의 영역에서 확실하게 드러난다. 상호부조가 우리들의 윤리 개념에 실질적인 기반이라는 점은 너무나 명확한 듯하다. 상호부조의 감정이나 본능이 처음에 어떻게 해서 나타났든—생물학적 원인이나 초자연적인 원인 탓이든—동물계의 가장 낮은 단계로까지 거슬러 그 자취를 살펴야 한다. 그리고 오늘날까지 인간이 발전하는 모든 발전 단계마다 무수한 반작용을 거스르면서 중단 없이 발전해온 진화 과정을 이러한 단계들로부터 추적해 볼 수 있다. 항상 신권정치나 동방의 전제국가에서 또는 로마 제국이 쇠락하면서 상호부조 원리가 몰락하고 있을 시대에 수시로 생겨나는 새로운 종교들, 이러한 새로운 종교에서도 똑같은 원리를 재확인할 뿐이다. 사회에서 가장 지위가 낮고 학대받는 계층에 속한 비천한 사람들이 맨 먼저 신흥 종교를 지지한다. 그러한 사회 계층에서는 상호부조의 원리야말로 하루하루를 살아가는 근간이 된다. 초기 불교와 기독교 공동체 그리고 모라비아 교도들은 새로운 연대의 형태를 채택했는데, 그 특징을 들자면 상호부조가 가장 바람직한 양상으로 나타났던 초기 종족 생활의 정신으로 돌아간다는 점이다.

하지만 이러한 과거 원리로의 회귀가 시도될 때마다 근본적인 이념 자체도 확장되었다. 이러한 이념은 씨족에서 시작해서 종족으로, 종족들끼리의 연합으로, 국가로 그리고 마침내 — 적어도 이념적으로는 — 인류 전체로 확대되었다. 그러면서 이념적으로도 세련된 모습을 보였다. 원시 불교나 원시 기독교에서 그리고 이슬람 지도자들의 몇몇 저작에서, 초기 종교개혁 운동에서, 특히 지난 세기와 현재의 윤리적 철학적 운동에서, 보복 또는 '예정된 보상'이라는 관념이 전면적으로 폐기되었다는 사실이 더욱더 강력하게 확인되었다. "잘못에 대해 보복하지 않는다."거나 이웃으로부터 받기로 예상한 것보다 더 많이 무상으로 준다는 한층 수준이 높아진 개념이 실질적인 도덕 원리로 나타났다. 단순히 동등함, 공평함이나 정의라는 개념보다 이 원리는 우월하고 행복에 훨씬 도움이 된다. 그리고 인간은 개인적이거나 아니면 기껏해야 종족에 대한 사랑에 의해서가 아니라 인간 존재 한 사람 한 사람과 자신이 하나라는 인식을 통해서 자신의 행위를 이끌어가야 한다고 호소해왔다. 진화의 맨 처음 단계로까지 거슬러 올라가는 상호부조의 실천 속에서 윤리 개념의 긍정적이고 신뢰할 만한 기원을 찾게 된다. 그리고 우리는 인간의 윤리적인 진보라는 측면에서 상호투쟁보다는 상호지원이야말로 주요한 부분을 차지한다는 사실을 확인할 수 있다. 오늘날까지도 이러한 생각을 널리 확장시켜나가야 우리 인류가 훨씬 더 고상하게 진화해나가면서 확실한 보장을 받을 수 있다.

부 록

1. 나비와 잠자리 등의 무리

M. C. 피퍼즈Piepers는 1891년 『네덜란드령 동인도 박물기요紀要*Natuurkunding Tijdschrift voor Neederlandsch Indiё*』(Deel L.) 198쪽(『자연과학평론*Naturwissenshartliche Rundschau*』, 1891, vol. vi. 573쪽에 분석됨)에 네덜란드령 동인도에서 발생하는 나비들의 집단 비행에 관한 흥미로운 연구를 발표했다. 이런 현상은 아마도 서쪽의 계절풍 때문에 생기는 큰 가뭄의 영향인 듯하다. 이러한 집단 비행은 보통 계절풍이 시작된 처음 한 달간 일어나며, 보통은 연노랑흰나비*Catopsilia* (*Callidryas*) *crocale*의 암수가 이 무리에 참여하지만, 때때로 세 가지 다른 종류의 나비들*Euphœa*이 이 무리를 구성하기도 한다. 교미도 이러한 비행 목적 중 하나인 듯하다. 물론 이러한 비행이 합의된 행동이라기보다는 모방의 결과나 다른 무리들을 따르려는 욕망의 결과라는 주장도 충분히 가능하다.

베이츠는 아마존에서 노란색과 귤색의 나비들*Callidryas*이 "때때로 반경이 2, 3미터에 달하는 빽빽이 군집한 한 떼가 날개를 모두 수직으로 세워서, 강기슭이 마치 크로커스 꽃밭으로 가득 찬 것처럼 보이는" 현상을 목격했다. 이주하는 나비 떼는 아마존 강을 북쪽에서 남쪽으로 횡단하는데, "아침 일찍부터 해질 때까지 끊임없이 날아왔다"(『아마존 강의 박물학자*Naturalist on the Amazon*』, p. 131).

팜파스를 건너 긴 이주를 하는 잠자리들은 셀 수 없이 많은 수가 함께 이동하고, 거대한 무리 속에는 다양한 종의 잠자리들이 속해 있다(Hudson, 『라플라타 강의 박물학자*Naturalist on the La Plata*』, pp. 130 이하).

메뚜기*Zoniopoda tarsata* 또한 눈에 띄는 군집성을 보인다(Hudson, 위의 책, p. 125).

2. 개미

피에르 위베르의 『내지內地의 개미*Les fourmis indigènes*』(Genève, 1810)는 그 보급판이 1861년 셸부리즈Cherbuliez에 의해 『제네바 문고*Bibliothèque Genevoise*』에 간행되었다. 이 책은 모든 언어로 보급판 번역본이 나와야 마땅한데, 왜냐하면 이 주제를 다룬 최고의 연구 성과일 뿐만 아니라 그 자체가 진정 과학적인 연구의 표본이기 때문이다. 피에르 위베르를 자신의 아버지보다 더욱 위대한 박물학자라고 묘사한 다윈의 말은 정말로 옳다. 이 책은 여기에 담겨 있는 사실은 물론 연구 방법의 지침서로서 모든 젊은 박물학자가 읽어야만 한다. 인공 유리 서식처에서의 개미 사육, 러벅 등 후대의 연구자가 실행한 시험적 실험들 모두를 위베르의 이 놀라운 소논문에서 찾아볼 수 있다. 포렐과 러벅의 책을 읽은 사람이라면 이 스위스 교수와 영국 작가가 개미의 놀라운 상호부조 본능에 관한 위베르의 주장을 뒤엎을 의도로, 비판적인 상태에서 그들의 연구를 시작했다는 점을 당연히 알고 있을 것이다. 그러나 주의 깊은 조사 뒤에 그들은 그 주장을 긍정하게 되었을 뿐이다. 그러나 아쉽게도 사람은 본능적으로 인간이 자연력의 작용을 마음대로 바꿀 수 있다는 긍정적 주장은 쉽게 믿어버리면서도, 인간과 그 형제인 동물 사이의 거리를 좁히는 과학적 사실은 아무리 훌륭하게 판명되어도 받아들이기를 꺼려하기 마련이다.

서덜런드가 자신의 책(『도덕 본능의 기원과 성장*Origin and Groeth of Moral Instinct*』)을 시작한 의도는 분명히 모든 도덕적인 감정은 부모의 보살핌과 가족의 사랑으로부터 생기고, 이 두 가지는 온혈동물에게만 존재한다는 점을 증명하기 위함이었다. 그 결과 그는 개미 사이의 공감과 협동의 중요성을 최소화하려고 애썼다. 그는 뷔히너의 책 『동물의 지혜*Mind in Animals*』를 인용하고 있으며, 러벅의 실험에 대해서도 알고 있었다. 위베르와 포렐의 연구에 관해서 서덜런드 씨는 다음과 같은 말로 폄하하고 있다. "그러나 그것은 [뷔히너가 예로 든 개미 사이의 공감] 전부, 또는 거의 전부, 감상주의의 냄새를 풍긴다.……이것은 주의 깊은 과학적 연구라기보다는 학교 교과서에나 더 잘 어울린다. 위베르와 포렐의 잘 알려진 일화도 마찬가지다[고딕은 필자 글임]"(vol. i. p. 298).

서덜런드 씨는 어떤 '일화'를 말하는지 명시하지 않았지만, 내가 보기에 그는 위베르와 포렐의 연구를 제대로 정독하지도 않은 모양이다. 이 연구를 아는 박물학자라면 그 안에서 어떤 '일화'도 찾을 수 없기 때문이다.

스웨덴의 고트프리트 아들레르쯔 교수가 발표한 최근의 개미 연구(『개미학 연구: 스웨덴의 개미와 그 생활상*Myrmecologiska Studier : Svenska Myror och des Lefnadsförhållanden*』, 네덜란드과학원문집 부록*Bihan till Svenska Akademiens Handlingar,* Bd. xi. No. 18, 1886)를 여기서 언급할 수 있을 것 같다. 이전에 이 주제에 관심을 기울여 본 적이 없는 사람이라면 먹이 공유와 같은 개미의 공생에 관한 위베르와 포렐의 관찰을 매우 놀랍게 생각하겠지만, 이 스웨덴 교수가 이러한 관찰들을 완전히 증명했다는 사실은 어쩌면 말할 필요도 없다(pp. 136-137).

G. 아들레르쯔 교수 역시 위베르가 이미 관찰했던 사실을 증명하기 위해 매우 흥미로운 실험을 했다. 다른 서식처에서 온 개미들이 언제나 서로를 공격하는 것은 아니라는 사실인데, 이 교수는 타피노마 에라티쿰*Tapinoma erraticum* 개미를 가지고 실험을 했다. 또 다른 실험은 흔한 종류인 루파*Rupa* 개미를 가지고 했다. 개미집 하나를 통째로 자루에 넣어온 다음, 다른 개미집에서 2미터 떨어진 곳에 풀어놓았다. 싸움은 벌어지지 않았지만 두 번째 개미집의 개미들은 첫 번째 개미집의 번데기들을 나르기 시작했다. 대체로 번데기를 가진 일개미들은 다른 개미집에서 데려다 한데 놓아도 싸우지 않았지만, 번데기가 없을 경우에는 일개미 사이에 싸움이 이어졌다(pp. 185-186).

그는 또한 여러 개의 개미집으로 이루어진 개미 '나라'에 관한 포렐과 맥쿠크의 관찰을 완성했다. 각 개미집마다 평균 삼십만 마리의 좁은머리개미*Formica exsecta*가 있다는 추정치에 따르면 이러한 '나라'에는 수천만에서 심지어 수억의 개미들이 살고 있다.

꿀벌을 다룬 마테를링크의 훌륭한 책에는 새롭게 관찰된 내용은 없지만, 형이상학적인 '언어'들만 아니면 이 책은 상당히 유용했을 것이다.

3. 번식을 위한 군집

오듀본의 일기(『오듀본과 그의 일기*Audubon and His Journals*』, New York, 1898) 중 특히 30년대의 래브라도 해안과 세인트로렌스 강가에서의 생활과 관련된 부분에서는 번식을 위해 군집하는 물새들을 뛰어나게 묘사하고 있다. 마그달린 또는 암허스트 섬에 있는 '바위산'을 언급하면서, 그는 이렇게 쓰고 있다. "11시에 나는 갑판에서 그 정상을 똑똑히 볼 수 있었는데, 그 위가 몇 센티미터 높이의 눈에 덮여 있다고 생각했다. 그 평평하고 여기저기 튀어나온 바위 전부가 이렇게 눈에 덮인 모습이었다." 그러나 그것은 눈이 아니라 북양가마우지들이었다. 모두 알이나 새로 깐 새끼를 품은 채 조용히 앉아, 서로 거의 닿을 듯이 규칙적으로 대열을 짓고, 머리는 바람 부는 쪽으로 향하고 있었다. 바위산을 백 미터 남짓 둘러싼 공중은 "날갯짓하는 북양가마우지로 가득 차, 마치 우리들 바로 위에서 큰 눈이 내리는 듯했다." 같은 바위산에 세발가락갈매기와 멍청이바다오리도 살고 있었다(『일기』, 제1권, pp. 360-363).

안티코스티 섬이 보이는 바다는 "문자 그대로 멍청이바다오리와 날카로운부리바다쇠오리*Alca torva*로 꽉 차 있었다." 더 나아가자 공중은 벨벳오리로 가득 찼다. 만의 바위에는 재갈매기, (몸집이 크고, 북극에 살며, 포스터가 언급한) 제비갈매기, 아메리카도요*Tringa pusilla*, 갈매기, 바다쇠오리, 스코터 오리, 기러기*Anser canddensis*, 가슴붉은바다비오리, 가마우지 등 갖가지 새들이 살고 있었다. 특히 갈매기가 매우 많았다. "갈매기들은 다른 새들의 알을 먹거나 새끼들을 잡아먹는 등 다른 새들을 계속 괴롭힌다." "여기서 갈매기들은 독수리나 매와 같은 위치에 있다."

1843년 세인트루이스 위쪽의 미주리에서 오듀본은 대머리수리와 독수리가 큰 집단의 둥지를 지어 사는 광경을 목격했다. 그가 언급하기를,

"엄청나게 큰 석회암 바위로 된 강가가 이어지고 거기에는 이상한 구멍들이 뚫려 있었는데, 해질녘이 되면 대머리수리와 독수리들이 그 안으로 들어가는 장면을 볼 수 있었다." E. 카웨스의 각주에 의하면 이들은 중남미산 독수리*Cathartes aura*나 대머리독수리*Haliaëtus leucocephalus*의 일종이다.

영국 해안에서 새들이 서식하기 가장 좋은 곳은 판 군도로, 찰스 딕슨의 저작 『북부 주들의 새들*Among the Birds in Northern Shires*』에는 이곳을 생생하게 묘사한 장면이 나온다. 수천 마리의 갈매기, 제비갈매기, 솜털물오리, 가마우지, 흰죽지꼬마물떼새, 검은머리물떼새, 바다오리, 퍼핀 등이 매년 이곳으로 모인다. "이 섬 쪽으로 다가가다 보면 맨 먼저 이 갈매기(작은 검은등갈매기)가 이곳 전체를 독점하고 있다는 인상을 받는다. 그 정도로 엄청나게 많다. 공중은 이 갈매기들로 가득 찬 듯하고, 땅바닥에도 드러난 바위 위에도 꽉 들어차 있다. 마침내 우리의 보트가 삐걱거리며 거친 해안에 닿았고 우리가 해안에 뛰어내리자 새들은 시끄럽게 흥분했다. 여러 새들의 서로 다른 항의의 울음소리가 우리가 그곳을 떠날 때까지 계속되었다"(p. 219).

4. 동물의 사회성

인간에게 포획당할 가능성이 적었을 때는 동물의 사교성이 더 강했다는 사실은, 인간이 살고 있는 지역에서는 고립해 사는 동물들이 인간이 없는 지역에서는 계속 무리를 지어 살고 있다는 많은 예들로 확인할 수 있다. 북부 티베트의 건조한 고원 사막 지대에서 프르제왈스키는 무리 지어 사는 곰을 발견했다. 그는 무수한 "야크, 쿨란, 영양 및 심지어 곰"의 떼를 보았다고 말하고 있다. 그의 말로는 곰들은 엄청나게 많은 작은 설치류를 먹고 살고, 그 수가 매우 많아서, "원주민들의 말로는 백 마리 또는 백오십 마리가 한 동굴에서 자는 것을 본 적도 있다고 한다." (《러시아 지리학회 연보*Yearly Report of the Russian Geographical Society*》 1885, p. 11; Russian). 트랜스카스피아 지방에서는 산토끼*Lepus Lehmani*가 큰 무리를 지어 산다(N. Zarudnyi, 『트랜스카스피안 지역의 동물 연구*Recherches* *zoologiques dans la contrée Transcaspienne*』, 모스크바 자연학회 회보*Bull. Soc. Natur. Moscou*, 1889, 4). E. S. 홀덴에 의하면, 릭 천문대의 주변에서 "만자니타 열매와 천문대원이 키우는 닭을 먹고 사는"(《네이처*Nature*》, Nov. 5, 1891) 작은 캘리포니아 여우도 매우 사교적인 모양이다.

최근 C. J. 코니쉬는 동물이 사교를 좋아한다는 흥미로운 실례를 발표했다(『일과 놀이를 하는 동물*Animals at Work and Play*』, London, 1896). 그의 진단에 따르면 모든 동물은 고독을 싫어한다. 그는 또한 망을 보는 프레리도그의 습관에 대해서도 재미있는 예를 들고 있다. 이 습관은 너무나 철저해서, 그들은 런던 동물원이나 파리의 자르뎅 다클리마타시옹에서도 항상 망보는 당번을 세운다(p. 46).

어린 새들의 무리가 가을에 함께 지내면서 사회성을 발전시킨다는 케슬러 교수의 지적은 매우 타당하다. 코니쉬 씨(『일과 놀이를 하는 동물』)는 어린 포유동물들의 놀이를 몇 가지 예로 들고 있다. 새끼양은 '나 따라하기' 또는 '내가 왕' 놀이를 하며 장애물경주를 좋아한다. 새끼사슴은 서로 코를 맞대는 "건드리기" 놀이를 한다. 더 나아가 동물들의 놀이 전체를 다룬 좋은 책으로는 칼 그로스의 『동물의 놀이*The Play of Animals*』가 있다.

5. 과잉번식에 대한 통제

허드슨은 『라플라타 강의 박물학자』(3장)에서 어떤 종의 쥐가 급격하게 증가하는 모습과 이러한 급작스런 '삶의 파동'이 초래하는 결과를 매우 흥미롭게 설명하고 있다.

그는 이렇게 쓰고 있다. "1872과 73년 여름은 햇볕이 충분하고 소나기가 잦아서, 더운 여름 동안에도 여느 해처럼 야생의 꽃들이 드물지가 않았다." 이러한 계절은 쥐들에게 안성맞춤이었고, 곧 "이 다산성의 작은 생물들은 순식간에 불어나서 개와 고양이들은 거의 이 쥐들만 먹고 살았다. 여우와 족제비, 주머니쥐들도 호화로운 식사를 할 수 있었다. 심지어 벌레를 먹는 아르마딜로까지 쥐 사냥에 나섰다." 새들도 육식성이 되었다.

"노란배딱새*Pitangus*와 구이라 뻐꾸기들까지도 쥐만 먹고 살았다." 가을이 되자 무수한 황새와 귀짧은올빼미들이 나타나 이 잔치에 한몫 끼었다. 그리고 겨울이 되어도 계속 가물었다. 마른 풀들은 다 뜯어 먹히거나 바스러져 없어졌다. 숨을 곳과 먹을 것을 빼앗긴 쥐들은 죽어가기 시작했다. 고양이들은 도로 집안으로 숨어들었다. 방랑성인 귀짧은올빼미들은 떠나 버렸다. 작은 가시올빼미들은 거의 날지도 못할 정도로 약해져서 "흩어져 있는 먹이 부스러기를 찾아 종일 민가 주위를 헤맸다." 가뭄에 뒤이은 추위 때문에 믿을 수 없이 많은 수의 양 떼와 소 떼가 그 겨울 동안에 죽어나갔다. 허드슨이 쓴 바로는 쥐들은 "이 엄청난 반응을 이겨내고 간신히 살아남은 소수가 종을 이어갔다."

이 예는 다음과 같은 사항을 제시하고 있어서 더욱 흥미롭다. 즉 평야나 고원에서 어떤 종이 급격히 증가하게 되면 평야의 다른 쪽으로부터 그 천적을 끌어들이게 된다는 점과, 사회조직으로 보호받지 못하는 종은 불가피하게 그 천적에게 굴복할 수밖에 없다는 점이다.

같은 저자가 이 점에 대한 또 하나의 훌륭한 예를 아르헨티나에서 전하고 있다. 물쥐*Myiopotamus coypu*는 아르헨티나에 매우 흔한 설치류로 모양은 쥐와 비슷하지만 크기는 수달만 하다. 습성은 수서동물이고 매우 사교적이다. 허드슨은 이렇게 쓰고 있다. "저녁이 되면 물쥐들은 모두 나와서 물 속에서 헤엄을 치고 논다. 이상한 음조로 말을 주고받는데, 마치 상처 입고 고통 받는 사람의 탄식과 비명처럼 들린다. 물쥐는 길고 거친 털 밑에 훌륭한 모피를 갖고 있어서 대부분 유럽으로 수출된다. 그러나 육십여 년 전에 독재자 로사스가 이 동물의 사냥을 금지하는 법령을 공표했다. 그 결과 이 동물들은 엄청나게 증식하여, 그 수서 습성을 버리고 이동성 육상 동물이 되어 여기저기 무리를 지어 먹이를 찾아다녔다. 갑자기 이상한 병이 급습하여 물쥐들은 빠르게 자취를 감추고 거의 멸종 상태가 되었다"(p. 12).

한편으로는 인간에 의한 박멸, 또 한편으로는 질병, 이것이 종의 번식을 막는 주된 원인이다. 생존 수단을 위한 투쟁은, 만약 존재한다

하더라도, 번식을 막는 원인이 되지는 않는다.

시베리아보다 훨씬 온화한 기후의 지역임에도 그와 마찬가지로 동물이 조금밖에 서식하지 않는 지역의 예는 많이 있다. 그러나 베이츠의 잘 알려진 저작에서도 아마존 강 유역과 관련해서 같은 지적을 발견할 수 있다.

베이츠는 다음과 같이 쓰고 있다. "그곳에는 사실상 엄청나게 다양한 포유류, 조류, 파충류가 살고 있으나, 널리 분산되어 있고 모두 극도로 사람을 피한다. 이 지역은 매우 광대하고 한결같이 밀림이 울창하게 덮여 있어서, 동물이 많이 보이는 곳들은 긴 간격을 두고 떨어져 있지만, 그중 일부 장소는 다른 곳들보다 훨씬 매력적이다"(『아마존 강의 박물학자』, 6th ed. p. 31).

다음을 고려할 때 이러한 사실은 더욱 놀랍다. 브라질의 동물상은 포유류에 있어서는 그 수가 적지만, 조류는 결코 적지가 않고, 앞 페이지에서 본 새들의 사회에 대한 인용구에서처럼 브라질의 숲은 새들에게 엄청난 먹이를 제공한다. 그럼에도 불구하고 브라질의 숲은 아시아나 아프리카의 숲처럼 서식하는 개체가 많지 않고, 오히려 그 수가 적다. 이런 상황은 남아메리카의 팜파스도 마찬가지다. 허드슨의 지적에 의하면 놀랍게도 네발 달린 초식동물에게 꼭 알맞은 이 거대한 초원 지역에는 단 한 가지 종류의 작은 반추동물이 서식할 뿐이다. 알려진 바대로 현재 이 평원의 일부에서는 사람이 들여온 수백만의 양 떼와 소 떼, 말들이 방목되고 있다. 초원에 사는 땅새들도 역시 그 종류와 수가 매우 적다.

6. 경쟁을 피하기 위한 적응

이러한 적응에 대한 수많은 예를 모든 현장 박물학자들의 저작 속에서 찾아볼 수 있다. 그중 하나로 매우 재미있는 예를 털보아르마딜로에게서 볼 수 있는데, 이에 대해서 허드슨은 이렇게 말하고 있다. "털보아르마딜로는 진로를 잘 잡은 덕분에, 같은 종류의 다른 동물들이 빠르게 사라져가는 와중에서도 번성하였다. 털보아르마딜로가 먹는 먹이는 매우 다양하다. 털보아르마딜로는 모든 종류의 곤충들을 먹는데, 지면에서 몇 인치 밑에서 벌레와 유충들을 찾아낸다. 알과 갓난 새새끼들을 좋아하고, 독수리처럼 썩은 고기도 잘 먹으며, 고기가 없으면 대신 풀을 먹는데 토끼풀이나 심지어 옥수수 낟알도 먹는다. 그렇기 때문에 다른 동물들이 굶주릴 때도 털보아르마딜로는 항상 살쪄 있고 활력이 넘친다"(『라플라타 강의 박물학자』, p.71).

댕기물떼새는 적응을 잘 하기 때문에 그 분포가 매우 광범위한 종이다. 영국에서 댕기물떼새는 "더 거친 땅에서와 마찬가지로 경작할 수 있는 땅에도 편안하게 정착해 산다." 딕슨 목사는 그의 책 『북부 주의 새들』(p. 67)에서, "맹금류들은 먹이가 한층 더 다양한 법이다."라고 말하고 있다. 그래서 예를 들어 같은 저자에게서 다음을 배울 수 있다(pp. 60, 65). "영국 황무지의 잿빛개구리매는 작은 새들뿐 아니라 두더지와 쥐, 개구리, 도마뱀, 곤충도 먹지만, 더 작은 매들은 대부분 주로 곤충을 먹고산다."

허드슨이 남아메리카의 나무발바리, 또는 딱따구리 가족에 관하여 쓴 매우 시사하는 바가 큰 장은, 동물 집단의 큰 부분이 경쟁을 피하는 방식과, 동시에 통상 생존경쟁에 없어서는 안 된다고 생각되는 무기들을 전혀 갖추지 않고서도 그러한 집단이 특정 지역에서 무수히 많이 번식하는 데 성공한다는 사실을 보여주는 또 하나의 좋은 예이다. 앞서 말한 가족은 남멕시코에서 파타고니아에 이르는 거대한 범위에 걸쳐 분포하며, 46개 속으로 귀속시킬 수 있는 적어도 290종이 이미 이 과로 알려져 있는데, 그 가장 큰 특징은 이 과의 구성원의 습성이 엄청나게 다양하다는 점이다. 다른 속과 다른 종이 각자 저마다 특이한 습성을 가지고 있을 뿐 아니라, 심지어 같은 종이라도 서식지가 다르면 생활 방식이 다른 경우가 종종 발견된다. "제놉스*Xenops*와 마가로르니스*Magarornis* 종 중 일부는 딱따구리처럼 곤충 먹이를 찾아 나무둥치를 수직으로 오르내리지만, 또한 박새처럼 가지 맨 끝의 작은 가지와 잎을 뒤지기도 한다. 그래서 이들은 뿌리부터 맨 꼭대기 잎까지 나무 전체를 샅샅이 뒤진다. 나무발바리*Sclerurus*는 깊은 숲 속에 살고 날카롭게 구부러진 발톱을 가졌지만, 결코 나무에서 먹이를 찾지 않고 썩어가는 낙엽들이 쌓인 땅에서만 먹이를 찾는다. 그러나 이상스럽게도 나무발바리는 무언가를 경계할 때는 가까운 나무둥치로 날아가 수직으로 매달려 움직이지 않고 조용히 있으면서, 어두운 보호색을 이용하여 눈에 띄지 않게 피한다." 그 외에도 많다. 둥지를 짓는 습관에서도 이 가족은 엄청나게 다양한 차이를 보인다. 그래서 단 하나의 속만 보더라도 세 번째 종은 오븐 모양의 진흙 둥지를 짓고, 네 번째 종은 나무에다 나뭇가지로 둥지를 짓고, 다섯 번째 종은 물총새처럼 강둑 옆에 굴을 판다.

이제 이 엄청나게 큰 과에 대해서 허드슨은 이렇게 말하고 있다. "남아메리카 대륙의 모든 지역은 이들이 점유하고 있다. 그 이유는 적당한 종 — 허드슨의 말을 빌리자면 가장 무방비 상태에 있는 새들에 속하는 — 을 이곳으로 끌어들일 만한 기후나 토양, 초목 등이 갖추어져 있지 않기 때문이다." 스예베르초프가 언급한 오리처럼(본문을 보라) 이들에게는 힘센 부리나 발톱이 없다. "그것들은 얌전하고 저항을 모르는 생물로 어떤 힘도 무기도 없다. 움직임도 다른 새들보다 빠르거나 힘차지 못하고, 나는 것을 보면 매우 약하다." 그러나 허드슨과 아사라Asara 모두가 관찰한 바와 같이, 그들은 "현저한 사회적 기질을 갖고 있다." 그러나 "혼자 살아야 하는 생태 조건 탓에 사회적인 습성은 억제되고 있다." 그들은 우리가 바닷새의 예에서 본 것처럼 큰 무리를 이루어 번식할 수는 없는데, 그 이유는 나무에 사는 곤충을 먹고 살기 때문에 각 나무를 따로따로 주의 깊게 탐색해야만 하기 때문이다. 이들은 매우 사무적인 방식으로 탐색을 한다. 그러나 그들은 숲 속에서 계속해서 서로를 부르고, "먼 거리에서 서로 대화한다." 또한 이들은 베이츠의 그림 같은 묘사로 잘 알려진 "떠도는 무리"로 서로 모인다. 허드슨은 이렇게 믿게 되었는데, "남아메리카의 모든 곳에서, 나무발바리 과의 새들Dendrocolaptidæ가 가장 먼저 일제히 모이면, 다른 과의 새들이 그들의 행진을 따라 합류한다. 이들은 경험상 풍부한 수확이 뒤따른다는 것을 알고 온다." 허드슨이 이 새들의 지력에 높은 점수를 주고 있음은 말할 필요도 없다. 사회성과 지능은 언제나 조응한다.

7. 가족의 기원

내가 본문에 넣을 이 장을 쓰고 있을 무렵에 인류학자들 사이에서는 우리가 헤브라이인이나 고대 로마 제국에서 볼 수 있는 형태와 같은 가부장적 가족제도는 인간의 제도로서는 비교적 뒤에 나타났다는 사실에 대해 어느 정도 합의가 이루어진 듯했다. 그러나 그 이후로 출판된 저작들에서는 바호펜과 맥레난이 공표하고 특히 모건이 체계화하였으며 포스트와 맥심 코발레프스키, 러벅이 심화시키고 확증한 이 사상들을 공격하고 있다. 이들 중 가장 중요한 저작으로는 덴마크 교수 C. N. 스타크의 저작(『원시 가족*Primitive Family*』, 1889)과 헬싱키대학 교수인 에드워드 웨스터마크의 저작 (『인류 결혼사*The History of Human Marriage*』, 1891 ; 제2판. 1894.)이 있다. 원시 토지소유제도에서 발생한 문제가 원시 결혼제도의 문제에서도 똑같이 발생했다. 촌락공동체에 관한 모이러나 나세의 사상을 뛰어난 연구자들의 학파가 발전시키고, 원시씨족공동체에 관한 모든 현대 인류학자들의 사상이 일반적인 인정을 얻게 되었을 무렵, 이에 맞서 프랑스의 푸스텔 드 코랑주, 영국의 옥스퍼드대학 교수 시봄과 그 외 몇 사람의 저작이 등장했다. 이들은 이러한 저작을 통하여 — 이는 진정한 깊이가 있는 조사로서보다는 그 독창성이 더 뛰어났지만 — 앞서의 사상의 토대를 공격하고 근대적 연구가 도달한 결론에 의문점을 던졌다(비노그라도프 교수의 명저 『영국의 농노제*Villainage in England*』의 서문을 보라). 마찬가지로 인류 초기의 부족 단계에서는 가족이 존재하지 않았다는 사상이 대부분의 인류학자와 고대 법학도들에게 받아들여지기 시작했을 무렵, 필연적으로 스타크나 웨스터마크 등의 저작이 등장하게 되었다. 이 저작에서는 인류는 헤브라이적 전통에 따라 분명히 가부장적 가족제도로 시작되었으며, 맥레난이나 바호펜, 또는 모건이 설명한 단계를 절대로 거치지 않았다고 주장하고 있다. 이 저작들 중 재기에 넘치는 『인류 결혼사』는 특히 널리 읽혔으며, 그에 따라 분명 특정한 영향력을 미쳤다. 이 논쟁에 관련된 두꺼운 책들을 읽을 기회가 없었던 사람들은 주저하게 되었고, 이 문제에 정통한 프랑스의 뒤르켐 교수 같은 일부 인류학자들마저도 유화적이지만 다소 불분명한 태도를 취했다.

상호부조에 관한 저술이라는 특수한 목적에는 이러한 논쟁은 관계가 없을런지도 모르겠다. 인류의 초기 단계에서는 인간이 부족으로 생활했다는 사실에는, 인류가 가족이라고 이해하는 제도가 없는 단계를 거쳤다는 생각에 충격을 느끼는 사람일지라도 토를 달지 않는다. 그러나 이 주제는 그 자체로 흥미롭고 언급할 가치가 있지만, 이 문제를 제대로 다루려면 책 한 권쯤은 나오리라는 것을 말해두어야만 하겠다.

우리가 고대의 제도로부터, 특히 인류가 처음 나타났을 때 성행했던 제도로부터 우리의 시야를 가리고 있는 베일을 벗기려고 노력할 때는 필연적으로 — 직접적인 증거가 전혀 없으므로 — 모든 제도를 소급해서 추적하는 아주 힘겨운 작업을 거치지 않으면 안 된다. 습관, 관습, 전통, 민요, 민담 등에 남아 있는 매우 희미한 흔적들을 주의 깊게 기록하고, 각 개별적인 연구의 개별적인 성과를 결합하여 이 모든 제도가 공존할 수 있는 그러한 사회를 머릿속에 재구성해 봐야 한다. 그렇게 하면 어떤 신뢰할 만한 결론에 도달하기 위해서는 방대한 사실과 개별적인 논점을 수도 없이 상세하게 연구할 필요가 있음을 이해하게 된다. 이 사실은 바로 바호펜과 그 추종자들의 기념비적인 작업에서 알 수 있지만, 다른 학파의 연구에서는 찾아볼 수 없다. 웨스터마크 교수가 조사한 사실의 양은 의심할 여지없이 충분히 방대하고, 그의 저작은 분명히 비평으로서 매우 가치가 있지만, 바호펜, 모건, 맥레난, 포스트, 코발레프스키 등의 저작을 원전으로 읽고 촌락공동체학파에 정통해 있는 사람들이라면 그의 저작을 읽고 의견을 바꾸어 가부장적 가족 학설을 받아들이는 일은 거의 없으리라.

따라서 감히 말하건대 웨스터마크가 영장류의 가족습관에서 차용한 이론은 그가 부여한 만큼의 가치는 없다. 오늘날의 사교적인 원숭이 종의 가족관계에 대한 우리의 지식은 극히 불분명하고, 한편 비사교적 종인 오랑우탄과 고릴라는 본문에서 지적했듯이 분명히 멸종되어가고 있는 종이기 때문에 논의에서 제외해야만 한다. 더욱이 제3기 말의 영장류 암수 사이에 존재했던 관계라면 더더욱 알려져 있지가 않다. 그 당시 살았던 종이라면 아마도 모두 멸종했을 것이고, 그중에 어느 종이 인류의 조상인지에 대해서는 전혀 알 수가 없다. 조금이라도 가능성을 갖고 할 수 있는 말이라고는 서로 다른 유인원 종 사이에 다양한 가족 및 부족관계가 존재했을 것이며, 그 당시 유인원은 그 수가 엄청나게 많았다는 것, 그리고 그 이후 영장류의 습성에는, 최근 2세기 동안만 해도 다른 많은 포유류 종에게 일어난 변화와 같이, 엄청난 변화들이 일어났을 것이라는 정도이다.

따라서 이 논의는 인류의 제도에만 전적으로 한정되어야 한다. 초기 제도마다 개별적인 흔적을, 우리가 같은 민족이나 같은 부족이 가지고 있는 다른 제도를 모두 알고 있다는 점과 연계하여 상세히 논의하는 것이, 가부장적 제도가 상대적으로 뒤늦게 발생한 제도라고 주장하는 학파의 논쟁의 핵심을 이루고 있다.

사실 원시 인류 사이에는 바호펜이나 모건의 사상을 받아들인다면 충분히 이해되지만, 그렇지 않을 경우 전혀 이해가 불가능한 일군의 제도가 있다. 그런 예는 다음과 같다. 개개의 부계 가족으로 분할되기 이전의 씨족의 공산제적인 생활, 공동주택에서의 생활과 나이와 청년의 입문 단계에 따라 개별 공동주택을 차지하는 집단생활(M. 맥클레이, H. 슐츠), 본문에서 몇 가지 예를 들었던 사유 재산 축적 금지, 다른 부족에서 취한 여자는 개인 소유가 되기 이전에 먼저 부족 공동 소유가 되었던 사실, 그리고 러벅이 분석한 많은 유사한 제도 등이다. 점차 몰락하기 시작하여 인류 발전의 촌락 공동체 단계에서 완전히 사라진 이 광범위한 일군의 제도는 '부족결혼' 학설과 완전히 일치한다. 그러나 가부장제 가족 학파의 추종자들은 대부분 이 사실을 주목하지 않고 있다. 이러한 자세는 결코 이 문제를 논의하는 올바른 방식이 아니다. 원시 인류는 현재 우리와 같은 몇 가지 중첩되거나 병존하는 제도를 갖지 않았었다. 그들은 단지 씨족이라는 제도 하나만을 가지고 있었고, 이 제도가 씨족 구성원 간의 모든 상호관계를 포괄했다. 혼인관계와 소유관계는 씨족관계였다. 가부장적 가족제도를 옹호하는 사람들에게 마지막으로 바라는 바는 방금 언급한 일군의 제도가(이후에 사라졌다) 그러한 제도에 모순되는 체계 — 가부장 — 가 지배하는 개별 가족 체계하에서 생활하는 인간 집단 속에서 어떻게 존재할 수 있었는지 제시해주었으면 하는 점이다.

또한 가부장적 가족 학설을 주창하는 사람들이 특정한 심각한 문제점들을 불문에 붙이는 방식에서도 과학적인 가치를 인식하기란 어렵다. 그리하여 모건은 상당한 양의 증거를 통해 다음 사실을 증명했는데, 많은 원시 부족 사이에는 엄격하게 지켜지는 '분류상의 집단 체계'가 존재했으며, 같은 범주의 모든 개인들은 서로를 마치 형제자매인 것처럼 부르는 반면, 더 어린 범주의 개인들은 그들의 어머니의 자매들을 어머니라고 부른다는 것 등이다. 이것이 다만 단순히 말씨(연장자에게 경의를 표하는 방식의 하나)라고 말해버린다면 쉽게 그 설명의 어려움은 해결되겠으나, 그렇다면 왜 하필 다른 것이 아니라 이 특별한 방식의 경의 표시가 다양한 기원을 가진 수많은 민족 사이에 그리 널리 퍼져 오늘날까지도 많은 민족에게서 나타나는가? 분명 마ma와 파pa가 아기들이 발음하기에 가장 쉬운 음절인 것은 분명하지만, 문제는 왜 이 유아어의 일부를 성인들도 사용하며 그것이 왜 특정한 엄격하게 정의된 인간의 범주에만 적용되느냐 하는 것이다. 왜 어머니와 그 자매들을 마ma라고 부르는 많은 부족들이 아버지는 티아티아tiatia(디아디아diadia, 아저씨와 유사), 대드dad, 다da 또는 파pa라고 지칭하는가? 왜 어머니 쪽 아주머니들에게 주어졌던 어머니라는 명칭이 그 이후에는 다른 명칭으로 대체되는가? 이런 등등의 문제가 있다. 그러나 우리가 많은 야만인들 사이에서 어머니의 자매는 아이를 양육하는 데 있어서 어머니 자신과 똑같은 책임을 지고, 만약 사랑하는 아이가 죽었을 때에는 이 다른 '어머니'(어머니의 자매)가 자신을 희생하여 저승길로 가는 아이의 여행에 동반한다는 점을 알게 되면, 이러한 명칭 속에는 단순한 말씨, 즉 존경을 표시하는 방식 이상으로 심오한 무언가가 있음을 확신하게 된다. 이러한 일군의 생존 방식(러벅, 코발레프스키, 포스트가 이것을 충분히 논의한 바 있다)의 존재에 대해 알면 알수록 모든 것은 같은 방향을 가리킨다. 물론 '아이들이 주로 어머니와 함께 있기 때문에' 어머니 쪽으로 친족관계를 알 수 있다는 말이나, 여러 부족으로부터 온 몇 명의 처를 가진 한 남자의 자식은 어머니 쪽 씨족에 속한다는 사실을 야만인의 '생리학에 대한 무지'로 설명하는 방식도 말은 된다. 그러나 이것은 이 문제가 갖고 있는 심각성을 생각해보면, 전혀 적절치 못한 주장인데, 특히 어머니의 이름을 따르는 의무가 모든 면에서 어머니의 씨족에 속한다는 의미를 내포하고 있음이 알려져 있기에 더욱 그러하다. 즉 이것은 어머니 쪽 씨족의 모든 소유물에 대한 권리와, 어머니 쪽 씨족의 보호를 받을 권리, 같은 씨족의 다른 누구에게서도 공격받지 않을 권리와, 그 씨족을 대표하여 씨족에 대한 공격에 복수해야 할 의무를 포함한다.

비록 일순간 이러한 설명이 만족스럽다는 점을 인정한다 하더라도, 곧 그러한 사실의 각각의 범주에 대하여 개별적인 설명이 따라야만 하며, 그러한 설명은 무수히 많다는 사실을 깨닫게 된다. 그중 단지 일부만을 언급한다 하더라도 다음과 같다. 재산이나 사회적 위치에 관한 분열이 없는데도 나타나는 씨족의 계급 분열, 러벅이 열거한 족외혼과 그에 부수된 모든 관습, 혈통의 동일성을 증명하기 위한 피의 맹약이나 일련의 유사한 관습들, 씨족신의 존재에 이어지는 가족신의 출현, 재난에 처한 에스키모뿐 아니라 전혀 다른 기원을 가진 여러 다른 부족에도 널리 퍼진 부인 교환, 문명의 정도가 낮을수록 느슨해지는 혼인의 유대, 여러 남자가 한 명의 처와 번갈아 결혼하는 복합혼, 축제 때나 매 5일, 6일 등에 혼인의 제약이 폐지되는 것, '공동주택'에서의 몇 가족의 공동생활, 상당히 최근까지도 어머니 쪽 아저씨에게 부과되었던 고아의 양육 의무, 모계 혈통에서 부계 혈통으로의 점진적인 이행을 보여주는 상당한 수의 이행 형태, 씨족에 의한 — 가족에 의한 것이 아니라 — 산아제한과 부유할 때에 나타나는 이 무자비한 조항의 폐지, 씨족 제한에 뒤이어 나타나는 가족 제한, 나이 많은 친족의 부족에 대한 희생, 근대적 의미의 가족이 마침내 확립되고 나서야 '가족 문제'가 된 부족의 복수법lex talionis과 많은 다른 습관과 관습들, 존 러벅 경과 몇몇 근대 러시아 연구자들의 저작에서 그 좋은 예를 찾을 수 있는 혼인 의례와 혼인 전 의례, 모계 사회에서는 혼인 의례를 행하지 않으나 부계 사회에서는 이러한 의례가 나타나는 것, 이 모든 것들과 다른 많은 사실들이,[1] 뒤르켐이 말한 바와 같이, 엄격한 의미의 결혼이란 "단지 경쟁 세력에 의하여 허용되거나 금지되는 것임"을 보여준다. 개인의 죽음에 닥쳐 그에게 개인적으로 속한 전부를 파괴한다. 그리고 결국 모든 유물,[2] 신화 (바호펜과 그의 추종자들), 민담 등은 같은 이야기를 하고 있다.

물론 이러한 모든 사실이 여자가 남자보다 우수하다고 여겨지거나 씨족의 '우두머리'였던 시기가 있었다는 점을 입증하지는 않는다. 이는 매우 다른 문제이고 내 사견으로는 그러한 시기는 존재하지 않았다. 또한 양성의 결합에 대한 부족의 제한이 전혀 없는 시대가 있었음을 입증하지도 못한다. 만약 그렇다면 이것은 지금껏 알려져 온 모든 증거에 정반대가 되었을 것이다. 그러나 최근에 밝혀진 모든 사실을 그 상호 의존성에 따라 고려한다면, 설령 아이들을 가진 고립된 부부가 원시 씨족에서 살 수 있었더라도, 이 초기 가족은 예외적으로 용인되었을 뿐 그 당시의 제도는 아니었음을 인정하지 않을 수 없다.

8. 무덤에서의 사유재산의 파괴

1892~1897년 라이덴에서 J. M. 드 그루트가 간행한 명저 『중국의 종교제도*The Religious Systems of China*』에서, 이 사상에 대한 확증을 찾아볼 수 있다. 중국에는 (다른 모든 곳과 마찬가지로) 죽은 사람의 모든 개인 소유

---

1) H. N. Hutchinson, *Marriage Customs in many Lands*, London, 1897. 참조.
2) 이러한 많은 유물들의 새롭고 흥미로운 형태가 Wilhelm Rudeck, *Geschichte der öffentlichen Sittlichkeit in Deutshland*에 수집되었고, Durchheim, *Annuaire Socologique*, ii. 312에서 분석되었다.

물 — 동산, 가재도구, 노예, 심지어 친구와 가신, 그리고 물론 부인까지 — 을 무덤 위에서 파괴하던 시대가 있었다. 도덕론자들이 이러한 관습을 폐지하기 위해서는 이 관습에 대한 강한 반발이 필요하였다. 영국의 집시 사이에서는 무덤 위에서 모든 가재도구를 파괴하는 관습이 오늘날까지도 남아 있다. 몇 년 전에 죽은 집시 여왕의 모든 개인 소유물이 그녀의 무덤 위에서 파괴되었다. 당시 몇몇 신문이 이 사실을 보도했었다.

9. 미분할가족

위에 기술한 것을 쓴 이후로, 남 슬로베니아의 자드루가Zadruga, 즉 '복합가족'을 다른 형태의 가족 조직과 비교한 가치 있는 저작들이 다수 출판되었다. 즉 에르네스트 밀러의 『국제비교법학 및 국민경제학협회 연감 *Jahrbuch der Internationaler Vereinung für vergleichende Rechtswissenschaft und Volkswirthschaftslehre*』, (1897), 그리고 I. E. 게초브의 『불가리아의 자드루가 *Zadruga in Bulgaria*』와 『불가리아의 자드루가 소유제와 노동 *Zadruga-Ownership and Work in Bulgaria*』(모두 불가리아어)이다. 또한 본문에서는 생략하였으나, 보지시크의 잘 알려진 연구(『세르비아와 크로아티아의 농촌 가정에서 이른바 '이노코스나' 조직에 관하여*De la forme dite 'inokosna' de la famille rurale chez les Serbes et les Croates*』, Paris, 1884)도 언급해야만 하겠다.

10. 길드의 기원

길드의 기원은 많은 논쟁의 주제가 되어 왔다. 고대 로마에 수공업길드, 또는 장인들의 '단체'가 존재했음에는 추호도 의심의 여지가 없다. 사실 플루타르크의 한 구절에 누마가 이 단체에 대한 법률을 제정했다는 기록이 나타난다. 그에 따르면, "그는 사람들을 직업에 따라 구분하고……그들에게 조합, 축제, 집회를 갖도록 명하고, 각 직업의 품위에 따라 그들이

신들 앞에서 행해야 할 예배를 지시하였다." 그러나 직업적 결사단체를 고안하거나 설립한 사람이 로마의 왕이 아니라는 점은 거의 확실한데, 직업단체는 고대 그리스 시절에도 이미 존재해왔기 때문이다. 모든 가능성으로 볼 때, 로마의 왕은 단지 그로부터 15세기 후에 필립 르 벨이 프랑스의 직업단체에 큰 손해를 끼치면서 그들을 왕가의 지배와 법 아래에 종속시켰듯이, 그들을 왕가의 법에 종속시켰을 뿐이었다. 누마의 후계자 중 하나인 세르비우스 툴리누스 역시 직업단체에 대한 어떤 법률을 공표했다고 전해지고 있다.[3)]

따라서 12세기에 심지어 10세기와 11세기에도 이처럼 발달한 길드가 고대 로마의 '직업단체'의 부활이 아닐까 하고 역사가가 자문하게 되는 상황은 매우 자연스러운 일이다. 앞서의 인용에서도 알 수 있듯이, 고대 로마의 직업단체가 중세의 길드에 완전히 상응하기 때문에 더욱 그렇다.[4)] 사실상 5세기까지 남부 갈리아에 로마 형태의 자치단체가 있었다는 사실이 알려져 있다. 그 외에도 파리에서 발굴 도중에 발견된 명문에 의하면, 루테티아의 나우토에*nautœ*라는 자치단체가 티베리우스 치하에 존재하였다. 또한 1170년에 파리의 '수매상인'에게 주어진 특허장을 보면, 그들의 권리는 옛날부터 존재했다고 말하고 있다(같은 저자, p. 51). 따라서 중세 초기의 프랑스에는 미개인의 침입 이후 자치단체가 계속 존속해왔다고 하더라도 별달리 놀라운 일은 아니다.

그러나 이러한 사실을 승인한다 하더라도, 네덜란드의 자치단체, 노르만의 길드, 러시아의 아르텔, 조지왕조 시대의 암카리 등도 역시 로마 또는 심지어 비잔틴의 기원을 갖는다고 볼 이유는 없다. 물론 노르만인과 동로마제국의 수도 사이의 상호 교류는 매우 활발했고, 또 (러시아의 역사

---

3) A Servio Tullio populus romanus relatus in censum, digestus in classes, curiis atque collegiis distributus (E. Martin-Saint-Léon, *Histoire des corporations de métiers depuis leurs origines jusqu'à leur suppression en* 1791, etc. Paris, 1897.

4) 로마어 *sodalitia*는 우리가 판단하는 한(같은 저자, p. 9) 카바일어 çofs에 대응된다.

가들, 특히 람보드가 증명한 바와 같이) 슬라브인들은 이 상호교류에 적극적인 역할을 담당했다. 그러므로 노르만인들과 러시아인들은 각각 자신들의 나라에 로마의 직업단체 조직을 들여갔을 수도 있다. 그러나 아르텔이 일찍이 10세기부터 모든 러시아인의 일상생활의 정수를 이루어 왔으며, 근대에 이르기까지 어떤 법률로도 규제된 적이 없는 이 아르텔이 로마의 직업단체 및 서구의 길드와 동일한 특징을 갖고 있음을 고려한다면, 이 동방의 길드가 로마의 직업단체보다 더 오랜 고대에 기원을 두고 있다고 생각하게 된다. 사실 로마인들은 솔다리티아*sodalitia*와 콜레기아*collegia*가 "그리스인들이 헤타이리아*hetairiai*라고 부르는 것"(마르탱 상 레옹, p. 2)임을 잘 알고 있었고, 우리가 동방의 역사에 관해 알고 있는 사실로 미루어 볼 때, 잘못될 가능성이 거의 없이 이집트는 물론 동방의 위대한 국가들도 동일한 길드 조직을 가지고 있었다고 결론지을 수 있다. 이 조직의 본질적인 특징은 발견되는 지역에 상관없이 동일하다. 이 조직은 동일한 직업이나 업종에 종사하는 사람들의 조합이다. 이 조합은 원시 씨족과 같이 스스로의 신과 예배 방식을 갖고 있었고, 여기에는 각 개별 조합에 고유한 어떤 직업조합이 포함되었다. 이 조합은 모든 구성원을 형제자매로 간주하는데, 아마도 (애초부터) 이러한 관계가 일반적으로 함축하는 모든 결과, 또는 적어도 형제자매 간의 씨족관계를 지시하거나 상징하는 의례 때문인 듯하다. 그리고 마지막으로 씨족 간에 존재했던 모든 상호 지원 의무가 이 조합에 존재한다. 즉 동포 간에는 살인이 일어나지 않도록 하는 의무, 씨족이 정의를 지켜야 하는 책임, 사소한 분쟁이 발생한 경우에 그 문제를 길드 조합의 재판관이나 중재자에게 제기할 의무 등이다. 따라서 길드란 씨족을 그 모형으로 하고 있다고 말할 수 있다.

그러므로 본문에서 촌락 공동체의 기원에 연관된 지적이 길드, 아르텔, 수공업조합이나 이웃조합에도 똑같이 적용된다고 생각하게 된다. 이전에 인류를 씨족에 결속시켰던 유대가 이주, 가부장제 가족의 등장, 직업의 계속되는 분화 등으로 약해지게 되자, 인류는 촌락 공동체라는 형태의 새로운 지역적 유대를 고안해 내었고, 또한 또 하나의 유대 — 직업적 유대

— 가 상상 속의 형제관계 — 상상 속의 씨족 — 로 고안되었다. 이는 두 사람, 또는 몇 사람이 '피가 섞인 형제관계'(슬라브어로 *pobratimstvo*)를 맺고, 더 나아가 같은 촌락이나 도시(또는 심지어 다른 촌락이나 도시)에 거주하는, 서로 다른 기원을 가진, 다시 말해 다른 씨족 출신의 다수의 사람들이 그러한 관계를 맺는 것이다. 이것이 바로 협족*phratry*(씨족들이 유기적으로 결합한 형태 -옮긴이), 헤타이리아(그리스의 비밀 결사 -옮긴이), 암카리, 아르텔, 길드이다.[5]

이러한 조직에 관한 사상과 형태의 요소는 이미 야만 시대부터 나타나고 있다. 사실 모든 야만인의 씨족에는 전사, 마녀, 젊은이 등의 개별적인 비밀 조직이 있고, 사냥이나 전쟁에 관한 지식을 전수하는 직업조합, 즉 미클루코 맥클레이가 묘사한 대로 '공제회'가 있었다. 이 직업조합들이 길드의 원형이었다고 말할 수 있다.[6]

---

5) 놀랍게도 바로 이 생각이 직업단체에 관한 누마의 입법을 다룬 플루타르크의 유명한 구절에 나타나 있다. 플루타르크의 기록에 의하면, "바로 이를 통하여, 그는 '나는 사비네 인이다', '나는 로마인이다', '나는 타티우스의 신민이다', '나는 로물루스의 신민이다'라고 말하는 사람들의 마음을 로마시에서 추방한 최초의 인물이 되었다. 다시 말해, 다른 혈통이라는 생각을 배제한 것이다."

6) 문명의 미개한 단계에서의 '연령계급'과 사람들의 비밀결사를 다룬 H. Schurtz의 저서(*Altersklassen und Männerverbände : eine Darstellung der Grundformen der Gesellschaft*, Berlin, 1902)는 내가 이 페이지의 교정지를 읽을 무렵에 입수했는데, 이 책은 길드의 기원에 관한 상기의 가설을 지지하는 많은 사실을 담고 있다. 넘어뜨린 나무의 정령을 건드리지 않기 위해 큰 공동주택을 세우는 기술, 적의를 가진 정령을 달래기 위해 금속을 단련하는 기술, 사냥의 비밀과 성공적 사냥을 위한 의례와 가면무도, 야만적 기술을 소년들에게 가르치는 기술, 적의 마술을 저지하는 비밀과 그에 따른 전쟁의 기술, 낚시를 위해 배와 그물을 만들고, 동물을 잡을 덫을 만들고, 새를 잡을 올가미를 만드는 기술, 마지막으로 여자들의 직조와 염색 기술, 이 모든 것들이 옛날에는 잘 하기 위해서는 비밀로 해야 할 '기능'이고 '수공업'이었다. 따라서 이러한 것들은 오래 전부터 고통스러운 입문식을 통과한 자에게만 비밀결사나 '직업조합'를 통해 전수되었다. H. 슐츠는 야만 생활이 씨족에서의 결혼 '계급'과 같은 오랜 기원을 가진 비밀결사와 (전사나 사냥꾼의) '공조회'로 벌집처럼 짜여져 있기 때문에 이후의 길드가 갖는 모든 요소, 즉 비밀, 가족으로부터 그리고 때때로 씨족으로부터의 독립, 특정 신에 대한 공동예배,

앞서 언급한 E. 마르탱 상 레옹의 저서에 관하여 한 마디 더하고 싶다. 이 저서는 브왈로의 『직업서*Livre des métiers*』에 나타난 것처럼, 파리의 직업조직에 대한 가치 있는 정보와 프랑스 각지의 코뮌을 훌륭하게 요약해서 문헌정보와 함께 수록하고 있다. 그러나 파리는 (모스크바나 웨스트민스터와 같이) '왕의 도시'이고, 따라서 자유로운 중세 도시의 제도는 파리에서는 자유도시에서만큼은 발전할 수 없었다는 사실을 명심해야 한다. 파리의 자치단체는 "전형적인 자치단체의 초상"이 아니라, "왕가의 직접적인 지배 속에 태어나고 발전했으며", 바로 그와 같은 이유 때문에 (위 책의 저자는 이 사실을 장점으로 보고 있으나, 사실은 단점이다. 그 자신이 저서의 다른 부분에서 로마에서의 황제의 권력과 프랑스에서의 왕권의 간섭으로 수공업길드의 생명력이 얼마나 파괴되고 마비되었는지 충분히 보여주고 있다) 북동 프랑스의 리옹, 몽펠리에, 님, 또는 이탈리아, 플랑드르, 독일 등의 자유도시 같은 눈부신 성장과 영향력을 발휘하지 못했다.

11. 시장과 중세 도시

리첼은 중세 도시에 대한 자신의 저작(『시장과 도시의 법률관계*Markt und Stadt in ihrem rechtlichen Verhältnis*』, Leipzig, 1896)에서 독일 중세 코뮌의 기원을 시장에서 찾아야 한다는 사상을 전개했다. 주교나 수도원, 왕자의 보호 하에 놓인 지방 시장에는 상인과 장인 인구가 모여들었으나 농업인구는 없었다. 보통 도시가 분할된 구역이 시장에서 방사상으로 뻗어나갔고 각 구역에는 특정 직업의 장인들이 모여 살았다는 것이 한 가지 증거이다. 이러한 구역은 보통 구도시가 되었고, 반면 신도시는 왕자나 왕에 속해 있는 농촌이었다. 구도시와 신도시는 별개의 법령으로 다스려

공동식사, 사회와 조합 내에서의 심판 등을 이미 가지고 있음을 보여주고 있다. 사실 대장간과 보트 창고는 통상 사람들의 공조회에 의존하고 있고, '공동주택'과 '토론장'은 넘어뜨린 나무의 정령을 불러낼 줄 아는 특별한 장인이 짓는다.

졌다.

시장이 시민들의 부의 증식에 기여하고 그들에게 독립사상을 심어줌으로써 모든 중세 도시의 초기 발전에서 중요한 역할을 한 것은 분명한 사실이지만, 독일 중세 도시에 관한 매우 뛰어난 개론서(『독일 도시제도의 형성*Die Entstehung des deutschen Städtewesens*』, Leipzig, 1898)의 유명한 저자 칼 헤겔이 지적한 바와 같이 도시법은 시장법이 아니며, 헤겔의 결론에 의하면 (본서의 견해를 더욱 지지하여) 중세 도시는 이중의 기원을 갖는다는 것이다. 즉 중세 도시에는 "두 부류의 인구가 서로 인접하여 존재했는데, 한쪽은 농촌 인구이고, 다른 한쪽은 완전한 도시 인구였다." 이전에는 촌락 공동체 조직*Almende* 하에서 살아온 농촌 인구가 도시에 합병되었다.

상인길드에 관해서는 헤르만 반 덴 린덴의 저작(『중세 네덜란드와 벨기에의 상인길드*Les Gildes marchandes dans les Pays-Bas au Moyen Age*』, Gand, 1896, in *Recueil de travaux publiés par la Faculté de Philosophie et Lettres*)을 특별히 언급할 만하다. 저자는 특히 포목상을 중심으로 상인길드가 점진적으로 발전하면서 산업인구에 미치게 된 정치적 힘과 권위를 따라가면서, 성장하는 이들의 세력에 대항하여 장인들이 결성한 연맹에 대하여 쓰고 있다. 본서에서 전개한 사상, 즉 후기의 상인길드 출현이 도시의 자유가 쇠퇴하던 시기와 거의 일치한다는 주장은 이렇게 헤르만 반 덴 린덴의 연구에서 확인된다.

12. 현재 네덜란드 촌락에서의 상호부조제도

네덜란드농업위원회의 보고서에는 이 주제에 관련된 많은 사례가 담겨 있는데, 내 친구 M. 코르넬리센이 친절하게도 나를 위해 이 방대한 보고서(『네덜란드 농업정황 조사결과*Uitkomsten van het Onderzoek naar den Toestand van den Landbouw in Nederland*』, 2 vols. 1890)에서 해당 부분을 발췌해줬다.

탈곡기 한 대를 가지고 여러 농장에서 차례로 돌려쓰는 관습은 매우 널리 퍼져 있으며, 현재는 거의 모든 나라에서 그렇게 하고 있다. 그러나 여기저기서 공동체가 사용하는 탈곡기를 코뮌에서 관리하는 경우를 볼 수 있다(vol. I. xviii. p. 31).

쟁기를 끌 말이 충분하지 못한 농부들은 이웃의 말을 빌린다. 공동으로 한 마리의 황소나 종마를 기르는 것은 매우 흔한 습관이다.

마을에서 공동의 학교를 세우기 위해 땅을 고를 때나 (낮은 지대에서), 소작농 중 하나가 새 집을 지을 때는, 보통 베데bede가 소집된다. 이사를 해야 하는 농부들도 마찬가지다. 베데는 전적으로 널리 퍼진 관습이며, 부유하든 가난하든 누구도 빠짐없이 자신의 말과 수레를 가져온다.

이 나라의 일부 지역에서는 몇몇 농업노동자가 소를 방목하기 위해 초원을 공동으로 임대한다. 또한 쟁기와 말을 가진 농부가 고용된 노동자들 대신 땅을 경작하는 일도 빈번하다(vol. I. xxii. p. 18, etc.).

종자를 구매하고 채소를 영국으로 수출하는 농민조합들은 보편적인 것이 되었다. 벨기에에서도 같은 현상을 볼 수 있다. 벨기에의 플랑드르 지방에서 처음으로 소작농길드가 시작된 지 7년, 그리고 왈룬 지방에 소작농길드가 도입된 지 겨우 4년 만인 1896년에 이미 207개의 소작농길드가 있었으며 회원은 만 명에 달했다(『농업과학연감*Annuaire de la Science Agronomique*』, vol. I. (2), 1896, pp. 148 and 149).

인간사회에서의 생존경쟁*

토머스 H. 헉슬리

우리가 자연이라 칭하는 거대하고 다양한 사건들의 연속은 사유하는 관찰자에게 장엄한 볼거리와 매력적인 문제들을 끊임없이 풍부하게 제공해준다. 만약 지성의 관심을 끄는 양상에 우리의 관심을 한정한다면, 자연은 아름답고 조화로운 전체로, 과거의 어떤 전제로부터 미래의 필연적인 결론에 이르는 결점 없는 논리적 과정의 구현으로 나타난다. 그러나 더 인간적이더라도 눈높이를 좀 낮추어 자연을 바라본다면, 우리의 도덕적 공감이 판단력에 영향을 미치게 해서 우리가 서로를 비평하듯 대자연 어머니를 비평하도록 허락한다면, 우리의 평결은 적어도 감각을 통해 사물을 경험하는 자연을 고려하는 한, 그다지 호의적일 수만은 없다.

냉정하게 진실을 말하자면, 고등동물의 세계에서 나타나는 삶의 현상을 연구한 사람들에게 이것이야말로 현실에 존재하는 세계에서 최선이라는 낙관적 독단이야말로 그 현실 세계의 가능성에 대한 비방에 지나지 않는다고 볼 수도 있다. 절대자가 자신들과 같은 동기로 움직일 것이라고 가정하는 데 전혀 어려움을 느끼지 못하는, 자신들이 원하는 모습대로 신을 창조하는 대담한 선험적 사상가들의 입장에서 보자면, 실제로 그 낙관론이란 현존하는 많은 이론들에 보탤 수 있는 다만 또 한 가지 예에 지나지 않는다. 이 사상가들은, 다른 실현 가능한 길만 있었다면, 존경할

---

* 이 논문은 1888년 2월 《19세기》에 처음 게재되었고 『진화와 윤리 그리고 기타 에세이들』(pp. 195-236)이라는 제목으로 헉슬리의 논문집에 다시 출판되었다.

만한 철학자가 그런 짓을 할 리 없는 것과 마찬가지로 절대자 또한 그의 작품 속에 무한정의 고난을 필요 불가결한 요소로 넣었을 리 없다고 확신한다.

하지만 지각 있는 세상이란 대체로 신의 섭리에 의해 움직인다는 물리신학physico-theology의 오래된 이론인 수정된 낙관주의라 해도, 이 세상이 고난을 겪고 있다는 사실을 공정하게 직면하기에는 그 입장에 무리가 따른다. 지각 있는 자연이란 인간이 유쾌해지거나 고통을 피할 수 있도록 수많은 사소한 즐거움을 준다는 것은 의심할 것도 없이 분명한 사실이고, 이것이 바로 신의 섭리의 증거라는 말은 타당할 수도 있다. 그러나 만약 이 말이 타당하다면, 그 즐거움과 똑같은 수의 필연적인 고통을 수반하는 사건들을 신의 악의의 증거라고 말하는 것 역시 동등한 타당성을 갖지 않겠는가?

만약 우리가 기술이라 칭하는 인간의 작업 중 대다수를 야수의 먹이가 되는 것을 피하려는 사슴의 생체구조에서 찾을 수 있다면, 사슴을 쫓아가서 조만간 사슴을 잡아먹으려 하는 늑대의 생체역학에서도 비슷한 기술을 찾아낼 수 있을 것이다. 냉정하게 과학적 측면으로만 보자면, 사슴과 늑대는 똑같이 경탄할 만한 존재이다. 그리고 이 둘 모두가 지각이 없는 자동인형과 같은 존재라면, 이 둘 사이의 상호작용에 대한 우리의 놀라움에 차등을 둘 이유는 전혀 없다. 그러나 사슴은 고통을 겪는 반면 늑대는 그 고통을 준다는 사실은 인간의 도덕적 공감을 자극한다. 사슴과 같은 사람은 순진하고 착한 사람, 늑대와 같은 사람은 악하고 나쁜 사람이라고 할 수 있으며, 사슴을 보호하고 늑대로부터 피할 수 있도록 도와주는 사람은 용감하고 동정심 있는 사람, 늑대가 사슴을 잡아먹도록 도와주는 사람은 저열하고 잔인한 사람이라고 할 수 있다. 그러나 이러한 판단을 인간의 세상을 넘어선 자연에도 그대로 적용할 수는 없기에, 분명 인간은 사심 없는 판정을 해야만 한다. 그럴 경우 사슴을 돕는 선의의 오른손과 늑대를 부추기는 악의의 왼손은 서로를 중화시킬 것이며, 자연의 이치란 도덕적이지도 비도덕적이지도 않은, 도덕과는 관계없는 것으로 보이게 된다.

모든 지각 있는 자연에서 유추된 사실로 이러한 결론이 내려지기는 하지만, 이 결론은 널리 퍼져 있는 편견과 상충될 뿐 아니라 고통스러운 것에 대한 자연스러운 혐오감을 불러일으키기 때문에, 그간 많은 이들이 이 결론을 피하기 위하여 정교하고 독창적인 이론들을 만들어냈었다.

신학적 입장에서는 이러한 상태를 시련이라 하고, 자연이 겉보기에 정의롭지 못하고 비도덕적인 듯해도 시간이 지나면 이는 모두 보상되리라고 말한다. 그러나 지각 있는 사물의 경우 대부분은 이러한 보상이 어떻게 실현될지 확실치 않다. 인류가 등장하기 이전부터 수백만 년 동안 이 지구상에 살아오면서 계속 육식동물에게 시달리고 잡아 먹혀온 수세대에 걸친 무수한 초식동물의 영혼이 다년생 식물인 토끼풀의 존재로 보상을 받는다거나, 그 반면 육식동물의 영혼은 물 한 그릇도, 고기 한 조각 안 붙은 뼈다귀도 없는 우리에 처넣어진다고 하는 주장을 진지하게 받아들일 수는 없을 것이다. 게다가 도덕성의 관점에서 보자면 일이 되어가는 마지막 단계는 첫 단계보다 악화되기 마련이다. 세상에 이치라는 것이 있더라도, 육식동물이 야만스럽고 잔인하다 해도 그것들은 분명 그렇게 할 수밖에 없도록 되어 있기에 다른 동물을 잡아먹을 뿐이다. 더 나아가 육식동물과 초식동물은 똑같이 노령, 질병, 과잉 번식에 수반되는 모든 비참한 상황을 겪게 마련이고, 이 점에서는 둘 다 보상을 주장할 권리를 가질 수도 있다.

한편 진화론적 측면에서는 생존을 위한 처절한 경쟁에는 결국 최종적인 이익이 따를 가능성이 높고 또 조상의 고난을 통하여 자손이 갈수록 완벽해진다는 논리로서 인간에게 위안을 주려 한다. 현 세대가 조상에게 빚을 갚을 수 있다는 중국식 논리가 통한다면 이 주장이 맞을 수도 있겠으나, 그렇지 않을 경우 에오히푸스(말과 히라코테리움속Hyracotherium에 속하는 말의 조상. 신생대 제3기 에오세에 번성하였던 화석동물 -옮긴이)가 수백만 년 후에 그 자손 중 하나가 더비 경마(영국 서리 주 엡섬에서 매년 6월에 거행 -옮긴이)에서 우승한다는 사실로서 자기의 고통에 대해 무슨 보상을 받을 수 있는지는 불분명하다. 그리고 또 한 마디 하자면, 진화를 통하여 항상 더 완벽해진다고 생각하는 것 또한 오류이다. 물론 진화란 유기체가 새로운 상황에 적응하여 끊임없이 모습을 바꾸어가는 과정이지만, 그 변이의 방향이 좋을지 나쁠지는 그 상황의 성격에 따라 달라진다. 퇴보 역시 진보적 변형만큼 실용적일 수 있는 것이다. 만약 자연 철학자들이 말하는 대로 지구가 용융 상태에 있으며 언젠가 태양처럼 서서히 식어간다는 것이 사실이라면, 진화란 전 세계적인 겨울에 적응한다는 뜻이 되고 북극과 남극에 서식하는 규조식물이나 북극의 녹조류 같은 단순한 구조의 하등 유기체를 제외하고는 모든 생명체가 멸종될 때가 오고야 말 것이다. 지구가 하등 생물밖에 살 수 없는 너무 뜨거운 상태로부터 하등 생물 외에 다른 존재가 있을 수 없는 너무 차가운 상태로 변해가는 것이라면, 지구 표면에 존재하는 생명체가 살아가는 과정이란 발사기로 발포한 포탄과 같은 궤도를 그릴 수밖에 없으며 그 떨어져가는 절반의 과정은 솟아오를 때와 마찬가지로 진화의 일반적 진행선상의 일부라 할 것이다.

도덕론자가 보기에는 동물의 세계란 대체로 검투사의 유희와 같은 수준에서 흘러간다. 생명체들은 상당히 곱게 다루어지지만 결국 싸움으로 내몰린다. 그 싸움에서는 가장 강하고, 가장 빠르고, 가장 교활한 자가 살아남아 또다시 싸운다. 어차피 살려주는 것이 아니기에 관객은 손가락을 아래로 내려 죽이라고 표시할 필요조차 없다. 그는 눈앞에 펼쳐진 기술과 훈련이 뛰어나다는 것을 인정할 것이다. 그러나 패자와 승리자 모두에게 있어 다소간의 고통을 참아내는 것이 당연한 보상임을 알지 못한다면 관객은 눈을 감아 그 광경을 보지 않으려 할 것이다. 또한 이 거대한 경기가 세상 모든 곳에서 일 분 사이에도 수천 번 벌어지고 있기에, 인간의 귀가 그렇게 밝기만 하다면 굳이 이런 소리를 들으려 지옥문까지 내려가지 않아도 되겠기에,

한숨, 불평 그리고 성난 짐승 같은 울부짖음

……

목소리들은 날카로운 소리를 내다가 희미해진다.
그리고 손을 두드리는 소리.

세상이 신의 섭리에 의해 움직인다고 하더라도 그 섭리는 존 하워드(18세기 영국 사상가 -옮긴이)의 주장과는 다르다는 결론이 나오게 마련이다.

그렇지만 고대 바빌로니아인들은 현명하게도 대자연을 위대한 여신 이스타Istar로 상징화했는데, 이 여신은 아프로디테와 아레스의 속성을 함께 가진다. 이 여신의 끔찍한 일면은 무시해서도 안 되고 위선으로 덮을 수도 없으나, 이것이 그의 유일한 면은 아니다. 라이프니츠(17세기 독일 철학자 겸 수학자 -옮긴이)의 낙관주의가 바보스럽지만 유쾌한 꿈이라면, 쇼펜하우어(18세기 독일 철학자 -옮긴이)의 염세주의는 그 불쾌함 때문에 더욱더 바보스러운 악몽이다. 유쾌하지 않은 오류란 실로 최악의 잘못이다.

모든 현존 가능한 세상을 놓고 볼 때 지금의 세상이 최고가 아니라 해도, 지금이 최악이라는 말은 그저 별난 사람의 헛소리에 지나지 않는다. 관능적 쾌락에 찌든 방랑자에게는 태양 아래 좋은 것이란 하나도 없을 수도 있고, 자신이 갈구하는 달을 딸 수 없는 허영에 찬 경험 없는 젊은이는 자신의 짜증을 염세적 탄식으로 분출할 수도 있다. 하지만 합리적인 정신을 가진 사람이라면 누구나, 인간은 열 사람 가운데 아홉 사람의 삶에서 자신의 길을 찾느니보다 자신이 누리는 굉장히 적은 행복과 훨씬 더 많은 불행 속에서 꽤 잘 살아나갈 것이고, 그럴 수 있고, 실제로 그래왔다는 것을 분명히 알 것이다. 만약 우리 모두가 각자 매 24시간 중 한 시간 동안 신경통 발작이나 극도의 정신적인 우울함을 겪는다면 — 이것은 상당히 활력에 넘치는 사람들도 이런 일을 겪을 수 있기에 결코 과장된 가정이 아닌데 — 삶의 역정에 그다지 뚜렷한 현실적 장애가 없더라도 삶의 부담은 엄청나게 늘어날 것이다. 조금이라도 사람다움을 갖춘 사람이라면 이보다 더한 상황에서도 삶은 충분히 살아갈 가치가 있음을 알게 될 것이다.

지각 있는 자연의 운행이 악의에 의해 지배된다는 가설이 불합리함을 입증하는 또 한 가지 매우 분명한 사실이 있다. 대다수의 기쁨, 이 중에서도 가장 순수하고 가장 좋은 것들은, 본질적인 것이 못 되고 어느 모로 보나 살아가는 동기가 되기에는 불필요한 사소한 것, 말하자면 삶에서 덤으로 주어진 것이라고 할 수 있다. 자연의 미나 예술, 특히 음악이 주는 환희를 경험한 사람들에게는 이보다 매혹적인 것은 거의 없다. 그러나 이는 진화의 요인이라기보다는 그 산물이고, 아마도 이 환희를 어느 정도 상당한 수준으로 알고 있는 사람은 인류의 지극히 일부분에 지나지 않을 것이다.

이 모든 문제의 결론은 이런 것 같다. 즉 만약 오르무즈드(페르시아어로는 아후라마즈다, 조로아스터교에서 숭배하는 창세신으로 선한 영-옮긴이)가 세상을 그의 뜻대로 움직이지 못했다면, 아리만(조로아스터교에서의 악의 영-옮긴이) 역시 그러지 못했다는 것이다. 염세주의는 낙관주의와 마찬가지로 지각 있는 존재가 나타내는 사실들과 조화를 이루지 못한다. 자연의 운행을 인간의 사고를 통하여 표현하고 또 누군가의 의도로써 자연이 그 본성대로 이루어지게 되었다고 가정하기를 바란다면, 자연을 지배하는 원리는 도덕적인 것이 아니라 지적인 것이라고 해야 마땅하다. 즉 그 원리는 기쁨과 고통이 수반되면서 구현된 논리적 과정으로서, 대다수의 경우에 이러한 사례는 도덕적 황폐함과는 전혀 관련이 없다. 정의로운 자와 부정한 자 위에 비는 똑같이 내린다는 사실, 또 부서진 실로암(예루살렘 부근의 연못, 샘. 기독교 성지 중 하나-옮긴이)의 탑에 깔린 자들 역시 그 이웃보다 못할 것이 없다는 사실은 같은 결론을 내포하는 동양의 사고방식으로 보이기도 한다.

'자연'이라는 단어의 뜻을 엄밀히 따지자면 그것은 현상 세계의 과거, 현재, 미래의 총합을 의미하며, 그렇기 때문에 사회 역시 예술과 마찬가지로 자연의 일부이다. 그러나 편의상 인간이 즉각적인 원인의 일부로 작용하는 자연의 일부분을 따로 떼어 생각한다면, 예술이 그러하듯이 사회도 자연과는 구별하여 생각하는 것이 좋다. 이러한 구분은 더욱 바람직할 뿐만 아니라 실제로 필요한데, 사회는 구체적인 도덕적 목표를 가지고 있다는 점에서 자연과는 차이를 보이기 때문이다. 그러므로 윤리적 인간 — 사회 구성원 또는 시민 — 이 만들어 가는 길은 비윤리적 인간 — 원시적 야만인이나 단지 동물 왕국의 단순한 성원으로서의 인간 — 이 보통 택하는 길과는 필연적으로 대립하게 마련이다. 후자는 다른 모든 동물처럼 생존을 위해 싸워도 종국에는 비참한 최후를 맞지만, 전자는 생존경쟁에 한계를 두어야겠다는 목표에 자신의 모든 정력을 쏟아부으며 헌신한다.

인간의 삶에서 나타나는 현상들의 주기로 보자면, 늑대와 사슴의 삶에서 나타나는 것과 그다지 크게 다른 도덕적 목표가 존재하는 것도 아니다. 비록 원시인의 삶의 자취가 잘 남아 있는 유적이 드물기는 하지만, 거기서 확실하게 얻을 수 있는 결론은 현재까지 알려진 가장 오래된 문명들의 기원 이전부터 인류는 매우 하등한 형태의 원시적 야만 상태로 수십만 년 간 존재해왔다는 것일 듯하다. 원시 시대의 야만인은 자신들의 적이나 경쟁자들과 겨루면서 자신보다 약하거나 교활하지 못한 생물을 잡아먹고, 그들과 똑같은 방식으로 삶을 보냈을 매머드, 쥬어러스(Urus, Aurochs라고도 함. 들소의 일종 -옮긴이), 사자나 하이에나들과 더불어 수천 세대에 걸쳐 아무 제약 없이 태어나고 번식하다 죽어갔을 것이다. 그러니 도덕적 근거로 보더라도 직립하지 못하고 체모가 좀 더 많은 동물들보다 더 낫다거나 더 못하다고 판단할 여지는 없다.

동물 세계에서처럼 원시적 인간 사이에서도 가장 약하고 가장 바보스러운 사람들은 궁지에 몰리는 반면 환경에 대처하는 능력이 뛰어나지만, 다른 면에서는 결코 최고라고 볼 수 없는 가장 거칠고 가장 약삭빠른 자들은 살아남았다. 삶은 자유 경쟁의 연속이고, 한정적이고 일시적인 가족 관계를 넘어서면 만인에 대한 개개인의 경쟁이라는 홉스의 이론에 따른 투쟁이 존재의 일상적인 상태였다. 인간이라는 종은 다른 모든 생물처럼 어디에서 생겨나서 어디로 가는지 생각도 못하면서 그저 최대한

머리만 물 밖으로 내밀고 진화의 일반적인 흐름 속에서 철벅대고 허우적거리며 살았다.

반면 문명의 역사 — 즉 사회의 역사 — 는 이러한 위치에서 벗어나기 위해서 인류가 시도해온 일들의 기록이다. 맨 처음 어떤 동기에서든 상호 전쟁의 상태를 상호 평화의 상태로 바꾼 사람들이 사회를 형성하였다. 그러나 평화를 확립하는 과정에서 이들은 생존경쟁에 뚜렷이 선을 그었다. 어쨌든 그 사회의 성원들 사이에서는 생존경쟁이 극단적으로 추구되지는 않았다. 그리고 사회가 취해온 모든 연속적인 형태 가운데 가장 완성도가 높은 것은 개인 대 개인의 경쟁이 아주 엄격하게 제한된 사회이다. 이스타의 가르침을 받은 원시적 야만인은 하려고만 든다면 마음에 드는 것은 무엇이든 취하고 자기에게 반기를 드는 자는 누구든 죽일 수도 있다. 반면 윤리적 인간은 다른 사람의 자유를 침해하지 않는 행동반경 내로 자신의 자유를 제약하는 것을 이상으로 하고 자신의 복지만큼이나 공공복리를 추구하는데, 사실 이것은 그 자신의 번영에 필수적인 부분이다. 윤리적 인간에게 평화란 곧 목적이자 수단이고, 윤리적 인간의 삶은 다소간 완벽한 자제를 말하며 이는 곧 무제한의 생존경쟁을 부정하는 것이다. 윤리적 인간은 도덕과는 상관없이 자유롭게 전개된 진화의 원리 위에 세워진 동물의 왕국에서 차지하는 자리를 벗어나 도덕적 진화의 원리로 움직이는 인간의 왕국을 건설하려 애썼다. 왜냐하면 사회는 도덕적 목표를 가짐은 물론 그 완성 단계에서의 사회적 삶이란 결국 도덕성의 구현을 뜻하기 때문이다.

그러나 도덕적 목표를 추구하는 윤리적 인간의 노력은 도덕과는 상관없는 길을 따라가는 자연 상태의 인간에게 깊이 자리잡은 유기체적 충동을 결코 꺾지 못하였으며, 아마도 이를 수정하지도 못했을 것이다. 생존을 위한 노력의 주된 원인까지는 아닐지 몰라도 그 가장 필연적인 조건 중 하나는 인간이 다른 모든 생물과 공유하는 무제한으로 번식하려는 경향이다. "자손을 늘리고 번성하라"라는 계율이 십계명보다 훨씬 앞선 전통을 지녔다는 사실과, 이 계율은 아마도 인간 종족의 엄청난 대다수가 본능적으로 또한 영혼에서 우러나와 따르는 유일한 계명이라는 사실은 주목할 만하다. 그러나 문명화된 사회에서 이 계율을 따른다면 그 필연적인 결과는 극단적인 생존을 위한 투쟁 — 만인에 대한 개개인의 전쟁 — 을 초래하며, 결국은 사회 조직의 주된 목표를 약화시키거나 완전히 폐기시키게 된다.

전설에 나오는 아틀란티스의 역사에서 한동안은 식량 생산량이 인구의 필요를 충족시키기에 딱 맞아떨어졌을 것이고, 일용품을 생산하는 기술자들의 수 역시 농부들이 만들어내는 잉여 생산물로 부양할 수 있는 숫자와 정확히 일치했을 것이라고 생각할 수 있다. 그리고 앞서 말한 것에 또 하나의 기괴한 가정을 덧붙이더라도 해될 것은 없으므로, 아틀란티스의 모든 남자와 여자, 아이들이 완벽하게 도덕적이고, 개인이 추구하는 최상의 선으로 모두의 이익을 목표로 삼았다고 상상해보자. 이러한 행복한 세상에서는 자연 상태의 인간은 결국 윤리적 인간에게 꺾이고 말았을 것이다. 그곳에는 경쟁이란 존재하지 않았을 것이고, 각자의 근면성은 모두에게 도움이 되었을 것이며, 아무도 허영에 차거나 탐욕스럽지 않았기에 경쟁 관계란 없으며, 생존경쟁은 사라지고 마침내 천년왕국이 시작되었을 것이다. 그러나 확실한 것은 이러한 상태는 인구 변화가 일정할 때에만 영구적으로 존속할 수 있다는 사실이다. 입이 열 개 늘어난다고 치자. 그러면 앞서의 가정으로 볼 때 이전에는 식량의 양이 정확히 딱 맞았었기 때문에 누군가는 제한된 양식으로 살아가야만 하게 된다. 아틀란티스 사회는 지상낙원이고 온 나라가 참회할 필요조차 없는 정의로운 사람들로 채워져 있었을 수는 있지만, 그럼에도 불구하고 누군가는 굶어야 한다. 무자비한 이스타, 도덕과 관계없는 대자연은 윤리의 틀을 깨뜨려 버렸을 것이다. 나는 예전에 아주 뛰어난 의학 박사와 마력 같은 자연의 치유력에 관하여 이야기를 나눈 적이 있었다. "쓸데없는 소리! 십중팔구 자연은 인간을 치유하는 것이 아니라 관 속에 집어넣으려 할 뿐이오." 그의 말이었다. 또한 이스타로서의 자연은 사회의 종말에도 역시 똑같이 무관심한 듯 보인다. "쓸데없는 소리! 이스타는 아름다운 들판에서 자신이 사랑하는 가장 강한 자들이 자유롭게 노니는 것밖에는 바라지 않소."

우리의 아틀란티스는 불가능한 허구일 수 있으나, 이 우화 속에 숨겨진 대립하는 성향은 지금까지 성립했던 모든 사회에 존재해왔으며, 앞으로 나타날 모든 사회도 이 성향 때문에 무너질 수 있다. 역사가들은 국가의 멸망과 고대 문명의 쇠퇴의 원인으로서 지배자들의 탐욕과 야망, 부와 사치의 저급한 영향을 받은 피지배 계층의 무모한 소요, 그리고 인류가 지구를 점유했던 기간의 대부분을 차지했던 파괴적인 전쟁을 지적하고 그럼으로써 자신들의 이야기에 기세를 더한다. 물론 갖가지 비도덕적 동기가 이러한 사건들의 사소한 원인 중 대부분을 차지하기는 한다. 그러나 이 모든 피상적인 혼란 아래에 제한되지 않은 번식 때문에 생겨나는 뿌리 깊은 충동이 자리하고 있다. 페니키아와 고대 그리스가 다수의 식민지를 배척한 일, 라틴 일족이 재난을 당했을 때 그해 봄에 태어난 모든 생물을 신에게 제물로 바치던 일(이탈리아의 관습으로 기원전 217년 로마에서 이 관습이 되살아났으나 동물에게만 적용되었음 -옮긴이), 골족과 튜턴족이 물밀듯이 유럽 고대 문명의 변경을 침범했던 일, 근년에 몽골의 거대한 병력이 밀려들어왔다 나갔다 하며 유럽을 지배했던 일들의 저변에는 인구 문제가 아주 분명한 형태로 전면에 드러난다. 고대 로마의 끊임없이 지속된 농지 문제에서도 폴리네시아 군도의 아레오이 사회와 다를 바 없이 인구 문제는 분명히 나타난다.

고대 세계에서, 그리고 우리가 살아가고 있는 세계 도처에서 영아살해의 관행은 예로부터, 또는 현재에도 법적으로 문제가 없는 흔한 관습이고, 기아, 역병, 전쟁은 예나 지금이나 생존경쟁의 정상적인 요소였으며, 이런 일들은 전면적이고 무자비한 방식으로 생존경쟁의 주된 원인이 되었던 심각한 문제들을 완화하는 역할을 해왔다.

그러나 좀 더 진보된 문명에서는 개인도덕 및 공중도덕의 진보를 통하여 이 모든 방해 요인을 꾸준히 제거해왔다. 우리는 영아살해를 살인으로 규정하고 그에 합당한 벌을 내리며, 비록 그다지 성공했다고는 볼 수 없지만 누구도 굶주려 죽어가는 사람이 없게 하겠다고 천명하였고,

굶주림 외에 다른 원인이었더라도 예방할 수 있었던 죽음이라면 일종의 추정 살인으로 간주하는 한편 최선을 다해 질병을 구제하였으며, 저주받을 전쟁과 사악한 군국주의를 규탄하고 축복된 평화와 산업으로 얻게 되는 순수한 이익을 쉼 없이 설파하였다. 이런 생각이 확장되어 가는 시기에는 정치가나 사업가들조차도 그렇게 해서 성공을 거두었다. 더 영민한 정신을 지닌 사람들은 이상적인 신의 공동체를 추구했는데, 이 상태에서는 모든 이가 절대적인 자기 부정의 단계에 도달하여 도덕적 완성만을 구하기 때문에 비단 국가 간뿐만 아니라 사람들 사이도 진정 평화로써 다스려지고 생존경쟁은 종말을 고하게 된다.

인간의 본성이 어떠한 상황에서든 이러한 이상적인 상태에 도달할 수 있을지, 아니면 최소한 이 상태에 상당히 가까워질 수 있을지는 논의할 필요가 없다. 인류는 상당 기간 동안 이러한 상태에 도달하지 못했다는 것을 인정해야 하고 나의 관심사는 현재이다. 내가 지적하려는 바는 자연 상태에 있는 사람들이 제한 없이 증가하고 번식하는 한 평화와 산업이 발전한다 하더라도 전쟁 체제와 다름없이 치열한 생존경쟁이 따르는 것은 물론이고 결국 이러한 생존경쟁이 필요할 수밖에 없다는 사실이다. 이스타는 인간을 다스리는 한편 인간의 희생 또한 요구할 것이다.

현재 영국의 사정을 보자. 지난 70년간 우리 영국에서는 지구상의 그 어떤 나라보다 더 적은 간섭과 더 유리한 조건 아래에서 평화와 산업이 계속 성장해왔다. 크로이소스(기원전 6세기 리디아 최후의 왕으로 큰 부자로 유명함-옮긴이)의 부富는 우리가 축적한 부에 비하면 아무것도 아니고, 온 세상이 우리의 번영을 부러워했다. 그러나 네메시스(그리스 신화에 나오는 복수의 여신-옮긴이)는 크로이소스를 잊고 지나치지 않았었다. 그가 우리라고 잊어버렸을까?

나는 그렇게 생각하지 않는다. 현재 영국 땅에는 3,600만 명의 인구가 있고, 매년 적어도 30만 명 이상이 더 늘어난다. 다시 말하면, 매 100초 정도마다 공공재 또는 부양비의 한 몫을 요구하는 새로운 권리자가 우리 사이에 그 모습을 드러내는 것이다. 현재도 영국의 식량 생산량은 그 인구의 반도 먹여 살리지 못하는 수준이다. 나머지 반은 다른 식량 생산국의 국민으로부터 수입한 식량을 먹어야만 하는 실정이다. 즉 우리는 우리가 원하는 것을 얻는 대가로 그들이 원하는 것을 제공해야 한다. 그리고 그들이 원하고 우리가 그들보다 잘 만들 수 있는 것은 주로 제조업의 산물, 공업 생산물이다.

나폴레옹 1세의 무모한 침략에는 아주 분명한 이유가 있었다. 영국은 상업국가일 뿐만 아니라 기아의 위협을 벗어나기 위해서는 상업국가가 될 수밖에 없다. 그러나 다른 나라들 또한 우리처럼 상업을 운영해야 할 필요가 있고, 그중 몇 나라는 우리와 동일한 상품을 취급한다. 우리 고객이 자신들의 생산물의 대가로 최상의 상품을 최선의 조건으로 교환하고자 하는 것은 당연지사다. 만약 영국 제품이 경쟁자들의 제품보다 뒤쳐진다면, 정상적인 구매자라면 경쟁자의 제품을 마다할 리 없다. 그리고 이런 상황이 대규모의 일반적 흐름이 되어버린다면 영국 국민 중 5, 6백만 명은 먹고 살 수가 없게 된다. 우리는 면화 기근이 어떻게 일어났는지 알고 있기에 고객이 귀해진다는 것이 무슨 뜻인지 상상할 수 있다.

윤리적 기준으로 판단할 때 우리가 처해 있는 상황은 최악이다. 우리는 사회 조직의 중요한 목표 중 하나인 평화를 위한 조건은 불완전하지만 사실상 어느 정도 달성하였으며, 우리 영국 국민은 본질적으로 순수하고 찬양할 만한 것들, 즉 정직한 산업의 열매를 향유하는 일밖에는 바라지도 않는다고 가정할 수도 있다. 그러나 보라! 이런 우리들의 말에도 불구하고, 현실적으로는 영국 국민은 자신들만큼이나 평화롭고 선의를 추구한다고 가정되는 이웃들과 살인적인 생존경쟁을 벌이고 있다. 우리는 평화를 갈구하지만 그것을 얻기 위해 노력하지는 않는다. 우리 안의 도덕적 본성은 일반적인 선과 양립할 수 있는 것 이상은 요구하지 않고, 비도덕적 본성은 옛 스코틀랜드의 좌우명대로 "내가 곤궁하기보다는 차라리 네가 굶어야 한다."라고 선언하고 그에 따라 행동한다. 그러니 착각은 그만하자. 무제한적인 번식이 계속되는 한, 이제껏 고안되어 온, 또는 고안될 가능성이 있는 어떠한 사회 조직도, 부의 분배에 대한 어떠한 법석도,

사회가 제한하고자 하는 생존경쟁의 극한 형태가 사회 내부에서 재생산되며 사회를 파괴하는 경향으로부터 사회를 구제할 수 없다. 이 개인과 개인, 국가와 국가 간의 영원한 경쟁이 도덕적 인식에 아무리 충격적일지라도, 사회의 한 편에서 쌓여가는 엄청난 부와 대조적으로 한편에서 쌓여가는 고통이 아무리 혐오스러울지라도, 이스타가 제지당하지 않고 계속 권력을 행사하는 한 이런 상태는 계속될 수밖에 없고 계속 악화되기 마련이다. 이것이 스핑크스가 냈던 수수께끼의 실체이고, 이 수수께끼를 풀지 못하는 나라는 모두 조만간 스스로가 만들어낸 괴물에게 잡아먹히는 신세가 될 것이다.

지금으로서는 우리에게 실제로 닥친 문제는 내가 보기에는 어떻게 시간을 버느냐인 것 같다. '시간이 해결책'이라는 튜턴 속담이 있듯, 우리 자손들 중 현명한 이들은 현재로서는 막다른 골목으로 보이는 상황에서 돌파구를 찾아낼 수도 있을 것이다.

우리와 마찬가지로 이스타의 노예에 지나지 않는 우리의 이웃과 경쟁자들에게 악감정을 갖는 것은 바보짓이겠지만, 누군가 굶주려야 한다해도 오늘날의 세상에는 국가들이 희생의 징조를 간청할 델포이의 신탁이 없다. 우리의 운을 시험하는 것은 우리 손에 달려 있고, 임박한 운명을 피하려면 우리가 그 운명을 피하기로 되어 있는 민족이라고 믿을 만한 확실한 근거가 있어야 한다(이 세상의 평결은 단호하다).

이러한 목적을 위해서는, 연구를 통해 구원을 얻을 수 있기 위한 필요조건을 살펴보는 것이 좋겠다. 그 조건은 두 가지인데, 하나는 온 세상에 잘 알려져 있어서 굳이 보충 설명이 필요 없고, 다른 한 가지는 겉보기에는 그다지 단순하지 않은데 그 이유는 너무나 자주 이론적으로 그리고 현실적으로 외면되어왔기 때문이다. 잘 알려진 분명한 조건은 우리의 생산물이 다른 이들의 생산물보다 좋아야 한다는 것이다. 우리 상품이 경쟁자들의 상품보다 잘 팔릴 수 있는 이유는 오직 하나, 우리 고객들이 보기에 같은 값이라면 우리 상품이 더 좋기 때문이다. 이것은 상품 생산시 생산비는 증가시키지 않으면서 더 많은 지식, 기술, 근면성을 쏟아 부어야 한다는 뜻이고, 노동 비용이 생산비의 큰 요소이니만큼 임금 수준을 일정 한도로 제한해야 한다는 뜻이다. 값싼 생산과 값싼 노동 비용이 결코 동일하지 않다는 것은 100% 사실이지만, 임금이 어느 수준 이상 증가하면 가격 경쟁력이 사라진다는 것 역시 사실이다. 따라서 가격 경쟁력과 가격 경쟁력의 한 부분이자 요소인 적절한 노동 비용은 세계 시장 속에서 한 경쟁 국가가 성공하는 데 필수다.

두 번째 조건은, 이 문제를 심각하게 생각해 본다면 첫 번째 조건과 마찬가지로 정말 분명히 필요 불가결하다. 바로 사회 안정성이다. 사회 구성원의 욕구가 삶 그 자체에서 충분히 만족감을 얻고, 상식과 경험이 사리에 맞게 나타난다고 예측될 수 있다면, 그 사회는 안정적이다. 대체로 인류는 정부의 형태나 어떤 이상적인 의견에도 그다지 신경을 쓰는 법이 없다. 그리고 지금까지 살아온 상황이 계속됨으로써 이 세상에서는 비참하게 살다가 다음 세상에서는 저주를 받는다고 생각하거나, 아니면 이 두 가지 상황에서 벗어날 수 없다는 확신을 갖지 않는 한 사람들은 관습을 깨뜨리거나 반란이라는 명백한 위험을 초래하려고 하지 않는다. 그러나 대중이 앞서 말한 것과 같은 확신을 갖게만 되면, 사회는 다이너마이트 뭉치처럼 불안정해지고, 아주 사소한 문제 때문에 폭발을 일으켜 사회 전체가 야만 상태의 혼란에 빠질 수 있다.

임금이 일정 기준 이하로 떨어지게 되면 노동자의 삶은 여지없이 프랑스인들이 강조의 뜻으로 빈궁*la misère*이라고 명명한 상태로 전락하고 만다는 것은 분명한데, 이 용어는 영어로는 대체할 만한 적절한 어구가 없다고 생각된다. 그것은 다음과 같은 상태이다. 몸이 정상적인 상태로 기능할 수 있도록 유지하는 데 필요한 최소한의 의식주도 구할 수 없고, 남자와 여자 그리고 아이들이 건강하게 살아가기 위해서 필요한 아주 기본적인 조건들과 예절이 사라진 짐승의 굴 같은 곳으로 어쩔 수 없이 몰려들고, 얻을 수 있는 즐거움이라고는 짐승 같은 본성과 음주에 빠지는 것뿐이며, 고통만은 복리로 늘어나 기아, 질병, 발달 장애, 도덕심이 땅에 떨어지고, 항상 정직하고 부지런한 사람조차도 빈민들의 무덤에 둘러싸인 채 배고픔과 싸우면서 힘겨운 삶을 살아가야 하는 상태이다.

거대한 인간 집단마다 그 구성원 중 일부는 항상 이러한 절망의 수렁Slough of Despond(존 번얀John Bunyan의 『천로역정Pilgrim's Progress』에서 나온 말 -옮긴이)을 만들고 거기서 살아가는 경향이 있는데, 실상 이를 피할 수 없는 이유는 어떤 이들은 선천적으로 게으르고 천성이 악해서이고 다른 어떤 사람들은 질병이나 사고로 불구가 되거나 가장의 죽음으로 거친 세상에 내던져지거나 하기 때문이다. 이러한 사람들의 비율이 용인할 수 있는 한도 내로 제한되는 한 이 문제는 해결할 수 있고, 그런 이유로만 발생하는 문제라면 이러한 문제는 인내심을 가지고 견뎌낼 수 있고 견뎌내야만 한다. 그러나 사회 조직이 이러한 경향을 완화한다기보다는 계속해서 강화하고, 기존 사회 구조가 뚜렷이 선보다는 악을 장려한다면, 사람들은 자연히 이제는 새로운 실험을 시작할 시기라고 생각하게 된다. 윤리적 인간이 자신을 그러한 수렁에 밀어 넣었다고 보는 야만상태의 인간은 그 옛날의 주권을 되찾아 무정부주의를 설파하는데, 이는 잠재적으로 사회적 조화를 혼란으로 몰고가 또다시 야만스러운 생존경쟁을 시작하려는 수작이다.

영국이든 그 밖의 나라든 거대한 산업 중심지의 인구 상황을 잘 아는 사람이라면 누구나 이들 인구 가운데 점점 늘어나는 다수를 빈궁이 지배하는 상황을 잘 알고 있을 것이다. 나는 자선가로 가장하고 싶지도 않고 모든 감상적인 수사에 별스러운 두려움을 지니고 있다. 나는 박물학자로서 내 자신이 아는 범위 안에서, 또는 풍부한 사례로부터 증명된 사실만을 다룬다. 그리고 산업화된 유럽 전역에서 정확히 앞서 묘사한 것과 같은 조건하에서 살아가는 다수의 대중이 존재하지 않는 대규모 공업 도시는 단 한 곳도 없으며, 그보다 더 많은 사람들이 사회적 수렁의 가장자리에서 위태롭게 버티다가 자신들의 생산물에 대한 수요가 줄어들면 곧 그 수렁 속으로 밀려들어간다는 것을 나는 분명한 사실로 간주한다. 또한 인구가 늘어날수록 이미 이 수렁에 빠져버린 다수와 그리고 밀려들어가는 사람들의 수는 계속 증가한다. 사회 해체의 요소가 이렇게 급격하고 분명하게 축적되는 사회라면 결코 산업 경쟁에서 승리하기를 바랄 수 없다는 것은 굳이 말하지 않아도 분명하리라 본다.

지성, 지식, 기술은 의심의 여지가 없는 성공의 조건이다. 하지만 이것들이 정직, 열정, 선의 그리고 사람답게 사는 데 필요한 모든 신체적, 도덕적 능력과 결합되지 않는다면, 또 사람들이 정당하게 구할 수 있는 마땅한 보상에 대한 희망으로부터 나온 것이 아니라면 지성, 지식과 기술이 무슨 소용이 되겠는가? 더구나 몸과 마음 모두가 찌들고, 사기가 꺾이고 꿈도 없이 빈곤의 수렁 속에서 사는 사람들이 이러한 자질을 가지고 있으리라고 기대하는 것이 말이나 되겠는가?

그러니 어떤 산업 인구의 생산력을 완벽하고 영속적으로 발달시키려면, 그 인구의 적정한 육체적, 도덕적 복지를 보장할 사회 기구가 이를 뒷받침해야만 하고, 이 기구는 사회악이 아닌 공공선을 위해 설립되어야 한다. 자연과학과 종교적 열정이 조화를 이루기란 쉽지 않지만 이 문제에 있어서만큼은 완벽한 조화를 보이는데, 아무리 의견이 다른 박물학자라 해도 고 샤프츠베리 경 같은 사회 개혁가의 식견과 헌신은 존경할 수밖에 없을 텐데, 최근에 출간된 그의 『생애와 서한』은 50년 전 노동 계급이 처했던 상황과 영국 산업계가 이 분명한 사실을 무시한 채 자기들 발밑에서 파내려 갔던 수렁을 생생하게 보여준다.

아마도 지난 반세기 동안에는 빈곤 계층의 육체적, 도덕적 복지를 증진하기 위한 대책에 기울여진 헌신은 꾸준하게 늘어와서 가장 유망한 진보의 전조였을 것이다. 내가 알고 지내는 대부분의 다른 개혁가들처럼 공중위생 개혁가는 자신들의 목표를 이루기 위해서 일종의 도덕적 코카인이라고도 할 수 있는 광신적인 면을 많이 필요로 하는 듯하고, 물론 많은 실수도 저지른다. 그러나 우리 산업 인구가 살아가는 조건을 개선하려는 이러한 노력들, 즉 주택이 밀집한 가로의 하수도를 수리하고, 목욕탕, 세탁소, 체육관을 짓고, 절약하는 습관을 장려하고, 공공도서관과 유사 시설에서의 학습이나 오락에 대한 조항을 만드는 일 등은 비단 박애주의적 관점에서 바람직할 뿐만 아니라 안전한 산업 발전에도 필수적이라는 사실은 내가 보기에는 이론의 여지가 없다. 내가 판단하는 한, 지성과 도덕의 전반적 진보를 통해 인류가 빈궁의 근원을 해결하기 전까지는 산업 사회가 끊임없이 그 속으로 빠져드는 사태를 막을 수단은 오직 이런 노력뿐이다. 위와 같은 노력을 수행한 결과로 생산비용이 오르고, 치열한 경쟁에서 생산자에게 부담을 지우게 된다고 한다면, 나는 우선 그 사실을 의심부터 하겠다. 하지만 그것이 사실이라면, 산업 사회는 둘 중 어떤 대안을 선택하더라도 사회가 파괴될 수 있는 딜레마에 봉착할 수밖에 없다.

한 가지 경우, 충분한 보수를 받는 노동 인구는 육체적, 도덕적으로 건강하고 사회도 안정이 되겠지만, 생산물 가격이 비싸기 때문에 산업 경쟁에서 뒤쳐질 수 있다. 다른 경우, 불충분한 보상을 받는 노동 인구는 육체적, 도덕적으로 건강하지 못하고 사회도 불안정할 수밖에 없으며, 값싼 생산물로 일시적으로 산업 경쟁에서 성공한다고 하더라도 결국에는 끔찍한 고통과 타락 속에서 완전히 파멸하게 된다.

이 둘만이 가능한 대안의 전부라면, 우리 자신과 후손들을 위해 첫 번째 대안을 선택하고, 필요하다면 남자답게 굶주림을 견디자. 그러나 나는 건강하고, 기운차고, 교육받은 데다 자신을 다스릴 수 있는 사람들로 이루어진 안정적인 사회에 파멸의 운명이 심각한 위협으로 닥치리라고는 믿지 않는다. 그들은 같은 성격의 많은 경쟁자들 때문에 어려움을 겪을 것 같지도 않고, 그들의 사회를 유지할 방법을 찾아내리라고 믿어도 좋다.

영속적인 산업 발전에 없어서는 안 될 조건인 육체적, 도덕적 복지와 사회 구조의 안정이 보장된다고 가정하고 나면 지식과 기술을 얻을 수단에 대해 생각해보아야 하는데, 지식과 기술이 없다면 경쟁을 성공적으로 치러낼 수 없다. 우리의 입지를 생각해보자. 현재까지 방대한 체계의 초등 교육이 16년 동안 실시되어 왔으나, 이는 아주 소수의 인구에게밖에는 혜택을 미치지 못했다. 물론 대체로 초등 교육이 잘 되어 왔으며 그 직·간접적인 혜택이 엄청났다는 것은 확실하다. 그러나 예상된 결과일 수도 있지만 초등 교육도 우리의 모든 교육 제도가 가지고 있는 문제점, 우리 사회가 이전에 필요로 했던 것들에 맞추어 설계되었다는 문제점을 보여준다. 널리 퍼져 있고 내 생각에는 상당히 근거 있는 불만으로, 초등 교육이 책만을 중요시하고 현실의 사물에는 크게 관여하지 않는다는 면이 있다. 누구나 그렇겠지만 어릴 때 받는 교육의 폭을 좁히고 초등학교를 공방의 부속 건물쯤으로 만들라는 것이 나의 뜻은 아니다. 우리 초등 교육이 책만을 중시하고 지나치게 이론적이라는 흔한 비평을 내가 다시 거론하는 까닭은, 산업 이익의 측면보다는 문화의 다양성을 논하고 싶어서이다.

산업상의 목표 같은 것이 아예 없다 하더라도, 관찰력을 전혀 개발하지 않고 손도 눈도 전혀 훈련하지 않아서 아주 흔한 자연의 섭리에도 완전히 무지하게 만드는 교육 체계는 마땅히 그 자체가 이상스럽고 불완전하다고 생각될 것이다. 그리고 그 부족한 교육과 훈련이 바로 인구의 절대 다수에게 극히 중요한 것일 때는, 그러한 문제점은 거의 범죄에 가까울 뿐더러 이러한 결점을 해결하는 데 실질적인 어려움이 없다면 더더욱 그렇다. 그림을 보편적으로 가르치지 못할 이유는 전혀 없으며, 그림은 눈과 손 모두에 아주 좋은 훈련이 된다. 예술가는 만들어지는 것이 아니라 태어나는 것이지만, 누구든 정면도, 평면도, 단면도 그리는 법은 배울 수 있고, 이런 목적이라면 냄비나 프라이팬도 좋은 모델이고 사실 이것들이 <벨베데르의 아폴로>(BC 320년에 그리스 아티카 출신의 한 작가가 만든 청동상을 대리석으로 모방한 작품으로 태양의 신 아폴로의 모습을 표현하고 있으며 고전 양식의 걸작으로 꼽힌다-옮긴이)를 그리는 것보다 더 낫다. 식물은 비싸지 않으면서 위에 말한 그림의 훌륭한 점들을 갖추고 있는데, 식물 그림은 아이들이 배우는 산수처럼 쉽고 엄격하게 평가할 수 있다. 이러한 그림은 바르거나 틀리거나 딱 두 가지이고, 만약 틀렸다면 학생도 어디가 틀렸는지 배울 수 있다. 산업적 관점에서도 그림에는 더 큰 장점이 있는데, 매일 그리고 매시간 그림이 갖는 힘을 활용하지 않는 업무가 거의 없기 때문이다. 다음으로, 능력 있는 교사가 없어서가 아니라면 기초 과학 교육이 일반 교육과정에 포함되지 못할 이유가 없다. 이 경우에도 역시 값비싸거나 정교한 교구는 전혀 필요치 않다. 가장 흔한 물건들 — 양초, 사내아이들의 물총, 분필 조각 — 이 훌륭한 교사의 손을 통해서 아이들이 자신들의 능력이 허락하는 대로 관찰력을 키우고 추론 능력을 발휘하여 과학의 세계로 다다르도록 해주는 출발점이 되기도 한다. 실물 교육이 종종 명백한 실패로 끝나기도 하지만 이것은 실물 교육 자체의 문제라기보다는 아주 작은 것을 가르치기 위해서도 많은 것을 완전히 알아야 한다는 것을 몰랐던 교사의 문제이고, 그 교사가 그 사실을 몰랐던 것도 교사 자신의 문제이기보다는 교사들을 그렇게밖에 못 가르친 이 형편없는 교육 제도의 문제이다.

이미 말했듯이, 내가 기초 과학과 그림교육을 현재의 보편적 교과 과정에 추가해야 한다고 제안한 이유가 단순한 산업상의 이익 때문만은 아니다. 기초 과학과 그림교육은 최하위의 초등학교는 물론 이튼Eton school(영국의 명문 사립학교 -옮긴이)에서도 필요하다(기쁘게도 현재 이 두 가지 모두 이튼의 정규 과정에 포함되어 있다). 그러나 장인 교육에서 이 과목들의 중요성이 높아지고 있는 이유는, 이들을 통해 얻을 수 있는 지식과 기술이 — 비록 적을지 몰라도 — 실질적인 도움이 된다는 사실뿐 아니라, 이 과목들이 결국 흔히들 '기술 교육'이라 부르는 전문 훈련 과정의 기초가 되기 때문이다.

내가 보기에 이 종착점에서 우리의 요구를 세 가지로 나눌 수 있다. (1) 산업상의 연구에 특별히 적용할 수 있는 과학이나 기술 분야의 원리 교육, 이를 기초 과학 교육이라 부를 수 있다. (2) 기술 교육에 적당한 응용 과학이나 기술의 특수 분야 교육, (3) 이 두 분야에서의 교사 양성 (4) 능력 개발 기구.

이들 각각의 방향으로 수많은 사업들이 이루어져 왔지만 아직도 해야 할 일이 많이 남아 있다. 초등 교육이 앞서 제시한 방식대로 개선된다면, 내 생각으로는 교육위원회의 능력과 재량이 훨씬 늘어날 것으로 본다. 영향력 있는 사람들이 이 위원회의 구성원들을 선출할 때, 과학이나 기술 교육을 담당하는 데 필요한 적성을 확인하지 않는 경향이 있다. 그리고 적성에도 맞지 않는 과제를 주어 그 위원회의 구성원들에게 부담을 지울 필요는 없다. 그러한 일을 하는 데 훨씬 더 적합할 뿐만 아니라 이미 실제로 그러한 일을 수행하고 있는 다른 조직들이 있기 때문이다.

기초 과학 교육 분야의 주역은 과학기술부로서, 과학기술부는 지난 4반세기 동안 국민 대중에게 기초 과학을 가르치는 역할을 영국 국내는 물론 다른 어느 나라의 어떤 기구보다 훌륭히 수행했다. 과학기술부는 자연과학에 관한 한 문자 그대로 국민의 대학이었다. 영국의 오래된 대학들도 설립 초기에는 최극빈자에게도 무료로 열려 있었으나, 그래도 극빈자들이 대학이 있는 곳까지 가야만 했었다. 지난 4반세기 동안 과학기술부는 전국 각지의 전 국민에게 개방된 교실을 통해 최극빈자들에게 지식을 전파했다. '대학 확산'운동은 영국의 전통 있는 교육기관들까지 이 운동에 동참하게 했다.

기술 교육은 엄밀하게 말하면 두 가지 이유 때문에 필요해졌다. 한편으로는 산업 사회의 바뀐 생활 양상 때문에, 또 한편으로는 공업이 더 이상 장인이 그 도제들에게 대대로 전해져온 비밀을 전수하는 '수공예'가 아니기에, 전통적인 도제 제도가 무너져 내렸기 때문이다. 발명이 끊임없이 산업의 양상을 변화시키기때문에, '관습', '경험' 등은 점점 중요성을 잃어가는 반면 원리를 알면 그것 하나만으로 변한 상황에 성공적으로 대처할 수 있으므로 원리에 대한 지식은 갈수록 중요해지고 있다. 사회적으로는, 네다섯 명의 도제를 거느린 '장인'은 40명, 400명의 '노동자'를 고용한 '고용주'에 밀려 사라지고 있으며, 이전에 공방에서 얻어졌던 기술에 관한 이런저런 지식은 공장에서는 얻어지지도, 얻을 수도 없다. 그렇기 때문에 기술학교에서 가르치는 체계적 교육은 이전에 장인에게 배울 수 있었던 것 이상의 몫을 해야 한다.

시티 앤 길즈 연구소(영국의 기술, 공업 관련 자격증 수여 기관 -옮긴이)가 세운 화려한 학교에서부터 지방의 소규모 기술학교에 이르기까지, 그리고 나중에 시티 길즈에 흡수된 기술학회(예술, 공업과 상업의 진흥을 목표로 하고 특허권을 보호하였음 -옮긴이)가 주관한 기술 교육 수업 등 다양한 층위의 규모나 완결성을 갖는 이러한 기관들이 영국 각지에 설립되었고, 이들의 수를 늘리고 퍼뜨리려는 운동이 넓고 힘차게 급속히 뻗어 갔다. 그러나 어떻게 기술 교육을 하는 것이 일반적으로 바람직한 최선의 방법인가에 대해서는 많은 의견차이가 있었다. 두 가지 방식이 실현 가능하고 실용적이라고 보인다. 한 가지는 학생들은 공부만 하면서 장기간 체계적인 수업을 듣는 전문 기술학교를 설립하는 것이고, 다른 한 가지는 이미 공업이나 상업 분야에 취직한 사람들이 들을 수 있도록 어떤 특정한 주제에 대해 짤막한 연속 강의로 구성된 야간 수업으로 주로 이루어지는 기술 수업을 계획하는 것이다.

첫 번째 방식으로 계획된 기술학교는 당연히 굉장히 비용이 많이 들 것이다. 그리고 장인들이 가르치는 문제를 고려해보면, 학생들은 일도 안하고 프로 의식이 없어서 실제 현장에서는 도움보다는 방해가 될 것이라는 것도 흔하게 나오는 반대 의견이다. 똑똑한 일꾼을 훈련시켜 쓰려는 고용주의 지시로 이런 기술학교가 공장에 부설될 경우에는 당연히 이런 반대 의견은 통하지 않는다. 또한 이러한 학교가 미래의 고용주를 훈련시키고 고용인들의 질을 향상시킨다는 측면에서 얻어지는 유용성도 부인할 수 없다. 그러나 이들 학교는 하루 빨리 생활비를 벌어야 하는 절대 다수가 다니기에는 분명 거리가 있다. 그렇기 때문에 더더욱 야간 수업을 장인이 기술 교육을 하는 훌륭한 수단으로 개발해야만 한다. 이런 수업의 유용성은 이제 자명하다. 다만 남은 문제는 이러한 수업을 육성할 방법과 수단을 찾는 일이다.

우리는 여기서, 사회 기구의 다른 모든 문제에서처럼, 두 가지의 정반대되는 관점에 직면한다. 한쪽에서는 외국에서 택한 방법을 본보기로 제시한다. 국가가 이 문제를 맡아서 거대한 기술 교육 체계를 수립하라는 것이다. 또 한쪽에서는 개인주의학파의 많은 경제학자들이 여러 수사를 동원하여 이 문제에 간섭하는 정부는 물론 지방세 기금을 한 푼이라도 기술 교육 목적에 전용하는 것 자체를 비난하기에 바쁘다. 어쨌거나 나는 기술 및 공업 교육에 영국 정부가 간섭하지 않는 편이 좋다고 확신한다. 내가 개인적으로 배운 내용은 개인주의학파 쪽 성향이 강하기는 하지만,

순전히 실용적인 근거만으로 이러한 결론에 도달했다. 사실 내가 가지고 있는 개인주의란 다소 감상적인 것이어서, 때때로 사람들이 개인주의를 그렇게 열렬히 옹호하지 않는다면 나 자신은 개인주의를 더 신봉했을 것이라고 생각하기도 한다. 나는 공공 사회가 단지 도덕적인 목표—즉 그 구성원들의 이익—를 위해서만 구성된 것이므로 다수가 공공선이라고 결정한 것에 맞는 방책만을 취한다고 보지 않는다. 아쉽게도, 다수의 동의가 결코 사회적 선과 악을 과학적으로 시험하는 수단이 될 수는 없다. 그러나 사실상 이것만이 우리가 적용할 수 있는 수단이고, 이에 따르기를 거부한다면 이는 곧 무정부 상태를 의미한다. 이제껏 존재한 가장 본래적인 전제 정치도 가장 자유로운 공화정만큼이나 다수의 뜻에 기초한 것이다(보통 그 다수는 소수의 뜻에 복종했다). 법은 다수의 의견을 표현한 것이고, 그 다수가 법을 집행할 수 있을 만큼 강력하기 때문에 그것은 단순한 의견이 아닌 법이다.

나는 다른 사람의 자유를 침해하지 않는 한 모든 개개인이 모든 면에서 행동의 자유를 보장받는 것이 바람직하다는 논리를 가장 강경한 개인주의자만큼이나 강력하게 신봉하고 있다. 그러나 나는 이 위대한 정치학의 전제를 흔히 이로부터 유도하는 실질적인 추론과 연결 지을 수는 없었는데, 국가—즉 집합적 능력을 지닌 국민—는 다른 일에는 일절 간섭하지 말고 단지 정의와 국방을 위한 행정만을 펼쳐야 한다는 것이 그 추론의 내용이다. 나에게는 이 추론이, 통합된 사회가 구성원 전체에게 부여하는 자유의 정도가 '천부인권'이라고 불리는 허구로부터 추론되어 선험적으로 결정되어 고정된 크기(양)를 갖는 것이 아니라 상황에 따라 결정되고 또 변하기도 한다는 것으로 들린다. 사회단체의 조직이 고등하고 복잡할수록 각 구성원의 삶이 사회 전체와 더 긴밀하게 얽히고, 단순히 자신에게만 국한되는 것이 아니라 다른 이들의 자유를 다소간 심각하게 침해하는 행동의 범주가 점점 확대된다는 사실을 통해 나의 말을 입증할 수 있다고 본다.

이웃들로부터 16킬로미터 이상 떨어져 있는 무단점유자가 해충을 없애려고 자기 집을 태우기로 했다면 (보험 문제가 없다면) 이 사람의 자유를 법이 간섭할 필요는 없을 것인데, 그의 행위로 다치는 사람은 그 자신뿐이기 때문이다. 그러나 어느 거리에 사는 사람이 똑같은 행동을 한다면 국가는 매우 정당한 사유로 이러한 행위를 범죄로 규정하여 처벌할 것이다. 그는 이웃의 자유를 그것도 아주 심각하게 침해했기 때문이다. 아마도 이런 이유로, 자기 땅에서 나오는 풍부한 생산물로 살아가는 얼마 안 되는 농촌 인구에 의무 교육을 실시한다는 것은 필요가 없을 뿐만 아니라 독재에 가깝다는 논리를 지지할 수도 있다. 그러나 경쟁자들과 생존경쟁을 벌이고 있는 인구가 조밀한 제조업 국가에서는 모든 무지한 사람이 다른 국민의 짐이 되고 더 나아가 그들의 자유를 침해하고 성공의 장애물이 되기 쉽다. 이러한 환경에서라면 지방세 가운데 교육세는 사실상 방위 목적으로 징수하는 국세와 같다고 할 수 있다.

국가의 조치는 늘 다소간의 잘못이 있었고 앞으로도 그럴 것이라는 주장은 내가 알기로는 완벽한 진실이다. 그러나 집합적 능력을 가진 사람들의 행위가 개인들의 행동보다 더 잘못되기 마련이라는 것은 아니다. 아무리 현명하고 냉정한 사람이라도, 한 분야에서 다른 분야로 한 걸음만 떼어놓으면 그렇게 똑바로 걷지 못한다. 그는 언제나 길을 약간은 벗어나고 그런 다음에야 제 방향을 잡는다. 어떤 개인주의자가 자신의 전체적인 삶의 과정은 남들보다 굴곡이 적었다고 말할 수 있다면 나는 그저 그를 축하할 따름이다. 국가 조치의 방향이 상대적 정당성만을 지닌다는 이유로 국가 조치를 폐지한다는 것은, 내 보기에는 배가 약간 흔들렸다고 해서 항해사를 해고하는 일과 다름이 없다. "왜 다른 사람의 아이를 가르치자고 내 재산을 빼앗겨야 합니까?"라는 질문은 마치 이 질문으로 이 모든 문제가 해결된다는 듯이 개인주의자들이 심심찮게 던지는 말이다. 뭐 그럴 수도 있겠지만, 나로서는 왜 그래야만 하는지를 알기는 어려웠다. 내가 사는 지역에는 한번도 지나치지 않은 많은 가로에 보도 블럭을 깔고 조명을 한다며 내 몫의 비용을 내라고 하는데, 나는 다른 사람들의 어둠을 밝히고 길을 정비한다는 이유로 내 돈을 빼앗기고 싶지 않다며 탄원을 할 수도 있었다. 그러나 나는 지역 책임자들이 이런 탄원을 듣고 나를 제외할 리 없다고 생각했고, 또 그 사람들이 그럴 이유도 없다고 생각한다는 것을 밝혀야 하겠다.

나 스스로 잘 알아서 하는 이야기는 아니지만, 분명히 나는 결코 부유하지도 않고, 사실상 추상적이든 구체적이든 어떤 언급할 만한 '권리'나 재산도 없는 천둥벌거숭이로 이 세상에 태어났다. 만약 내가 발 한쪽이 없이 태어났다면 엄청난 골칫거리가 되었을 테고, 그러한 불운을 피하게 한 것은 나로서는 받을 자격이 없는 주변 사람들의 자연스러운 애정이나 아니면 내가 태어나기 전 오랜 시간에 걸쳐 내가 불쑥 들어온 이 사회에 고통스럽게 정립되어 온 법률에 대한 두려움, 이 둘 중 하나였다. 나를 먹이고, 보살피고, 가르치고, 또한 부랑자가 되어 방랑하는 운명으로부터 구해준 노력의 대가로 나 스스로 한 일은 아무것도 없다. 그리고 내가 지금 뭔가를 소유하고 있다 하더라도 비록 내가 일해서 받은 돈으로 정당하게 얻었으니 마땅히 내 재산이라고 말할 수 있어도, 그렇다 하더라도 내가 살아가기 이전의 수세대에 걸친 긴 수고나 희생으로 태어난 이 사회 기구가 아니라면, 내 것이라고 부를 만한 것은 단지 돌도끼와 변변치 않은 오두막뿐이었을 테고 그마저도 더 힘센 야만인이 침입하지 않는 한에서만 나의 소유일 수 있었다는 생각이 문뜩 든다.

그러니 거의 무보수로 이 모든 것을 내게 해준 사회가 그 대가로 사회의 보존을 위한 어떤 행동을 요청한다면 — 만약 그것이 다른 사람 자식의 교육에 얼마간을 기부하는 일이라 해도 — 개인주의적 성향에도 불구하고 못하겠다고 말한다는 것이 나로서는 정말로 부끄럽다. 그리고 설령 부끄럽지 않다 해도, 사회가 도덕적 의무를 법적 의무로 전환했다고 해서 나에 대해 부당한 행동이라고 할 수는 없다. 부담을 지겠다는 이들에게만 모든 짐을 떠넘긴다는 것이야말로 명백한 불공정행위이다.

그러므로 교육 목적의 세금 징수를 반대하는 행위에는 정당성이 없다는 것이 나의 생각이지만, 기술 학교와 교육의 경우에는 지방세로 돌리는 것이 실질적으로 적합하다고 본다. 영국의 산업 인구는 특정 도시와 지역에 밀집해 있고, 이 지역들은 기술 교육을 통해 즉각적 이득을 볼 수 있으며, 단지 이 지역 안에만 무엇이 부족하며 그 부족분을 가장 효과적으로 채우는 수단이 무엇인지 정확히 판단할 수 있게 될 실제 산업 종사자들이 있다.

내가 알기로는 모든 기술 훈련의 방법은 현재로서는 실험적 단계이며, 성공하기 위해서는 각 지역의 특장점에 맞게 변형되어야 한다. 그렇기 때문에 20년 정도는 '강한 정부'가 아니라 희망과 호기에 찬 실험이 필요하고, 그 기간 동안 상황이 정리된다면 감사해야 할 일이다.

지난 회기에 상정되었다가 부결된 법안의 원리는 내가 보기에는 사려 깊은 것이었고, 반대 논리 중 일부는 오해에 기인했던 것 같다. 제안된 법안은 실제로 기술 교육을 목적으로 한 자체적 지방세 징수를, 이러한 목적의 모든 계획을 과학기술부에 제출하면 과학기술부에서 이 계획이 입법부의 취지에 부합하는지 심사하여 공표하는 방안을 조건으로 허가하는 것이다.

이 법안이 통과되면 과학기술부가 기술 교육을 장악하게 될 것이라는 문제 제기가 있었다. 그러나 실제로는 과학기술부가 어떤 주도권도, 심지어 세칙을 놓고 간섭할 권한조차도 갖지 못한다. 과학기술부의 유일한 기능은 제출된 계획이 '기술 교육'의 범주에 포함되는지 아닌지 판정하는 것뿐이다. 어딘가에서 그 정도의 통제를 해야 한다는 필요성은 명백히 인정된다. 영국 법제는 물론 어떤 입법부도 과세 주체에 대한 어떤 제약이 없이는 자체 과세권을 부여하지 않으며, 기술 교육을 법적으로 정의한다는 것은 부적절할뿐더러 감사 책임자에게 이 문제를 떠넘겨 법정 싸움을 벌이게 하는 것도 말이 안 된다. 유일한 대안은 이러한 판정을 관련 정부 당국에 맡기는 것이다. 각 지역 사람들이 가장 잘 판단할 일에 왜 그러한 통제가 필요한가라고 반문한다면, 분명한 대답은 지역마다 상황이 다른데 맨체스터, 리버풀, 버밍엄이나 글래스고 같은 지역들에서는 아마도 무엇이 필요한지 스스로 충분히 결정할 수 있겠지만, 규모가 작은 도시들에서는 다양한 사고방식을 가진 유능한 사람들이 충분한 토론을 거치기가 상대적으로 어렵고 그러다 보니 쉽게 업자들의 농간에 놀아날 수 있다.

중간 단계의 과학 교육, 기술학교와 수업 과정이 자리잡았다 해도 아직 세 번째 요구사항이 남아 있는데, 바로 훌륭한 교사의 부족 현상이다. 훌륭한 교사를 육성하는 일도 필요하지만 그렇게 육성된 교사들이 교단에 남게 하는 것도 중요하다.

유능한 과학 교사와 기술 교사는 현재 보통의 사범대학에서 유행하는 교육과정으로는 결코 육성할 수 없다는 사실은 아무리 강조해도 모자란다. 단순히 책을 보고 외워서 얻은 지식은 과학 교사에게는 소용이 없을 뿐만 아니라 오히려 해를 끼치기도 한다. 과학 교사의 정신은 단순한 학식이 아닌 지식으로 가득해야 하고 그 지식은 도서관이 아닌 실험실에서 습득했어야 한다는 것이 절대적인 필수 조건이다. 다행히 수도 런던과 지방 모두에 이러한 훈련을 제공하는 다양한 시설이 있는데, 현재 주된 문제는 교사가 될 이들에게 이런 곳들에서 수학할 기회를 주고 다음 단계로는 이들 과정을 필수 과정으로 정하는 일이다. 그러나 잘 훈련된 교사들이 배출된다 해도, 교사라는 직업이 그다지 경제적 여유를 준다거나 다른 이유에서라도 매력적인 직업이 못 되므로, 훌륭한 교사들이 계속 교단에 남게 하려면 특별한 유인책을 제공하는 방안을 유념해보아야 한다. 그러나 여기서 그 문제를 세세하게 파고들 필요는 없는 것 같다.

마지막 중요한 문제는 고등 산업 분야에 천부적 재질을 타고난 사람들이 각자의 능력을 사회를 위해 발휘할 수 있는 위치에 오르도록 보장할 수 있는 제도를 수립하는 일이다. 영국 국민이 내는 교육비 전부를 쏟아 붓더라도, 매년 한 명의 과학 또는 발명 천재를 보통 사람들 속에서 골라내어 그의 타고난 재능을 최대한 발휘하게 할 수만 있다면 이는 썩 괜찮은 투자이다. 매년 수십만 명씩 태어나는 아이들 중에 그런 천재 한 명만이라도 빈곤의 수렁이나 부로 인한 나태로부터 건져내어 국민을 위해 봉사에 헌신하게 한다면 돈으로는 따질 수 없는 가치가 될 것이다. 이러한 이유로 장학 제도 등이 시작된 것이고 이들 제도는 지금까지 시행해왔듯이 계속 시행하면 된다.

지금까지 이 글에서 짤막하게 설명한 산업 발전 프로젝트는 칸트가 '망상'이라고 명명한 바 있는, 이상향을 꿈꾸는 사상가의 머릿속에서 짜여진 허상이 아니다. 이 프로그램들은 영국 도처에서 실현되고 있으며, 제조업 지역 중 지리적, 경제적 규모가 크지 않은 도시(예를 들어 켈리)들 중에도 직접 이 문제를 맡은 열정적이고 공직자 정신을 갖춘 사람들이 일을 처리해서 이 프로그램들 거의 대부분이 상당 기간 수행한 예가 있다. 이것은 실현 가능한 일이며, 나는 산업 경쟁 속에서 우리의 자리를 지켜내려면 이 일을 시급히 수행해야만 한다는 믿음의 정당한 근거를 대려고 노력했다. 이러한 절대적 필요성이 직접 산업에 종사하는 사람들은 물론 일부 방관자들에게까지 명확해진 이상, 이 프로그램들은 실현될 것이라는 사실을 나는 의심하지 않는다.

옮긴이의 말

1842년 러시아의 모스크바에서 명문 귀족 출신의 양친 사이에서 4형제 가운데 막내로 태어난 표트르 알렉세예비치 크로포트킨은 우리에게 아나키스트로 유명하다. 정통 엘리트 교육을 받은 귀족의 아들이었고, 근위학교 장교 출신으로 얼마든지 안락한 삶을 살수도 있었지만, 크로포트킨은 1876년 공작의 지위를 버리고 혁명에 뛰어든다. 샤를 푸리에의 제자였던 프랑스의 지리학자 엘리제 르클뤼의 사상에 영향을 받아 공산주의적 아나키즘을 발전시킨 크로포트킨은 자신의 이론을 통해서 생산수단의 공유뿐만 아니라 공산주의적 분배 방식을 주장함으로써 바쿠닌을 넘어선다.

그에 따르면 혁명이란 인위적으로 일어나는 것이 아니라 지진이나 폭풍과 같은 자연 현상들처럼 인간의 역사에서 불가피하게 돌출할 수밖에 없는 것으로, 혁명이 일어나면 개인의 의지와는 무관하게 마치 일거에 엄습해오는 커다란 파도처럼 온 사회를 뒤덮는다고 주장했다. 크로포트킨에게 혁명이란 단순히 지배자가 교체되는 사건이 아니라 모든 사회적 자본을 인민들이 수용하고 인간을 억압하고 피폐하게 만들었던 모든 폭력이 사라지는 세상이 만들어진다는 의미이다. 그러려면, 각자의 자발적인 역량을 통해 스스로 주인이 되고 이웃과 연대해서 모든 물적 토대들을 사회로 환원해야 한다고 주장한다. 이 때부터 크로포트킨은 인간은 본성적으로 연대하며 서로 도와주는 도덕적 본성을 가지고 있다고 굳게 믿고 있었다. 크로포트킨에 따르면 인간은 얼마든지 욕망의 노예가 되지 않고도 스스로 절제하며 이웃과 평화롭게 연대할 수 있다고 생각했다. 그러기 위해서 모든 권력관계나 관료제도, 인간을 불필요하게 억압하는 요소들이 철폐되는 무정부 상태가 되어야 한다고 주장했다.

크로포트킨은 선배 혁명가들보다 이론에 출중했다. 그러면서도 물리학과 수학을 전공한 과학도답게 사변적인 형이상학이나 관념론에 빠지지 않고 귀납과 연역을 통해 얻어지는 자연과학적인 자료들을 바탕으로 자신의 이론을 수립하고 사람들을 설득해 나갔다. 이러한 그의 연구 방식은 이론과 혁명이 심각하게 괴리를 일으켜 사변화되고 공상적으로 되어 버리는 오류를 저지르지 않고 설득력있게 자신의 입론을 펴나가는데 커다란 장점으로 작용하였다.

그의 사상 속에서 중요한 위치를 차지하고 있는 이 책의 단초가 되는 사건은 1883년 프랑스의 그레르보 감옥에 수감되었을 때로 거슬러 올라간다. 감옥에서 크로포트킨은 페테르부르크 대학의 케슬러 교수가 러시아 박물학회에서 발표한 강연의 원고를 뒤늦게 받아 읽고 큰 감명을 받았다. 케슬러 교수는 자연계에는 상호투쟁의 법칙 이외에도 상호부조의 법칙이 있는데, 그러한 요소가 생존경쟁을 이겨나가고 종의 진보를 위해서도 훨씬 중요하다는 주장을 했다. 크로포트킨은 케슬러의 사상을 본격적으로 확대 발전시키기로 결심하고 방대한 자료를 수집하기 시작하였다.

한편 당시의 유럽 지식 사회에서는 찰스 다윈의 『종의 기원』이 커다란 방향을 일으켜 생존경쟁이야말로 자연이 처한 현실적인 상황이며 결국 강하고 흉포하며, 교활한 자만이 살아 남는 사상이

팽배해 있었다. 헉슬리는 다윈의 생존경쟁 개념을 더욱 좁혀 인류 사회도 그러한 틀에서 벗어나지 않는다고 주장했다. 또한 스펜서나 홉스주의자들도 이러한 맥락 안에서 자신들의 입장을 펼쳐 나갔다.

그러던 와중에, 1888년 헉슬리가 생존경쟁을 강력하게 천명하며 「인간사회에서의 생존경쟁」을 발표하자, 크로포트킨은 이를 중대한 도전으로 받아들여, 생존경쟁 이론을 철저하게 반박하고 상호부조 사상을 옹호하는 이론을 수립하기로 결심을 했다. 그 결과물은 6년여에 걸쳐 《19세기》에 처음 발표되었고 – 동물들 사이의 상호부조(1890년 9월, 11월), 야만인들 사이의 상호부조(1891년 4월), 미개인들 사이의 상호부조(1892년 1월), 중세 도시의 상호부조(1894년 8월, 9월), 근대인들 사이의 상호부조(1896년 1월, 6월) — 그 글들이 이 책의 모태가 되었다. 이 글들이 한 권의 책으로 묶여지기까지 다시 6년이란 시간이 소요되었다. 결국 처음 펜을 든지 13년 만에 '진화의 한 요인으로서의 상호부조론A Mutual Aid: A Factor of Evolution'이 완성되었고, 후세의 학자들은 이 책을 아나키즘 사상에 생물학적인 기초를 부여한 명저라고 평가해 주었다.

이 책에서 크로포트킨은 작은 곤충에서 조류, 수많은 동물들의 개별적인 사례들을 천착하면서 결국 상호부조야 말로 가장 번성하고 발전된 종들에게는 일종의 철칙처럼 나타나고 있으며 진화에서 가장 중요한 역할로 작용한다는 점을 증명하려 했다. 약하고 작은 개체들도 무리를 짓고 사회를 구성해서 서로 작은 힘을 연대하게 되면 막강한 외부의 적들로부터 스스로를 지켜낼 수 있고, 그렇지 않은 종보다 더 오래 살며 혹독한 자연 환경에도 효율적으로 대처해서 종들이 번성하게 된다는 것이다. 많은 학자들에게 편견의 대상이었던 원시인이나 야만인, 미개인들도 실상 그들의 삶을 들여다보면 '이빨과 발톱'을 가지고 잔인하게 이웃을 해치는 현상만이 나타나는 것이 아니라 그들로 나름대로 협동하고 연대할 수 있는 제도적 장치를 마련해서 평화롭게 공존한다는 사실을 알 수 있게 된다고 주장한다. 인간의 역사는 피비린내 나는 살육과 아무런 보호 장치도 없이 무제한적으로 내몰리는 경쟁의 역사가 아니라 어떠한 악조건 속에서도 구성원들을 최대한 보호하고 공존하게 하는 지혜로운 장치들을 끊임없이 만들어 온 역사라고 크로포트킨은 체계적으로 증명하고 있다. 설령 개인주의가 나타나고 사람들의 연대의식을 깨뜨리는 일들이 수없이 자행되어 왔어도 인간의 본성 속에 뿌리 깊이 박혀 있는 상호부조와 연대의 정신은 사라지지 않았다고 밝히고 있다.

이 책은 이론을 나열하기보다는 사소하고 세심한 사례들을 통해서, 설득력 있게 자신의 주장을 펼쳐나가고 있으면서도, 개별적인 이야기들 속에는 줄기차게 상호부조 사상이 녹아들어 있다. 동물의 왕국을 방물케하는 수많은 사례들과 관찰을 통해서, 그리고 실증적인 사료들을 통해서 주장을 펼쳐나가는 크로포트킨의 솜씨는 감탄할 만하다. 거창하고 세련된 최신식 사회 이론은 이미 휘황하게 우리를 어지럽힌다. 저마다 일급의 논법을 구사하여 결국 이론에 압사 당하는 현상도 나타난다. 저항을 이야기하고 혁명을 갈파하며 유토피아를 노래하는 이론들도 매우 의미 있는 작업일 것이다. 하지만 이 책이 빛을 발하는 부분은 저 밑바닥에 묻혀 있는 진주 같은 진실들을 작은 소리로 이야기하면서 우리가 연대하고 서로 도우며 평화롭고 자유롭게 공존해야 하는 이유를 보여주고 있기

대목이다. 그렇다. 인간은 바로 그렇게 하도록 타고났기 때문이다.

번역을 마치고 세상에 이 책을 내보내면서 역자는 책임감과 두려움을 함께 느낀다. 이 책이 번역되어 나오기까지 도와주신 분들께 감사 드린다. 먼저 이 책을 역자에게 번역하도록 권유해 주시고 직접 책을 구해주신 성균관대학교 동양철학과 박상환 교수님께 감사 드린다. 역자의 게으름을 탓하지 않고 거친 원고를 다듬어준 도서출판 르네상스 식구들께도 고마움을 표한다. 번역 원본으로는 Extending Horizons Books판을 사용하였고 오스기 사카에大杉 榮가 번역한 일어판(『相互扶助論』, 同時代社)도 참조하였다. 잘못된 번역은 모두 역자의 책임이며 독자 여러분들의 질정을 바란다.

찾아보기

【ㄴ】

【ㄷ】

【ㄹ】

【ㅁ】

【ㅂ】

【ㅅ】

【ㅇ】

【ㅈ】

【ㅊ】

【ㅋ】

【ㅌ】

【ㅍ】

【ㅎ】

옮긴이 김영범

현재 서울대학교 대학원 미학과에서 예술이론을 공부하며, 번역과 집필 활동을 하고 있다. 지은 책으로 『체 게바라 VS 마오쩌둥』, 『그림으로 이해하는 동양사상』(공저)이 있고, 번역한 책으로 『끝나지 않은 여행』, 『악마의 역사』 4부작(근간) 등이 있다.

만물은 서로 돕는다

초판 1쇄 발행 2005년 4월 30일
초판 3쇄 발행 2014년 8월 25일

지은이 P. A. 크로포트킨
옮긴이 김영범

펴낸이 박종암
펴낸곳 도서출판 르네상스
출판등록 제313-2010-270호
주소 121-842 서울시 마포구 동교로17안길 11 2층
전화 02-334-2751
팩스 02-338-2672
전자우편 rene411@naver.com

ISBN 978-89-90828-28-6 03400